高等学校教材·计算机教学丛书

数字信号处理基础教程

刘明亮　郭　云　编著

北京航空航天大学出版社

BEIHANG UNIVERSITY PRESS

内 容 简 介

本书系统地讲述了数字信号处理的基本理论、分析方法和基本算法。全书共分10章：绪论、离散时间信号与系统、z变换与离散时间系统分析、离散傅里叶变换的基本原理、快速傅里叶变换的基本算法、信号的频谱与数字谱、窗函数、数字滤波器的设计、语音信号处理、数字图像处理。相对其他数字信号处理的书籍，数字谱、窗函数、语音信号处理和数字图像处理等是本书的新增内容。本书侧重基本概念的讲述，注重教材的科学性、可读性和实用性，强调知识的系统性和先进性。各章均给出例题和小结，以利于读者自学。可作为高等院校计算机各专业的本科教学用书，也可作为科学仪器、机电类等专业的本科选用教材，还可作为通信、电子工程、信息工程、自动控制等专业的教学参考书。对于从事有关数字信号处理的科技工作者，也可作为"知识充电"的读物。

图书在版编目(CIP)数据

数字信号处理基础教程 / 刘明亮，郭云编著. --北京：北京航空航天大学出版社，2011.7

ISBN 978 - 7 - 5124 - 0513 - 4

Ⅰ. ①数… Ⅱ. ①刘… ②郭… Ⅲ. ①数字信号处理－教材 Ⅳ. ①TN911.72

中国版本图书馆 CIP 数据核字(2011)第 135989 号

数字信号处理基础教程

刘明亮　郭　云　编著

责任编辑　陶金福

*

北京航空航天大学出版社出版发行

北京市海淀区学院路 37 号(邮编 100191)　http://www.buaapress.com.cn

发行部电话：(010)82317024　传真：(010)82328026

读者信箱：bhpress@263.net　邮购电话：(010)82316936

北京宏伟双华印刷有限公司印装　各地书店经销

*

开本：787×1092　1/16　印张：17.5　字数：448 千字

2011 年 7 月第 1 版　2011 年 7 月第 1 次印刷　印数：3 000 册

ISBN 978 - 7 - 5124 - 0513 - 4　定价：32.00 元

总 前 言

随着科学技术、文化、教育、经济和社会的发展,计算机教学进入了我国历史上最火热的年代,欣欣向荣。就计算机专业而言,全国开办计算机本科专业的院校在 2004 年之初有 505 所,到 2006 年已经发展到 771 所。另外,在全国高校中的非计算机专业,包括理工农医以及文科(文史哲法教、经管、文艺)等专业,按各自专业的培养目标都融入了计算机课程的教学。过去出版界出版了一大批计算机教学方面的各类教材,满足了一定时期的需求,但是还不能完全适应计算机教学深化改革的要求。

面对《国家科学技术中长期发展纲要(2006 年-2020 年)》制订的信息技术发展目标,计算机教学也要随之进行改革,以便提高培养质量。教学要改革,教材建设必须跟上。面对各层次、各类型的学校和各类型的专业都要开设计算机课程,就应有多样化的教材,以适应各专业教学的需要。北京航空航天大学出版社是以出版高等教育教材为主的,愿对计算机教学的教材建设做出贡献。

为计算机类教材的出版,北京航空航天大学出版社成立了"高等学校教材·计算机教学丛书"编审委员会。出版计算机教材,得到了北京航空航天大学计算机学院的大力支持。该院有三位教育部高等学校计算机科学与技术教学指导委员会(下称教指委)的成员参加编审委员会的工作。其他成员是北京航空航天大学、北京交通大学等 6 所院校和中科院计算技术研究所对计算机教育有研究的教指委成员、专家、学者和出版社的领导。

我们组织编写、出版计算机课程教材,以大多数高校实际状况为基点,使其在现有基础上能提高一步,追求符合大多数高校本科教学适用为目标。按照教指委制订的计算机科学与技术本科专业规范和计算机基础课教学基本要求的精神,我们组织身居教学第一线,具有教学实践经验的教师进行编写。在出书品种和内容上,面对两个方面的教学:一是计算机专业本科教学,包括计算机导论、计算机专业技术基础课、计算机专业课等;二是非计算机专业的计算机基础课程的本科教学,包括理工农医类、文史哲法教类、经管类、艺术类等的计算机课程。

教材的编写注重以下几点:

1. 基础性。具有基础知识和基本理论,以使学生在专业发展上具有潜力,便于适应社会的需求。

2. 先进性。融入计算机科学与技术发展的新成果;瞄准计算机科学与技术发展的新方向,内容应具有前瞻性。这样,以使学生扩展视野,以便与科技、社会发展的脉络同步。

3. 实用性。一是适应教学的需求;二是理论与实践相结合,以使学生掌握实用技术。

编写、出版的教材能否适应教学改革的需求,只有师生在教与学的实践中做出评价,我们期望得到师生的批评和指正。

"高等学校教材·计算机教学丛书"编审委员会

前　言

　　数字信号处理作为一门新兴学科,其发展仅是近 40 年的事。自从 20 世纪 70 年代,美国学者 A. V. 奥本海姆和 R. W. 谢弗教授共同推出经典力作《数字信号处理》一书以来,数字信号处理得到了长足的发展和普及。20 世纪 80 年代初,该书的中译本先后有几个版本问世,接着就有了全面讲述数字信号处理的理论和应用的中文著作:如 1983 年东南大学何振亚先生编著的《数字信号处理的理论与应用》(上、下册)就颇具影响。到了 20 世纪 80 年代后期,考虑到学生的不同层次,将数字信号处理的有关确定信号与随机信号的内容分开,以适应本科生与研究生的不同需求:如西安交通大学邹理和教授编著的《数字信号处理》(上册)适合本科生,而西安交通大学吴兆熊教授编著的《数字信号处理》(下册)适合研究生。20 世纪 90 年代以后,数字信号处理的教材基本上分成 3 个层次,分别适用于本科生、硕士生和博士生:如清华大学程佩青教授编著的《数字信号处理教程》适用于本科生,华中科技大学姚天任教授编著的《现代数字信号处理》与清华大学胡广书教授编著的《数字信号处理——理论、算法与实现》适用于硕士生或博士生,大连理工大学王宏禹先生编著的《非平稳随机信号分析与应用》与清华大学张贤达教授编著的《现代数字信号处理》适用于博士生。

　　另一方面,数字信号处理课程逐渐由电子信息通信类专业扩展到控制类、计算机类与机电类等专业。目前适用于本科生的数字信号处理教材的流行版本为数不少,遗憾的是迄今为止尚没有一本适合计算机类本科生的数字信号处理的教材问世。本书精选了数字信号处理最基本的、长期不变的与应用最广泛的内容,结合作者的多年教学经验和心得,并参考计算机技术专业关于数字信号处理教学大纲编撰而成。

　　由于计算机工程专业一般不设数字信号处理的先修课程“信号与系统”,仅在“电路和信号”课程中简要地介绍了连续时间信号和系统,所以信号与系统的概念相对比较薄弱。概括地讲,数字信号处理研究的无非是数字信号、离散系统、离散变换、快速变换和滤波等几个内容。数字信号需要表征和变换,要用离散或数字系统来处理;离散傅里叶变换(DFT)与快速傅里叶变换(FFT)都是一种算法;数字滤波在时域就是一种离散卷积运算,而在频域就是一种序列乘法运算;处理、变换与滤波都可表征为一种算法,因此数字信号处理可以看做算法的集合。这对于擅长算法的计算机各个专业的学生来说,更容易接受和理解,更具亲切感。数字信号处理课程的学习在某种程度上就变成了一门算法实践课。

　　考虑到计算机技术等专业的学生先修课的特点,有意加强了信号与系统方面的知识,特增设了“信号的频谱与数字谱”、“窗函数”两章内容;另将“语音信号处理”与“数字图像处理”的有关内容浓缩为一章,以扩展读者的知识视野。

　　受数字信号处理是算法集合的理念影响,为数不少的教材或多或少地列出了算法语言的实用程序,如从 FORTRAN 到 BASIC,从 VB 到 VC,再到 MATLAB。由于算法语言是不断发展和完善的,因此更新换代较快。基于此,本书舍去了这部分内容,将篇幅留给了较长期不变的基本理论和基本方法。

　　需要指出的是,翻开任何一本数字信号处理的教科书或专著,通篇讲的都是有关离散时间信号和系统的内容。离散时间信号与数字信号是不同的两个概念。离散时间信号仅在时间上是离散的,而数字信号在时间和幅度上都是离散的。信号在幅度上的离散就是量化,即每个幅度值取最小量化单位的整数倍。信号幅度的离散仅是一个计算精确度的表征,并无本质的区别。另一方面,处理数字信号与处理离散时间信号的理论、方法及工具都是一样的。因此,在大多数的数字信号处理的教科书或专著中,离散时间信号与数字信号是混称的。基于上述理由,数字信号处理则是研究有关离散时间信号和系统的基本理论、分析方法、分析工具与应用的一门科学。

本书第 1 章、第 5～10 章由刘明亮教授执笔,第 2～4 章由郭云女士执笔,全书由刘明亮教授统稿。在编写过程中,岳慧女士、马秀莹博士、刘第硕士、高剑硕士、卢峰硕士、王焱硕士、赵科佳硕士和王辰硕士等做了不少编辑工作,在此一并表示感谢。

由于作者水平有限,书中疏漏之处,恳请读者批评指正。

作　者
2010 年 12 月

目　录

第 1 章

绪 论

本章首先介绍了几个数字信号处理的基本概念,接着列举了数字信号处理学科的主要研究内容。为了使读者概略地了解数字信号处理的历史,给出了其发展简况。为了从算法的角度认识数字信号处理,列举了常用的计算方法。为了提高读者的学习兴趣和扩展其视野,介绍了数字信号处理的几个应用领域。最后,结合计算机工程专业的特点,确定了本书的主要内容。

1.1 数字信号处理的研究内容

1.1.1 数字信号处理的基本概念

众所周知,当今的世界正处在信息技术大发展的时代,数字化、智能化、网络化是信息技术的 3 个发展方向,而数字化是智能化和网络化的基础。信号的数字化是数字信号处理的前提和基础,也是数字信号处理研究的部分内容。为了理解数字信号处理及其研究内容,必须首先了解"信号"和"信息"这两个基本概念以及它们的关系。

1. 信 息

在信息时代,信息是一个社会概念,人类关于信息的活动主要体现在信息获取、信息传输和信息交换。

由于信息表现形式众多、分类繁杂等复杂性,作为一个严谨的科学术语,其定义尚不统一。有人曾作过统计,关于信息的定义大约有 100 多种说法。现列举学术界几种主要观点:美国数学家、信息论的奠基人克劳德·艾尔伍德·香农指出,"信息是事物运动状态或存在方式的不确定的描述";这就是说,可用一个概率模型来描述任何事物状态,实际上这种模型能否在任何情况下都存在值得探讨。美国数学家、控制论的奠基人诺伯特·维纳(N. Wiener)认为,"信息是人们在适应外部世界,控制外部世界的过程中同外部世界交换的内容的名称";但是,人们在与外部世界相互作用中,还进行着物质和能量的交换,这种定义容易将信息与物质、能量的概念相混淆。英国学者阿希贝则认为,"信息的本性在于事物本身具有变异度"。意大利学者朗高还指出,"信息是反映事物的形成、关系和差别的东西,它包含于事物的差异之中,而不在事物本身"。

总之,目前对信息的定义都是从不同的角度出发,都存在一定的局限性。信息是一个十分抽象而又复杂的概念,它包含在消息之中,是通信系统中传送的对象,是客观世界的第三要素;其特点是无形的、可共享的、无限的、可度量的。消息不等于信息,同一消息可含有不同的信息量。

粗略地讲,信息就是人类对外界事物的感知,获取的新知识。任何客观事物的运动或状态变化都会产生信息。另一方面,信息可以看做有用的消息,这在某种程度可帮助对信息的理解。然而,信息本身不具备传输和交换能力,必须借助信号来实现。

1

2. 信 号

信号可定义为客观事物运动或状态变化的反映或描述。下面,介绍其来源、描述和分类。

（1）信号的描述形式

在现实世界中,信号的来源有两种:一种自然存在的信号,如语音、图像、地震和生物信号等;另一种是人工产生的信号,如雷达、通信、医用超声和机械探伤信号等。

描述信号有两种方式,一种是函数或序列(离散信号)描述,另一种是波形描述。函数描述是将信号描述成一个或若干个自变量的函数。例如,对于一维信号常用 $x(t)$ 形式,其中自变量 t 可以是时间,也可以是空间等物理量。波形描述是将信号随自变量的变化关系,用信号的波形图表示。

（2）信号的分类

依信号的载体划分,可分为电信号、磁信号、声信号、光信号、热信号和机械信号等。依描述信号的变量个数划分,可分为一维、二维、多维(矢量)信号。依信号的周期性划分,可分为周期信号和非周期信号。依描述信号的函数确定性划分,可分为确定信号和随机信号。依信号的能量或功率是否有限划分,可分为能量信号和功率信号;能量有限的信号称为能量信号,功率有限的信号称为功率信号。依信号的表述、研究方法划分,可分为模拟信号和数字信号。

（3）模拟信号

用电压或电流等去模拟其他物理量,如声音、温度、压力、图像等所得到的信号称为模拟信号。

（4）数字信号

数字信号在时间上和幅度上都是离散的信号。它可由模拟信号经"抽样"和"量化"得到,亦可客观存在。本质上,它只是一系列的"数",或者说成数字序列。

模拟信号和数字信号两者可以互相转换。模拟信号可通过 A/D 变换,成为数字信号;数字信号可通过 D/A 变换,成为模拟信号。

3. 信号与信息的关系

信号与信息的关系可概括为:信号是传输信息的函数,是信息的物理表现形式;而信息是信号的具体内容。

4. 数字信号处理

从处理结果看,所谓数字信号处理就是把一个数字信号变换成另一个数字信号的过程。更为具体的描述,数字信号处理 DSP(Digital Signal Processing)就是利用计算机或专用设备,以数值计算的方法对信号进行采集、变换、综合、估值、识别等加工处理,借以达到提取信息和便于应用的目的的一门学科。

通俗地讲,处理就是加工、提取信息,因数字信号常表示成序列,信号加工主要表现为序列相加、相乘、位移和卷积等;而提取信息是信号加工的结果体现。因此,数字信号处理也可表述为用数值计算方法对数字序列进行各种处理,变换成合乎需要的某种形式。

1.1.2 数字信号处理的研究内容

概括地讲,数字信号处理的研究内容包括:信号采集,信号分析,系统分析,快速算法,数字滤波技术,信号频谱分析与估值,特殊算法和数字信号处理的实现。

1. 信号采集

信号采集的目的就是实现信号的数字化,包括取样和量化两个过程。取样就是将信号离散化，即根据取样定理将时间连续的信号变换成在时间上离散的信号，简言之就是时间离散；量化就是根据精确度先确定最小量化单位，然后将信号的每个离散值表示成最小量化单位的整数倍，简言之就是幅度离散。

2. 信号分析

信号分析是指在各个表示域的描述方法、特性参数的确定、信号表示的"域"之间的转换。信号分析主要包括"信号域"的描述与运算，各种变换，时、频域分析。

3. 系统分析

所谓系统是指为实现信息可靠有效地传输与交换，而对信号进行必要的加工、处理和变换的任何电路或设备的总称。系统分析主要包括系统的分类、描述方法与特征量的求取。例如，系统可分为线性系统与非线性系统，时变系统与非时变系统，线性时（移）不变系统，因果系统与非因果系统，连续时间系统与离散时间系统。又如，描述方法有系统的时域描述与频域描述；特征量有单位冲激响应，单位抽样响应和系统函数等。

4. 快速算法

离散傅里叶变换是对傅里叶变换的等间隔频率抽样，是有助于用计算机实现的一种变换。快速算法是指实现离散傅里叶变换（DFT）的高效算法，称为 FFT 变换。评价算法的效率一般是用加法次数和乘法次数。1976 年维诺格兰（Winograd）发表了计算离散傅里叶变换的新算法，其乘法次数仅为 FFT 的 1/3，加法次数与 FFT 大致相同。这种变换称为维诺格兰傅里叶变换或 WFT。除此而外，还有其他快速算法。

5. 数字滤波技术

数字滤波从模拟滤波发展而来。模拟滤波的本意是将不需要的频率分量滤除而保留有用的频率分量。从滤波功能上看，数字滤波和模拟滤波的功能是一样的。数字滤波实际上是将一个输入序列变换成另一个输出序列。从结构上数字滤波器一般分为无限冲激响应（IIR）数字滤波器和有限冲激响应（FIR）数字滤波器。在数字信号处理的课程中，主要讲述 IIR 数字滤波器的分析、设计和实现方法，以及 FIR 数字滤波器的分析、设计和实现方法。

6. 信号频谱分析与估值

对于确定信号，利用傅里叶变换或 z 变换对信号进行频谱分析；而对随机信号，采用相关分析和谱估计方法。相关分析包括序列自相关、互相关、自协方差和互协方差；谱估计是指用有限个数据来估计随机信号的功率谱的问题。功率谱实际上是功率谱密度 PSD（Power Spectral Density），简称为谱。谱估计方法有经典法和现代法，经典法是以傅里叶变换为基础，而现代法是以平稳随机信号的参数模型为基础。

7. 特殊算法

特殊算法是指抽样率转换和反卷积等特殊算法。抽样率转换包括抽取（decimation）和插值（interpolation）。抽取是指去掉多余数据减少抽样率的过程；而插值是指增加数据提高抽样率的过程。反卷积包括时域反卷积算法、频域反卷积算法和用卷积实现反卷积算法；除此而外，还有倒谱反卷积以及"盲反卷积"（blind deconvolution）等。

8. 数字信号处理的实现

从某种意义上讲，数字信号处理就是一些算法的集合。因此，数字信号处理大致由软件或由硬件两种方法实现。用软件时，一般是在通用计算机和各种微机上实现；用硬件时，可采用单片机，专用 DSP 芯片和现场可编程门阵列（FPGA）来实现。

1.2 数字信号处理的发展简史

回顾数字信号处理的发展历史,倍感内容丰富多彩,令人回味无穷;展望数字信号处理的发展前景,令人神往、遐想连篇。在这里,将数字信号处理的发展历史粗略地划分为理论奠基阶段和具体实现阶段。

1.2.1 理论奠基

数字信号处理的理论主要包括:信号的离散与量化,如取样定理;离散信号分析,如信号时域和频域描述、变换与分析;离散系统分析,如系统的描述与分析;快速算法,如快速傅里叶变换和快速卷积;数字滤波,如数字滤波的设计与实现;信号估计,如功率谱估计;信号建模,如各种信号模型(AR、Prony)等。

信号的描述与表征,是信号分析与处理的基础。在傅里叶变换/分析提出之前,只能在时域对信号进行描述、分析,因此对信号的认识不够全面,也不深刻。1807 年法国数学家傅里叶还在担当热学工程师时,就提出"满足某种条件的任一函数,都能展成三角函数的无穷级数"的科学论断。这一创新概念,没有得到著名数学家拉格朗日、拉普拉斯等人的及时认可,未能在权威的数学刊物上发表,傅里叶不得不发行小册子宣传他的数学新思想。事隔 10 多年以后,傅里叶的研究成果才被数学界逐步认可。傅里叶颇有感慨地说:"对自然界的深刻研究是数学界最富饶的源泉","数学是解决实际问题的最卓越的工具。"傅里叶开辟了信号的描述、分析新领域,揭示了信号能量按频率分布的规律。这为选择、设计信号传输系统提供了理论依据,从而人们就能更全面地认识、分析和应用信号。今天,人们到处尽情享用着傅里叶的研究成果,无论怎样评价傅里叶的贡献都不过分。

另一方面,从数学角度上看,傅里叶变换实际上是积分核为正弦量的一种积分变换。它将信号分解为谐波组合。这种变换的贡献是将信号搬移到一个崭新的天地,即频域,从而使信号以新的面貌与特征呈现在人们的面前。今天,人们在数字化王国研究信号时,猛然发现傅里叶在 200 年前就搭起一座信号数字化的频域处理平台。

信号数字化的前提是离散化,将一个时间连续信号如何离散,才能不丢失信息,又能从离散的信号恢复原信号呢? 这是人们迫切希望回答的问题。采样定理给出了圆满的回答。应该说采样定理是由美国物理学家奈奎斯特(Harry Nyquist)于 1928 年首先提出的,一般都称为奈奎斯特采样定理。该定理表述为,对于一个带宽有限的时间连续信号进行抽样,且当抽样率为信号最高频率的两倍时,根据这些抽样值可以准确地恢复原信号。在一些书刊中,特别是通信类书刊,也常看到香农采样定理的说法。克劳德·香农(Claude Shannon)被尊为信息论与数字通信的奠基人,一生的贡献颇多。这大概是在 1949 年香农从信息论的角度重新阐述了采样定理的缘故吧。

众所周知,由于一个时间连续信号在所有的时间点都有定义,即都有值对应,所以要处理它就需要处理无限多的信息。显然这是做不到的。采样定理告诉我们,可用有限的抽样值来代替时间连续信号,只要是抽样率为信号最高频率的两倍,就可以准确地恢复原信号。这就是说,处理一个在所有时间点都有定义的时间连续信号,就变成处理一个由抽样得来的序列,使问题大为简化并具有可操作性。因此,采样定理是信号离散化的理论基础,是信号数字化的首要前提。

数字信号的处理对象,不仅包括确定信号,还包括随机信号;不仅包括平稳信号,还包括非平稳信号。理论分析和实际应用表明,傅里叶变换只适合分析确定信号和平稳随机信号,对于非平稳随机信号显得无能为力。1984 年,法国地球物理学家 Morlet ,在从事石油信号研究、分析地震波的局部性质时,首次将"小波/子波"概念用于信号分析,提出了"小波/子波"变换。实际上,"小波/子波"变换也是一种积分变换,只是"积分核"为小波函数而已。小波,实际上是一个窗口(面积)不变,形状(宽窄、高低)可变的窗函数。小波变换的本质是将非平稳信号分解成多个小波的组合。小波变换被誉为数学显微镜,将它用于信号分析,既可观察信号的全貌,又可观察信号的细节。

✧ 1.2.2 实现阶段

数字信号处理付诸应用的主要标志,体现在快速傅里叶变换(FFT)算法的提出和数字滤波器设计方法的完善。

20 世纪 50 年代,随着数字计算机在商业和科学实验室逐步获得应用,激发了人们利用数字计算机对离散时间信号处理的极大兴趣。数字计算机首先用于数字信号处理的领域是石油勘探,当时将地震数据用磁带记录下来,以便事后处理。随后,研究人员利用数字计算机的灵活性,在数字计算机上实现由模拟硬件构成的系统进行仿真。例如,林肯实验室和贝尔实验室就在数字计算机上完成了声码器的仿真。

在数字计算机上实现数字信号处理的同时,人们自然想到将日益增长的数字信号处理算法在实际应用中一试身手。例如,在语音带宽压缩系统中,研究人员在数字计算机上运用倒谱分析和同态滤波算法,所得到的傅里叶变换的准确度和分辨力是模拟频谱分析仪无法实现的。因此,频谱分析仪的全数字化的呼声日益高涨,进而也带动了数字信号处理的进一步发展。

直到 1965 年,J.W.库利(Cooley)和 J.W.图基(Tukey)发现一种计算傅里叶变换的高效算法,加速了数字信号处理的发展进程,从此数字信号处理正式由理论殿堂走向工程实际,开创了真正意义上的数字信号处理新时代。这种算法称为快速傅里叶变换或 FFT 算法,其意义体现在如下几个方面:首先,快速傅里叶变换算法将傅里叶变换的计算时间减少了几个数量级,使得期待已久的数字信号实时处理变成现实;其次,在于快速傅里叶变换本身属于离散时间范畴,这就激发人们以离散时间数学方法来重新阐明信号处理的一些概念和算法,例如卷积、相关和系统函数等概念,都是在离散傅里叶变换的意义上重新定义和解释的;最后,伴随着微处理器的发明和发展,快速傅里叶变换乃至离散时间信号处理催生了专用的 DSP 芯片的诞生。

除此而外,快速傅里叶变换还激发了人们研究算法的热情。如上所述,从某种意义上讲,数字信号处理就是一些算法的集合。例如,信号的谱分析实际上就是实现 FFT 算法;线性滤波就是完成一种卷积运算。众所周知,对于有限的硬件资源,一个优秀算法可以以更高的速度和效率完成数字信号处理任务。在快速傅里叶变换算法的影响下,20 世纪 70 年代和 80 年代,人们对数字信号处理的其他算法进行了深入和广泛的研究,这种热情一直延续到 20 世纪 90 年代。例如,1976 年维诺格兰(Winograd)发表了计算离散傅里叶变换的新算法,其乘法次数仅为 FFT 的 1/3,加法次数与 FFT 大致相同;基于离散傅里叶变换的原理,用其他完备正交函数系构成的沃尔什(Walsh)变换;接着,发明了数论变换,其变换速度比 FFT 快,又没有舍入误差;人们又提出了各种快速卷积算法;还发明了 Toeplitz 线性方程组的高效解法以及多项式变换等。

数字滤波器作为数字信号处理的一个主要内容,其完整的理论形成于 20 世纪 60 年代中期。研究人员根据数字滤波器的频率特性指标要求,或者从运算误差最小的角度,或者从运算速度最快的角度,或者兼顾两者的要求,分别对数字滤波器的结构进行了研究,提出了各种逼近方法和实现方法。除此而外,人们还根据信号和噪声的统计特性来设计均方误差最小的最佳滤波器,例如,维纳滤波器和卡尔曼滤波器的实现问题。当提出用 FFT 算法实现卷积运算概念后,人们重新认识了有限冲激响应(FIR)和无限冲激响应(IIR)两种结构的数字滤波器的运算效率。

另一方面,在 20 世纪 70 至 80 年代,人们开展了对自适应数字滤波器的广泛研究。自适应滤波的概念是从仿生学中引伸出来的,它是利用前一时刻已获得的滤波器参数,自动地调节现时刻的滤波器参数,以适应信号与噪声未知的或随时间变化的统计特性,从而实现最优滤波。在 1957~1966 年期间,美国通用公司用自适应滤波概念,开展了更好地抑制天线旁瓣的研究。该项目是由 B. Windrow 与 Hoff 提出和完善的,在开始阶段曾用于系统模型识别和通信信道的自适应均衡的研究。

在 20 世纪 70 年代以前,数字信号处理主要是依靠软件来实现的。在当时这不仅占用了大量的计算机的昂贵资源,而且也限制了数字信号处理的广泛应用。在这种情况下,激发了人们以硬件方法实现数字信号处理的研究热情。实现数字信号处理的硬件方法有 3 种,即微处理器、专用 DSP 芯片和可编程逻辑器件 FPGA。在实践中,人们发现微处理器不是实现数字信号处理的最好方案,于是开始研发适合数字信号处理的专用芯片,这就是被称为"DSP 芯片"或 DSP 的专用芯片。1982 年世界上第一代流行 DSP 芯片 NEC PD7720 和 TI TMS32010相继问世,从而开创了以硬件为主实现数字信号处理的新篇章。目前 DSP 芯片已发展到第五、六代。但是 DSP 芯片在实时性要求更高时以及在电磁环境很恶劣的场合,它在处理速度和抗干扰性能等方面就难以满足需要。现场可编程门阵列(FPGA)具有更高的密度、更快的工作速度和更大的编程灵活性,FPGA 所具有的静态可重复编程和动态系统可重构特性,使得硬件的功能可以像软件一样通过编程来修改,极大地提高了电子系统设计的灵活性和通用性,缩短了产品的上市时间,并降低了电子系统的开发成本。以 FPGA 形式完成实时数字信号处理是其发展的一个重要方向。

1.3 信号处理的基本运算

如上所述,数字信号处理就是用数值计算方法对数字序列进行各种处理,变换成合乎需要的某种形式。实际上数字信号处理就是借用软件工程的表述方法,完成符合需要的各种运算。这就是数字信号处理算法。因此,在某种意义上说,数字信号处理就是算法的集合。数字信号处理算法是由一些基本运算构成,在这里将给出数字信号处理中的主要的基本运算,这对于以擅长算法的各类计算机专业学生来说,了解和熟悉这些基本运算,结合自身的编程能力,根据实际需要,实现各种数字信号处理算法是大有好处的。下面,介绍在数字信号处理中常用的几种基本运算。

1.3.1 离散傅里叶变换

有限长时间序列 $x(n)(n=0,1,\cdots,N-1)$ 的离散傅里叶变换 $X(k)$ 定义为

$$X(k)=\sum_{n=0}^{N-1}x(n)\mathrm{e}^{-\mathrm{j}\frac{2\pi}{N}kn} \quad (k=0,1,\cdots,N-1) \tag{1-1}$$

其反(逆)变换定义为

$$x(n) = \frac{1}{N} \sum_{k=0}^{N-1} X(k) e^{j\frac{2\pi}{N}kn} \quad (n = 0, 1, \cdots, N-1) \tag{1-2}$$

由式(1-1)和式(1-2)看出,无论是离散傅里叶变换还是离散傅里叶反变换,无非是实现一系列的乘法和加法运算。当数据长度 N 较大时,这种计算需要耗费很长的计算时间。$e^{j\frac{2\pi}{N}}$ 称为"变换核",或旋转因子。利用变换核的周期性和对称性,可以将原来的 N^2 次复数乘法减少为 $(N/2)\mathrm{lb}N$ 次。这就是FFT算法。

在实际数字信号处理中,经常用到离散傅里叶正反变换,多种算法语言都有现成的FFT程序,可以进行调用。

1.3.2　差分方程

一个离散时间系统可用差分方程来描述,其定义为

$$y(n) = \sum_{k=0}^{N} a_k x(n-k) - \sum_{k=1}^{M} b_k y(n-k) \tag{1-3}$$

式中,$x(n-k)$ 表示离散时间系统的输入信号,$y(n)$ 表示离散时间系统的输出信号,a_k 和 b_k 是表示系统特性的参数。式(1-3)表明,离散时间系统在某时刻的输出不仅与该时刻和过去时刻的输入有关,还与该时刻以前的输出值有关。

式(1-3)表示一个无限冲激响应(IIR)离散时间系统,如果在式中的所有 $b_k = 0$,则差分方程简化为

$$y(n) = \sum_{k=0}^{N} a_k x(n-k) \tag{1-4}$$

式(1-4)表示一个有限冲激响应(FIR)离散时间系统。

差分方程在研究数字滤波器时,表示递归结构和非递归结构非常方便。

1.3.3　卷积与相关运算

1. 卷积运算

序列 $x(n)$ 和 $h(n)$ 的(线性)卷积运算定义为

$$y(n) = x(n) * h(n) = \sum_{m=-\infty}^{\infty} x(m)h(n-m) \tag{1-5}$$

对于有限长序列 $x(n)$(L 点)和 $h(n)$(M 点)的线性卷积为

$$y(n) = x(n) * h(n) = \sum_{m=0}^{L-1} x(m)h(n-m) \tag{1-6}$$

$y(n)$ 也是有限长序列,其点数(长度)为 $L+M-1$。

数字滤波实际上就是一种卷积运算。

2. 相关运算

序列 $x(n)$ 和 $y(n)$ 的相关函数也是一个序列,其定义为

$$R_{xy}(m) = \sum_{n=-\infty}^{\infty} x^*(n) y(n+m) =$$

$$\sum_{n=-\infty}^{\infty} x^*(n-m) y(n) \quad (m = 0, \pm 1, \pm 2, \cdots) \tag{1-7}$$

式中,$x^*(n)$ 是 $x(n)$ 的复共轭,当 $x(n)$ 和 $y(n)$ 均为实序列时,共轭符号将去掉。实际上式(1-7)等效于 $x^*(n)$ 与 $y(-n)$ 的卷积运算。

3. 快速卷积

式(1-6)表示的是有限长序列的线性卷积。线性卷积可用循环(圆周)卷积计算,而循环(圆周)卷积可通过 FFT 来计算:

$$y(n) = x(n) \otimes h(n) = \text{FFT}^{-1}\{\text{FFT}[x(h)] \cdot \text{FFT}[h(n)]\} \qquad (1-8)$$

式中,符号 $\otimes$ 为圆周卷积运算符,不是并矢积符号,下同。

注意,如果序列 $x(n)$ 为 L 点,$h(n)$ 为 M 点,则将序列 $x(n)$、$h(n)$ 和 $y(n)$ 都统一为 $L+M-1$ 点,不足的补零;然后再进行 FFT 计算。这种计算卷积的方法称为快速卷积。

1.3.4 矩阵运算与变换

在数字信号处理中,许多计算公式用矩阵表示会显得很简明。例如,在分析 DTF 算法时就用矩阵表示。显然,要用到一些矩阵的基本运算和变换。如矩阵的加法、乘法、乘以标量、求转置矩阵、求逆以及求特征值等。

1.3.5 幅度平方

在分析信号的功率谱时,经常用到复数幅度平方的运算:

$$|X(k)|^2 = X(k) \cdot X^*(k) \qquad (1-9)$$

1.3.6 对数与指数运算

信号与信号之间或信号与噪声之间,一般可归纳为相加、相乘和"相卷"3 种关系。数字滤波原理,通常是在频域将信号谱和噪声谱设法分开,保留有用信号。对于相加关系,可直接通过 FFT 变换到频域,根据需要进行谱分离。对于相乘关系,必须先进行对数运算将相乘关系变为相加关系,再进行 FFT 变换。这就引入了复倒谱/复时谱的概念。由于实行了对数运算,在信号处理完毕后还需通过指数运算进行信号恢复。对于相卷关系,必须先通过卷积定理变成相乘关系,再逐步进行处理。因此,对数与指数运算也是数字信号处理中的一种基本运算。

1.3.7 调制运算

调制也是一种信号处理方式。在通信原理中,使载波信号的参数与调制信号成比例变化的过程定义为调制,调制后的信号称为已调信号。从信号谱的角度看,调制实际上是将调制信号的频谱进行搬移,搬移到容易传输的较高频段。调制也可以看成一种运算,可以统一写为

$$s(t) = \text{Re}[v(t)e^{j \cdot 2\pi f_c t}] \qquad (1-10)$$

式中,$s(t)$ 为已调信号,$v(t)$ 为复包络,f_c 为载波频率,$\text{Re}[\cdot]$ 为取实部运算。对于调幅而言,则

$$s_{AM}(t) = \text{Re}[A_c m(t)e^{j2\pi f_c t}] \qquad (1-11)$$

式中,$m(t)$ 为调制信号,且与 $v(t)$ 成正比。

1.4 数字信号处理的应用领域

在实际生活中,人们会遇到各式各样的信号,例如,电视信号、广播信号、通信信号、雷达信号、导航信号、生物医学信号、射电天文信号、气象信号、控制信号、机械与振动信号、地震勘探信号、遥感信号等等。这些信号一般都需要加工、处理变换成人们需要的形式。可以说,几乎所有工程技术领域都要涉及信号和信号处理问题。下面,列举一些数字信号处理的应用领域。作为我国计算机类的毕业生,绝大多数都是在一定专业背景下从事用计算机处理相关信息的工作。因此,了解和熟悉数字信号处理的一些应用领域是十分有益的。

1.4.1 通 信

在现代通信技术中,例如信源编码、信道编码、调制、多路复用、数据压缩与自适应信道均

衡等,都广泛采用了数字信号处理技术。特别是,多媒体通信、网络通信、数字通信和图像通信,如果离开了数字信号处理技术,将是一事无成。对于近期发展起来的软件无线电技术,常常是以数字信号处理技术为研究平台。

1.4.2 语音处理

语音处理是最早应用并推动数字信号处理理论和技术发展的领域之一。它主要包括如下几个内容:语音信号分析,是指对语音信号的波形特征、统计参数和模型参数等进行分析计算;语音合成,就是用专用数字硬件或专用软件来产生语音信号;语音识别,即用专用硬件模块或专用软件通过计算机识别人讲的话,或者识别讲话的人;语音增强,就是将掩盖在噪声或干扰中的语音信号提取出来;语音编码,就是根据语音编码的国际标准,对语音数据进行压缩。在上述5个方面,近年来都取得了不少成果,例如口授打印机,盲人阅读器,哑人语音合成器,会说话的机器人、仪器和玩具等。

1.4.3 图像处理

图像处理是数字信号处理应用最活跃的领域之一。主要内容有图像增强、图像复原、图像重建、图像压缩编码、图像识别、图像传输等。图像增强是指不考虑图像降质原因,只将感兴趣的部分加以处理或者突出有用的图像特征的处理过程,如衰减噪声、提取目标物轮廓等。图像复原或恢复是指针对图像降质的具体原因,设法补偿降质因素,尽可能逼近原始图像的技术。图像重建是针对3维物体,用该物体的内部结构数据,构建物体内某部分图像的技术。图像压缩编码是根据图像信号的相关性和标准,研究图像数据压缩原理、方法并用符号代码表示,实现便于传输和存储的技术。图像识别是指识别图像信号的技术,例如人脸识别、指纹识别等。图像传输是指图像信号和视频信号的传输技术,例如图像网络传输等。

1.4.4 电 视

目前,世界各国已进入或正在进入数字电视时代。数字电视就是指从演播室到发射、传输、接收的所有环节都是使用数字电视信号或对该系统所有的信号传播都是通过由0、1数字串所构成的数字流来传播的电视类型,它具有模拟电视不可比拟的优点。数字电视正朝着大屏幕、高清化、互联网DTV(数字电视)、数字电视加个人视频录像机(DTV+PVR)的方向发展。电视信号是调制后的视频信号和音频信号,视频信号是由随时间变化的图像信号构成的。因此,电视信号的数据压缩和传输是电视研究的一个重要内容,数字信号处理及相关技术是视频信号和音频信号的重要基础。

1.4.5 雷 达

雷达概念形成于20世纪初,雷达是英文"radar"的音译,即Radio Detection And Ranging的缩写,意为无线电检测和测距。雷达也可表述为:将电磁能量以定向方式发射至空间,并接收位于空间物体的反射电波,计算出该物体的方向、高度、距离和速度,并可探测物体的形状;以地面为目标的雷达可以探测地面的精确形状。

雷达信号占有的频带很宽,数据传输速率也很高,因此压缩数据量和降低传输速率是雷达信号数字处理的首要问题。从雷达信号的产生、滤波、处理到目标参数估计及目标成像、识别,都离不开数字信号处理技术。数字信号处理部件是现代雷达系统不可缺少的。

1.4.6 生物医学信号处理

人体在整个生命过程中,每时每刻都会产生大量的生物医学信号。例如,电信号有心电

（ECG）、脑电（EEG）、肌电（EMG）、眼电（EOG）、胃电（EGG）等；非电信号有体温、血压、心音、心输出量及肺潮气量等，通过相应的传感器，都可转变成电信号。这些信号的主要特点是信号弱，噪声强，频率范围低，随机性强。因此要求采用有效的去除噪声的算法和处理随机信号的手段。例如，采用相干平均算法、相关处理、数字滤波算法、功率谱估计、参数模型方法、时频分布（维格纳分布）、小波变换、时变参数模型、自适应处理等算法，以及混沌处理与分形等。近年来，生物医学信号处理已成为数字信号处理技术最活跃的领域之一。

1.4.7 声 呐

声呐（sonar）是利用水中声波对水下目标进行探测、定位和通信的电子设备，是水声学中应用最广泛、最重要的一种装置。"SONAR"一词是 Sound Navigation and Ranging（声音导航测距）的缩写，即"义音兼顾"的译称。

声呐除用于水下目标的探测、分类、定位和跟踪之外；还可用于水下通信、导航、鱼雷制导、水雷引信，以及鱼群探测、海洋石油勘探、水下作业、水文测量和海底地质地貌的勘测等。它通常分为主动声呐和被动声呐。主动声呐是指声呐主动发射声波"照射"目标，而后接收水中目标反射的回波以测定目标的参数。被动声呐是指声呐被动接收舰船等水中目标产生的辐射噪声和水声设备发射的信号，以测定目标的方位。声呐可看做水中的雷达，其信号处理的任务主要体现在对微弱的目标回波信号进行监测与分析，从而实现对目标进行探测、定位、跟踪、导航、成像显示等目的。经常用到的数字信号处理技术包括滤波、门限比较、谱估计等。显然，数字信号处理技术是声呐的重要基础。

1.4.8 地球物理学

地球物理学是 20 世纪中叶以后迅速发展起来的一门边缘科学。它是以物理学、数学和信息科学为依托的一门科学。具体来说，就是用物理学的原理和方法，先进的电子和信息技术、地基监测和空间探测技术对各种地球物理场进行观测，探索地球内部奥秘（例如其物质组成及演化规律等），发现地球内部的各种物理过程并揭示其规律，研究与其相关的各种自然现象及其变化规律。例如，地震发生的规律、地震监测与预报、地震信号分析，火山活动规律，石油和矿藏的勘探等，这些工作都离不开数字信号处理技术。

上面只从 8 个方面介绍了数字信号处理技术的应用领域。可以说，几乎所有的工程领域都离不开数字信号处理，就是在科学研究和探讨中，数字信号处理也是常常采用的手段之一。

1.5 本书内容的安排

从上面的介绍可以看出，数字信号处理的内容十分丰富。本书仅阐述数字信号处理的基本理论和基本方法，适合于高等学校本科生学习之用；也是科研与工程技术人员进入数字信号处理领域的入门的参考书。考虑到计算机工程专业的特点，对数字信号处理的内容重新进行了安排和取舍。

1.5.1 指导思想

由于计算机工程专业不设"信号与系统"课程，仅在"电路和信号"课程中，简要地介绍了连续时间信号和系统，信号与系统的概念相对比较薄弱，特别是，离散时间信号和系统几乎没有涉及。本书以信号、算法和系统为主线，逐步展开相关内容，将信号视为数字信号处理的研究对象，将系统看做研究数字信号的工具，将算法作为研究数字信号的方法。作为研究对象，必须进行科学地描述与表征,只有这样才能深刻认识它;作为工具,必须熟练掌握其性能和特性;作为方法,必须熟练灵活运用。因此,在数字信号处理中,作为研究对象的离散时间信号或数字信号,其时域、频域的描述与表征是研究的一个主要内容。离散傅里叶变换(DFT)实际上就是一种算法,离散傅里叶变换又是单位圆上 z 变换;快速傅里叶变换只是 DFT 的一种快速算法。将变换看做是算法,对于擅长算法的计算机各个专业的学生来说,更容易接受和理解,更具亲切感。在学习和研究了离散时间系统之后,对数字滤波器的概念就会更容易接受。所谓"数字滤波器"就是根据需要人们设计的一个离散时间系统;"数字滤波器设计"就是构建一个满足要求的系统函数或单位抽样响应;"滤波"就是在时域实现一种卷积运算,或者在频域完成一种乘法运算。这些工作一般可由软件实现,因此数字滤波器的问题就变成了算法设计和实现。由此可见,在学习了基本理论和掌握了基本概念之后,数字信号处理课程的学习就变成了一门算法实践课。当然,概念的掌握是一个至关重要的问题。学习是一个知识积累的过程。知识的积累要靠概念的掌握,只有彻底地懂得了原有的概念,才能建立新的概念,如此就建立起许多概念,从而攀登上一个较高的学术研究平台,乃至成为一代宗师。

1.5.2 本书的内容

考虑到本科生教材的基础性,本书的主要内容包括:离散时间信号和离散时间系统,z 变换与离散时间系统分析,离散傅里叶变换(DFT)的原理与算法,快速傅里叶变换(FFT)的基本算法,数字滤波器的设计,语音信号处理和图像处理。关于随机信号的分析与处理,以及一些较高深的数字信号处理与方法,如卡尔曼滤波器、自适应滤波器、谱估计、反卷积、同态滤波、小波变换等内容,将是研究生进一步学习的内容。

本章小结

本章以信息为切入点,首先介绍了信息与信号的概念及其两者的关系。然后借以信号的分类将内容展开,介绍了数字信号与数字信号处理的基本概念、基本运算与主要研究内容,在回顾发展史时顺便介绍了数字信号处理的基本理论以及实现方法。在介绍中,特别注重了数字信号处理是算法集合的理念,这有助于提高读者,特别是学习和从事计算机各专业的人们的学习兴趣。

思考题与习题

1. 什么是信号与信息,两者有何区别?
2. 什么是模拟信号,什么是数字信号,两者有何区别?
3. 数字信号处理的含义是什么?
4. 信号都有哪些描述方法?
5. 数字信号处理的基本理论都包括哪些?
6. 数字信号处理的主要研究内容是什么?
7. 数字信号处理的基本运算主要包括哪些?
8. 为什么说数字信号处理是算法的集合?

第2章

离散时间信号与系统

　　本章首先介绍了离散时间信号(序列)的基本概念,包括序列的描述方法、基本运算和常用序列,重点分析了卷积和;然后介绍了离散时间信号系统的描述方法,并讨论了该系统的线性、移不变性、因果性和稳定性;再次简介了常系数线性差分方程的基本概念,并举例说明了迭代法;最后,介绍了连续时间信号的抽样,包括抽样的基本概念、理想抽样和实际抽样,以理想抽样为切入点,较为详尽地分析了离散时间信号(抽样信号)的频谱,并引出了抽样定理。

2.1　离散时间信号

　　一个信号可以定义为一个函数,一个函数可以表示一个信号。在数字信号处理中,信号和函数是通用的。当自变量只在一些离散的时间点上,信号才有值,或者说信号只在一些离散的时间点上有定义,这样的信号称为离散时间信号。离散时间信号可以由一个连续时间信号的采样得到,也可以直接由某一个离散时间过程产生。

2.1.1　离散时间信号与数字信号

　　信号的抽样与量化,即实现信号数字化,可用图 2-1 来说明。图(a)表示对连续时间信号 $x_a(t)$ 进行抽样,得到离散时间信号 $x_a(nT)$。信号 $x_a(nT)$ 只是在时间上进行了离散,其幅度取值还是连续的。对信号 $x_a(nT)$ 的每个幅度值进行离散的过程称为"量化"。量化首先根据精确度确定最小量化单位;在二进制计数体制中,最小量化单位为 $1/2^N$,其中 N 为二进制数的位数;然后针对每个幅度值取其最小量化单位的整数倍(不足的 4 舍 5 入)作为该幅度值的量化值。这样信号的幅度也就实现了离散,即只取最小量化单位整数倍的那些值。这时的信号记作 $x(n)$,它是按定义得到的数字信号,如图(b)所示。

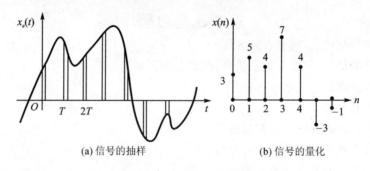

(a) 信号的抽样　　　　　　　　(b) 信号的量化

图 2-1　信号的抽样与量化

　　虽然离散时间信号与数字信号是有严格区别的,但是在数字信号处理的文献和教科书中,"离散时间信号"与"数字信号"这两个词是通用的。这是因为数字信号处理装置是由计算机或专用信号处理芯片实现的,它们都是基于二进制的设备,处理中自然而然地就对每个处理数值进行了量化。这是不言自明的问题。

🧭 2.1.2　离散时间信号——序列

离散时间信号又称为序列。通常,离散时间信号的间隔为 T,且是均匀的,故用 $x(nT)$ 表示在时刻 nT 的信号值。由于 $x(nT)$ 存在存储器中,一般又为非实时处理,所以可以用 $x(n)$ 表示 $x(nT)$,即表示第 n 个离散时间点的信号值,这样 $x(n)$ 就表示一系列的“数”,即序列,也称为数字序列,记作$\{x(n)\}$。为了方便,在数字信号处理的文献和教科书中,通常用 $x(n)$ 表示序列$\{x(n)\}$,本书也是如此。

🧭 2.1.3　序列的运算

对序列可以实行各种运算,常用的运算有移位、翻褶(折迭)、求和、加权、乘积、累加、差分、尺度变换和卷积和。

1. 移　位

当 m 为正时,序列 $x(n-m)$ 表示序列 $x(n)$ 依次右移 m 位;而 $x(n+m)$ 则表示依次左移 m 位。

例 2 - 1　设序列

$$x(n)=\begin{cases}\dfrac{1}{2}\left(\dfrac{1}{2}\right)^{n} & (n\geqslant-1)\\ 0 & (n<-1)\end{cases}$$

求左移序列 $x(n+1)$。

解　由已知,可得

$$x(n+1)=\begin{cases}\dfrac{1}{2}\left(\dfrac{1}{2}\right)^{n+1}\\ 0\end{cases}=\begin{cases}\dfrac{1}{4}\left(\dfrac{1}{2}\right)^{n} & (n\geqslant-2)\\ 0 & (n<-2)\end{cases}$$

序列 $x(n)$ 和 $x(n+1)$ 的图形分别如图 2 - 2(a)和(b)所示。

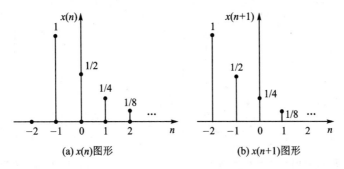

(a) $x(n)$图形　　　　(b) $x(n+1)$图形

图 2 - 2　序列 $x(n)$ 和 $x(n+1)$ 的图形

2. 翻褶(折迭)

设序列 $x(n)$,则 $x(-n)$ 表示 $x(n)$ 的翻褶序列,即以 $n=0$ 为对称轴,将 $x(n)$ 加以翻褶或折迭。例如,序列

$$x(n)=\begin{cases}\dfrac{1}{2}\left(\dfrac{1}{2}\right)^{n} & (n\geqslant1)\\ 0 & (n<-1)\end{cases}$$

的翻褶序列为

$$x(-n) = \begin{cases} \dfrac{1}{2}\left(\dfrac{1}{2}\right)^n & (n \leqslant 1) \\ 0 & (n > 1) \end{cases}$$

它们的图形如图 2-3 所示。

3. 加　权

加权是指序列的各个值乘以权重,即将序列的值扩大一个倍数或缩小几分之一。

4. 和

两序列的和是指将同序号的序列值逐项对应相加得一新序列,该新序列就表示相加的两个序列之和。

例 2-2　已知序列

$$x(n) = \begin{cases} \dfrac{1}{2}\left(\dfrac{1}{2}\right)^n & (n \geqslant -1) \\ 0 & (n < -1) \end{cases}$$

和

$$y(n) = \begin{cases} 2^n & (n < 0) \\ n+1 & (n \geqslant 0) \end{cases}$$

求它们的和。

解　$z(n) = x(n) + y(n) = \begin{cases} 2^n & (n < -1) \\ \dfrac{3}{2} & (n = -1) \\ \dfrac{1}{2}\left(\dfrac{1}{2}\right)^n + n + 1 & (n \geqslant 0) \end{cases}$

其图形如图 2-4 所示。

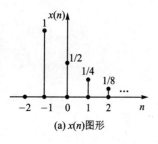

(a) $x(n)$图形

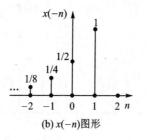

(b) $x(-n)$图形

图 2-3　序列 $x(n)$ 和 $x(-n)$ 的图形

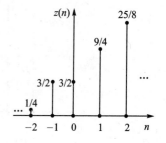

图 2-4　序列 $z(n)$ 的图形

5. 乘　积

两个序列的乘积是指同序号的序列值逐项对应相乘,记为 $z(n) = x(n) \cdot y(n)$。

例 2-3　已知序列

$$x(n) = \begin{cases} \dfrac{1}{2}\left(\dfrac{1}{2}\right)^n & (n \geqslant -1) \\ 0 & (n < -1) \end{cases}$$

和

$$y(n) = \begin{cases} 2^n & (n < 0) \\ n+1 & (n \geqslant 0) \end{cases}$$

求它们的乘积。

解　由题意可得

$$z(n) = x(n) \cdot y(n) = \begin{cases} 0 & (n < -1) \\ \dfrac{1}{2} & (n = -1) \\ \dfrac{1}{2}(n+1)\left(\dfrac{1}{2}\right)^{n} & (n \geqslant 0) \end{cases}$$

6. 累 加

设某一序列为 $x(n)$，则 $x(n)$ 的累加序列 $y(n)$ 定义为

$$y(n) = \sum_{k=-\infty}^{n} x(k) \tag{2-1}$$

即表示 n 以前的所有 $x(n)$ 的和。

7. 差 分

差分分为前向差分和后向差分。前向差分表示先将序列左移后，再相减，即

$$\Delta x(n) = x(n+1) - x(n) \tag{2-2}$$

后向差分表示先将序列右移后，再相减，即

$$\nabla x(n) = x(n) - x(n-1) \tag{2-3}$$

8. 尺度变换

"尺度变换"分为"抽取"和"插值"两种情况。抽取是将序列 $x(n)$ 变换成序列 $x(mn)$，其中 m 为正整数，即表示序列 $x(n)$ 的 m 个点，抽取 1 个点时所得到的序列。例如，序列 $x(2n)$ 相当序列 $x(n)$ 两个点取一点，序列 $x(n)$ 和 $x(2n)$ 的图形如图 2-5 所示。

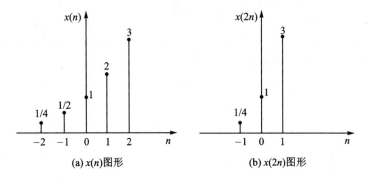

图 2-5　序列 $x(n)$ 和 $x(2n)$ 的图形

插值是将序列 $x(n)$ 变换成序列 $x(n/m)$，其中 m 为正整数，即表示序列 $x(n)$ 的两个值之间插入 $(m-1)$ 个值时所得到的序列。例如，序列 $x(n/2)$ 相当序列 $x(n)$ 的两个值之间插入 1 个值时所得到的序列。序列 $x(n)$ 和 $x(n/2)$ 的图形如图 2-6 所示。

9. 卷积和

设两个序列 $x(n), h(n)$，它们的卷积和 $y(n)$ 定义为

$$y(n) = \sum_{m=-\infty}^{\infty} x(m)h(n-m) = x(n) * h(n) =$$

$$\sum_{m=-\infty}^{\infty} h(m)x(n-m) = h(n) * x(n) \tag{2-4}$$

15

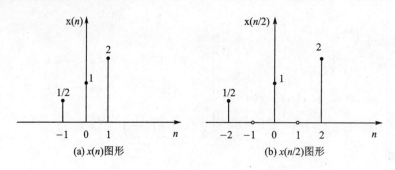

图 2-6 序列 $x(n)$ 和 $x(n/2)$ 的图形

分析卷积和的定义式可知,计算卷积和分四步进行:即折迭(翻褶)、位移、相乘、相加。翻褶是指在哑变量 m 坐标上作出 $x(m)$ 和 $h(m)$,再将 $h(m)$ 以 $m=0$ 的垂直轴为对称轴,翻褶成 $h(-m)$;位移是指将 $h(-m)$ 移位 n,得 $h(n-m)$;相乘是指将 $h(n-m)$ 和 $x(m)$ 的相同 m 值的对应点的值相乘;相加是指将上述所有对应点的值的乘积叠加起来。完成以上四步即可得卷积和 $y(n)$。

需要说明的是,对于有限长序列的卷积和的计算式而言,其求和的上下限由不翻褶序列的定义域确定。例如,若序列 $x(n)$ 的定义域为 $[a,b]$,则求和下限为 a,求和上限为 b。

例 2-4 已知序列

$$x(n) = \begin{cases} \dfrac{1}{2}n & (1 \leqslant n \leqslant 3) \\ 0 & (n<1, n>3) \end{cases}$$

和 $h(n) = \begin{cases} 1 & (0 \leqslant n \leqslant 2) \\ 0 & (n<0, n>2) \end{cases}$

求卷积和 $y(n) = x(n) * h(n)$。

解 进行翻褶,即以 $m=0$ 为对称轴,折迭 $h(m)$ 得到 $h(-m)$;对相同 m 值的 $h(-m)$ 和 $x(m)$ 的对应点的值进行相乘;将乘积相加,可得 $y(0)=0$。

将 $h(-m)$ 右移一个单元,得 $h(1-m)$,对相同 m 值的 $h(1-m)$ 和 $x(m)$ 的对应点的值进行相乘;将乘积相加,可得 $y(1)=1/2$。重复上述步骤 2,依次可得:

$$y(2) = \frac{1}{2} \times 1 + 1 \times 1 = \frac{3}{2}, y(3) = \frac{1}{2} \times 1 + 1 \times 1 + \frac{3}{2} \times 1 = 3$$

$$y(4) = \frac{1}{2} \times 0 + 1 \times 1 + \frac{3}{2} \times 1 + 0 \times 1 = \frac{5}{2}, y(5) = \frac{3}{2} \times 1 = \frac{3}{2}$$

整个计算过程如图 2-7 所示。

2.1.4 几种常用序列

下面,介绍几种常用的序列:单位抽样序列(单位冲激),单位阶跃序列,矩形序列,实指数序列,复指数序列和正弦型序列。

1. 单位抽样序列

单位抽样序列类似于连续时间信号与系统的单位冲激信号,其定义为

$$\delta(n) = \begin{cases} 1 & (n=0) \\ 0 & (n \neq 0) \end{cases} \tag{2-5}$$

单位抽样序列 $\delta(n)$ 及其右移序列 $\delta(n-m)$ 分别如图 2-8 和图 2-9 所示。

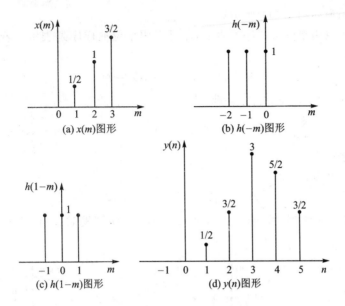

图 2-7　卷积和的计算过程

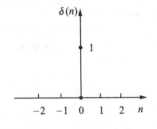

图 2-8　单位抽样序列

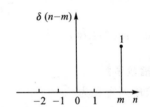

图 2-9　单位抽样序列的移位

2. 单位阶跃序列

单位阶跃序列类似于连续时间信号与系统的单位阶跃信号,其定义为

$$u(n) = \begin{cases} 1 & (n \geqslant 0) \\ 0 & (n < 0) \end{cases} \tag{2-6}$$

单位阶跃序列的图形如图 2-10 所示。

3. 单位抽样序列与单位阶跃序列的关系

单位抽样序列与单位阶跃序列都是最基本的序列,它们可以互为表征。若用单位阶跃序列表示单位抽样序列,则

$$\delta(n) = \nabla u(n) = u(n) - u(n-1) \tag{2-7}$$

若用单位抽样序列表示单位阶跃序列,则

$$u(n) = \sum_{m=0}^{\infty} \delta(n-m) = \delta(n) + \delta(n-1) + \delta(n-2) + \cdots \tag{2-8}$$

4. 矩形序列

矩形序列定义为

$$R_N(n) = \begin{cases} 1 & (0 \leqslant n \leqslant N-1) \\ 0 & (n < 0, n > N-1) \end{cases} \tag{2-9}$$

矩形序列的图形如图 2-11 所示。

矩形序列既可以用单位阶跃序列表示,也可以用单位抽样序列表示。若用单位阶跃序列表示矩形序列,则

$$R_N(n) = u(n) - u(n-N) \qquad (2-10)$$

若用单位抽样序列表示矩形序列,则

$$R_N(n) = \sum_{m=0}^{N-1} \delta(n-m) = \delta(n) + \delta(n-1) + \cdots + \delta[n-(N-1)] \qquad (2-11)$$

5. 实指数序列

实指数序列定义为

$$x(n) = a^n u(n) \qquad (2-12)$$

式中,a 为实数,当 $|a| < 1$ 时,序列收敛;而当 $|a| > 1$ 时,序列发散。当 $0 < a < 1$ 时,其图形如图 2-12 所示。

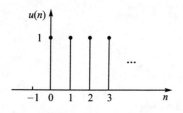

图 2-10　单位阶跃序列

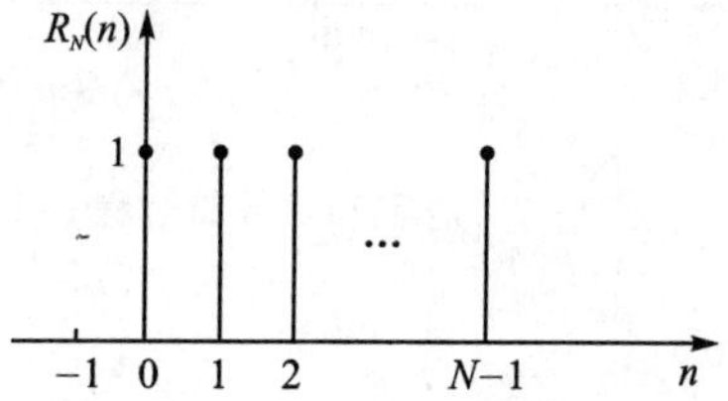

图 2-11　矩形序列

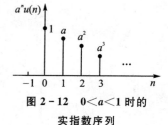

图 2-12　$0 < a < 1$ 时的
实指数序列

6. 复指数序列

复指数序列定义为

$$x(n) = e^{(\sigma + j\omega_0)n} = e^{\sigma n} e^{j\omega_0 n} = e^{\sigma n}(\cos \omega_0 n + j\sin \omega_0 n) \qquad (2-13)$$

复指数序列也可以用极坐标表示。

7. 正弦型序列

$$x(n) = A\sin(\omega_0 n + \phi)$$

式中,A 为幅度,ω_0 为数字频率。

2.1.5　任意序列的表征

序列与连续时间信号一样,它既可用函数表示,又可用图形表示。对于任意序列而言,其表征方法有:用基本(常用)序列,通过相应的运算表示;用单位抽样序列的位移加权和表示;用卷积和表示。

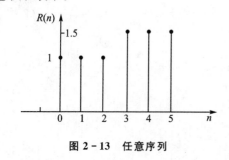

图 2-13　任意序列

1. 用基本序列的运算表示

这种表示方法视具体序列的情况,选择合适的基本序列和相应的运算。

例 2-5　用基本序列表示图 2-13 所示的序列。

解

观察图 2-13,不难发现序列 $R(n)$ 是由两个矩形序列合成的,并注意到后一个序列进行了加

权,因此可得

$$R(n) = [u(n) - u(n-2)] + [1.5u(n-3) - 1.5u(n-5)]$$

2. 用单位抽样序列的位移加权和表示

对于任何一个序列都可以表示为

$$x(n) = \sum_{m=-\infty}^{\infty} x(m)\delta(n-m) \tag{2-14}$$

式(2-14)表明,任意序列可用单位抽样序列的位移、"加权和"表示。这是因为,对于任意序列的各个数值,都可以用单位抽样序列的"加权值"表示,即

$$x(m)\delta(n-m) = \begin{cases} x(n) & (m = n) \\ 0 & (m \neq n) \end{cases}$$

然后将这些"加权值"相加,就得到原序列。这个过程可用图 2-14 来说明。

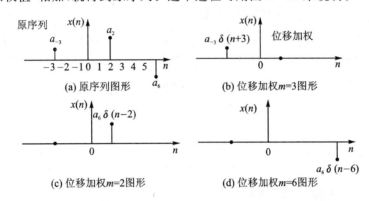

图 2-14　用单位抽样序列的位移加权和表示任意序列

例 2-6　试用单位抽样序列的位移加权和表示序列 $x(n) = [1, 3, -1, 2]$。

解　由于在这种表示中,序列的值就是单位抽样序列的权重,所以序列可表示为

$$x(n) = \delta(n) + 3\delta(n-1) - \delta(n-2) + 2\delta(n-3)$$

需要指出的是,用单位抽样序列的位移加权和表示任意序列的方式也称为闭式表示法,是一种非常有用的表示法。由于单位抽样序列的 z 变换(参阅第 3 章)很容易得出,所以通过这种表示方式易得序列的 z 变换。

3. 任意序列可看成序列本身与单位抽样序列的卷积和

例如,序列 $x(n)$ 亦可看成 $x(n)$ 和 $\delta(n)$ 的卷积和,即

$$x(n) = x(n) * \delta(n) = \sum_{m=-\infty}^{\infty} x(m)\delta(n-m) \tag{2-15}$$

其卷积过程如图 2-15 所示。

需要说明的是,式(2-14)是基于对单位抽样序列的计算操作来表征任意序列的;而式(2-15)是针对序列与单位抽样序列的卷积结果来描述任意序列的。这就是说,尽管表达式一样,但是揭示事物本质的角度是不同的。

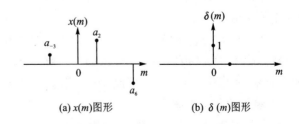

图 2-15　$x(n)$ 和 $\delta(n)$ 的卷积过程

1. 序列的周期性

如果存在一个最小的正整数 N,满足

$$x(n) = x(n+N) \qquad (2-16)$$

则序列 $x(n)$ 为周期性序列,N 为周期。

2. 序列的能量

序列 $x(n)$ 的能量定义为

$$E = \sum_{n=-\infty}^{\infty} |x(n)|^2 \qquad (2-17)$$

式(2-17)表明序列 $x(n)$ 的能量等于各个抽样值的平方和。

2.2 线性移不变离散时间系统

本节首先介绍线性系统和线性移不变系统,然后讨论线性移不变系统的表征方法和性质,最后叙述因果系统和稳定系统。

2.2.1 线性系统

系统(system)是指由若干相互作用和相互依赖的事物组合而成的具有某种特定功能的整体。实际上,系统是表示对输入信号的一种运算,所以离散时间系统就表示对输入序列的运算,即 $y(n) = T[x(n)]$,如图 2-16 所示。

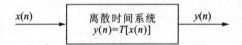

$x(n)$ → 离散时间系统 $y(n)=T[x(n)]$ → $y(n)$

图 2-16 离散时间系统的模型

如果系统具有均匀性和迭加性,则该系统就是线性系统。具体地,设 $y_1(n) = T[x_1(n)]$,$y_2(n) = T[x_2(n)]$,则有 $T[a_1 x_1(n) + a_2 x_2(n)] = a_1 T[x_1(n)] + a_2 T[x_2(n)]$,该系统就是线性系统。这表明,信号"加权和"的系统响应等于系统响应的"加权和"的系统是线性系统;或表述为,先对信号运算、后系统操作,等于先系统操作、后对信号运算的系统就是线性系统。

2.2.2 移不变系统与线性移不变系统

1. 移不变系统

对于某系统,如果 $T[x(n)] = y(n)$,则有

$$T[x(n-m)] = y(n-m) \qquad (2-18)$$

满足式(2-18)的系统称为移不变系统。这表明,移不变系统的参数是不随时间变化的。也就是说,输出波形不随输入信号加入的时间而变化的系统称为移不变系统。移不变系统也常称为时不变系统。如果将 $T[\cdot]$ 理解为系统操作,$y(\cdot)$ 为输出函数操作,移不变系统将满足"系统操作等于函数操作"。

例 2-7 试分析系统 $y(n) = 3x(n) + 4$ 是否为移不变系统。

解 因为 $T[x(n)] = y(n) = 3x(n) + 4$,所以 $T[x(n-m)] = 3x(n-m) + 4 = y(n-m)$,亦即 $T[x(n-m)] = y(n-m)$。因此,$y(n) = 3x(n) + 4$ 是移不变系统。

2. 线性移不变系统

具有移不变特性的线性系统,即满足式(2-18)的线性系统,或称为线性移不变系统 LSI (Linear Shift Invariant)。线性移不变系统也称为线性时不变系统,是应用最广泛的线性

系统。

2.2.3　线性移不变系统的表征方法

线性移不变系统的表征方法有 3 种：一是单位抽样响应；二是差分方程；三是系统函数。它们从不同角度描述线性移不变系统，都能反映系统的特性和本质，而且这 3 种表征方法之间可以相互转换。

1. 单位抽样响应与卷积和

(1) 单位抽样响应

单位抽样响应是指当线性移不变系统的输入为单位抽样序列 $\delta(n)$ 时的系统输出，通常记为 $h(n)$，即

$$h(n) = T[\delta(n)] = \sum_{n=-\infty}^{\infty} h(m)\delta(n-m) \tag{2-19}$$

单位抽样响应 $h(n)$ 是表示系统特性的一个重要的物理量，其模型如图 2－17 所示。

需要指出的是，不同的线性移不变系统具有不同单位抽样响应 $h(n)$。也就是说，单位抽样响应 $h(n)$ 唯一地表征了系统的特性。

(2) 卷积和

设线性移不变系统的输入为序列 $x(n)$，输出为 $y(n)$。由于序列 $x(n)$ 可表示为

$$x(n) = \sum_{m=-\infty}^{\infty} x(m)\delta(n-m)$$

所以线性移不变系统的输出 $y(n)$ 可表示为

$$y(n) = T[x(n)] = T\left[\sum_{m=-\infty}^{\infty} x(m)\delta(n-m)\right] = \sum_{m=-\infty}^{\infty} x(m)T[\delta(n-m)] =$$

$$\sum_{m=-\infty}^{\infty} x(m)h(n-m) = x(n) * h(n) \tag{2-20}$$

式(2－20)表明，线性移不变系统的输出等于该系统的输入与单位抽样响应的卷积(和)。线性移不变系统的模型如图 2－18 所示。

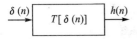

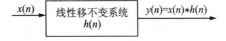

图 2－17　单位抽样响应 $h(n)$

图 2－18　线性移不变系统的模型

2. 差分方程表示法

差分方程是线性移不变系统一种表示方法。下面将专列一节来介绍差分方程。

3. 系统函数表示法

系统函数是线性移不变系统一种重要的表示方法，将在第 3 章专列一节来介绍。

2.2.4　线性移不变系统的性质

由于线性移不变系统的输出为系统输入与其单位抽样响应的卷积，故根据卷积特性所派生出的系统特性有交换律、结合律以及对加法的分配律。

1. 系统输入与单位抽样响应可交换

因卷积结果与进行卷积的两个序列的次序无关，所以有

$$y(n) = x(n) * h(n) = h(n) * x(n) \tag{2-21}$$

式(2-21)表明,将单位抽样响应 $h(n)$ 改为系统输入,而把 $x(n)$ 看做系统的单位抽样响应,则系统的输出 $y(n)$ 不变,即 $x(n)$ 与 $h(n)$ 的交换不影响输出,如图 2-19 所示。

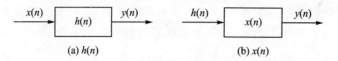

图 2-19　线性移不变系统的交换律

2. 两个线性移不变系统级联仍为线性移不变系统

由于

$$y(n) = x(n) * h_1(n) * h_2(n) = [x(n) * h_1(n)] * h_2(n) =$$
$$x(n) * [h_1(n) * h_2(n)] = [x(n) * h_2(n)] * h_1(n) \qquad (2-22)$$

所以,当两个线性移不变系统级联时,输入信号可以先加入第一个系统,也可以先加入第二个系统,还可以将两个线性移不变系统视为一个系统,其输出均不变,如图 2-20 所示。

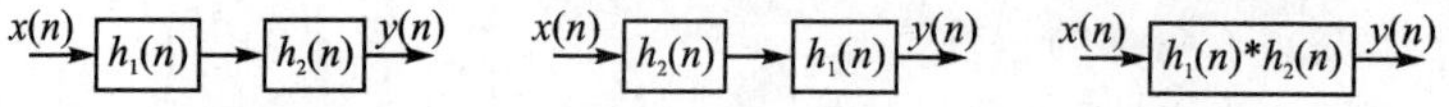

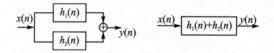

图 2-20　两个线性移不变系统级联方式不影响输出

式(2-22)和图 2-20 表明,两个线性移不变系统级联方式虽然改变,但输出不变,即不改变系统的性质。

3. 并联的两个线性移不变系统可等效为一个系统

由于

$$y(n) = x(n) * h_1(n) + x(n) * h_2(n) = x(n) * [h_1(n) + h_2(n)] \qquad (2-23)$$

所以并联的两个线性移不变系统可等效为一个系统(单位抽样响应为 $[h_1(n) + h_2(n)]$),如图 2-21 所示。

图 2-21　并联的两个线性移不变系统等效为一个系统

2.2.5　因果与稳定系统

1. 因果系统

因果系统是非常重要的一类系统,定义某时刻的输出只取决于此刻以及以前时刻的输入的系统为因果系统。实际系统一般都是因果系统。线性移不变因果系统的充要条件为

$$h(n) = 0, \quad n < 0 \qquad (2-24)$$

在分析系统的因果性时应注意以下几点:一是在图像处理中,因变量不是时间,因果性不是根本限制;二是在非实时处理中,由于待处理的数据事先已记录下来,所以不能用因果系统来处理这些数据,例如语音信号、气象等处理的情况;三是如果将“平均去噪处理”看做是一种系统操作,这种系统也是非因果系统。

例如,系统 $y(n) = x(-n)$ 是非因果系统。这是因为当 $n < 0$ 时的输出,取决于 $n > 0$ 时的输入,不符合因果系统的定义。

在考查系统的因果性时,应把输入信号与非输入信号区别开来。例如,某系统的输入为 $x(n)$,输出为 $y(n)$,考查系统 $y(n)=x(n)\sin(n+2)$ 的因果性。由于限定 $x(n)$ 只为系统的输入信号,所以该系统为因果系统。

2. 稳定系统

有界的输入产生有界的输出的系统称为稳定系统。设系统的输入为 $x(n)$,输出为 $y(n)$,对稳定系统而言,若

$$|x(n)| \leqslant M < \infty$$

则有

$$|y(n)| \leqslant P < \infty$$

线性移不变稳定系统的充要条件是

$$\sum_{n=-\infty}^{\infty} |h(n)| = P < \infty \qquad (2-25)$$

例 2-8　设某一线性移不变系统的单位抽样响应为 $h(n)=a^n u(n)$,试分析该系统的因果性和稳定性。

解　由于当 $n<0$ 时,$h(n)=0$,所以该系统是因果系统。

又由于

$$\sum_{n=-\infty}^{\infty} |h(n)| = \sum_{n=-\infty}^{\infty} |a^n| = \begin{cases} \dfrac{1}{1-|a|} & (|a|<1) \\ \infty & (|a| \geqslant 1) \end{cases}$$

所以当 $|a|<1$ 时,系统是稳定的。

2.3　常系数线性差分方程

由离散变量 n 的函数 $x(n)$、$y(n)$ 及其位移函数 $x(n-m)$、$y(n-k)$ 线性叠加而构成的方程称为差分方程。常系数线性差分方程是表示线性移不变系统的一种方法。本节介绍常系数线性差分方程描述方法、一般解法,简要介绍用迭代法求解差分方程的方法,以及用差分方程如何描述系统的运算结构。

2.3.1　常系数线性差分方程描述方法与解法

1. 描述方法

与用常系数线性微分方程表示连续时间线性时不变系统类似,可用常系数线性差分方程描述离散时间线性移不变系统,其一般形式为

$$\sum_{k=0}^{N} a_k y(n-k) = \sum_{m=0}^{M} b_m x(n-m) \qquad (2-26)$$

式中,$x(n-m)(m=0,1,2,\cdots,M)$ 表示系统的输入序列,$y(n-k)\ (k=0,1,2,\cdots,N)$ 表示系统的输出序列,常系数是指式(2-26)中的系数 $a_1,a_2,\cdots,a_N,b_1,b_2,\cdots,b_M$ 都是常数;线性是指 $x(n-m)$、$y(n-k)$ 各项都只有一次幂,且不存在它们的乘积项;差分方程的阶数是指输出序列 $y(n)$ 变量 n 的最大序号与最小序号之差,例如,式(2-26)表示差分方程的阶数为 $N-0=N$。

2. 常系数线性差分方程的解法

常系数线性差分方程可以在离散时域(序列域)求解,也可以在变换域求解。在离散时域有迭代法和卷积和法。迭代法比较简单,一般只能得到数值解,不易得到闭合形式;卷积和法

就是求零状态解,只要知道单位抽样响应,就可求得任意输入的输出响应。变换域就是用 z 变换求解,这类似于连续时间信号和系统的拉普拉斯变换法。

2.3.2 用迭代法求解常系数线性差分方程

起始状态为零的系统称为"松弛"系统。这时系统的单位抽样响应 $h(n)$ 完全代表系统特性,只要知道 $h(n)$,则任意输入下的系统的输出(响应)都可以求出。因此,关键就是求取系统的单位抽样响应 $h(n)$。下面,以求取系统的单位抽样响应 $h(n)$ 为例,来说明用迭代法求解常系数线性差分方程。

例 2 - 9 已知常系数线性差分方程为 $y(n)-a\,y(n-1)=x(n)$,试求因果系统的单位抽样响应 $h(n)$。

解 由于是因果系统,所以有 $h(n)=0$,$n<0$;因此,当 $x(n)=\delta(n)$,即 $y(n)=h(n)$ 时,代入原差分方程则得

$$h(n) = ah(n-1) + \delta(n)$$

将 $n=0$ 代入上式,则

$$h(0) = ah(-1) + \delta(0) = 0 + 1 = 1$$

将 $n=1$ 代入 $h(n)$ 式,并考虑到 $h(0)=1$,则

$$h(1) = ah(0) + \delta(1) = a + 0 = a$$

如此迭代下去,则

$$h(2) = ah(1) + \delta(2) = a^2 + 0 = a^2$$
$$\vdots$$
$$h(n) = ah(n-1) + \delta(n) = a^n + 0 = a^n$$

最后,得到

$$h(n) = \begin{cases} a^n & (n \geqslant 0) \\ 0 & (n < 0) \end{cases}$$

当 $|a|<1$ 时,该系统是稳定系统。

需要指出的是,一个常系数线性差分方程不一定代表因果系统,也不一定是线性移不变系统,这些都由边界(初始)条件所决定。但本书所讨论的系统都假定,常系数线性差分方程就代表线性移不变系统,且多数为因果系统。

2.3.3 系统的运算结构

由上面分析可知,差分方程无论多么复杂,也只包含加法、乘法和延迟 3 种运算。如果用符号或图形表示这 3 种运算,则完全可用一个运算模型来表示差分方程,这就是系统的运算结构。通常用"$\oplus$"表示加法(相加)器,用"$\otimes$"表示乘法器,用"z^{-1}"表示延时一位,信号的流向用有向线段(箭头)表示。下面,举例说明。

例 2 - 10 试用系统的运算模型(结构)表示常系数线性差分方程 $y(n)=b_0 x(n)-a_1 y(n-1)$。

解 根据题意,加法用"$\oplus$"表示,乘法用"$\otimes$"表示,延时一位用"z^{-1}"表示,信号的流向用有向线段(箭头)表示,则系统的运算结构如图 2 - 22 所示。

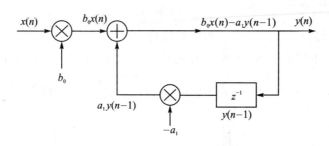

图 2－22　例 2－9 系统的运算结构

2.4　连续时间信号的抽样

本节将介绍抽样器与抽样过程、抽样定理、抽样信号的恢复、理想抽样与实际抽样。

2.4.1　抽样器与抽样过程

1. 抽样器的等效模型

实际抽样器的等效模型如图 2－23 所示。它实际上是一个可控开关 k。在控制脉冲 $P(t)$ 到来时，开关 k 闭合，抽样器的输出 $\hat{x}_a(t)$ 等于输入连续时间信号 $x_a(t)$；当控制脉冲 $P(t)$ 过后，开关 k 断开，输出为零。抽样器也常称为取样器或采样器。

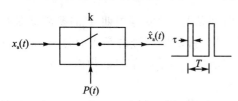

图 2－23　抽样器的等效模型

2. 抽样过程

抽样实际上完成一种乘法运算：

$$\hat{x}_a(t) = x_a(t) \cdot P(t)$$

即实现脉冲调幅。$\hat{x}_a(t)$ 称为抽样信号，$P(t)$ 为抽样脉冲序列，其持续时间为 τ，周期为 T，要求 $\tau \ll T$。连续时间信号 $x_a(t)$ 和抽样信号 $\hat{x}_a(t)$ 的波形如图 2－24 所示。由图 2－24 看出，只有在抽样脉冲的持续时间内，抽样信号才等于连续时间信号，而其他时间为零。

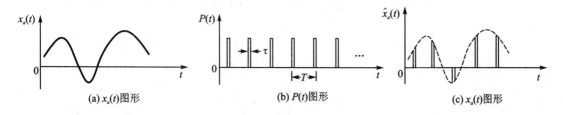

(a) $x_a(t)$图形　　　　(b) $P(t)$图形　　　　(c) $x_a(t)$图形

图 2－24　抽样信号 $\hat{x}_a(t)$ 的波形

2.4.2　理想抽样

由于实际抽样在分析抽样信号的频谱时会遇到数学上的困难，为此，一般是用理想抽样来导出离散时间信号的频谱。所谓理想抽样是指 $\tau \to 0$ 时的抽样，这时的抽样脉冲序列 $P(t)$ 变成单位冲激脉冲（函数）序列 $\delta_T(t)$，其表达式为

$$\delta_T(t) = \sum_{m=-\infty}^{\infty} \delta(t - mT) \qquad (2-27)$$

单位冲激脉冲（函数）序列的波形如图 2－25 所示。

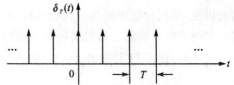

图 2－25　单位冲激脉冲（函数）序列

1. 理想抽样过程

理想抽样过程如图 2-26 所示。与实际抽样

类似，理想抽样就是单位冲激脉冲（函数）序列 $\delta_T(t)$ 与连续时间信号 $x_a(t)$ 的乘积，即

$$\hat{x}_a(t) = x_a(t) \cdot \delta_T(t) = x_a(t) \sum_{m=-\infty}^{\infty} \delta(t - mT) \qquad (2-28)$$

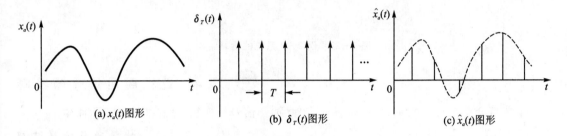

(a) $x_a(t)$图形 (b) $\delta_T(t)$图形 (c) $\hat{x}_a(t)$图形

图 2-26　理想抽样过程

2. 抽/取样定理

经过抽样获得的抽样信号能否代表原来的连续时间信号，对取样周期 T 的要求又是什么？取样定理很好地回答了这个问题。取样定理是通过分析取样信号的频谱而得出的，为此需要知道单位冲激脉冲序列的频谱，进而利用频域卷积定理求得取样信号的频谱。

（1）单位冲激（脉冲）序列的频谱

由图 2-25 可知，因为单位冲激（脉冲）序列 $\delta_T(t)$ 为周期函数，所以它可展为（复数）傅里叶级数

$$\delta_T(t) = \sum_{k=-\infty}^{\infty} A_k e^{jk\Omega_s t}$$

其中

$$A_k = \frac{1}{T} \int_{-T/2}^{T/2} \delta_T(t) e^{-jk\Omega_s t} dt = \frac{1}{T} \int_{-T/2}^{T/2} \sum_{m=-\infty}^{\infty} \delta(t - mT) e^{-jk\Omega_s t} dt = \frac{1}{T} \int_{-T/2}^{T/2} \delta(t) e^{-jk\Omega_s t} dt$$

考虑到

$$f(0) = \int_{-\infty}^{\infty} f(t) \delta(t) dt$$

所以

$$A_k = \frac{1}{T} e^0 = \frac{1}{T}$$

因此

$$\delta_T(t) = \frac{1}{T} \sum_{k=-\infty}^{\infty} e^{jk\Omega_s t} \qquad (2-29)$$

由此可见，单位冲激序列具有式（2-27）和（2-29）两种表示形式。由于它属于离散时间信号，所以其傅里叶变换称为离散时间信号的傅里叶变换，记作 DTFT。

设 $\delta_T(t)$ 的 DTFT 为 $\Delta_T(j\Omega)$，则

$$\Delta_T(j\Omega) = \text{DTFT}[\delta_T(t)] = \text{DTFT}\left[\frac{1}{T} \sum_{k=-\infty}^{\infty} e^{jk\Omega_s t}\right]$$

又因为 $x(t)=1$ 的傅里叶变换 $X(j\Omega)$ 为

$$X(j\Omega) = \int_{-\infty}^{\infty} e^{-j\Omega t}\,dt = 2\pi\delta(\Omega)$$

所以 $\delta_T(t)$ 的 DTFT 为

$$\Delta_T(j\Omega) = \text{DTFT}[\delta_T(t)] = \text{DTFT}\left[\frac{1}{T}\sum_{k=-\infty}^{\infty} e^{jk\Omega_s t}\right] =$$

$$\int_{-\infty}^{\infty}\left[\frac{1}{T}\sum_{k=-\infty}^{\infty} e^{jk\Omega_s t}\right]e^{-j\Omega t}\,dt = \frac{1}{T}\sum_{k=-\infty}^{\infty}\int_{-\infty}^{\infty} e^{-j(\Omega-k\Omega_s)t}\,dt =$$

$$\frac{1}{T}\sum_{k=-\infty}^{\infty} 2\pi\delta(\Omega-k\Omega_s) = \frac{2\pi}{T}\sum_{k=-\infty}^{\infty}\delta(\Omega-k\Omega_s) = \Omega_s\sum_{k=-\infty}^{\infty}\delta(\Omega-k\Omega_s) \tag{2-30}$$

式(2-30)表明,单位冲激序列的 DTFT 仍为一个
冲激序列,即单位冲激序列的频谱是一个冲激序列
谱,如图 2-27 所示。

（2）抽样信号的频谱

设连续时间信号 $x_a(t)$ 的频谱为 $X_a(j\Omega)$,抽样

信号 $\hat{x}_a(t)$ 的频谱为 $\hat{X}_a(j\Omega)$,根据频域卷积定理,
由式(2-28)至(2-30)可得

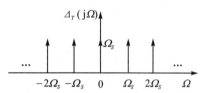

图 2-27　单位冲激序列的频谱

$$\hat{X}_a(j\Omega) = F[x_a(t)\cdot\delta_T(t)] = \frac{1}{2\pi}[X_a(j\Omega)*\Delta_T(j\Omega)] =$$

$$\frac{1}{2\pi}\int_{-\infty}^{\infty} X_a(j\theta)\Delta_T(j\Omega-\theta)\,d\theta =$$

$$\frac{1}{2\pi}\int_{-\infty}^{\infty} X_a(j\theta)\frac{2\pi}{T}\sum_{k=-\infty}^{\infty}\delta(\Omega-k\Omega_s-\theta)\,d\theta =$$

$$\frac{1}{T}\sum_{k=-\infty}^{\infty}\int_{-\infty}^{\infty} X_a(j\theta)\delta(\Omega-k\Omega_s-\theta)\,d\theta =$$

$$\frac{1}{T}\sum_{k=-\infty}^{\infty} X_a(j\Omega-jk\Omega_s) = \frac{1}{T}\sum_{k=-\infty}^{\infty} X_a\left(j\Omega-jk\frac{2\pi}{T}\right) \tag{2-31}$$

式(2-31)表明,抽样信号(离散时间信号)$\hat{x}_a(t)$ 的频谱与连续时间信号 $x_a(t)$ 的频谱密切相
关,即 $\hat{x}_a(t)$ 由无限多个 $1/T$ 倍的连续时间信号 $x_a(t)$ 的频谱叠加而成;具体地,$k=0$ 时,为
$1/T$ 倍的连续时间信号频谱,$k=1$ 时,为右移 Ω_s 的 $1/T$ 倍的连续时间信号频谱,$k=-1$ 时,为
左移 Ω_s 的 $1/T$ 倍的连续时间信号频谱,依次类推。简言之,抽样信号的频谱是原连续时间信
号频谱的周期延拓(沿频率轴依次顺延 Ω_s,或者以 Ω_s 为间隔进行重复)。抽样信号的频谱与
原连续时间信号频谱的关系如图 2-28 所示。

需要指出的是,抽样信号(离散时间信号)的频谱也称为数字频谱。这是因为在数字信号
处理的文献和教科书中,"离散时间信号"与"数字信号"这两个词是通用的缘故。

（3）取样定理

由图 2-28 可以看出,当不计比例系数(1/T)或看作 1 时,则有

$$|\hat{x}_a(j\Omega)| = |X_a(j\Omega)|,\quad |\Omega_h|\leqslant\frac{\Omega_s}{2} \tag{2-32}$$

27

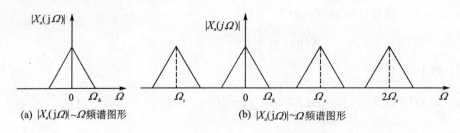

(a) $|X_a(j\Omega)|\sim\Omega$频谱图形　　　　(b) $|X_s(j\Omega)|\sim\Omega$频谱图形

图 2 – 28　连续时间信号与抽样信号的频谱

式（2 – 32）表明，当采样频率 $\Omega_s(=2\pi f_s=2\pi/T)$ 大于等于原来连续时间信号的最高频率分量 $\Omega_h(=2\pi f_h)$ 两倍时，抽样信号的频谱与原来连续时间信号频谱等价。换言之，用一个截止频

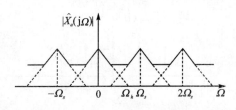

图 2 – 29　抽样信号的"频谱混叠"

率为 $\Omega_s/2$ 的低通滤波器对 $\hat{X}_a(j\Omega)$ 进行滤波可以得到 $X_a(j\Omega)$，亦即能从取样信号恢复出原信号。上面表述的内容这就是奈奎斯特取样定理，其中 $\Omega_s/2$ 称为折叠频率，而频率 $\Omega_s=2\Omega_h$ 或 $f_s=2f_h$ 称为奈奎斯特取样频率。否则，当 $\Omega_s<2\Omega_h$ 时，抽样信号的频谱会发生"频谱混叠"，如图 2 – 29 所示。

2.4.3　抽样的恢复

如上所述，当满足取样定理进行抽样时，将取样信号通过一个低通滤波器可以得到原信号，这一过程称为抽样恢复。下面，来分析这一过程。

1. 低通滤波器

一个理想低通滤波器的频响表达式为

$$H(j\Omega)=\begin{cases} T & \left(|\Omega|<\dfrac{\Omega_s}{2}\right) \\[2mm] 0 & \left(|\Omega|\geqslant\dfrac{\Omega_s}{2}\right) \end{cases} \qquad(2-33)$$

其系统函数的图形如图 2 – 30 所示。

理想低通滤波器的单位冲激响应 $h(t)$ 为

$$h(t)=F^{-1}[H(j\Omega)]=\frac{1}{2\pi}\int_{-\infty}^{\infty}H(j\Omega)e^{j\Omega t}d\Omega=$$

$$\frac{1}{2\pi}\int_{-\Omega_s/2}^{\Omega_s/2}T\cdot e^{j\Omega t}d\Omega=\frac{\sin\dfrac{\Omega_s}{2}t}{\dfrac{\Omega_s}{2}t}=\frac{\sin\dfrac{\pi}{T}t}{\dfrac{\pi}{T}t}=\mathrm{Sa}\frac{\pi}{T}t \qquad(2-34)$$

式中，$\Omega_s=2\pi/T$，可见理想低通滤波器的单位冲激响应 $h(t)$ 是一个取样函数。

2. 低通滤波器的输出

取样信号通过理想低通滤波器的模型可用图 2 – 31 表示。低通滤波器的输出既可以在时域求得，也可以在频域求得。根据线性移不变系统的输入、输出关系，在时域低通滤波器的输出为

$$x_a(t) = \int_{-\infty}^{\infty} \hat{x}_a(\tau) h(t-\tau) \mathrm{d}\tau \qquad (2-35)$$

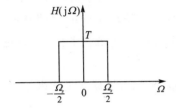

图 2 - 30 理想低通滤波器的系统函数

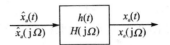

图 2 - 31 理想低通滤波器的滤波模型

将式(2-28)代入式(2-35)中,并考虑到冲激函数的取样特性和式(2-34),可得

$$x_a(t) = \int_{-\infty}^{\infty} \left[x_a(\tau) \sum_{m=-\infty}^{\infty} \delta(\tau - mT) \right] h(t-\tau) \mathrm{d}\tau =$$

$$\sum_{m=-\infty}^{\infty} \int_{-\infty}^{\infty} x_a(\tau) h(t-\tau) \delta(\tau - mT) \mathrm{d}T =$$

$$\sum_{m=-\infty}^{\infty} x_a(mT) h(t-mT) = \sum_{m=-\infty}^{\infty} x_a(mT) \mathrm{Sa} \frac{\pi}{T}(t-mT) \qquad (2-36)$$

式中,$\mathrm{Sa} \dfrac{\pi}{T}(t-mT)$ 称为插值函数,其波形如图 2-32 所示。由图 2-32 不难看出,$m=1$ 较之 $m=0$ 的插值函数波形右移一个周期 T;同样,$m=-1$ 较之 $m=0$ 的插值函数波形左移一个周期 T;m 的其他情况,可依次类推;而且,在抽样点 $t=mT$ 上,插值函数的值为1;在其余(如 $t=(m+1)T$ 等)抽样点上,插值函数的值为 0。

由式(2-36)看出,在抽样点上,由于插值函数的值为 1,所以等式两端显然相等,即这时通过低通滤波器的取样信号等于原信号;而抽样点之间,低通滤波器的输出信号则由各个抽样函数 $\left[x_a(T) \mathrm{Sa} \dfrac{\pi}{T}(t-T), x_a(2T) \mathrm{Sa} \dfrac{\pi}{T}(t-2T), \cdots \right]$ 波形的延伸叠加而成。简言之,在式(2-36)中,如果将原信号抽样点的值看做插值函数的权重,则取样信号通过低通滤波器的输出就可表述为插值函数加权和。这种过程称为抽样的插值恢复,如图 2-33 所示。

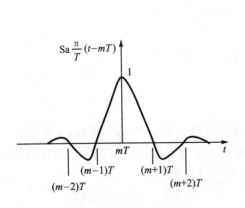

图 2 - 32 插值函数的波形

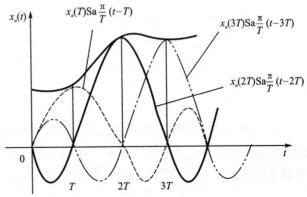

图 2 - 33 抽样的插值恢复

2.4.4 实际抽样

上面,在理想的情况下,对抽样的原理、过程进行了较详尽的分析,从而得出了抽样定理。在实际中,抽样脉冲不是冲激函数序列,而是一个有一定持续时间的周期脉冲,这时抽样定理是否适用,抽样信号的频谱又怎样? 是人们十分关心的问题。下面,将讨论实际抽样的情况。

对于图2-24所示的取样脉冲$P(t)$,因它是周期函数,所以可展成傅里叶级数:

$$P(t) = \sum_{k=-\infty}^{\infty} C_k e^{jk\Omega_s t} \tag{2-37}$$

设取样脉冲$P(t)$的幅度为1,则

$$C_k = \frac{1}{T}\int_{-T/2}^{T/2} P(t)e^{-jk\Omega_s t}dt = \frac{1}{T}\int_0^{\tau} e^{-jk\Omega_s t}dt =$$

$$\frac{\tau}{T}\frac{\sin\left(\dfrac{k\Omega_s\tau}{2}\right)}{\dfrac{k\Omega_s\tau}{2}}e^{-j\frac{k\Omega_s\tau}{2}} = \frac{\tau}{T}\mathrm{Sa}\left(\frac{k\Omega_s\tau}{2}\right)e^{-j\frac{k\Omega_s\tau}{2}} \tag{2-38}$$

因此,取样脉冲$P(t)$的DTFT为

$$P(j\Omega) = \mathrm{DTFT}[P(t)] = \int_{-\infty}^{\infty}\left(\sum_{k=-\infty}^{\infty} C_k e^{-jk\Omega_s t}\right)e^{-j\Omega t}dt =$$

$$\sum_{k=-\infty}^{\infty} C_k \int_{-\infty}^{\infty} e^{-j(\Omega-k\Omega_s)t}dt = \sum_{k=-\infty}^{\infty} C_k 2\pi\delta(\Omega-k\Omega_s) =$$

$$2\pi\sum_{k=-\infty}^{\infty} C_k\delta(\Omega-k\Omega_s) \tag{2-39}$$

仿照式(2-31)的推导,则

$$\hat{X}_a(j\Omega) = F[x_a(t)\cdot P(t)] = \frac{1}{2\pi}[X_a(j\Omega)*P(j\Omega)] =$$

$$\frac{1}{2\pi}\int_{-\infty}^{\infty} X_a(j\theta)P(j\Omega-\theta)d\theta =$$

$$\frac{1}{2\pi}\int_{-\infty}^{\infty} X_a(j\theta)2\pi\sum_{k=-\infty}^{\infty} C_k\delta(\Omega-k\Omega_s-\theta)d\theta =$$

$$\sum_{k=-\infty}^{\infty}\int_{-\infty}^{\infty} C_k X_a(j\theta)\delta(\Omega-k\Omega_s-\theta)d\theta =$$

$$\sum_{k=-\infty}^{\infty} C_k X_a(j\Omega-jk\Omega_s) \tag{2-40}$$

比较式(2-31)和(2-40)可知,实际抽样与理想抽样仅差一个系数C_k。因此,实际抽样的抽样信号频谱也是原信号频谱的周期延拓,只是幅度随频率增加有所降低。实际抽样的抽样信号频谱如图2-34所示。显然,抽样定理对实际抽样仍然有效。

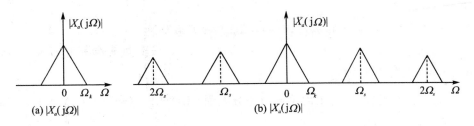

图 2 - 34　实际抽样的抽样信号频谱

本章小结

本章主要讨论了 4 个内容:离散时间信号、线性移不变离散时间系统、常系数差分方程和连续时间信号的抽样。在离散时间信号——序列中,首先介绍了离散时间信号和数字信号的异同点;接着讨论了序列的基本运算,特别是卷积运算;尔后又介绍了几种常用离散时间信号——序列。在线性移不变离散时间系统中,讨论了离散时间系统的线性、移不变性、因果性和稳定性,简介了线性移不变离散时间系统的表征方法。在常系数差分方程中,简介了该方程的描述方法和解法,举例说明了用迭代法如何求解常系数差分方程,并根据差分方程的描述方法导出了系统的运算结构。在连续时间信号的抽样中,首先介绍了抽样和抽样器的基本概念,然后较详尽地分析了理想抽样的基本原理和过程,并引出了取样定理,讨论取样信号的恢复问题;最后分析了实际取样的情况。

思考题与习题

2.1　常用的序列都有哪些?

2.2　举例说明序列的基本运算。卷积和的运算步骤是什么?

2.3　单位抽样序列与单位冲激信号(函数)有什么区别? 单位阶跃序列与单位阶跃信号(函数)有什么区别?

2.4　满足什么条件的序列是周期序列?

2.5　满足什么条件的系统才是线性移不变系统?

2.6　线性移不变系统的稳定性和因果性的充要条件是什么?

2.7　举例说明用常系数线性差分方程表示线性移不变系统的运算结构。

2.8　离散时间信号的频谱与原连续时间信号的频谱有什么区别?

2.9　抽样定理的内容是什么? 什么是奈奎斯特频率和折叠频率?

2.10　如何从取样信号恢复原信号?

2.11　已知线性移不变系统的输入为 $x(n)$,单位抽样响应为 $h(n)$,试求系统的输出 $y(n)$,并画图表示:

(1) $x(n)=\delta(n)$,　　$h(n)=R_5(n)$;

(2) $x(n)=\delta(n-2)$, $h(n)=0.5^n R_3(n)$。

2.12　试判断 (1) $y(n) = \sum_{m=-\infty}^{n} x(m)$; (2) $y(n) = [x(n)]^2$; (3) $y(n) = x(n)\sin\left(\dfrac{2\pi n}{5} + \dfrac{\pi}{3}\right)$ 是否是线性系统? 并判断(2)、(3)是否是移不变系统?

2.13　若下面序列是系统的单位抽样响应,试说明该系统是否是因果的与稳定的:(1)

$\delta(n+4)$；(2) $3^n u(-n)$。

2.14 已知序列 $x(n)=[1,2,1]$，$h(n)=u(n)$；试求卷积和 $y(n)=x(n) * h(n)$。

2.15 已知序列 $x(n)=\delta(n)-\delta(n-2)$，$h(n)=2^n R_4(n)$；试求卷积和 $y(n)=x(n) * h(n)$，并将 $y(n)$ 的图形画出。

2.16 设一系统的输入、输出的关系由差分方程 $y(n)-\dfrac{1}{2}y(n-1)=x(n)+\dfrac{1}{2}x(n-1)$ 确定，试求系统的单位抽样响应。

2.17 设 $x(n)$ 为系统输入，$y(n)$ 为系统输出，试用运算结构表示 $y(n)=x(n)+2\,y(n-1)$。

2.18 对信号 $x_{a1}(t)=\cos 2\pi t$，$x_{a1}(t)=\cos 5\pi t$ 进行抽样，其抽样频率均为 $\Omega_s=8\pi$，试问能否产生混叠失真？

第 3 章

z 变换与离散时间系统分析

　　18 世纪初,法国科学家 P. S. M. de 拉普拉斯在研究整数值随机变量的概率分布序列的母函数时,最先引入了 z 变换。目前这一方法已成为分析线性时不变离散时间系统问题的重要工具。在连续时间信号与系统中,为了解决信号的傅里叶变换的不收敛问题,引入了拉普拉斯变换;拉普拉斯变换是傅里叶变换的推广,或者说拉普拉斯变换是一种广义的傅里叶变换。同样,在离散时间信号与系统中,为了解决序列的傅里叶变换的不收敛问题,引入了 z 变换;z 变换在离散时间信号与系统分析中所起的作用,与拉普拉斯变换在连续时间信号与系统中所起的作用相同。它可以将复变函数理论应用到离散时间信号与系统分析中,将描述离散系统的差分方程转化成简单的代数方程,使描述更加紧凑,求解大为简化。因此 z 变换是分析离散时间信号与系统的强有力的数学工具。z 变换的概念既可以从理想抽样信号的拉普拉斯变换引出,也可以直接对离散时间信号——序列给出 z 变换的定义。本章主要介绍 z 变换的定义及收敛域,z 反变换,z 变换的基本性质和定理,z 变换与拉普拉斯变换、傅里叶变换的关系,傅里叶变换的一些对称性质,离散时间系统的系统函数及频率响应。

3.1　z 变换的定义及收敛域

3.1.1　z 变换定义

　　序列 $x(n)$ 的 z 变换定义如下:

$$X(z) = Z[x(n)] = \sum_{n=-\infty}^{\infty} x(n) z^{-n} \qquad (3-1)$$

式中,z 是一个复变量,符号 $Z[\cdot]$ 表示 z 变换运算符,一般称式(3-1)定义的 z 变换为双边 z 变换;相应地,单边 z 变换定义为

$$X(z) = Z[x(n)] = \sum_{n=0}^{\infty} x(n) z^{-n} \qquad (3-2)$$

式(3-1)和(3-2)表明,序列 $x(n)$ 的 z 变换实质上就是将其展为 z^{-n} 的幂级数。由复变函数可知,如果将序列 $x(n)$ 展为 $(z-a)^{-n}$ 的幂级数,就是一个罗朗(Laurent)级数。因此,z 变换就是 $a=0$ 时的罗朗级数。由于罗朗级数在其收敛域是解析函数(意指其所有的导数都是 z 的连续函数),所以 z 变换也是解析函数。

　　需要说明的是,z 变换的 z 字,有小写的,也有大写的,还有"花写"的。本书采用最常用的小写书写方式。

3.1.2　z 变换的收敛域

　　所谓 z 变换的收敛域是使序列 $x(n)$ 的 z 变换 $X(z)$ 收敛的所有 z 值的集合。

　　根据级数理论,式(3-1)和式(3-2)所表示的 $X(z)$ 级数收敛的充分必要条件是绝对可和,即

$$\sum_{n=0/-\infty}^{\infty} |x(n)z^{-n}| = M < \infty \qquad (3-3)$$

式(3-3)表明,为了保证不等式成立,$|z|$的值必须在一定的范围内才行。这个范围就是收敛域。一般不同形式的序列,其 z 变换的收敛域是不尽相同的。下面,逐一讨论有限长序列、右边序列、因果序列、左边序列和双边序列 z 变换的收敛域。

3.1.3 一些序列 z 变换的收敛域

1. 预备知识

由复变函数可知,序列的 z 变换的收敛域,可根据阿贝尔定理求得。阿贝尔定理表述如下:如果级数 $\sum_{n=0}^{\infty} x(n)z^{n}$,在 $z=z_{+}(\neq 0)$ 处收敛,那么满足 $0 \leqslant |z| < |z_{+}|$ 的 z,级数必绝对收敛,其中 $|z_{+}|$ 为最大收敛半径,如图 3-1(a)所示的阴影区域为收敛域。同样,对于级数 $\sum_{n=0}^{\infty} x(n)z^{-n}$,满足 $|z_{-}| \leqslant |z| \leqslant \infty$,级数必绝对收敛。$|z_{-}|$ 为最小的收敛半径,如图 3-1(b)所示的斜线条区域为收敛域。

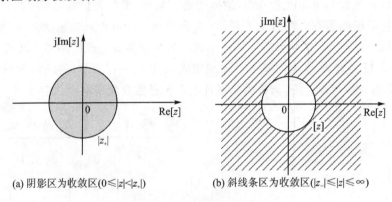

(a) 阴影区为收敛区$(0 \leqslant |z| < |z_{+}|)$ (b) 斜线条区为收敛区$(|z_{-}| \leqslant |z| \leqslant \infty)$

图 3-1 级数的收敛域

2. 有限长序列 z 变换的收敛域

有限长序列的表达式为

$$x(n) = \begin{cases} x(n) & (n_1 \leqslant n \leqslant n_2) \\ 0 & (n < n_1, n > n_2) \end{cases} \qquad (3-4)$$

其图形如图 3-2(a)所示。

由于有限长序列 $x(n)$ 的 z 变换为

$$X(z) = Z[x(n)] = \sum_{n=n_1}^{n_2} x(n)z^{-n}$$

所以如果要求 $|x(n)z^{-n}| < \infty$,$n_1 < n < n_2$;则当考虑到 $x(n)$ 为有界序列时,必然有 $|z^{-n}| < \infty$,$n_1 < n < n_2$。因此,当 $n \geqslant 0$ 时,则 $|z^{-n}| = 1/|z^{n}|$,只要 $z \neq 0$,就有 $|z^{-n}| < \infty$;同样,当 $n < 0$ 时,则 $|z^{-n}| = |z|^{|n|}$,只要 $z \neq \infty$,就有 $|z^{-n}| < \infty$。这就是说,有限长序列 $x(n)$ 的 z 变换的收敛域为 $0 < |z| < \infty$,即除 $z=0$,$z=\infty$ 之外的开域 $(0, \infty)$,这个范围通常称为"有限 z 平面",如图 3-2(b)所示。

3. 右边序列 z 变换的收敛域

右边序列表达式为

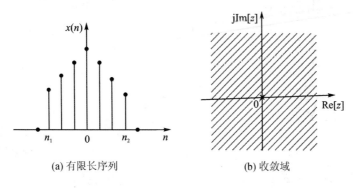

(a) 有限长序列　　　　　　　(b) 收敛域

图 3 - 2　有限长序列及其 z 变换收敛域

$$x(n) = \begin{cases} x(n) & (n \geqslant n_1) \\ 0 & (n < n_1) \end{cases} \tag{3 - 5}$$

其图形如图 3 - 3(a)所示。

右边序列 $x(n)$ 的 z 变换为

$$X(z) = Z[x(n)] = \sum_{n=n_1}^{\infty} x(n)z^{-n} = \sum_{n=n_1}^{-1} x(n)z^{-n} + \sum_{n=0}^{\infty} x(n)z^{-n}$$

分析上式不难发现,第一项为有限长序列,其收敛域为 $0 < |z| < \infty$;第二项为 z 的负幂级数,由阿贝尔定理可知,其收敛域为 $R_{x-} < |z| \leqslant \infty$;两者重合的部分,即 $R_{x-} < |z| < \infty$ 为右边序列 $x(n)$ 的 z 变换的收敛域,如图 3 - 3(b)所示。

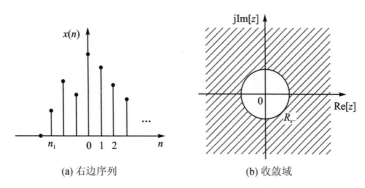

(a) 右边序列　　　　　　　(b) 收敛域

图 3 - 3　右边序列及其收敛域

4. 因果序列 z 变换的收敛域

因果序列的表达式为

$$x(n) = \begin{cases} x(n) & (n \geqslant 0) \\ 0 & (n < 0) \end{cases} \tag{3 - 6}$$

显然,因果序列是一种右边序列,且是一种最重要的右边序列。其 z 变换为

$$X(z) = Z[x(n)] = \sum_{n=-\infty}^{\infty} x(n)z^{-n} = \sum_{n=0}^{\infty} x(n)z^{-n}$$

上式表明,因果序列的 z 变换只有 z 的零次幂和负数次幂项,故其 z 变换收敛域包括 $z = \infty$,即 $R_{x-} < |z| \leqslant \infty$,或者表示为 $|z| > R_{x-}$。

5. 左边序列 z 变换的收敛域

左边序列的表达式为

$$x(n) = \begin{cases} x(n) & (n \leqslant n_2) \\ 0 & (n > n_2) \end{cases} \tag{3-7}$$

其图形如图 3-4(a)所示。

左边序列 $x(n)$ 的 z 变换为

$$X(z) = Z[x(n)] = \sum_{n=-\infty}^{n_2} x(n)z^{-n} = \sum_{n=-\infty}^{0} x(n)z^{-n} + \sum_{n=0}^{n_2} x(n)z^{-n}$$

分析上式不难发现,第一项为 z 的正幂级数,由阿贝尔定理可知,其收敛域为 $0 \leqslant |z| < R_{x+}$,R_{x+} 为最大收敛半径;第二项为有限长序列,其收敛域为 $0 < |z| < \infty$;两者重合的部分,即 $0 < |z| < R_{x+}$ 为左边序列 $x(n)$ 的 z 变换的收敛域,如图 3-4(b)所示。

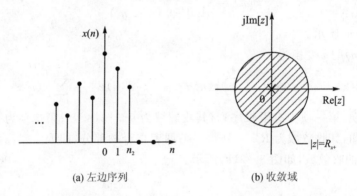

(a) 左边序列   (b) 收敛域

图 3-4　左边序列及其 z 变换的收敛域

6. 双边序列 z 变换的收敛域

双边序列的图形如图 3-5(a)所示,双边序列指 n 为任意值时,$x(n)$ 皆有值的序列,即它是左边序列和右边序列之和。

双边序列 $x(n)$ 的 z 变换为

$$X(z) = Z[x(n)] = \sum_{n=-\infty}^{\infty} x(n)z^{-n} = \sum_{n=-\infty}^{-1} x(n)z^{-n} + \sum_{n=0}^{\infty} x(n)z^{-n}$$

上式的第一项为左边序列,其收敛域为 $0 < |z| < R_{x+}$,第二项为右边序列(因果)其收敛域为 $R_{x-} < |z| < \infty$;当 $R_{x+} > R_{x-}$ 时,则两者重合的部分,即 $R_{x-} < |z| < R_{x+}$ 为双边序列 $x(n)$ 的 z 变换的收敛域,如图 3-5(b)所示。

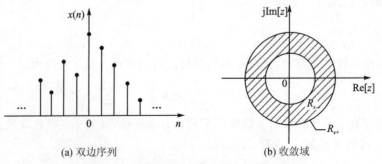

(a) 双边序列   (b) 收敛域

图 3-5　双边序列及其 z 变换的收敛域

例 3 - 1　试求序列 $x(n) = a^n u(n)$ 的 z 变换及收敛域。

解　当 $|z| > |a|$ 时，序列 $x(n) = a^n u(n)$ 的 z 变换为

$$X(z) = Z[x(n)] = \sum_{n=-\infty}^{\infty} a^n u(n) z^{-n} = \sum_{n=0}^{\infty} a^n z^{-n} = \sum_{n=0}^{\infty} (az^{-1})^n =$$

$$1 + az^{-1} + (az^{-1})^2 + \cdots + (az^{-1})^n + \cdots = \frac{1}{1 - az^{-1}}$$

上式表示一个无穷递缩等比数列。由于 $1/(1 - az^{-1}) = z/(z-a)$，所以 $z = a$ 为极点，在圆 $|z| = |a|$ 外，$X(z)$ 为解析函数，故收敛。又因该序列是因果序列，因此其 z 变换的收敛域为 $|z| > |a|$，如图 3-6 所示。一般说来，右边序列的 z 变换收敛域一定在模最大的有限极点所在的圆外；若为因果序列，其 z 变换收敛域还应包括无穷远点 $z = a$。

例 3 - 2　试求序列 $x(n) = -b^n u(-n-1)$ 的 z 变换及收敛域。

解　序列 $x(n) = -b^n u(-n-1)$ 的 z 变换为

$$X(z) = Z[x(n)] = \sum_{n=-\infty}^{\infty} -b^n u(-n-1) z^{-n} =$$

$$\sum_{n=-\infty}^{-1} -b^n z^{-n} = \sum_{n=1}^{\infty} b^{-n} z^n =$$

$$-[b^{-1}z + (b^{-1}z)^2 + \cdots + (b^{-1}z)^n + \cdots]$$

当 $|b| > |z|$ 时，上式为无穷递缩等比级数，其和为

$$X(z) = -\frac{b^{-1}z}{1 - b^{-1}z} = \frac{z}{z - b}$$

$z = b$ 为极点，在圆 $|z| = |b|$ 内，$X(z)$ 为解析函数，收敛。因此，该序列的 z 变换收敛域为 $|z| < |b|$，如图 3-7 所示。一般说来，左边序列的 z 变换收敛域一定在模最大的有限极点所在的圆内。

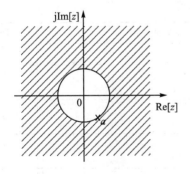

图 3-6　序列 $x(n) = a^n u(n)$
的 z 变换的收敛域

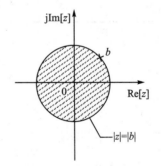

图 3-7　序列 $x(n) = -b^n u(-n-1)$
的 z 变换收敛域

37

3.1.4　一些序列的 z 变换

下面，根据 z 变换的定义，求得一些序列的 z 变换。

1. 单位抽样序列的 z 变换

根据 z 变换的定义，单位抽样序列的 z 变换为

$$X(z) = Z[\delta(n)] = \sum_{n=-\infty}^{\infty} \delta(n)z^{-n} = \delta(0)z^{-0} = 1 \qquad (3-8)$$

同理,根据 z 变换的定义,则有

$$\left.\begin{array}{l} X(z) = Z[\delta(n-1)] = z^{-1} \\ X(z) = Z[\delta(n-2)] = z^{-2} \\ \vdots \\ X(z) = Z[\delta(n-i)] = z^{-i} \end{array}\right\} \qquad (3-9)$$

2. 单位阶跃序列的 z 变换

根据 z 变换的定义,单位阶跃序列的 z 变换为

$$X(z) = Z[u(n)] = \sum_{n=-\infty}^{\infty} u(n)z^{-n} = 1 + z^{-1} + z^{-2} + \cdots + z^{-i} + \cdots$$

当 $|z| > 1$ 时,上式为一个等比递缩级数,其收敛式为

$$Z[u(n)] = \frac{1}{1-z^{-1}} = \frac{z}{z-1} \quad (|z|>1) \qquad (3-10)$$

例 3-3 根据 z 变换的定义,试求序列 $a^n u(n)$ 的 z 变换。

解 根据 z 变换的定义,序列 $a^n u(n)$ 的 z 变换为

$$X(z) = Z[a^n u(n)] = \sum_{n=-\infty}^{\infty} a^n u(n)z^{-n} = 1 + az^{-1} + a^2 z^{-2} + \cdots + a^i z^{-i} + \cdots$$

当 $|z| > |a|$ 时,上式为一个等比递缩级数,其收敛式为

$$Z[a^n u(n)] = \frac{1}{1-az^{-1}} = \frac{z}{z-a} \quad (|z|>|a|) \qquad (3-11)$$

为了方便求得序列的 z 变换,以及用 z 变换便于分析离散时间系统,表 3-1 给出了一些序列的 z 变换。

表 3-1 一些序列的 z 变换

序　列	z 变换	收敛域
1. $\delta(n)$	1	全部 z
2. $u(n)$	$\dfrac{z}{z-1} = \dfrac{1}{1-z^{-1}}$	$|z|>1$
3. $u(-n-1)$	$-\dfrac{z}{z-1} = \dfrac{-1}{1-z^{-1}}$	$|z|<1$
4. $a^n u(n)$	$\dfrac{z}{z-a} = \dfrac{1}{1-az^{-1}}$	$|z|>|a|$
5. $a^n u(-n-1)$	$-\dfrac{z}{z-a} = \dfrac{-1}{1-az^{-1}}$	$|z|<|a|$
6. $R_N(n)$	$\dfrac{z^N-1}{z^{N-1}(z-1)} = \dfrac{1-z^N}{1-z^{-1}}$	$|z|>0$
7. $nu(n)$	$\dfrac{z}{(z-1)^2} = \dfrac{z^{-1}}{(1-z^{-1})^2}$	$|z|>1$
8. $na^n u(n)$	$\dfrac{az}{(z-a)^2} = \dfrac{z^{-1}}{(1-az^{-1})^2}$	$|z|>|a|$

序　列	z 变换	收敛域
9. $na^nu(-n-1)$	$-\dfrac{az}{(z-a)^2}=\dfrac{-az^{-1}}{(1-az^{-1})^2}$	$\|z\|<\|a\|$
10. $e^{-jn\omega_0}u(n)$	$\dfrac{z}{z-e^{-j\omega_0}}=\dfrac{1}{1-e^{-j\omega_0}z^{-1}}$	$\|z\|>1$
11. $\sin(n\omega_0)u(n)$	$\dfrac{z\sin\omega_0}{z^2-2z\cos\omega_0+1}=\dfrac{z^{-1}\sin\omega_0}{1-2z^{-1}\cos\omega_0+z^{-2}}$	$\|z\|>1$
12. $\cos(n\omega_0)u(n)$	$\dfrac{z^2-z\cos\omega_0}{z^2-2z\cos\omega_0+1}=\dfrac{1-z^{-1}\cos\omega_0}{1-2z^{-1}\cos\omega_0+z^{-2}}$	$\|z\|>1$
13. $e^{-an}\sin(n\omega_0)u(n)$	$\dfrac{z^{-1}e^{-a}\sin\omega_0}{1-2z^{-1}e^{-a}\cos\omega_0+z^{-2}e^{-2a}}$	$\|z\|>e^{-a}$
14. $e^{-an}\cos(n\omega_0)u(n)$	$\dfrac{1-z^{-1}e^{-a}\cos\omega_0}{1-2z^{-1}e^{-a}\cos\omega_0+z^{-2}e^{-2a}}$	$\|z\|>e^{-a}$
15. $\sin(n\omega_0+\theta)u(n)$	$\dfrac{z^2\sin\theta-z\sin(\omega_0-\theta)}{z^2-2z\cos\omega_0+1}=\dfrac{\sin\theta+z^{-1}\sin(\omega_0-\theta)}{1-2z^{-1}\cos\omega_0+z^{-2}}$	$\|z\|>1$
16. $(n+1)a^nu(n)$	$\dfrac{z^2}{(z-a)^2}=\dfrac{1}{(1-az^{-1})^2}$	$\|z\|>\|a\|$
17. $\dfrac{(n+1)(n+2)}{2!}a^nu(n)$	$\dfrac{z^3}{(z-a)^3}=\dfrac{1}{(1-az^{-1})^3}$	$\|z\|>\|a\|$
18. $\dfrac{(n+1)(n+2)\cdots(n+m)}{m!}a^nu(n)$	$\dfrac{z^{m+1}}{(z-a)^{m+1}}=\dfrac{1}{(1-az^{-1})^{m+1}}$	$\|z\|>\|a\|$

3.2　z 反变换

由给出的 z 变换 $X(z)$ 的闭式还原出原序列 $x(n)$ 的过程称为 z 反变换,记作

$$x(n)=Z^{-1}[X(z)] \tag{3-12}$$

求 z 反变换的方法有幂级数(展开式)法(长除法)、留数法和部分分式法,下面逐一介绍。

3.2.1　幂级数(展开式)法

由序列的 z 变换的定义式(3-1)可知,z 变换的实质是展开成以序列为系数的复变量 z 的负幂次级数。因此,如果能将某序列的 z 变换、展开成复变量 z 的负幂次级数,则其系数就是原序列。这就是用幂级数法求解 z 反变换的基本原理。由此不难得出如下结论:在给定的收敛域内,把 $X(z)$ 展为幂级数,若收敛域为 $|z|>R_{x+}$,则将 $X(z)$ 展开成 z 的负幂级数,$x(n)$ 为因果序列;若收敛域为 $|z|<R_{x-}$,则将 $X(z)$ 展成 z 的正幂级数,$x(n)$ 必为左边序列。

对于 $X(z)$ 为有理函数的情况,可用多项式除法(长除法)将其展开成幂级数。在进行长除法之前,应先根据收敛域确定是右边序列还是左边序列。下面举例说明。

例 3 - 4　试求 z 反变换 $X(z)=\ln(1+az^{-1})$,$|z|>|a|$。

解　利用 $\ln(1+x)$ 的幂级数展开式,可得

$$X(z)=\sum_{n=1}^{\infty}\frac{(-1)^{n+1}a^nz^{-n}}{n}$$

考虑到收敛域是 $|z|>|a|$,因此原序列是右边序列,故有

$$x(n) = \begin{cases} (-1)^{n+1} \dfrac{a^n}{n} & (n \geqslant 1) \\ \\ 0 & (n \leqslant 0) \end{cases}$$

例 3 - 5 试用幂级数法求 $X(z) = 16z/(4-z)$，$|z| < 4$ 的 z 反变换。

解 由收敛域可知，其 z 反变换应是一个左边序列。长除法过程如下：

$$
\begin{array}{r}
4z+z^2+\frac{1}{4}z^3+\frac{1}{16}z^4+\frac{1}{64}z^5+\cdots \\[4pt]
\hline
4-z\,\bigl)\,16z \\
\underline{16z-4z^2} \\
4z^2 \\
\underline{4z^2-z^3} \\
z^3 \\
\underline{z^3-\frac{1}{4}z^4} \\
\frac{1}{4}z^4 \\
\underline{\frac{1}{4}z^4-\frac{1}{16}z^5} \\
\frac{1}{16}z^5 \\
\vdots
\end{array}
$$

则有

$$X(z) = 4z + z^2 + \frac{1}{4}z^3 + \frac{1}{16}z^4 + \frac{1}{64}z^5 + \cdots$$

因此

$$x(n) = 4^{n+2} \quad (n \leqslant -1)$$

3.2.2 留数法

1. 用留数表征 z 反变换

留数法是 z 反变换的一种重要的分析和求解方法。根据复变函数理论，如果函数 $X(z)$ 在一个环状区域 $R_{x-} < |z| < R_{x+}$（$R_{x-} \geqslant 0$，$R_{x+} \leqslant \infty$）内是解析（即收敛）的，则 $X(z)$ 在该区域可以展成罗朗级数：

$$X(z) = \sum_{n=-\infty}^{\infty} C_n z^{-n} \tag{3-13}$$

式中，C_n 为罗朗级数的系数，并且

$$C_n = \frac{1}{2\pi \mathrm{j}} \oint_c X(z) z^{n-1} \mathrm{d}z \quad (n = 0, \pm 1, \pm 2, \cdots) \tag{3-14}$$

其中 c 为环形解析域内环绕原点的一条逆时针闭合单围线，如图 3-8 所示。

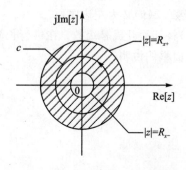

比较式（3-1）和（3-13）可知，罗朗级数的系数 C_n 就是原序列 $x(n)$。因此，有

$$x(n) = \frac{1}{2\pi \mathrm{j}} \oint_c X(z) z^{n-1} \mathrm{d}z \quad [c \in (R_{x-}, R_{x+})] \tag{3-15}$$

根据复变函数的留数定理，如果函数 $X(z)z^{n-1}$ 在围线 c 上连续，在内有 k 个极点 z_k，而在 c 外有 m 个极点 z_m，则

图 3-8 闭合单围线的积分

$$x(n) = \frac{1}{2\pi \mathrm{j}} \oint_c X(z) z^{n-1} \mathrm{d}z = \sum_k \mathrm{Res}[X(z)z^{n-1}]_{z=z_k}$$

$$\tag{3-16}$$

上式中,符号 Res[·]表示求取极点处的留数。式(3-16)表明,原序列等于围线 c 内极点处的留数之和。当 $X(z)z^{n-1}$ 的表示式中,分母多项式 z 的阶次比分子多项式 z 的阶次高 2 阶或以上时,则用下式求留数,即

$$x(n) = \frac{1}{2\pi \mathrm{j}} \oint_c X(z)z^{n-1}\mathrm{d}z = \sum_m \mathrm{Res}[X(z)z^{n-1}]_{z=z_m} \qquad (3-17)$$

式(3-17)表明,原序列还等于围线 c 外极点处的留数之和。

　　需要指出的是,求解原序列原则上既可以用式(3-16),也可以用式(3-17)。一般来讲,当 n 大于某一数值时,若 $X(z)z^{n-1}$ 在 $z=\infty$ 处有多重极点,则用式(3-16)求解比较简单;当 n 小于某一数值时,若 $X(z)z^{n-1}$ 在 $z=0$ 处有多重极点,则用式(3-17)求解比较简单。另外,还要注意 z 变换的收敛域,当收敛域为 $|z|>R_{x-}$ 时,对应着因果序列;当收敛域为 $0<|z|<R_{x+}$ 时,对应着左边序列;当收敛域为 $R_{x-}<|z|<R_{x+}$ 时,对应着双边序列。

2. 留数的具体求法

　　当 z_r 为一阶(单)极点时,则留数为

$$\mathrm{Res}[X(z)z^{n-1}]_{z=z_r} = [(z-z_r)X(z)z^{n-1}]_{z=z_r} \qquad (3-18)$$

　　当 z_r 为 l 阶(多重)极点时,则留数为

$$\mathrm{Res}[X(z)z^{n-1}]_{z=z_r} = \frac{1}{(l-1)!}\frac{\mathrm{d}^{l-1}}{\mathrm{d}z^{l-1}}[(z-z_r)^l X(z)z^{n-1}]_{z=z_r} \qquad (3-19)$$

例 3-6　已知

$$X(z) = \frac{z^2}{(4-z)\left(z-\dfrac{1}{4}\right)} \qquad \left(\frac{1}{4} < |z| < 4\right)$$

试求 z 反变换。

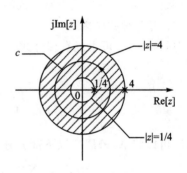

图 3-9　例 3-6 的极点与积分围线

　　解　由题意可知,有 $z=1/4$ 和 $z=4$,如图 3-9 所示。从其收敛域看,则对应双边序列。

　　由于 $X(z)z^{n-1} = \dfrac{z^{n+1}}{(4-z)\left(z-\dfrac{1}{4}\right)}$,所以当 $n \geq -1$ 时,z^{n+1} 不会构成极点,因此围线 c 内只有一个极点 $z_r = 1/4$,则有

$$x(n) = \mathrm{Res}[X(z)z^{n-1}]_{z=z_r} = \mathrm{Res}\left[\frac{z^{n+1}\left(z-\dfrac{1}{4}\right)}{(4-z)\left(z-\dfrac{1}{4}\right)}\right]_{z=\frac{1}{4}} =$$

$$\frac{\left(\dfrac{1}{4}\right)^{n+1}}{4-1/4} = \frac{1}{15}4^{-n} \qquad (n \geq -1)$$

　　而当 $n \leq -2$ 时,$X(z)z^{n-1}$ 中的 z^{n+1} 构成 $(n+1)$ 阶极点;但是围线 c 外只有一个极点 $z_r = 4$,所以

$$x(n) = \mathrm{Res}[X(z)z^{n-1}]_{z=z_r} = \mathrm{Res}\left[\frac{z^{n+1}(z-4)}{(4-z)\left(z-\dfrac{1}{4}\right)}\right]_{z=4} =$$

$$\frac{4^{n+1}}{4 - \frac{1}{4}} = \frac{1}{15}4^{n+2} \quad (n \leqslant -2)$$

因此,所求序列为

$$x(n) = \begin{cases} \dfrac{1}{15}4^{-n} & (n \geqslant -1) \\[2mm] \dfrac{1}{15}4^{n+2} & (n \leqslant -2) \end{cases}$$

3.2.3 部分分式法

1. 部分分式的概念

为了搞清部分分式的概念,必须先了解有理式和有理分式的概念。所谓有理式是指由数字和字符通过有限次加、减、乘、除等运算所构成的式子。所谓有理分式是指用含字符的式子做分母的有理式,或者指两个多项式的商;当分子的幂次数低于分母的幂次数时的有理分式称为真分式。

所谓部分分式是指把 x 的一个实系数的真分式分解成几个分式的和,使各分式具有 $\dfrac{a}{(x+A)^k}$ 或 $\dfrac{ax+b}{(x^2+Ax+B)^k}$ 的形式,其中 x^2+Ax+B 是实数范围内的不可约多项式,而且 k 是正整数。这时称各分式为原分式的"部分分式"。

2. 部分分式的求法

通常,$X(z)$ 可表成有理分式的形式:

$$X(z) = \frac{B(z)}{A(z)} = \frac{\displaystyle\sum_{i=0}^{M} b_i z^{-i}}{1 + \displaystyle\sum_{i=1}^{N} a_i z^{-1}} \tag{3-20}$$

因此,可以将 $X(z)$ 展成以下部分分式形式:

$$X(z) = \sum_{n=0}^{M-N} B_n z^{-n} + \sum_{k=1}^{N-r} \frac{A_k}{1 - z_k z^{-1}} + \sum_{k=1}^{r} \frac{C_k}{(1 - z_j z^{-1})^k} \tag{3-21}$$

式中,当 $M \geqslant N$ 时,B_n 才存在;z_k 为 $X(z)$ 的各单极点,系数 A_k 为

$$A_k = \text{Res}\left[\frac{X(z)}{z}\right]_{z=z_k} = (z - z_k)\frac{X(z)}{z} \tag{3-22}$$

z_i 为 $X(z)$ 的一个 r 阶极点,而系数 C_k 为

$$C_k = \frac{1}{(r-k)!}\left\{\frac{\mathrm{d}^{r-k}}{\mathrm{d}z^{r-k}}\left[(z - z_i)^r \frac{X(z)}{z^k}\right]\right\}_{z=z_i} \tag{3-23}$$

3. 用部分分式求 z 反变换

首先将 $X(z)$ 展成如式(3-21)所示的部分分式形式;然后分别用式(3-22)和式(3-23)求出系数 A_k 和 C_k;最后通过查表 3-1 求得各部分分式的 z 反变换,相加即得 $X(z)$ 的 z 反变换。下面举例说明。

例 3-7 试用部分分式法求 $X(z)=1/[(1-2z^{-1})(1-0.5z^{-1})]$,$|z|>2$ 的 z 反变换。

解 将 $X(z)$ 的表达式变换成 z 的正幂次形式:

$$X(z) = \frac{1}{(1-2z^{-1})(1-0.5z^{-1})} = \frac{z^2}{(z-2)(z-0.5)}$$

因此

$$\frac{X(z)}{z} = \frac{z}{(z-2)(z-0.5)} = \frac{A_1}{z-2} + \frac{A_2}{z-0.5}$$

而系数

$$A_1 = \left[(z-2)\frac{X(z)}{z} \right]_{z=2} = \frac{4}{3}$$

$$A_2 = \left[(z-0.5)\frac{X(z)}{z} \right]_{z=0.5} = -\frac{1}{3}$$

因此

$$X(z) = \frac{4}{3} \cdot \frac{z}{z-2} - \frac{1}{3}\frac{z}{z-0.5}$$

根据收敛域 $|z| > 2$ 可知，该序列为因果序列，查表 3-1 得

$$x(n) = \begin{cases} \dfrac{4}{3} \cdot 2^n - \dfrac{1}{3} \cdot (0.5)^n & (n \geqslant 0) \\ 0 & (n < 0) \end{cases}$$

3.3　z 变换的基本性质和定理

z 变换的基本性质包括：线性特性，序列移位 z 变换，序列乘以指数序列后的 z 变换（z 域尺度变换），序列的线性加权后的 z 变换（在 z 域求取导数），共轭序列的 z 变换和翻褶序列的 z 变换；基本定理包括：初值定理，终值定理，有限项累加特性，序列的卷积和（时域卷积定理），序列相乘（z 域卷积定理）和帕塞瓦（Parseval）定理。这些基本性质和定理反映了序列与其 z 变换之间存在的一些关系，利用这些关系不仅可方便地求序列的 z 变换，而且可由其 z 变换求得原序列。因此，通过讨论 z 变换基本性质和定理，可以更加熟练掌握 z 变换的方法。

3.3.1　z 变换的基本性质

1. 线　性

z 变换的线性也满足比例性（均匀性）和叠加性。如果

$$Z[x(n)] = X(z) \quad (R_{x-} < |z| < R_{x+})$$
$$Z[y(n)] = Y(z) \quad (R_{y-} < |z| < R_{y+})$$

则有

$$Z[ax(n) + by(n)] = aX(z) + bY(z) \quad [\max(R_{x-}, R_{y-}) < |z| < \min(R_{x+}, R_{y+})]$$

(3-24)

式（3-24）表明，序列乘系数后再相加的 z 变换，等于各个序列的 z 变换乘系数后再相加。

例 3-8 已知 $x(n) = \cos(\omega_0 n)u(n)$，试求其 z 变换。

解 因为

$$\cos(\omega_0 n)u(n) = \frac{1}{2}\left[e^{j\omega_0 n} + e^{-j\omega_0 n} \right]u(n)$$

根据

$$Z[a^n u(n)] = \frac{1}{1 - az^{-1}} \quad (|z| > |a|)$$

所以

$$Z[e^{j\omega_0}u(n)] = \frac{1}{1 - e^{j\omega_0}z^{-1}} \quad (|z| > |e^{j\omega_0}| = 1)$$

$$Z[e^{-j\omega_0 n}u(n)] = \frac{1}{1 - e^{-j\omega_0}z^{-1}} \quad (|z| > |e^{-j\omega_0}| = 1)$$

因此,利用 z 变换的线性特性,可得

$$Z[\cos(\omega_0 n)u(n)] = \frac{1}{2}\left[\frac{1}{1 - e^{j\omega_0}z^{-1}} + \frac{1}{1 - e^{-j\omega_0}z^{-1}}\right] \quad (|z| > 1)$$

2. 序列移位的 z 变换

如果序列 $x(n)$ 的 z 变换为

$$Z[x(n)] = X(n) \quad (R_{x-} < |z| < R_{x+})$$

则有

$$Z[x(n \mp m)] = z^{\mp m}X(z) \quad (R_{x-} < |z| < R_{x+}) \tag{3-25}$$

式(3-25)表明,序列移位的 z 变换等于原序列的 z 变换乘以位移幂次,右移为负,左移为正。式(3-25)的证明很简单,只须根据 z 变换的定义式,进行变量置换即可得到。

需要说明的是,一般情况,原序列与位移序列的 z 变换收敛域相同,只是在 $z=0$ 或 $z=\infty$ 处有例外。例如,$\delta(n)$ 的 z 变换收敛域为整个 z 平面,而 $\delta(n-1)$ 的 z 变换在 $z=0$ 处不收敛,$\delta(n+1)$ 的 z 变换在 $z=\infty$ 处不收敛。

例 3-9 试求序列 $x(n) = u(n) - u(n-3)$ 的 z 变换。

解 由于

$$Z[u(n)] = \frac{z}{z-1} \quad (|z| > 1)$$

所以

$$Z[u(n-3)] = z^{-3}\frac{z}{z-1} \quad (|z| > 1)$$

因此

$$Z[x(n)] = \frac{z}{z-1} - \frac{z^{-2}}{z-1} = \frac{z - z^2}{z-1} \quad (|z| > 1)$$

3. 序列乘以指数序列后的 z 变换(z 域的尺度变换)

如果序列 $x(n)$ 的 z 变换为

$$Z[x(n)] = X(z) \quad (R_{x-} < |z| < R_{x+})$$

则有

$$Z[a^n x(n)] = X\left(\frac{z}{a}\right) \quad (|a|R_{x-} < |z| < |a|R_{x+}) \tag{3-26}$$

式(3-26)表明,序列乘以指数序列后的 z 变换,只须将原序列的 z 变换的"z"用"z/a"代替。

证明 根据 z 变换的定义式,则

$$Z[a^n x(n)] = \sum_{n=-\infty}^{\infty} a^n x(n)z^{-n} = \sum_{n=-\infty}^{\infty} x(n)\left(\frac{z}{a}\right)^{-n} = X\left(\frac{z}{a}\right) \quad \left(R_{x-} < \left|\frac{z}{a}\right| < R_{x+}\right)$$

再将收敛域变换为

$$|a|R_{x-} < |z| < |a|R_{x+}$$

4. 序列的线性加权的 z 变换(z 域求导数)

如果 $Z[x(n)] = X(z)$,$R_{x-} < |z| < R_{x+}$,则

$$Z[nx(n)] = -z\frac{\mathrm{d}}{\mathrm{d}z}X(z) \qquad (R_{x-} < |z| < R_{x+}) \tag{3-27}$$

证明 对定义式 $X(z) = \sum\limits_{n=-\infty}^{\infty} x(n)z^{-n}$ 两端求导,得

$$\frac{\mathrm{d}X(z)}{\mathrm{d}z} = \frac{\mathrm{d}}{\mathrm{d}z}\Big[\sum_{n=-\infty}^{\infty} x(n)z^{-n}\Big] = \sum_{n=-\infty}^{\infty} x(n)\frac{\mathrm{d}}{\mathrm{d}z}(z^{-n}) =$$

$$\sum_{n=-\infty}^{\infty} -nx(n)z^{-n-1} = -z^{-1}\sum_{n=-\infty}^{\infty} nx(n)z^{-n}$$

即

$$Z[nx(n)] = -z\frac{\mathrm{d}X(z)}{\mathrm{d}z}$$

推而广之,则有

$$Z[n^2 x(n)] = z^2\frac{\mathrm{d}^2}{\mathrm{d}z^2}X(z) + z\frac{\mathrm{d}}{\mathrm{d}z}X(z) \tag{3-28}$$

5. 共轭序列的 z 变换

如果 $Z[x(n)] = X(z), R_{x-} < |z| < R_{x+}$,则

$$Z[x^*(n)] = X^*(z^*) \qquad (R_{x-} < |z| < R_{x+}) \tag{3-29}$$

式中,符号" $*$ "表示它所说明的主体取共轭。

证明 利用序列的共轭的共轭,就是序列本身的特性来证明。

$$Z[x^*(n)] = \sum_{n=-\infty}^{\infty} x^*(n)z^{-n} = \sum_{n=-\infty}^{\infty}[x(n)(z^*)^{-n}]^* =$$

$$\Big[\sum_{n=-\infty}^{\infty} x(n)(z^*)^{-n}\Big]^* = X^*(z^*) \qquad (R_{x-} < |z| < R_{x+})$$

6. 翻褶序列的 z 变换

如果 $Z[x(n)] = X(z), R_{x-} < |z| < R_{x+}$,则

$$Z[x(-n)] = X\Big(\frac{1}{z}\Big) \qquad \Big(\frac{1}{R_{x+}} < |z| < \frac{1}{R_{x-}}\Big) \tag{3-30}$$

证明 利用序列 z 变换的定义式,即可证明:

$$Z[x(-n)] = \sum_{n=-\infty}^{\infty} x(-n)z^{-n} = \sum_{n=-\infty}^{\infty} x(n)z^{n} = \sum_{n=-\infty}^{\infty} x(n)(z^{-1})^{-n} = X\Big(\frac{1}{z}\Big)$$

而收敛域为

$$R_{x-} < |z^{-1}| < R_{x+}, \quad 即 \quad \frac{1}{R_{x+}} < |z| < \frac{1}{R_{x-}}$$

3.3.2 z 变换的基本定理

1. 初值定理

所谓初值系指 $n=0$ 时的序列值,表述序列初值与其 z 变换 $X(z)$ 之间关系的定理称为初值定理。

对于因果序列 $x(n)$,即 $x(n)=0, n<0$,则有

$$x(0) = \lim_{z \to \infty} X(z) \tag{3-31}$$

证明 将因果序列 $x(n)$ 的 z 变换定义式展开,得

$$X(z) = \sum_{n=-\infty}^{\infty} x(n)u(n)z^{-n} = \sum_{n=0}^{\infty} x(n)z^{-n} = x(0) + x(1)z^{-1} + x(2)z^{-2} + \cdots$$

45

显然,有

$$\lim_{z \to \infty} X(z) = x(0)$$

2. 终值定理

所谓终值系指 $n=\infty$ 时的序列值,表述序列终值与其 z 变换 $X(z)$ 之间关系的定理称为终值定理。

对于因果序列 $x(n)$,且 $X(z)=Z[x(n)]$ 的极点在单位圆内,且最多允许单位圆上 $z=1$ 处,有一阶极点,因此

$$\lim_{n \to \infty} x(n) = \lim_{z \to 1}[(z-1)X(z)] = \text{Res}[X(z)]_{z=1} \tag{3-32}$$

证明 利用序列的位移特性,可得

$$Z[x(n+1) - x(n)] = (z-1)X(z) = \sum_{n=-\infty}^{\infty}[x(n+1) - x(n)]z^{-n}$$

由于 $x(n)$ 为因果序列,所以

$$(z-1)X(z) = \sum_{n=-1}^{\infty}[x(n+1) - x(n)]z^{-n} = \lim_{n \to \infty}\sum_{m=-1}^{n}[x(n+1) - x(m)]z^{-m}$$

又由于因果序列的 z 变换 $X(z)$ 最多只允许在 $z=1$ 处可能有一阶极点,所以因子 $(z-1)$ 将抵消这一可能的极点,因此 $(z-1)X(z)$ 在 $1 \le |z| \le \infty$ 上都收敛。对上式可取 z 趋近于 1 的极限:

$$\lim_{z \to 1}(z-1)X(z) = \lim_{n \to \infty}\sum_{m=-1}^{n}[x(n+1) - x(m)] \cdot 1^{-m} =$$
$$\lim_{n \to \infty}\{[x(0) - 0] + [x(1) - x(0)] +$$
$$[x(2) - x(1)] + \cdots + [x(n+1) - x(n)]\} =$$
$$\lim_{n \to \infty}[x(n+1)] = \lim_{n \to \infty} x(n)$$

由于上面的等式左端表示 z 变换 $X(z)$ 在 $z=1$ 处的留数,所以有

$$\lim_{n \to \infty} x(n) = \lim_{z \to 1}[(z-1)X(z)] = \text{Res}[X(z)]_{z=1}$$

3. 有限项累加特性

对于因果序列 $x(n)$,且 $X(z)=Z[x(n)]$,$|z|>R_{x-}$,则

$$Z\Big[\sum_{m=0}^{n} x(m)\Big] = \frac{z}{z-1}X(z) \quad (|z| > \max[R_{x-}, 1]) \tag{3-33}$$

证明 设 $y(n) = \sum_{m=0}^{n} x(m)$,根据 z 变换的定义,则有

$$Z[y(n)] = Z\Big[\sum_{m=0}^{n} x(m)\Big] = \sum_{n=0}^{\infty}\Big[\sum_{m=0}^{n} x(m)\Big]z^{-n}$$

分析上式可知,m 与 n 的取值范围分别为 $n \in [0, \infty]$,$m \in [m=n, \infty]$,交换上式的求和次序,可得

$$Z\Big[\sum_{m=0}^{n} x(m)\Big] = \sum_{n=0}^{\infty}\Big[\sum_{m=0}^{n} x(m)\Big]z^{-n} = \sum_{m=0}^{\infty} x(m)\sum_{n=m}^{\infty} z^{-n} =$$
$$\sum_{m=0}^{\infty} x(m)[z^{-m}(z^{-1} + z^{-2} + \cdots)] = \Big[\sum_{m=0}^{\infty} x(m)z^{-m} \cdot \frac{1}{1 - z^{-1}} =$$
$$\frac{z}{z-1}\sum_{m=0}^{\infty} x(m)z^{-m} = \frac{z}{z-1}X(z) \quad (|z| > \max[R_{x-}, 1])$$

4. 序列的卷积和的 z 变换(时域卷积定理)

如果 $y(n)=x(n)*h(n)=\sum\limits_{n=-\infty}^{\infty}x(m)h(n-m)$，而且 $X(z)=Z[x(n)]$，$R_{x-}<|z|<R_{x+}$；$H(z)=Z[h(n)]$，$R_{h-}<|z|<R_{h+}$，则有

$$Y(z)=Z[y(n)]=X(z)H(z)\quad(\max[R_{x-},R_{h-}]<|z|<\min[R_{x+},R_{h+}])\quad(3-34)$$

式(3-34)表明，两个序列的卷积和的 z 变换，等于序列各自 z 变换的乘积。简言之，时域卷积等于 z 域的乘积，故称为时域卷积定理。

证明　根据两个序列的卷积和的 z 变换的定义，则有

$$Z[x(n)*h(n)]=\sum_{n=-\infty}^{\infty}[x(n)*h(n)]z^{-n}=\sum_{n=-\infty}^{\infty}\Big[\sum_{m=-\infty}^{\infty}x(m)h(n-m)\Big]z^{-n}=$$

$$\sum_{m=-\infty}^{\infty}x(m)\Big[\sum_{n=-\infty}^{\infty}h(n-m)z^{-n}\Big]=\sum_{m=-\infty}^{\infty}x(m)\Big[\sum_{l=-\infty}^{\infty}h(l)z^{-l}\Big]z^{-m}=$$

$$\Big[\sum_{m=-\infty}^{\infty}x(m)z^{-m}\Big]H(z)=X(z)H(z)$$

$$(\max[R_{x-},R_{h-}]<|z|<\min[R_{x+},R_{h+}])$$

例 3-10　已知序列 $x(n)=a^{n}u(n)$，$h(n)=b^{n}u(n)-ab^{n-1}u(n-1)$，试求它们的卷积和 $y(n)=x(n)*h(n)$，$|b|<|a|$。

解　由于

$$X(z)=Z[x(n)]=\frac{z}{z-a}\quad(|z|>|a|)$$

$$H(z)=Z[h(z)]=\frac{z}{z-b}-az^{-1}\frac{z}{z-b}=\frac{z-a}{z-b}\quad(|z|>|b|)$$

又因 $y(n)=x(n)*h(n)$，于是根据时域卷积定理，则有

$$Y(z)=X(z)H(z)=\frac{z}{z-a}\frac{z-a}{z-b}=\frac{z}{z-b}$$

在上式中，$X(z)$ 的极点与 $H(z)$ 的零点相消，因为 $|b|<|a|$，所以 $Y(z)$ 的收敛域扩大为 $|z|>|b|$；因此

$$y(n)=x(n)*h(n)=Z^{-1}[Y(z)]=b^{n}u(n)$$

5. 序列相乘的 z 变换(z 域卷积定理)

若 $y(n)=x(n)\cdot h(n)$，且 $X(z)=Z[x(n)]$，$R_{x-}<|z|<R_{x+}$；$H(z)=Z[x(n)]$，$R_{h-}<|z|<R_{h+}$；则有

$$Y(z)=Z[y(n)]=\frac{1}{2\pi j}\oint_{c}X\Big(\frac{z}{v}\Big)H(v)v^{-1}\mathrm{d}v=$$

$$\frac{1}{2\pi j}\oint_{c}X(v)H\Big(\frac{z}{v}\Big)v^{-1}\mathrm{d}v\quad(R_{x-}R_{h-}<|z|<R_{x+}R_{h+})\quad(3-35)$$

式中，c 是在变量 v 平面上，$X(z/v)$ 与 $H(v)$ 公共收敛域内环原点的一条逆时针单封闭围线。该式表明，两个序列乘积的 z 变换，等于各自 z 变换在 z 域的卷积积分，故称为 z 域卷积定理。

证明从略，请读者参阅其他资料。

例 3-11　已知 $x(n)=a^{n}u(n)$，$h(n)=b^{n-1}u(n-1)$，试求 $Y(z)=Z[x(n)h(n)]$。

解　由于 $X(z)=Z[x(n)]=\frac{z}{z-a}$，$|z|>|a|$；$H(z)=Z[h(n)]=\frac{z}{z-b}$，$|z|>|b|$；所以

$$Y(z) = Z[x(n)h(n)] = \frac{1}{2\pi j} \oint_c \frac{v}{v-a} \frac{1}{z/v-b} v^{-1} dv =$$

$$\frac{1}{2\pi j} \oint_c \frac{v}{(v-a)(z-bv)} dv \quad (|z| > |ab|)$$

$X(v)$ 的收敛域为 $|v| > |a|$，而 $H\left(\dfrac{z}{v}\right)$ 的收敛域为 $\left|\dfrac{z}{v}\right| > |b|$，即 $|v| < \left|\dfrac{z}{b}\right|$，重叠部分为 $|a| < |v| < \left|\dfrac{z}{b}\right|$，因此围线 c 内只有一个极点 $v=a$，用留数定理得

$$Y(z) = \frac{1}{2\pi j} \oint_c \frac{v}{(v-a)(z-bv)} dv =$$

$$\operatorname{Res}\left[\frac{v}{(v-a)(z-bv)}\right]_{v=a} = \frac{v}{z-bv}\bigg|_{v=a} =$$

$$\frac{a}{z-ab} \quad (|z| > |ab|)$$

6. 帕塞瓦(Parseval)定理

如果 $X(z) = Z[x(n)], R_{x-} < |z| < R_{x+}$；$H(z) = Z[h(n)], R_{h-} < |z| < R_{h+}$，且 $R_{x-}R_{h-} < 1 < R_{x+}R_{h+}$，则有

$$\sum_{n=-\infty}^{\infty} x(n)h^*(n) = \frac{1}{2\pi j} \oint_c X(v) H^*\left(\frac{1}{v^*}\right) v^{-1} dv \tag{3-36}$$

式中，符号"$h^*(n)$"表示"$h(n)$"的复共轭，闭合积分围线 c 在公共收敛域内。

证明 设 $y(n) = x(n)h^*(n)$，由于 $Z[h^*(n)] = H^*(z^*)$，所以根据 z 域卷积定理可得

$$Y(z) = \sum_{n=-\infty}^{\infty} x(n)h^*(n)z^{-n} =$$

$$\frac{1}{2\pi j} \oint_c X(v) H^*\left(\frac{z^*}{v^*}\right) v^{-1} dv \quad (R_{x-}R_{h-} < |z| < R_{x+}R_{h+})$$

又由于 $R_{x-}R_{h-} < 1 < R_{x+}R_{h+}$ 成立，所以 $|z|=1$ 在 $Y(z)$ 的收敛域内，即 $Y(z)$ 在单位圆上收敛，则有

$$Y(z)\big|_{z=1} = \sum_{n=-\infty}^{\infty} x(n)h^*(n)z^{-n} =$$

$$\frac{1}{2\pi j} \oint_c X(v) H^*\left(\frac{1}{v^*}\right) v^{-1} dv \quad (R_{x-}R_{h-} < 1 < R_{x+}R_{h+})$$

下面，对帕塞瓦定理进行几点说明。

(1) 当 $h(n)$ 为实序列时，则有

$$\sum_{n=-\infty}^{\infty} x(n)h(n) = \frac{1}{2\pi j} \oint_c X(v) H\left(\frac{1}{v}\right) v^{-1} dv \tag{3-37}$$

(2) 当围线取单位圆，即 $|v|=1$ 时，由于 $v = 1/v^* = e^{j\omega}$，则有

$$\sum_{n=-\infty}^{\infty} x(n)h^*(n) = \frac{1}{2\pi} \int_{-\pi}^{\pi} X(e^{j\omega}) H^*(e^{j\omega}) d\omega \tag{3-38}$$

(3) 当 $h(n) = x(n)$ 时，则有

$$\sum_{n=-\infty}^{\infty} |x(n)|^2 = \frac{1}{2\pi} \int_{-\pi}^{\pi} |X(j\omega)|^2 d\omega \tag{3-39}$$

式(3-39)表明,序列的能量可用频谱来计算。

z 变换的主要性质列于表 3-2 中。

表 3-2 z 变换的主要性质

序 号	序 列	z 变换	收敛域
1	$ax(n)+by(n)$	$aX(z)+bY(z)$	$\max(R_{x-},R_{y-})<|z|<\min(R_{x+},R_{y+})$
2	$x(n\mp m)$	$z^{\mp m}X(z)$	$R_{x-}<|z|<R_{x+}$
3	$a^{n}x(n)$	$X\left(\dfrac{z}{a}\right)$	$|a|R_{x-}<|z|<|a|R_{x+}$
4	$n^{m}x(n)$	$\left(-z\dfrac{\mathrm{d}}{\mathrm{d}z}\right)^{m}X(z)$	$R_{x-}<|z|<R_{x+}$
5	$x^{*}(n)$	$X^{*}(z^{*})$	$R_{x-}<|z|<R_{x+}$
6	$x(-n)$	$X\left(\dfrac{1}{z}\right)$	$\dfrac{1}{R_{x+}}<|z|<\dfrac{1}{R_{x-}}$
7	$x^{*}(-n)$	$X^{*}\left(\dfrac{1}{z^{*}}\right)$	$\dfrac{1}{R_{x+}}<|z|<\dfrac{1}{R_{x-}}$
8	$\mathrm{Re}[x(n)]$	$\dfrac{1}{2}[X(z)+X^{*}(z^{*})]$	$R_{x-}<|z|<R_{x+}$
9	$j\mathrm{Im}[x(n)]$	$\dfrac{1}{2}[X(z)-X^{*}(z^{*})]$	$R_{x-}<|z|<R_{x+}$
10	$\sum\limits_{m=0}^{n}x(n)$	$\dfrac{z}{z-1}[X(z)]$	$|z|>\max[R_{x-},1]$,$x(n)$为因果序列
11	$x(n)*h(n)$	$X(z)H(z)$	$\max[R_{x-},R_{h-}]<|z|<\min[R_{x+},R_{h+}]$
12	$x(n)h(n)$	$\dfrac{1}{2\pi\mathrm{j}}\oint_{c}X(v)H\left(\dfrac{z}{v}\right)v^{-1}\mathrm{d}v$	$R_{x-}R_{h-}<|z|<R_{x+}R_{h+}$
13	$x(0)=\lim\limits_{z\to\infty}X(z)$		$x(n)$为因果序列,$|z|>R_{x-}$
14	$x(\infty)=\lim\limits_{z\to1}(z-1)X(z)$		$x(n)$为因果序列,$X(z)$的极点落在单位圆内,最多在 $z=1$ 处有一阶极点
15	$\sum\limits_{n=-\infty}^{\infty}x(n)h^{*}(n)=\dfrac{1}{2\pi\mathrm{j}}\oint_{c}X(v)H^{*}\left(\dfrac{1}{v^{*}}\right)v^{-1}\mathrm{d}v$		$R_{x-}R_{h-}<1<R_{x+}R_{h+}$

3.4 z 变换与拉普拉斯变换、傅里叶变换的关系

为了便于用 z 变换分析离散时间系统,必须知道序列的 z 变换与傅里叶变换的关系。为此,需要首先了解取样信号的拉普拉斯变换与序列的 z 变换之间的关系,进而才能知道序列的 z 变换与傅里叶变换的关系。

3.4.1 取样信号的拉普拉斯变换与序列的 z 变换的关系

1. 理想抽样信号的拉普拉斯变换与序列的 z 变换

设 $x_a(t)$ 为连续信号,$\hat{x}_a(t)$ 为其理想抽样信号,则理想抽样信号的拉普拉斯变换为

$$\hat{X}_a(s)=L[\hat{x}_a(t)]=\int_{-\infty}^{\infty}\hat{x}_a(t)\mathrm{e}^{-st}\mathrm{d}t=\int_{-\infty}^{\infty}\left[\sum_{n=-\infty}^{\infty}x_a(nT)\delta(t-nT)\right]\mathrm{e}^{-st}\mathrm{d}t=$$

$$\sum_{n=-\infty}^{\infty}\int_{-\infty}^{\infty}x_a(nT)\mathrm{e}^{-st}\delta(t-nT)\mathrm{d}t=$$

$$\sum_{n=-\infty}^{\infty} x_a(nT)e^{-snT} = \sum_{n=-\infty}^{\infty} x_a(nT)(e^{sT})^{-n} \tag{3-40}$$

由于序列 $x(n)$ 的 z 变换定义式为 $X(z)=\sum_{n=-\infty}^{\infty} x(n)z^{-n}$，考虑到 $x(n)=x_a(nT)$ 时，对比序列 $x(n)$ 的 z 变换定义式和式(3-40)，不难得出如下结论：当 $z=e^{sT}$ 时，序列 $x(n)$ 的 z 变换就等于理想抽样信号的拉普拉斯变换，即

$$X(z)\big|_{z=e^{sT}} = X(e^{sT}) = \hat{X}_a(s) \tag{3-41}$$

2. z 变换与拉普拉斯变换的关系(s 平面与 z 平面映射关系)

s 平面用直角坐标表示为

$$s = \sigma + j\Omega$$

z 平面用极坐标表示为

$$z = re^{j\omega}$$

当 $z=e^{sT}$ 时，则有

$$z = re^{j\omega} = e^{\sigma T} \cdot e^{j\Omega T}$$

因此，上式的模相等，则有

$$r = e^{\sigma T} \tag{3-42}$$

式(3-42)表明，z 的模 r 只与 s 的实部 σ 相对应；同样，若考虑幅角相等，则有

$$\omega = \Omega T \tag{3-43}$$

式(3-43)表明，z 的幅角 ω 只与 s 的虚部 Ω 相对应。

结合坐标平面，分析式(3-42)中 r 与 σ 的关系，发现：① $\sigma=0$，即 s 平面的虚轴对应于 z 平面的 $r=1$，即 z 平面单位圆；② $\sigma<0$，s 的左半平面对应于 z 平面的 $r<1$，即 z 的单位圆内；③ $\sigma>0$，s 的右半平面对应于 z 平面的 $r>1$，即 z 的单位圆外。这种关系称为 s 平面与 z 平面映射，如图 3-10 所示。

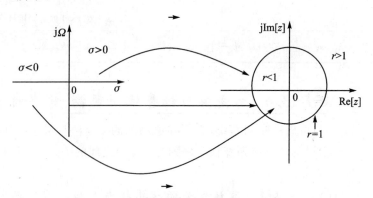

图 3-10 s 平面与 z 平面映射关系

结合坐标平面，分析式(3-43)中 ω 与 Ω 的关系，发现：① $\Omega=0$ 时，s 平面的实轴对应于 $\omega=0$，即 z 平面的正实轴。② $\Omega=\Omega_0$(常数)时，为 s 平面平行于实轴的直线，对应于 $\omega=\Omega_0 T$，即在 z 平面始于原点的射线。③ s 平面宽 $2\pi/T$ 的水平条带 $\Omega\in(-\pi/T,\pi/T)$，对应于整个 z 平面 $\omega\in(-\pi,\pi)$；同样，s 平面的水平条带 $\Omega\in(\pi/T,3\pi/T)$，也对应于整个 z 平面 $\omega\in(\pi,3\pi)$，亦即 $\omega\in(-\pi,\pi)$；由于 s 平面可分割为无穷多个宽度为 $2\pi/T$ 的水平条带，所以 s 平面可以映射

成无穷多个 z 平面。这种映射的多值关系如图 3-11 所示。s 左半平面的宽 $2\pi/T$ 的水平条带都映射到 z 平面的单位圆内;而 s 右半平面的宽 $2\pi/T$ 的水平条带都映射到 z 平面的单位圆外。

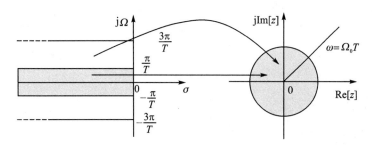

图 3-11 s 平面与 z 平面的多值映射关系

3.4.2 z 变换和傅里叶变换的关系

1. 抽样信号的拉普拉斯变换另一种形式

由式(2-31)可知,连续信号经理想抽样后,其频谱产生周期延拓,即

$$\hat{X}_a(\mathrm{j}\Omega) = \frac{1}{T} \sum_{k=-\infty}^{\infty} X_a\left(\mathrm{j}\Omega - \mathrm{j}k\frac{2\pi}{T}\right)$$

用与推导式(2-31)同样的方法,或者将 $s=\mathrm{j}\Omega$ 代入式(2-31),就可以得到理想抽样信号的拉普拉斯变换

$$\hat{X}_a(s) = \frac{1}{T} \sum_{k=-\infty}^{\infty} X_a\left(s - \mathrm{j}k\frac{2\pi}{T}\right) \tag{3-44}$$

式中,$X_a(s)$、$\hat{X}_a(s)$ 分别为 $x_a(t)$、$\hat{x}_a(t)$ 的拉普拉斯变换,即

$$\left.\begin{array}{l} X_a(s) = \displaystyle\int_{-\infty}^{\infty} x_a(t)\mathrm{e}^{-st}\mathrm{d}t \\[2mm] \hat{X}_a(s) = \displaystyle\int_{-\infty}^{\infty} \hat{x}_a(t)\mathrm{e}^{-st}\mathrm{d}t \end{array}\right\} \tag{3-45}$$

式(3-44)表明,理想抽样信号的拉普拉斯变换在 s 平面沿虚轴 $s=\mathrm{j}\Omega$ 周期延拓。也就是说,$\hat{X}_a(s)$ 在 s 平面虚轴上是周期函数,亦即在虚轴 $s=\mathrm{j}\Omega$ 上的理想抽样信号的拉普拉斯变换就是理想抽样信号的傅里叶变换。

2. 单位圆上的 z 变换

众所周知,当 $s=\mathrm{j}\Omega$ 时,即在虚轴上的拉普拉斯变换就是傅里叶变换。这时 $z=\mathrm{e}^{\mathrm{j}\Omega T}$,即 z 在单位圆上,代入式(3-41),则

$$X(z)\mid_{z=\mathrm{e}^{\mathrm{j}\Omega T}} = X(\mathrm{e}^{\mathrm{j}\Omega T}) = \hat{X}_a(\mathrm{j}\Omega) \tag{3-46}$$

式(3-46)表明,抽样序列在单位圆上的 z 变换,就等于其理想抽样信号的傅里叶变换。将式(2-31)代入式(3-46),则得

$$X(z)\mid_{z=\mathrm{e}^{\mathrm{j}\Omega T}} = X(\mathrm{e}^{\mathrm{j}\Omega T}) = \frac{1}{T} \sum_{k=-\infty}^{\infty} X_a\left(\mathrm{j}\Omega - \mathrm{j}k\frac{2\pi}{T}\right) \tag{3-47}$$

式(3-47)表明,$X(\mathrm{e}^{\mathrm{j}\Omega T}$ 是 Ω 的周期函数,这是"抽样信号的频谱是原信号的频谱的周期延拓"的另一种表示形式。

通常用数字频率 ω 作为 z 平面的单位圆的参数,ω 表示 z 平面的辐角。它与模拟角频率

的关系为

$$\omega = \Omega T = \frac{\Omega}{f_s} = 2\pi \frac{f}{f_s} \tag{3-48}$$

式中，f_s 为抽样频率，f 为模拟频率。将式(3-48)代入式(3-47)，则得

$$X(z)\mid_{z=e^{j\omega}} = X(e^{j\omega}) = \frac{1}{T}\sum_{k=-\infty}^{\infty} X_a\left(j\frac{\omega-2\pi k}{T}\right) \tag{3-49}$$

式(3-49)表明，单位圆上的 z 变换是和信号的频谱相联系的，因此在单位圆上序列的 z 变换就是序列的傅里叶变换。

3.4.3 序列的傅里叶变换

1. 序列的傅里叶正变换

根据序列在单位圆上的 z 变换就是序列的傅里叶变换的理念，定义序列的傅里叶变换为

$$\mathrm{DTFT}[x(n)] = X(e^{j\omega}) = X(z)\mid_{z=e^{j\omega}} = \sum_{n=-\infty}^{\infty} x(n)e^{-j\omega n} \tag{3-50}$$

式(3-50)常称为序列的傅里叶正变换，也常称为离散时间信号的傅里叶变换(DTFT)。要注意序列的傅里叶变换一定是数字频率 ω 的周期函数。式(3-50)级数的收敛条件为

$$\sum_{n=-\infty}^{\infty}\mid x(n)e^{-j\omega n}\mid = \sum_{n=-\infty}^{\infty}\mid x(n)\mid < \infty \tag{3-51}$$

式(3-51)表明，如果序列 $x(n)$ 绝对可和，则它的傅里叶变换一定存在且连续，反之亦然。

需要指出的是，序列 $x(n)$ 在时域是离散函数，而其傅里叶变换是数字频率 ω 的周期函数，亦即在频域($\omega=\Omega T$)是周期函数。这不难得出结论：将时域离散信号变换到频域，则得到一个周期信号。简言之，离散的→周期的。

2. 反变换

与序列的傅里叶正变换相对应，当已知序列的傅里叶变换时，反过来求序列的过程定义为反变换：

$$x(n) = \mathrm{DTFT}^{-1}[X(e^{j\omega})] = \frac{1}{2\pi}\oint_{|z|=1} X(z)z^{n-1}dz = \frac{1}{2\pi}\int_{-\pi}^{\pi} X(e^{j\omega})d\omega \tag{3-52}$$

3.5 傅里叶变换的一些对称性质

序列是离散时间信号的抽象，在信号的分析和实际应用中，有时会采用实信号和复信号的表示方法。为了便于分析和表征序列的特性，以及序列的傅里叶变换的特性，特引入了序列对称的概念。与普通对称概念一样，在实数范畴，序列对称也有偶对称(轴对称)、奇对称(点对称)。若推广到复数范畴，则有共轭对称与共轭反对称。本节将讨论共轭对称序列与共轭反对称序列，如何用共轭对称序列与共轭反对称序列表示任一序列，复(数)序列的傅里叶表示方法，序列的实、虚部与其傅里叶变换的偶、奇部关系，以及序列的偶、奇部与其傅里叶变换的实、虚部关系。

3.5.1 共轭对称序列与共轭反对称序列

1. 共轭对称序列

设一个复序列 $x_e(n)$，如果满足

$$x_e(n) = x_e^*(-n) \tag{3-53}$$

则称序列 $x_e(n)$ 为共轭对称序列。下面,来分析共轭对称序列的对称关系。设复序列为

$$x_e(n) = x_{eR}(n) + jx_{eI}(n) \tag{3-54}$$

其中,$x_{eR}(n)$、$x_{eI}(n)$ 分别表示 $x_e(n)$ 的实部和虚部。对式(3-54)两边取共轭,则

$$x_e^*(n) = x_{eR}(n) - jx_{eI}(n) \tag{3-55}$$

再将 $-n$ 代入式(3-55),则

$$x_e^*(-n) = x_{eR}(-n) - jx_{eI}(-n) \tag{3-56}$$

根据式(3-53)的定义,对比式(3-54)和式(3-56),则

$$\left. \begin{array}{l} x_{eR}(n) = x_{eR}(-n) \\ x_{eI}(n) = -x_{eI}(-n) \end{array} \right\} \tag{3-57}$$

式(3-57)表明,共轭对称序列的实部是偶对称序列(偶函数),而虚部是奇对称序列(奇函数)。

特殊地,如果讨论的是实序列,且满足式(3-53),则该实序列就是偶对称序列。

2. 共轭反对称序列

设某一复序列 $x_o(n)$,如果满足

$$x_o(n) = -x_o^*(-n) \tag{3-58}$$

则称序列 $x_o(n)$ 为共轭反对称序列。若设

$$x_o(n) = x_{oR}(n) + jx_{oI}(n) \tag{3-59}$$

式中,$x_{oR}(n)$、$x_{oI}(n)$ 分别为 $x_o(n)$ 的实部和虚部。仿照共轭对称序列的分析方法,同样可得到

$$\left. \begin{array}{l} x_{oR}(n) = -x_{oR}(-n) \\ x_{oI}(n) = x_{oI}(-n) \end{array} \right\} \tag{3-60}$$

式(3-60)表明,共轭反对称序列的实部是奇对称序列(奇函数),而虚部是偶对称序列(偶函数)。

特殊地,如果讨论的是实序列,且满足式(3-58),则该实序列就是奇对称序列。

3.5.2　用共轭对称序列与共轭反对称序列表示任一序列

1. 任一序列可表为共轭对称序列与共轭反对称序列之和

根据任一实函数(序列)可用一个实偶函数与一个实奇函数之和来表示的理念,若将共轭对称序列与共轭反对称序列相加,则由式(3-54)和(3-59)得到

$$x_e(n) + x_o(n) = [x_{eR}(n) + x_{oR}(n)] + j[x_{eI}(n) + x_{oI}(n)] = x(n) \tag{3-61}$$

式中,$X_{eR}(n)$ 为实偶函数,$x_{oR}(n)$ 为实奇函数,它们之和可构成任何序列的实部;$x_{eI}(n)$ 为实奇函数,$x_{oI}(n)$ 为实偶函数,它们之和可构成任何序列的虚部。因此,共轭对称序列与共轭反对称序列之和可以表示任一序列 $x(n)$。换句话说,任一序列 $x(n)$ 可以分解为一个共轭对称序列(简称为偶部)与一个共轭反对称序列(简称为奇部)。

2. 共轭对称序列 $x_e(n)$ 和共轭反对称序列 $x_o(n)$ 的求法。

将 $-n$ 代入等式 $x(n) = x_e(n) + x_o(n)$ 并两边取共轭,则

$$x^*(-n) = x_e^*(-n) + x_e^*(-n) = x_e(n) + x_o(-n)$$

因此,则有

$$\left. \begin{array}{l} x(n) = x_e(n) + x_o(n) \\ x^*(-n) = x_e(n) - x_o(n) \end{array} \right\} \tag{3-62}$$

将式(3-62)的上、下两式相加,则得

$$x_e(n) = \frac{1}{2}[x(n) + x^*(-n)] \qquad (3-63)$$

将式(3-62)中的上式减去下式,则得

$$x_o(n) = \frac{1}{2}[x(n) - x^*(-n)] \qquad (3-64)$$

3.5.3　序列傅里叶变换的分解表示

与序列类似,序列的傅里叶变换可表示为共轭对称分量(偶部)与共轭反对称分量(奇部)之和。换句话说,任何一个序列 $x(n)$ 的傅里叶变换可以分解为一个共轭对称分量(偶部)与一个共轭反对称分量(奇部),即

$$X(e^{j\omega}) = X_e(e^{j\omega}) + X_o(e^{j\omega}) \qquad (3-65)$$

式中,$X_e(e^{j\omega})$ 为共轭对称分量(偶部),$X_o(e^{j\omega})$ 为共轭反对称分量(奇部)。并且

$$\left.\begin{aligned} X_e(e^{j\omega}) &= \frac{1}{2}[X(e^{j\omega}) + X^*(e^{-j\omega})] \\ X_o(e^{j\omega}) &= \frac{1}{2}[X(e^{j\omega}) - X^*(e^{-j\omega})] \end{aligned}\right\} \qquad (3-66)$$

3.5.4　两个性质

1. 共轭序列的傅里叶变换

如果 $\text{DTFT}[x(n)] = X(e^{j\omega})$,则有

$$\text{DTFT}[x^*(n)] = X^*(e^{-j\omega}) \qquad (3-67)$$

式(3-67)表明,时域的"取共轭"操作,等效于频域的"翻褶"与"取共轭"两个操作。

证明　将共轭序列直接代入 DTFT 的定义式,则

$$F[x^*(n)] = \sum_{n=-\infty}^{\infty} x^*(n)e^{-j\omega n} = \sum_{n=-\infty}^{\infty}[x(n)e^{-j\omega n}]^* =$$

$$\left\{\sum_{n=-\infty}^{\infty}[x(n)e^{-(-j\omega n)}]\right\}^* = X^*(e^{-j\omega})$$

2. 共轭对称序列的傅里叶变换

如果 $\text{DTFT}[x(n)] = X(e^{j\omega})$,则有

$$\text{DTFT}[x^*(-n)] = X^*(e^{j\omega}) \qquad (3-68)$$

式(3-68)表明,时域的"翻褶"与"取共轭"两个操作,等效于频域的"取共轭"操作。

证明　将共轭对称序列直接代入 DTFT 的定义式,则

$$F[x^*(-n)] = \sum_{n=-\infty}^{\infty} x^*(-n)e^{-j\omega n} = \sum_{n=-\infty}^{\infty} x^*(n)e^{j\omega n} =$$

$$\sum_{n=-\infty}^{\infty}[x(n)e^{-j\omega n}]^* = X^*(e^{j\omega})$$

3.5.5　序列与其傅里叶变换的对应关系

如上所述,一个(复)序列可以分解为实部和虚部,也可以分解为偶部和奇部;同样,序列的傅里叶变换既可以分解为实部和虚部,也可以分解为偶部和奇部。下面,讨论"序列分解表示"与"序列的傅里叶变换分解表示"的对应关系。

1. 序列的虚实分解与其傅里叶变换的奇偶分解的对应关系

1) 序列的实部的傅里叶变换等于其傅里叶变换的偶部,即

$$\text{DTFT}\{\text{Re}[x(n)]\} = X_\text{e}(\text{e}^{\text{j}\omega}) \tag{3-69}$$

证明 由于序列的实部可表示为

$$\text{Re}[x(n)] = \frac{1}{2}[x(n) + x^*(n)]$$

所以,对上式两边取 DTFT,则得

$$\text{DTFT}\{\text{Re}[x(n)]\} = \frac{1}{2}[X(\text{e}^{\text{j}\omega}) + X^*(\text{e}^{-\text{j}\omega})] = X_\text{e}(\text{e}^{\text{j}\omega})$$

2) 序列的 j 倍虚部的傅里叶变换等于其傅里叶变换的奇部,即

$$\text{DTFT}\{\text{jIm}[x(n)]\} = X_\text{o}(\text{e}^{\text{j}\omega}) \tag{3-70}$$

证明 由于序列的 j 倍虚部可表示为

$$\text{jIm}[x(n)] = \frac{1}{2}[x(n) - x^*(n)]$$

所以,对上式两边取 DTFT,则得

$$\text{DTFT}\{\text{jIm}[x(n)]\} = \frac{1}{2}[X(\text{e}^{\text{j}\omega}) - X^*(\text{e}^{-\text{j}\omega})] = X_\text{o}(\text{e}^{\text{j}\omega})$$

2. 序列的奇偶分解与其傅里叶变换的虚实分解的对应关系

1) 序列的偶部的傅里叶变换等于其傅里叶变换的实部,即

$$\text{DTFT}[x_\text{e}(n)] = X_\text{R}(\text{e}^{\text{j}\omega}) \tag{3-71}$$

证明 由于序列的偶部可表示为

$$x_\text{e}(n) = \frac{1}{2}[x(n) + x^*(-n)]$$

所以,对上式两边取 DTFT,则得

$$\text{DTFT}[x_\text{e}(n)] = \frac{1}{2}[X(\text{e}^{\text{j}\omega}) + X^*(\text{e}^{\text{j}\omega})] = X_\text{R}(\text{e}^{\text{j}\omega})$$

2) 序列的奇部的傅里叶变换等于其傅里叶变换的虚部再乘以 j,即

$$\text{DTFT}[x_\text{o}(n)] = \text{j}X_\text{I}(\text{e}^{\text{j}\omega}) \tag{3-72}$$

证明 由于序列的奇部可表示为

$$x_\text{o}(n) = \frac{1}{2}[x(n) - x^*(-n)]$$

所以,对上式两边取 DTFT,则得

$$\text{DTFT}[x_\text{o}(n)] = \frac{1}{2}[X(\text{e}^{\text{j}\omega}) - X^*(\text{e}^{\text{j}\omega})] =$$

$$\frac{1}{2}[X_\text{R}(\text{e}^{\text{j}\omega}) + \text{j}X_\text{I}(\text{e}^{\text{j}\omega}) - X_\text{R}(\text{e}^{\text{j}\omega}) + \text{j}X_\text{I}(\text{e}^{\text{j}\omega})] =$$

$$\text{j}X_\text{I}(\text{e}^{\text{j}\omega})$$

3.5.6 实序列的虚实、奇偶特性

上面,所讨论的序列及其傅里叶变换的虚实、奇偶特性,一般是指复序列而言的。当序列为实序列时,问题要简单得多。下面,简述之。

1. 实序列的奇偶表示

任何一个实序列 $x_s(n)$ 可以表示成一个偶(对称)序列(偶函数)与一个奇(对称)序列(奇函数)之和,即

$$x_s(n) = x_e(n) + x_o(n) \tag{3-73}$$

式中，$x_e(n)$ 为偶序列，或叫做偶对称序列，或叫做偶函数；$x_o(n)$ 为奇序列，或叫做奇对称序列，或叫做奇函数。显然，它们都是实序列，注意与前面的区别。偶序列 $x_e(n)$ 和奇序列 $x_o(n)$ 可由下式求得，即

$$\left.\begin{aligned} x_e(n) &= \frac{1}{2}\big[x(n) + x(-n)\big] \\ x_o(n) &= \frac{1}{2}\big[x(n) - x(-n)\big] \end{aligned}\right\} \tag{3-74}$$

换言之，任何一个实序列可以分解为一个偶对称序列和一个奇对称序列。

2. 实序列的傅里叶变换的一些特性

设 $x_s(n)$ 为实序列，且 $\text{DTFT}[x_s(n)] = X(e^{j\omega})$，则

$$\left.\begin{aligned} X(e^{j\omega}) &= X^*(e^{-j\omega}) \\ \text{DTFT}[x(-n)] &= X^*(e^{j\omega}) \end{aligned}\right\} \tag{3-75}$$

式(3-75)表明，对实序列的傅里叶变换进行"翻褶"与"取共轭"两个操作后，其值不变；序列翻褶后的傅里叶变换等于其傅里叶变换"取共轭"。

设 $x_s(n)$ 为实序列，且 $\text{DTFT}[x_s(n)] = X(e^{j\omega})$，则

$$\left.\begin{aligned} \text{DTFT}[x_e(n)] &= X_R(e^{j\omega}) = \text{Re}[X(e^{j\omega})] \\ \text{DTFT}[x_o(n)] &= X_I(e^{j\omega}) = j\text{Im}[X(e^{j\omega})] \end{aligned}\right\} \tag{3-76}$$

式(3-76)表明，实序列偶部的傅里叶变换等于其傅里叶变换的实部；实序列奇部的傅里叶变换等于其傅里叶变换的虚部再乘以 j。

3. 实序列傅里叶变换奇偶、虚实对应特性

实序列傅里叶变换的实部是 ω 的偶函数，即

$$\text{Re}[X(e^{j\omega})] = \text{Re}[X^*(e^{-j\omega})] = \text{Re}[X(e^{-j\omega})] \tag{3-77}$$

同样，实序列傅里叶变换的虚部是 ω 的奇函数，即

$$\text{Im}[X(e^{j\omega})] = \text{Im}[X^*(e^{-j\omega})] = -\text{Im}[X(e^{-j\omega})] \tag{3-78}$$

实序列傅里叶变换的模是 ω 的偶函数，即

$$|X(e^{j\omega})| = |X^*(e^{-j\omega})| = |X(e^{-j\omega})| \tag{3-79}$$

同样，实序列傅里叶变换的幅角是 ω 的奇函数，即

$$\arg[X(e^{j\omega})] = \arg[X^*(e^{-j\omega})] = \arg\left\{\frac{\text{Im}[X^*(e^{-j\omega})]}{\text{Re}[X^*(e^{-j\omega})]}\right\} =$$

$$\arg\left\{\frac{-\text{Im}[X(e^{-j\omega})]}{\text{Re}[X(e^{-j\omega})]}\right\} = -\arg[X(e^{-j\omega})] \tag{3-80}$$

 3.6 离散时间系统的分析

与分析、研究连续时间系统类似，对离散时间系统所关心的问题有，一是根据要求，按技术指标设计系统，从而实现对信号的加工/处理（如滤波）；二是分析、研究系统对所传输的信号产生的影响；三是研究系统的各种分析方法的内在联系。为了解决这些问题，必须首先研究系统特性的描述和表征，除了将在第二章讨论的差分方程和单位抽样响应用于描述离散时间系统特性之外，下面将以 z 变换为切入点，引入系统函数和频率响应的概念，从另一个视角来分析研究系统的特性。显然，人们最关心的是因果稳定的线性移不变系统，这是因为它是最有用的

系统之一。这里将以线性移不变系统为例进行分析。

3.6.1　线性移不变系统的系统函数

1. 系统函数的定义

对于一个如图 3-12 所示的线性移不变系统，$h(n)$ 为系统的单位抽样响应，$x(n)$ 为系统输入，$y(n)$ 为系统输出，则

$$y(n) = x(n) * h(n) \tag{3-81}$$

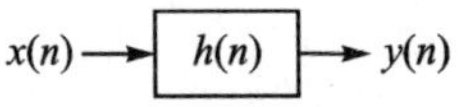

或者写为

$$h(n) = y(n)(1/*)x(n) \tag{3-82}$$

$$x(n) \longrightarrow \boxed{h(n)} \longrightarrow y(n)$$

图 3-12　线性移不变系统

式中，符号"$1/*$"为反卷积运算符。

对式（3-81）和（3-82）两边进行 z 变换，则有

$$\left. \begin{aligned} Y(z) &= X(z) \cdot H(z) \\ H(z) &= \frac{Y(z)}{X(z)} \end{aligned} \right\} \tag{3-83}$$

式中，$X(z) = Z[x(n)]$，$Y(z) = Z[y(n)]$，$H(z) = Z[h(n)]$。$H(z)$ 称为线性移不变系统的系统函数。

2. 因果稳定系统

在第 2 章将系统的单位抽样响应 $h(n)$ 视为序列，仅从序列的角度讨论了线性移不变系统的因果稳定性。这里，补充从单位抽样响应 $h(n)$ 的 z 变换，即从系统函数的角度重新认识线性移不变系统的因果稳定性。

如式（2-25）所示，一个线性移不变系统稳定的充要条件是单位抽样响应 $h(n)$ 必须满足绝对可和，即

$$\sum_{n=-\infty}^{\infty} |h(n)| < \infty$$

显然，这时 $h(n)$ 的 z 变换 $H(z)$ 的收敛域，应由满足 $\sum |h(n)z^{-n}| < \infty$ 的那些 z 值来确定。如果收敛域包括单位圆，即 $|z| = 1$，则有 $\sum |h(n)| < \infty$，亦即系统稳定；这就是说，系统函数的收敛域包括单位圆的是稳定系统。

由于因果系统的单位抽样响应 $h(n)$ 是因果序列，所以根据 z 变换的定义可知，系统函数的收敛域为 $R_- < |z| \leqslant \infty$。因此，因果稳定系统的系统函数收敛域为

$$1 \leqslant |z| \leqslant \infty \tag{3-84}$$

式（3-84）表明，可用系统函数的收敛域描述线性移不变系统的因果稳定性。除此而外，下面，将用系统函数的极点分布来描述线性移不变系统的因果稳定性。

3.6.2　系统函数的零极点

第 2 章的式（2-26）给出了线性移不变系统的差分方程表示形式：

$$\sum_{k=0}^{N} a_k y(n-k) = \sum_{m=0}^{M} b_m x(n-m)$$

对上式两边取 z 变换，得

$$\sum_{k=0}^{N} a_k z^{-k} Y(z) = \sum_{m=0}^{M} b_m z^{-m} X(z) \tag{3-85}$$

整理式（3-85），根据系统函数的定义，则有

$$H(z) = \frac{Y(z)}{X(z)} = \frac{\sum\limits_{m=0}^{M} b_m z^{-m}}{\sum\limits_{k=0}^{N} a_k z^{-k}} \tag{3-86}$$

对式(3-86)进行因式分解,得

$$H(z) = \frac{Y(z)}{X(z)} = K \frac{\prod\limits_{m=1}^{M}(1 - c_m z^{-1})}{\prod\limits_{k=1}^{N}(1 - d_k z^{-1})} \tag{3-87}$$

在式(3-87)中,$z = c_m$ 是系统函数 $H(z)$ 的零点,即使 $H(z) = 0$ 的那些 z 值;$z = d_k$ 是系统函数 $H(z)$ 的极点,即使 $H(z) = \infty$ 的那些 z 值。这些零极点都是由差分方程的系数 a_k 和 b_m 决定的。式(3-87)表明,除了比例常数 K 之外,系统函数完全由它的全部零极点来确定。显然,在极点处,系统函数不收敛。因此,系统函数的收敛域不应包括极点。这就是说,对于因果稳定系统而言,其系统函数的全部极点应在单位圆内。

例 3 - 12 设一个线性移不变系统的系统函数为

$$H(z) = \frac{1 - \dfrac{1}{2}z^{-1}}{1 + \dfrac{3}{4}z^{-1} + \dfrac{1}{8}z^{-2}}$$

试画出系统函数的零极点分布图,并分析 $H(z)$ 的收敛域与系统的稳定性。

解 对系统函数 $H(z)$ 进行因式分解,得

$$H(z) = \frac{1 - \dfrac{1}{2}z^{-1}}{\left(1 + \dfrac{1}{4}z^{-1}\right)\left(1 + \dfrac{1}{2}z^{-1}\right)} = \frac{z\left(z - \dfrac{1}{2}\right)}{\left(z + \dfrac{1}{4}\right)\left(z + \dfrac{1}{2}\right)}$$

零点为 $z_1 = 0$,$z_2 = 1/2$;极点为 $z_1 = -1/4$,$z_2 = -1/2$,如图 3 - 13 所示。

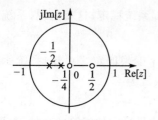

图 3 - 13 零极点分布图

下面,分 3 种情况进行分析。

① 如果收敛域位于极点 $z_2 = -1/2$ 所在的圆外,又由于 $\lim\limits_{z \to \infty} \dfrac{1 - \dfrac{1}{2}z^{-1}}{1 + \dfrac{3}{4}z^{-1} + \dfrac{1}{8}z^{-2}} = 1$,所以系统是因果的,系统函数的收敛域为

$$\left| -\frac{1}{2} \right| < |z| \leqslant \infty$$

显然,系统函数的收敛域包括了单位圆。因此,系统是因果稳定的。

② 如果收敛域位于极点 $z_1 = -1/4$ 所在的圆内,又由于 $\lim\limits_{z \to 0} \dfrac{z\left(z - \dfrac{1}{2}\right)}{\left(z + \dfrac{1}{4}\right)\left(z + \dfrac{1}{2}\right)} = 0$,所以系统是逆因果的,这时系统函数的收敛域为

$$0 \leqslant |z| < \left| -\frac{1}{4} \right|$$

③ 如果收敛域位于极点 $z_1 = -1/4$ 与 $z_2 = -1/2$ 所在的两个圆之间的环域,即

$$\left| -\frac{1}{4} \right| < | z | < \left| -\frac{1}{2} \right|$$

上式表明,系统函数的收敛域显然不包括单位圆,所以系统是不稳定的。

3.6.3　线性移不变系统的频率响应

在信号传输过程中,人们关心的是传输系统对信号的影响,而表征影响的程度是系统的频率响应。下面,分析线性移不变离散时间系统的频率响应。

1. 系统的频率响应的意义

系统的单位抽样响应 $h(n)$ 的傅里叶变换,也即单位圆上的 z 变换 $H(e^{j\omega})$ 定义为系统频率响应

$$H(e^{j\omega}) = \sum_{n=-\infty}^{\infty} h(n) e^{-j\omega n} \tag{3-88}$$

显然,在单位圆 $z = e^{j\omega}$ 上的系统函数就是系统的频率响应。

对于线性移不变离散时间系统,则有

$$\left. \begin{array}{l} y(n) = x(n) * h(n) \\ Y(e^{j\omega}) = X(e^{j\omega}) H(e^{j\omega}) \end{array} \right\} \tag{3-89}$$

式(3-89)表明,线性移不变离散时间系统输出序列的傅里叶变换,等于其输入序列的傅里叶变换与频率响应的乘积。

2. 频率响应的几何确定

将式(3-87)表示的系统函数进行如下变形:

$$H(z) = K \frac{\prod\limits_{m=1}^{M}(1 - c_m z^{-1})}{\prod\limits_{k=1}^{N}(1 - d_m z^{-1})} = K z^{N-M} \frac{\prod\limits_{m=1}^{M}(z - c_m)}{\prod\limits_{k=1}^{N}(z - d_m)} \tag{3-90}$$

式中,当 $N > M$ 时,z^{N-M} 表示在原点的零点;当 $N < M$ 时,z^{N-M} 表示在原点的极点。

(1) 频响的零极点表达式

将 $z = e^{j\omega}$ 代入式(3-90),则有

$$H(e^{j\omega}) = K e^{j(N-M)\omega} \frac{\prod\limits_{m=1}^{M}(e^{j\omega} - c_m)}{\prod\limits_{k=1}^{N}(e^{j\omega} - d_m)} = | H(e^{j\omega}) | e^{j\arg[H(e^{j\omega})]} \tag{3-91}$$

式中,频率响应的模为

$$| H(e^{j\omega}) | = | K | \frac{\prod\limits_{m=1}^{M} | e^{j\omega} - c_m |}{\prod\limits_{k=1}^{N} | e^{j\omega} - d_k |} \tag{3-92}$$

而频率响应的相角为

$$\arg[H(e^{j\omega})] = \arg[K] + \sum_{m=1}^{M} \arg[e^{j\omega} - c_m] - \sum_{k=1}^{N} \arg[e^{j\omega} - d_k] + (N-M)\omega \tag{3-93}$$

(2) 频率响应的几何表征

如图 3-14 所示,设 c_m 为某一个零点,黑体字 c_m 表示从原点到该零点的向量;设 d_m 为某

59

一个极点，黑体字 $\boldsymbol{d}_m$ 表示从原点到该极点的向量。关注点为单位圆上的 $e^{j\omega}$ 点，并设从零点 c_m 到关注点 $e^{j\omega}$ 的向量为 $\boldsymbol{\rho}_m$，这里称 $\boldsymbol{\rho}_m$ 为零点向量，则有

$$\boldsymbol{\rho}_m = \boldsymbol{r}e^{j\omega} - \boldsymbol{c}_m = \boldsymbol{r}\rho_m e^{j\theta_m} \qquad (3-94)$$

式中，$\boldsymbol{r}$ 为单位向量，ρ_m 为 $\boldsymbol{\rho}_m$ 的模，θ_m 为的 $\boldsymbol{\rho}_m$ 相角。设从极点 $\boldsymbol{d}_m$ 到关注点 $e^{j\omega}$ 的向量为 $\boldsymbol{l}_k$，这里称 $\boldsymbol{l}_k$ 为极点向量，则有

$$\boldsymbol{l}_k = \boldsymbol{r}e^{j\omega} - \boldsymbol{d}_m = \boldsymbol{r}l_k e^{j\phi_k} \qquad (3-95)$$

式中，l_k 为 $\boldsymbol{l}_k$ 的模，ϕ_k 为的 $\boldsymbol{l}_k$ 相角。

将式(3-94)和(3-95)代入(3-92)，则

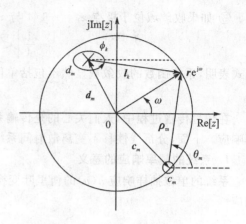

图 3-14 零极点的几何表征

$$|H(e^{j\omega})| = |K| \frac{\prod\limits_{m=1}^{M}\rho_m}{\prod\limits_{k=1}^{N}l_k} \qquad (3-96)$$

式(3-96)就是频响的模的几何表征。该式表明，频响的幅度(幅度响应)等于各个零点向量的长度之积与各个极点向量的长度之积的比值，再乘以常数 $|K|$。

将式(3-94)和式(3-95)代入式(3-93)，则

$$\arg[H(e^{j\omega})] = \arg[K] + \sum_{m=1}^{M}\theta_m - \sum_{k=1}^{N}\phi_k + (N-M)\omega \qquad (3-97)$$

式(3-97)就是频响相角的几何表征。该式表明，频响相角等于各个零点向量的相角之和减去各个极点向量的相角之和，再加上 K 的相角 $\arg[K]$ 和相移分量 $(N-M)\omega$。

由上面分析不难得出如下结论：① 由于 $e^{j\omega(N-M)}$ 表示在原点处的零极点，故它到单位圆的距离恒为1。因此，它对幅度响应不起作用，只是贡献线性相移分量 $\omega(N-M)$。② 单位圆附近的零点对幅度响应的谷点的位置与深度有明显影响。当零点位于单位圆上时，谷点为零；零点可在单位圆外。③ 在单位圆内并靠近单位圆的极点对幅度响应的峰点位置和高度有明显影响；极点在圆外，系统不稳定。

图 3-15 给出了有两个极点 d_1、d_2 和两个零点 c_1、c_2 的系统频率响应的几何表征和频响的幅度。其中零点 c_1、c_2 分别处在单位圆上的 $0,\pi$ 位置；而极点 d_1、d_2 分别处在 $\frac{\pi}{2}$，$\frac{3\pi}{2}$ 位置。

例 3-13 已知一阶系统的差分方程为 $y(n)=x(n)+ay(n-1)$，$|a|<1$，a 为实数；试求该系统的频率响应。

解 对差分方程两边取 z 变换

$$Y(z) = X(z) + az^{-1}Y(z)$$

整理上式，可得

$$H(z) = \frac{Y(z)}{X(z)} = \frac{1}{1-az^{-1}} \qquad (|z|>|a|)$$

由上式和已知条件可知，这是一个因果稳定系统，其单位抽样相应为 $h(n)=a^n u(n)$；而频率响应为

$$H(\mathrm{e}^{\mathrm{j}\omega}) = H(z)_{z=\mathrm{e}^{\mathrm{j}\omega}} = \frac{1}{1-a\mathrm{e}^{-\mathrm{j}\omega}} = \frac{1}{(1-a\cos\omega)+ja\sin\omega}$$

其中,幅度响应为

$$|H(\mathrm{e}^{\mathrm{j}\omega})| = (1+a^2-2a\cos\omega)^{-\frac{1}{2}}$$

而相位响应为

$$\arg[H(\mathrm{e}^{\mathrm{j}\omega})] = -\arctan\left[\frac{a\sin\omega}{(1-a\cos\omega)}\right]$$

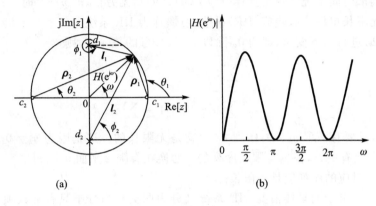

(a)　　　　(b)

图 3 - 15　频率响应的几何表征

图 3 - 16 给出了例 3 - 13 的一阶系统的零极点分布、单位抽样响应、频响和相频响应。

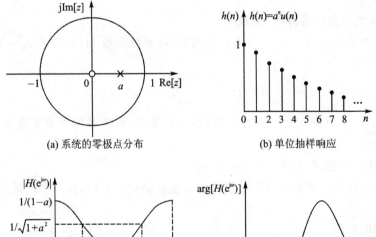

(a) 系统的零极点分布　　　(b) 单位抽样响应

(c) 幅频响应　　　(d) 相频响应

图 3 - 16　例 3 - 13 的一阶系统的特性

3.7　按单位抽样响应的长度对系统进行分类

线性移不变系统按单位抽样响应的长度进行分类,可分为无限长单位冲激响应 IIR(Infinite Impulse Response)系统和有限长单位冲激响应 FIR(Finite Impulse Response)系统。需要指出的是,对中文文献来说,在连续时间信号系统常用单位冲激响应,而在离散时间信号系统常用单位抽样响应。然而在英文文献中,统称为单位冲激响应。为此,本书仍采用 FIR 和 IIR 这样的分类。

3.7.1 IIR 系统和 FIR 系统的描述

1. 无限长单位冲激响应(IIR)系统

如果一个离散时间系统的单位抽样响应 $h(n)$ 延伸到无穷长,即 $n \to \infty$ 时,$h(n)$ 仍有值,这样的系统称作无限长单位冲激响应(IIR)系统,习惯称为 IIR 系统。

对式(3-86)进行如下变形,即用 a_0 除以分子、分母的每一项,则

$$H(z) = \frac{\sum_{m=0}^{M} b_m z^{-m}}{\sum_{k=0}^{N} a_k z^{-k}} = \frac{\sum_{m=0}^{M} b_m z^{-m}}{1 - \sum_{k=1}^{N} a_k z^{-k}} \tag{3-98}$$

在式(3-98)中,只要有一项 $a_k \neq 0$,序列 $h(n)$ 就是无限长的。这是因为 $a_k \neq 0$ 表示在有限 z 平面 $0 < |z| < \infty$ 上有极点,根据有限长序列的 z 变换在有限 z 平面 $0 < |z| < \infty$ 上没有极点的结论,显然 $a_k \neq 0$ 对应的序列应是无限长的。

根据式(3-98)分子的具体情况,IIR 系统又分为两类。当分子只有常数项 b_0 时,则在有限 z 平面上只有极点,称此系统为全极点系统,或称为自回归(AR)系统。当式(3-98)为有理函数时,则在有限 z 平面上既有极点又有零点,称此系统为零极点系统,或称为自回归滑动平均(ARMA)系统。

2. 有限长单位冲激响应(FIR)系统

当系统的单位抽样响应 $h(n)$ 为有限长序列时,即系统函数 $H(z)$ 中的 $a_k = 0 (k = 1, 2, \cdots, N)$,则

$$H(z) = \sum_{m=0}^{M} b_m z^{-m} \tag{3-99}$$

这时系统函数 $H(z)$ 在有限 z 平面上没有极点,只有零点,称此系统为全零点系统,或称为滑动平均(MA)系统。

3.7.2 IIR 系统与 FIR 系统的结构

根据系统的差分方程或系统函数可以画出系统的结构。下面,简介 IIR 系统与 FIR 系统的结构。

1. IIR 系统的结构

由于 IIR 系统的 $a_k \neq 0$,所以其差分方程为

$$y(n) = \sum_{m=0}^{M} b_m x(n-m) + \sum_{k=1}^{N} a_k y(n-k) \tag{3-100}$$

根据 2.3.3 节介绍的系统运算结构的描述原则,可用结构图来描述式(3-100),如图 3-17 所示。

2. FIR 系统的结构

由于 FIR 系统的 $a_k = 0 (k = 1, 2, \cdots, N)$,所以其差分方程为

$$y(n) = \sum_{m=0}^{M} b_m x(n-m) \tag{3-101}$$

其系统函数如式(3-99)所示。根据式(3-99)或式(3-101),可以画出 FIR 系统的结构,如图 3-18 所示。

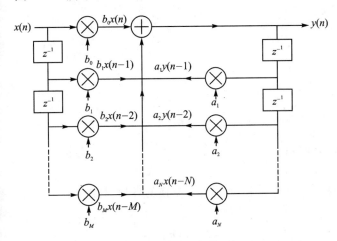

图 3-17　IIR 系统的一种结构

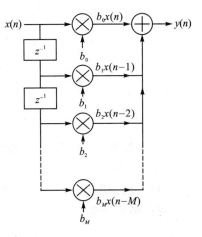

图 3-18　FIR 系统的一种结构

本章小结

由于 z 变换是分析线性时不变离散时间系统的重要工具,所以本章重点讨论了 z 变换有关问题。主要包括 z 变换的定义,z 变换的收敛域,z 变换的基本性质和定理,以及一些常用序列的 z 变换。本章讨论的另一个重要内容是 z 变换与拉普拉斯变换、傅里叶变换的关系,以及傅里叶变换的一些对称性质;借助这种关系能更深刻地认识离散时间系统的系统函数与频率响应,以及它们之间的关系。最后简介了 IIR 和 FIR 两种离散时间系统的特点和基本结构。

思考题与习题

3-1　序列在其 z 变换的收敛域内是一个什么函数?

3-2　有限长序列、左边序列、右边序列和双边序列的 z 变换收敛域是什么?

3-3　稳定的线性移不变离散时间系统的系统函数的收敛域位于什么位置?

3-4　因果稳定的线性移不变离散时间系统的系统函数的零极点是如何分布的?

3-5　线性移不变离散时间系统的系统函数与频率响应的关系如何?

3-6　实序列的傅里叶变换的特点是什么?

3-7　试求下列序列的 z 变换,并画出零极点图与收敛域:

(1) $x(n) = \left(\dfrac{1}{2}\right)^n u(n)$　　　　　　　(2) $x(n) = \dfrac{1}{n}$　($n \geqslant 1$)

3-8　已知 $x(n) = a^n u(n)$,$y(n) = b^n u(n)$,对应的 z 变换分别为

$$X(z) = \frac{1}{1 - az^{-1}}　(|a| < |z| \leqslant \infty); \quad Y(z) = \frac{1}{1 - bz^{-1}}　(|b| < |z| \leqslant \infty)$$

试求 $w(n) = x(n)y(n)$ 的 z 变换。

3-9　试用幂级数法(长除法)、留数法和部分分式法求下列 $X(z)$ 的 z 反变换:

(1) $X(z) = \dfrac{1 - \dfrac{1}{2} z^{-1}}{1 - \dfrac{1}{4} z^{-2}} \quad \left(|z| > \dfrac{1}{2} \right)$

(2) $X(z) = \dfrac{z - a}{1 - az} \quad \left(|z| > \left| \dfrac{1}{a} \right| \right)$

(3) $X(z) = \dfrac{5z^{-1}}{1 + z^{-1} - 6z^{-2}} \quad (2 < |z| < 3)$

(4) $X(z) = \dfrac{1}{(1 + z^{-1})(1 - az^{-1})} \quad (|z| > 1, a < 1)$

3-10 试求下列序列 $x(n)$ 的频谱 $X(e^{j\omega})$：

(1) $\delta(n - n_0)$，(2) $e^{-an} u(n)$

3-11 已知序列 $x(n)$ 的傅里叶变换为 $X(e^{j\omega})$，根据傅里叶变换的性质试用 $X(e^{j\omega})$ 表示下列序列的傅里叶变换：

(1) $x_1(n) = x(1 - n) + x(-1 - n)$，(2) $x_2(n) = \dfrac{x^*(-n) + x(n)}{2}$

3-12 有一个线性移不变因果系统，其差分方程为

$$y(n) - 2ry(n-1)\cos\theta + r^2 y(n-2) = x(n)$$

当激励信号为 $x(n) = a^n u(n)$ 时，试用 z 变换求解系统的响应。

3-13 题图 3-1 给出了一个因果稳定系统的结构，试根据该结构求出系统的差分方程和系统函数。当 $a_1 = 0.5, b_0 = 0.5, b_1 = 1$ 时，试求系统的单位抽样（冲激）响应，并画出系统的零极点分布图和频响曲线。

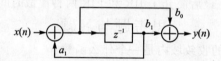

题图 3-1 习题 3-13 因果稳定系统的结构

3-14 设某一因果 IIR 系统的结构如题图 3-2 所示，试求系统的差分方程、零极点分布图和频率响应。

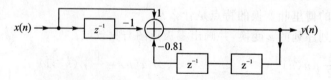

题图 3-2 习题 3-14 的系统结构

第 4 章

离散傅里叶变换的基本原理

在先修课"电路与信号"中曾讨论了连续时间信号的傅里叶变换,包括非周期连续时间信号的傅里叶变换和周期连续时间信号的傅里叶级数。上一章讨论了离散时间信号(序列)的傅里叶变换。从上章分析中发现,时间函数与频谱函数不能同时保证都是离散的,这就不能用数字计算机实现信号的傅里叶正变换和反变换。能否设法使时间函数与频谱函数同时都是离散的呢? 回答是肯定的。为此引入了离散傅里叶级数的概念,进而导出离散傅里叶变换。本章首先以时间信号(函数)与频谱信号(函数)的自变量是否是离散的为切入点,将讨论几种可能的傅里叶变换;接着将讨论离散傅里叶级数;再次将分析离散傅里叶变换及其特性,重点讨论各种卷积算法;最后将讨论频域抽样理论。

4.1　傅里叶变换的几种可能变换形式

从时间信号(函数)与频谱信号(函数)的自变量是离散的还是连续的变量入手,再考虑到信号的周期性,则时间信号与频谱信号之间的傅里叶变换可能有 4 种形式:① 连续时间非周期信号到连续频率的傅里叶变换,称为连续时间信号的傅里叶变换 CTFT(Continuous Time signal Fourier Transform);② 连续时间周期信号到离散频率的傅里叶变换,称为连续时间信号的傅里叶级数 CTFS(Continuous Time signal Fourier Series);③ 离散时间非周期信号(序列)到连续频率的傅里叶变换,称为离散时间信号的傅里叶变换 DTFT(Discrete Time signal Fourier Transform);④ 离散时间周期信号的离散频率的傅里叶变换,称为离散时间信号的傅里叶级数 DFS(Discrete Time signal Fourier Series),当对 DFS 提取一个周期时,则得到离散傅里叶变换 DFT(Discrete Fourier Transform)。

4.1.1　连续时间信号的傅里叶变换(CTFT)

在"电路和信号"课程中已经讨论过,对一个非周期的连续时间信号 $x(t)$,只要它满足狄利克莱条件(即 $x(t)$ 只有有限个极值点,并只有有限个第一类间断点),其傅里叶变换为

$$X(\mathrm{j}\Omega) = \int_{-\infty}^{\infty} x(t)\mathrm{e}^{-\mathrm{j}\Omega t}\,\mathrm{d}t \tag{4-1}$$

式(4-1)常称为傅里叶正变换。为了与其他信号的傅里叶变换相区别,这里称为连续时间信号的傅里叶变换,记为"CTFT"。

与式(4-1)相对应,当已知连续时间信号 $x(t)$ 的傅里叶变换 $X(\mathrm{j}\Omega)$,需要求原信号 $x(t)$ 时,则有

$$x(t) = \frac{1}{2\pi}\int_{-\infty}^{\infty} X(\mathrm{j}\Omega)\mathrm{e}^{\mathrm{j}\Omega t}\,\mathrm{d}\Omega \tag{4-2}$$

式(4-2)常称为傅里叶反变换。为了与其他信号的傅里叶反变换相区别,这里称为连续时间信号的傅里叶反变换,记作"CTFT^{-1}"。

连续时间信号 $x(t)$ 及其傅里叶变换 $X(\mathrm{j}\Omega)$ 的波形示意图如图 4-1 所示。

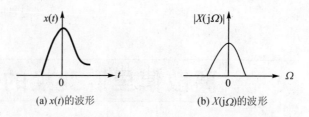

(a) $x(t)$的波形   (b) $X(j\Omega)$的波形

图 4 − 1 连续时间信号 $x(t)$ 及其傅里叶变换 $X(j\Omega)$ 的波形

分析 CTFT 的变换过程,不难得出如下结论:当时域是连续的非周期时间信号时,变换到频域则得到非周期的连续信号。这就是说,时域连续的对应频域是非周期的,时域非周期的对应频域是连续的,如图 4 − 2 所示。

分析 CTFT^{-1} 的变换过程,不难得出如下结论:当频域是连续的非周期时间信号时,变换到时域则得到非周期的连续信号。这就是说,频域连续的对应时域是非周期的,频域非周期的对应时域是连续的,如图 4 − 3 所示。

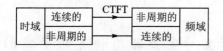   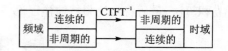

图 4 − 2 CTFT 的变换对应关系   **图 4 − 3 CTFT^{-1} 的变换对应关系**

上述变换具有对称性,时域连续,则对应频域为非周期;反之亦然。因此,图 4 − 2 和图 4 − 3 可归纳在一起,如图 4 − 4 所示。

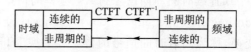

图 4 − 4 连续时间信号的傅里叶正反变换的对应关系

4.1.2 连续时间与离散频率的傅里叶变换——傅里叶级数

对于如图 4 − 5 所示的一类连续时间周期信号 $x(t)$,可以展成傅里叶级数,即

$$x(t) = \sum_{k=-\infty}^{\infty} X(jk\Omega_0) e^{jk\Omega_0 t} \tag{4-3}$$

式中,系数 $X(jk\Omega_0)$ 为

$$X(jk\Omega_0) = \frac{1}{T_p} \int_{-T_p/2}^{T_p/2} x(t) e^{-jk\Omega_0 t} dt \tag{4-4}$$

式中,T_p 为信号的周期,$\Omega_0 = 2\pi/T_p$ 为频域谱线间隔;而系数 $X(jk\Omega_0)$ 的模如图 4 − 6 所示。

为了归纳出各种傅里叶变换的规律,这里将式(4 − 4)称为傅里叶正变换,它实际上表示将周期信号 $x(t)$ 展成傅里叶级数的系数,记为"CTFS";而将式(4 − 3)称为傅里叶反变换,它实际上表示将周期信号 $x(t)$ 展成的傅里叶级数,记为"CTFS^{-1}"。

由分析傅里叶级数的变换过程,不难得出如下结论:连续的时域信号对应于频域非周期信号,而周期的时域信号对应于频域离散信号。仿照上文分析,可用图 4 − 7 表示这种对应关系。

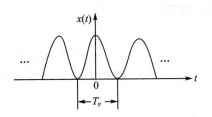

图 4-5　连续时间周期信号 $x(t)$

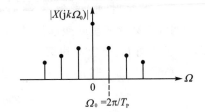

图 4-6　傅里叶级数系数 $X(jk\Omega_0)$ 的模

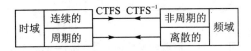

图 4-7　周期连续时间信号的傅里叶级数正反变换的对应关系

4.1.3　离散时间、连续频率的傅里叶变换——序列的傅里叶变换

图 4-8 所示的离散时间信号（序列）即抽样信号 $x(nT)$ 的傅里叶变换：

$$X(\mathrm{e}^{\mathrm{j}\Omega T}) = \sum_{n=-\infty}^{\infty} x(nT)\mathrm{e}^{-\mathrm{j}n\Omega T} \tag{4-5}$$

在第 2 章已经讨论过，其波形 $X(\mathrm{e}^{\mathrm{j}\Omega T})$ 是如图 4-9 所示的周期信号，即原来连续信号的频谱的周期延拓。式（4-5）通常记为"DTFT"。当已知 $X(\mathrm{e}^{\mathrm{j}\Omega T})$ 时，可通过下式：

$$x(nT) = \frac{1}{\Omega_s}\int_{-\Omega_s/2}^{\Omega_s/2} X(\mathrm{e}^{\mathrm{j}\Omega T})\mathrm{e}^{\mathrm{j}n\Omega T}\,\mathrm{d}\Omega \tag{4-6}$$

求得原离散时间信号。式中，$\Omega_s = 2\pi/T$ 为频域延拓周期，而 T 为时域的抽样间隔。式（4-6）记为"DTFT^{-1}"。

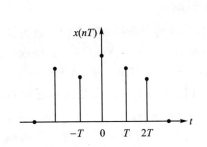

图 4-8　离散时间信号 $x(nT)$

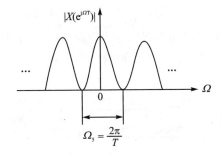

图 4-9　离散时间信号的频谱

由分析离散时间信号的傅里叶变换的过程，不难得出如下结论：离散的时域信号对应于频域周期信号，而非周期的时域信号对应于频域连续信号。仿照上文分析，可用图 4-10 表示这种对应关系。

67

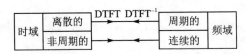

图 4-10　离散时间信号的傅里叶正反变换的对应关系

4.1.4 离散时间、离散频率的傅里叶变换—DFS

1. 周期性序列的傅里叶变换的对应关系

由上文分析可知,要想得到离散频率,则离散时间信号应是周期的。一个离散时间周期信号 $x(n)=x(nT)$ 如图 4-11 所示。T 为抽样间隔,$T_{\mathrm{p}}=NT$ 为信号周期。

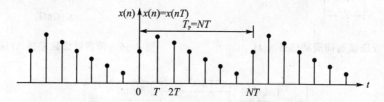

图 4-11 离散时间周期信号 $x(n)=x(nT)$

由 4.1.3 节的分析可知,离散时间信号的频谱是周期连续的,则可推断出离散时间周期信号的频谱是周期离散的,如图 4-12 所示。其中,T 为时域离散间隔,T_{p} 为时域信号周期,$\Omega_0 = \dfrac{2\pi}{T_{\mathrm{p}}} = 2\pi F = \dfrac{2\pi}{NT}$ 为频域离散间隔,$\Omega_{\mathrm{s}} = \dfrac{2\pi}{T} = N\Omega_0$ 为频域周期。

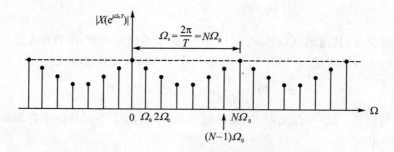

图 4-12 离散时间周期信号的频谱

离散时间周期信号即周期性序列的傅里叶变换称为离散傅里叶级数(DFS)。这种变换将一个时域周期信号变换成一个频域周期信号;其逆变换是将一个频域周期信号变换成一个时域周期信号,记为"DFS^{-1}"。DFS 与 DFS^{-1} 将在下一节详细讨论。这种变换过程的对应关系如图 4-13 所示。

DFS 是导出离散傅里叶变换的基础。实际上,取离散傅里叶级数的一个周期,就是离散傅里叶变换(DFT)。

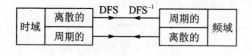

图 4-13 周期性序列的傅里叶变换的对应关系

2. 从 DFS 到 DFT 的简单推演

参照图 4-11,在一个周期内,因为 n 从 0 变到 $N-1$,所以离散时间周期信号 $x(n)=x(nT)$ 对应的傅里叶变换为

$$X(\mathrm{e}^{\mathrm{j}\Omega T}) = \sum_{n=-\infty}^{\infty} x(nT)\mathrm{e}^{-\mathrm{j}n\Omega T} = \sum_{n=0}^{N-1} x(nT)\mathrm{e}^{-\mathrm{j}n\Omega T} \tag{4-7}$$

参照图 4-12,对应的傅里叶反变换为

$$x(nT) = \frac{1}{\Omega_{\mathrm{s}}} \int_{-\Omega_{\mathrm{s}}/2}^{\Omega_{\mathrm{s}}/2} X(\mathrm{e}^{\mathrm{j}\Omega T})\mathrm{e}^{\mathrm{j}n\Omega T}\,\mathrm{d}\Omega$$

在一个周期内，由于 $\Omega = k\Omega_0 = k \cdot 2\pi F$，$k$ 也从 0 变到 $N-1$，且 $d\Omega = \Delta\Omega = \Omega_0$，所以有

$$x(nT) = \frac{1}{\Omega_s} \int_{-\Omega_s/2}^{\Omega_s/2} X(e^{j\Omega T}) e^{jn\Omega T} d\Omega = \frac{\Omega_0}{\Omega_s} \sum_{k=0}^{N-1} X(e^{jk\Omega_0 T}) e^{jn\Omega T} \tag{4-8}$$

考虑到 $\Omega_0 T = \Omega_0 \dfrac{2\pi}{\Omega_s} = \dfrac{2\pi}{T_p} T = \dfrac{2\pi}{N}$，$\Omega = k\Omega_0$，代入式（4-7）和式（4-8），则

$$\left. \begin{aligned} X(e^{j\frac{2\pi}{N}k}) &= \sum_{n=0}^{N-1} x(nT) e^{-j\frac{2\pi}{N}nk} \\ x(nT) &= \frac{1}{N} \sum_{k=0}^{N-1} X(e^{j\frac{2\pi}{N}k}) e^{j\frac{2\pi}{N}nk} \end{aligned} \right\} \tag{4-9}$$

如果将 $x(nT)$ 视为 n 的函数，即 $x(nT) \rightarrow x(n)$；将 $X(e^{j\frac{2\pi}{N}k})$ 视为 k 的函数，即 $X(e^{j\frac{2\pi}{N}k}) \rightarrow X(k)$；则

$$\left. \begin{aligned} X(k) &= \sum_{n=0}^{N-1} x(n) e^{-j\frac{2\pi}{N}nk} \\ x(n) &= \frac{1}{N} \sum_{k=0}^{N-1} X(k) e^{j\frac{2\pi}{N}nk} \end{aligned} \right\} \tag{4-10}$$

式（4-10）就是通常所说的离散傅里叶正、反变换（DFT、DFT^{-1}）的表达式。

4.2　周期序列的 DFS

由于周期序列不是绝对可和的，所以不能用 z 变换来表征它。因此，本节将从连续的周期信号的复数傅里叶级数入手，在时域对连续的周期信号进行抽样，考虑到频谱的周期性，从而导出离散傅里叶级数（DFS）。根据复指数函数的特性，推导出周期序列的谐波系数计算方法。

4.2.1　周期序列的 DFS

由于不能用 z 变换直接分析周期序列，所以必须寻求导出周期序列 DFS 方法。一般是从连续的周期信号的复数傅里叶级数开始的，设连续周期信号 $\tilde{x}(t)$ 的复数傅里叶级数为

$$\tilde{x}(t) = \sum_{k=-\infty}^{\infty} \tilde{X}(k\Omega_0) e^{jk\Omega_0 t} \tag{4-11}$$

在时域对式（4-11）进行抽样，即将 $t = nT$，$\Omega_0 T = \dfrac{2\pi}{N}$ 代入，可得

$$\tilde{x}(nT) = \sum_{k=-\infty}^{\infty} \tilde{X}(k\Omega_0) e^{jk\Omega_0 nT} = \sum_{k=-\infty}^{\infty} \tilde{X}(k\Omega_0) e^{j\frac{2\pi}{N}nk} \tag{4-12}$$

根据离散与周期相对应的规则，因 $\tilde{x}(nT)$ 是离散的，故 $\tilde{X}(k\Omega_0)$ 应是周期的，且其周期为 $2\pi/T = N\Omega_0$，因此 $\tilde{X}(k\Omega_0)$ 应是 N 点的周期序列。又由于

$$e^{j\frac{2\pi}{N}(k+rN)n} = e^{j\frac{2\pi}{N}nk} \cdot e^{j \cdot 2\pi m} = e^{j\frac{2\pi}{N}kn} \tag{4-13}$$

所以 k 的"求和"可以在一个周期内进行，式（4-12）可改写为

$$\tilde{x}(nT) = \sum_{k=0}^{N-1} \tilde{X}(k\Omega_0) e^{j\frac{2\pi}{N}nk} \tag{4-14}$$

式（4-14）表明，在区间 $k = 0, 1, \cdots, N-1$ 的"求和"与在 $k = N, \cdots, 2N-1$ 的"求和"所得的结果是一致的。

考虑到 $\tilde{x}(nT) \sim \tilde{x}(n)$，$\tilde{X}(k\Omega_0) \sim \tilde{X}(k)$ 时；则有

$$\tilde{x}(n) = \sum_{k=0}^{N-1} \tilde{X}(k) e^{j\frac{2\pi}{N}nk} \qquad (4-15)$$

式(4-15)就是周期序列 $\tilde{x}(n)$ 的傅里叶级数(DFS)。

4.2.2 $\tilde{x}(n)$ 的 k 次谐波系数 $\tilde{X}(k)$ 的求法

1. 预备知识

设 N 为周期序列 $\tilde{x}(n)$ 的周期,则

$$\sum_{n=0}^{N-1} e^{j\frac{2\pi}{N}rn} = 1 + e^{j\frac{2\pi}{N}r} + e^{j\frac{2\pi}{N}r\cdot 2} + \cdots + e^{j\frac{2\pi}{N}r\cdot(N-1)} =$$

$$\frac{1 - e^{j\frac{2\pi}{N}rN}}{1 - e^{j\frac{2\pi}{N}r}} = \begin{cases} N & (r = mN, m \text{ 为任意整数}) \\ 0 & (r \neq mN) \end{cases} \qquad (4-16)$$

同样,当 $k-r=pN$ 时,p 也为任意整数,则

$$\sum_{n=0}^{N-1} e^{j\frac{2\pi}{N}(k-r)n} = N = N\delta(0) = N\delta[(k-r) - pN] \qquad (4-17)$$

亦即

$$\frac{1}{N}\sum_{n=0}^{N-1} e^{j\frac{2\pi}{N}(k-r)n} = \delta[(k-r) - pN] = \delta(k-r-pN) = \delta[k-(r+pN)] \quad (4-18)$$

因此,有

$$\sum_{k=0}^{N-1} \tilde{X}(k)\delta[k-(r+pN)] = \tilde{X}(r+pN) = \tilde{X}(r) \qquad (4-19)$$

2. $\tilde{X}(k)$ 的表达式的求取

将式(4-15)的两端乘 $e^{-j\frac{2\pi}{N}nr}$,然后再从 $n=0$ 到 $N-1$ 求和,则有

$$\sum_{n=0}^{N-1} \tilde{x}(n) e^{-j\frac{2\pi}{N}nr} = \sum_{n=0}^{N-1}\sum_{k=0}^{N-1} \tilde{X}(k) e^{j\frac{2\pi}{N}(k-r)n} = \sum_{k=0}^{N-1} \tilde{X}(k)\left[\sum_{n=0}^{N-1} e^{j\frac{2\pi}{N}(k-r)n}\right] =$$

$$\sum_{k=0}^{N-1} \tilde{X}(k) N \cdot \delta[k-(r-pN)] = N\tilde{X}(r+pN) = N\tilde{X}(r) \quad (4-20)$$

因此,有

$$\tilde{X}(r) = \frac{1}{N}\sum_{n=0}^{N-1} \tilde{x}(n) e^{-j\frac{2\pi}{N}nr} \qquad (4-21)$$

将变量 r 换成变量 k,则有

$$\tilde{X}(k) = \frac{1}{N}\sum_{n=0}^{N-1} \tilde{x}(n) e^{-j\frac{2\pi}{N}kn} \qquad (4-22)$$

对于周期序列 $\tilde{x}(n)$,则有

$$\left.\begin{aligned} \tilde{X}(k) &= \frac{1}{N}\sum_{n=0}^{N-1} \tilde{x}(n) e^{-j\frac{2\pi}{N}kn} \\ \tilde{x}(n) &= \sum_{n=0}^{N-1} \tilde{X}(k) e^{j\frac{2\pi}{N}kn} \end{aligned}\right\} \qquad (4-23)$$

系数"$1/N$"称为定标因子,通常习惯将它移到 $\tilde{x}(n)$ 表示式中,因此有

$$\left.\begin{array}{l}\widetilde{X}(k) = \sum_{n=0}^{N-1}\widetilde{x}(n)\mathrm{e}^{-\mathrm{j}\frac{2\pi}{N}kn}\\[3mm]\widetilde{x}(n) = \dfrac{1}{N}\sum_{n=0}^{N-1}\widetilde{X}(k)\mathrm{e}^{\mathrm{j}\frac{2\pi}{N}kn}\end{array}\right\} \qquad (4-24)$$

3. 离散傅里叶级数的习惯表示法

为了规范离散傅里叶级数的表示方法,通常用符号 W_N 代替"负复指数",即将 $W_N = \mathrm{e}^{-\mathrm{j}\frac{2\pi}{N}}$ 代入其表达式,则 DFS 正变换为

$$\widetilde{X}(k) = \mathrm{DFS}[\widetilde{x}(n)] = \sum_{n=0}^{N-1}\widetilde{x}(n)\mathrm{e}^{-\mathrm{j}\frac{2\pi}{N}kn} = \sum_{n=0}^{N-1}\widetilde{x}(n)W_N^{nk} \qquad (4-25)$$

而 DFS 反正变换为

$$\widetilde{x}(n) = \mathrm{IDFS}[\widetilde{X}(k)] = \frac{1}{N}\sum_{k=0}^{N-1}\widetilde{X}(k)\mathrm{e}^{\mathrm{j}\frac{2\pi}{N}nk} = \frac{1}{N}\sum_{k=0}^{N-1}\widetilde{X}(k)W_N^{-nk} \qquad (4-26)$$

4. $\widetilde{X}(k)$ 的周期性与用 z 变换的求法

(1) $\widetilde{X}(k)$ 的周期性

$\widetilde{X}(k)$ 是一个周期函数,其周期性表现为

$$\widetilde{X}(k+mN) = \sum_{n=0}^{N-1}\widetilde{x}(n)\mathrm{e}^{-\mathrm{j}\frac{2\pi}{N}(k+mN)n} = \sum_{n=0}^{N-1}\widetilde{x}(n)\mathrm{e}^{-\mathrm{j}\frac{2\pi}{N}kn}\cdot\mathrm{e}^{-\mathrm{j}\cdot2\pi mn} =$$

$$\sum_{n=0}^{N-1}\widetilde{x}(n)\mathrm{e}^{-\mathrm{j}\frac{2\pi}{N}kn} = \widetilde{X}(k) \qquad (4-27)$$

式(4-27)表明,$\widetilde{X}(k)$ 只有 N 个不同的值,其周期性是指重现这 N 个不同的值。

(2) 用 Z 变换的方法求 $\widetilde{X}(k)$

如果将周期 $\widetilde{x}(n)$ 的一个周期内的序列记为 $x(n)$,则有

$$x(n) = \begin{cases} \widetilde{x}(n) & (0 \leqslant n \leqslant N-1)\\ 0 & (n < 0, n > N-1) \end{cases} \qquad (4-28)$$

显然,$x(n)$ 绝对可和,其 z 变换为

$$X(z) = \sum_{n=-\infty}^{\infty}x(n)z^{-n} = \sum_{n=0}^{N-1}x(n)z^{-n} \qquad (4-29)$$

如果令 $z = \mathrm{e}^{\mathrm{j}\frac{2\pi}{N}k}$,则

$$X(\mathrm{e}^{\mathrm{j}\frac{2\pi}{N}k}) = \sum_{n=0}^{N-1}x(n)\mathrm{e}^{-\mathrm{j}\frac{2\pi}{N}kn} = \widetilde{X}(k) \qquad (4-30)$$

当 $N=8$ 时,$\widetilde{X}(k)$ 在复平面的位置如图 4-14 所示。图 4-14 表明,$\widetilde{X}(k)$ 是 $x(n)$ 的 z 变换 $X(z)$ 在单位圆上的抽样,且抽样点在单位圆上的 N 个等分点上,而第一个抽样点为 $k=0$。

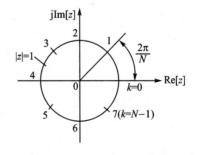

图 4-14　$\widetilde{X}(k)$ 在复平面的位置

71

4.3 DFS 的性质

如上所述,由于 DFS 可以用抽样 z 变换来分析,所以它有与 z 变换类似的性质。但是应注意 $\widetilde{x}(n)$ 与 $\widetilde{X}(k)$ 的周期性,以及 DFS 在时域与频域的严格的对偶关系。掌握这些性质对分析离散傅里叶变换(DFT)将有帮助。

4.3.1　线　性

如果 $\widetilde{X}_1(k)=\mathrm{DFS}[\widetilde{x}_1(n)]$，$\widetilde{X}_2(k)=\mathrm{DFS}[\widetilde{x}_2(n)]$，则有

$$\mathrm{DFS}[a\widetilde{x}_1(n)+b\widetilde{x}_2(n)]=a\widetilde{X}_1(k)+b\widetilde{X}_2(k) \tag{4-31}$$

式中，a 与 b 为任意常数。

 4.3.2　序列的移位

如果 $\mathrm{DFS}[\widetilde{x}(n)]=\widetilde{X}(k)$，则有

$$\mathrm{DFS}[\widetilde{x}(n+m)]=W_N^{-mk}\widetilde{X}(k)=\mathrm{e}^{\mathrm{j}\frac{2\pi}{N}mk}\widetilde{X}(k) \tag{4-32}$$

证明　写出序列 $\widetilde{x}(n+m)$ 的 DFS 表达式：

$$\mathrm{DFS}[\widetilde{x}(n+m)]=\sum_{n=0}^{N-1}\widetilde{x}(n+m)W_N^{nk}$$

若令 $i=m+n$，则 $n=i-m$；当 $n=0$ 时，则 $i=m$；当 $n=N-1$ 时，则 $i=N-1+m$。代入上式，则有

$$\mathrm{DFS}[\widetilde{x}(n+m)]=\sum_{i=m}^{N-1+m}\widetilde{x}(i)W_N^{ik}\cdot W_N^{-mk}=W_N^{-mk}\sum_{i=0}^{N-1}\widetilde{x}(i)W_N^{ik}=W_N^{-mk}\widetilde{X}(k)$$

注意，$\widetilde{x}(i)$ 和 W_N^{ik} 都是以 N 为周期的函数。

 4.3.3　调制特性

如果 $\mathrm{DFS}[\widetilde{x}(n)]=\widetilde{X}(k)$，则有

$$\mathrm{DFS}[W_N^{mn}\widetilde{x}(n)]=\widetilde{X}(k+m) \tag{4-33}$$

证明　写出序列 $W_N^{mn}\widetilde{x}(n)$ 的 DFS 表达式，则

$$\mathrm{DFS}[W_N^{mn}\widetilde{x}(n)]=\sum_{n=0}^{N-1}W_N^{mn}\widetilde{x}(n)W_N^{kn}=\sum_{n=0}^{N-1}\widetilde{x}(n)W_N^{(k+m)n}=\widetilde{X}(k+m)$$

由于 $W_N^{mn}=\mathrm{e}^{-\mathrm{j}\frac{2\pi}{N}mn}=\mathrm{e}^{-\mathrm{j}\frac{2\pi}{N}nm}=(\mathrm{e}^{-\mathrm{j}\frac{2\pi}{N}n})^m$，这表明在时域乘以虚指数 $\mathrm{e}^{-\mathrm{j}\frac{2\pi}{N}n}$ 的 m 次幂，相当于在频域搬移 m，故称为调制特性。

 4.3.4　周期卷积(和)

1. 周期卷积(和)的表达式

如果

$$\widetilde{X}_1(k)=\mathrm{DFS}[\widetilde{x}_1(n)]，\widetilde{X}_2(k)=\mathrm{DFS}[\widetilde{x}_2(n)]，\widetilde{Y}(k)=\mathrm{DFS}[\widetilde{y}(n)]，\widetilde{Y}(k)=\widetilde{X}_1(k)\widetilde{X}_2(k)$$

则

$$\widetilde{y}(n)=\mathrm{IDFS}[\widetilde{Y}(k)]=\sum_{m=0}^{N-1}\widetilde{x}_1(m)\widetilde{x}_2(n-m)=$$

$$\sum_{m=0}^{N-1}\widetilde{x}_2(m)\widetilde{x}_1(n-m) \tag{4-34}$$

式(4-34)表示两个周期序列的卷积和。

2. 两个周期序列的周期卷积过程

首先画出参与卷积的两个周期序列哑变量形式 $\widetilde{x}_1(m)$ 和 $\widetilde{x}_2(m)$ 的图形，然后将其一序列翻摺，例如，将 $\widetilde{x}_2(m)$ 翻摺，则得到 $\widetilde{x}_2(-m)=\widetilde{x}_2(0-m)$，如图 4-15 所示。

参照图 4-15，计算出周期卷积和的第 1 个值：

$$\widetilde{y}(0)=\sum_{m=0}^{5}\widetilde{x}_1(m)\widetilde{x}_2(0-m)=$$

$$1 \times 0 + 1 \times 0 + 1 \times 0 + 1 \times 1 + 0 \times 2 + 0 \times 1 = 1$$

将 $\tilde{x}_2(-m)$ 右移一位,得到 $\tilde{x}_2(1-m)$,如图 4-16 所示。

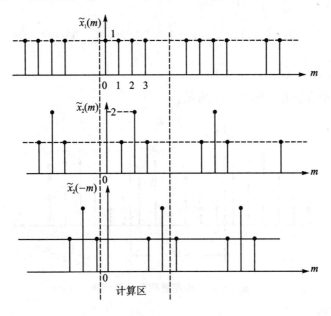

图 4-15　序列 $\tilde{x}_1(m)$ 和 $\tilde{x}_2(m)$ 的周期卷积过程

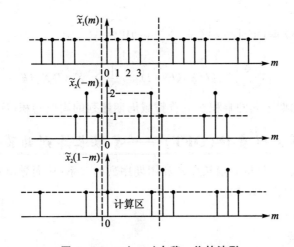

图 4-16　$\tilde{x}_2(-m)$ 右移一位的波形

参照图 4-16,计算出周期卷积和的第 2 个值:

$$\tilde{y}(1) = \sum_{m=0}^{5} \tilde{x}_1(m) x_2(1-m) =$$

$$1 \times 1 + 1 \times 0 + 1 \times 0 + 1 \times 0 + 0 \times 1 + 0 \times 1 = 1$$

将 $\tilde{x}_2(1-m)$ 再右移一位,得到 $\tilde{x}_2(2-m)$;同理,可以计算出周期卷积结果的第 3 个值:

$$\tilde{y}(2) = \sum_{m=0}^{5} \tilde{x}_1(m) x_2(2-m) =$$

$$1 \times 2 + 1 \times 1 + 1 \times 0 + 1 \times 0 + 0 \times 0 + 0 \times 1 = 3$$

依次类推,计算出周期卷积结果的第3、4、5个值分别为

$$\tilde{y}(3) = \sum_{m=0}^{5} \tilde{x}_1(m)\tilde{x}_2(3-m) =$$

$$1 \times 1 + 1 \times 2 + 1 \times 1 + 1 \times 0 + 0 \times 0 + 0 \times 0 = 4$$

$$\tilde{y}(4) = 4$$

$$\tilde{y}(5) = 3$$

这样得到的周期卷积和如图 4-17 所示。

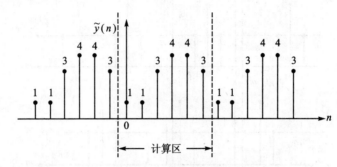

图 4-17   周期卷积的计算结果

3. 频域卷积定理

如果 $\tilde{y}(n) = \tilde{x}_1(n)\tilde{x}_2(n)$,则

$$\tilde{Y}(k) = \text{DFS}[\tilde{y}(n)] = \sum_{n=0}^{N-1} \tilde{y}(n)W_N^{nk} =$$

$$\frac{1}{N}\sum_{l=0}^{N-1} \tilde{X}_1(l)\tilde{X}_2(k-l) = \frac{1}{N}\sum_{l=0}^{N-1} \tilde{X}_2(l)\tilde{X}_1(k-l) \tag{4-35}$$

式(4-35)表明,时域周期序列的乘积对应着频域周期序列的周期卷积(证明从略)。

4.4   离散傅里叶变换(DFT)——有限长序列的离散频域表示

本节从余数运算入手,分析有限长序列和周期序列的关系,从而导出有限长序列的离散频域表示,即离散傅里叶变换(DFT)。

4.4.1   预备知识

1. 余数运算表达式

设 $n = n_1 + mN$, $0 \leqslant n_1 \leqslant N-1$,且 m 为整数,则余数 n_1 可表示如下:

$$((n))_N = (n_1) \tag{4-36}$$

式(4-36)表示的含义是,数 n 被 N 除,其商为 m,余数为 n_1。这里的关注点是余数 n_1。式(4-36)表明,(n_1) 是 $((n))_N$ 的解,或称为取余数,或说成 n 对 N 取模值,或简称为取模值,或 n 模 N。

例 4-1   已知 $n = 25$,$N = 9$,试求 $((25))_9 = ?$

解   由于 $n = 25 = 2 \times 9 + 7 = 2N + n_1$,所以

$$((25))_9 = 7$$

例 4-2   已知 $n = -4$,$N = 9$,试求 $((-4))_9 = ?$

解　由于 $n = -4 = -9 + 5 = -N + 5$，所以
$$((-4))_9 = 5$$

2. 关系式 $x((n))_N = x(n_1)$ 的含义

关系式 $x((n))_N = x(n_1)$ 表示先取模值，然后再进行函数操作。设想当余数为零，亦即数 n 被 N 整除时，则有 $x((n))_N = x(0) = x(N)$。这时就可以将取余运算 $x(n_1) = x((n))_N$ 看做对 $x(n_1)$ 的周期延拓。对于周期序列而言，符合余数为零的取余运算，因此，周期序列 $\tilde{x}(n)$ 可以表示为

$$\tilde{x}(n) = \sum_{m=-\infty}^{\infty} x(n + mN) = x((n))_N \qquad (4-37)$$

4.4.2　有限长序列和周期序列的关系

1. 有限长序列 $x(n)$ 和周期序列 $\tilde{x}(n)$ 的关系

如果将有限长序列 $x(n)$ 的长度为 N，则可以将其进行周期延拓，即将其构造成周期*为 N 的周期序列，其表达式如式（4-37）所示。这就是说，周期序列 $\tilde{x}(n)$ 可用有限长序列 $x(n)$ 的周期延拓来表征。而有限长序列 $x(n)$ 可表示为

$$x(n) = \begin{cases} \tilde{x}(n) & (0 \leqslant n \leqslant N-1) \\ 0 & (n < 0, n > N-1) \end{cases} \qquad (4-38)$$

或者表示成

$$x(n) = \tilde{x}(n) R_N(n) \qquad (4-39)$$

式中，$R_N(n)$ 是长度为 N 的矩形序列。式（4-38）和（4-39）表明，有限长序列 $x(n)$ 是周期序列 $\tilde{x}(n)$ 的主值序列。一般定义从 $n=0$ 到 $(N-1)$ 的第一个周期为主值序列或区间。

一个有限长序列 $x(n)$ 和周期序列 $\tilde{x}(n)$ 的关系如图 4-18 所示。

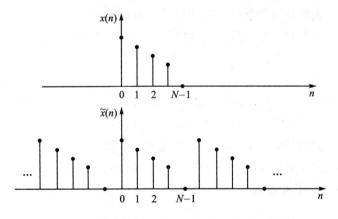

图 4-18　有限长序列 $x(n)$ 和周期序列 $\tilde{x}(n)$ 的关系

2. 周期序列 $\tilde{X}(k)$ 与有限长序列 $X(k)$ 的关系

周期序列 $\tilde{X}(k)$ 与有限长序列 $X(k)$ 的关系为

$$X(k) = \tilde{X}(k) R_N(k) \qquad (4-40)$$

同样，式（4-40）表明，周期序列 $\tilde{X}(k)$ 是有限长序列 $X(k)$ 的周期延拓，而有限长序列 $X(k)$ 是

75

---

* 这里的周期实际上是数 N 的循环，可以称其为数字周期。它与国标中的"周期"定义不同。本书还有类似情况，不再说明。——责编

周期序列 $\widetilde{X}(k)$ 的主值序列。

4.4.3 从 DFS 到 DFT

为了便于说明,将式(4-25)和(4-26)合写在一起:

$$\left.\begin{aligned}\widetilde{X}(k) &= \mathrm{DFS}[\widetilde{x}(n)] = \sum_{n=0}^{N-1} \widetilde{x}(n)W_N^{nk}\\ \widetilde{x}(n) &= \mathrm{IDFS}[\widetilde{X}(k)] = \frac{1}{N}\sum_{k=0}^{N-1} \widetilde{X}(k)W_N^{-nk}\end{aligned}\right\} \tag{4-41}$$

式(4-41)表明,DFS、IDFS 的求和只限定在 $n=0$ 到 $n=N-1$,及 $k=0$ 到 $k=N-1$ 的主值区间。因此,当只考虑主值区间 DFS、IDFS 的求和时,可得到新的定义,即有限长列序的离散傅里叶变换(DFT)对的定义为

$$\left.\begin{aligned}X(k) &= \mathrm{DFT}[x(n)] = \sum_{n=0}^{N-1} x(n)W_N^{nk} \quad (k=0,1,\cdots,N-1)\\ x(n) &= \mathrm{IDFT}[X(k)] = \frac{1}{N}\sum_{k=0}^{N-1} X(k)W_N^{-nk} \quad (n=0,1,\cdots,N-1)\end{aligned}\right\} \tag{4-42}$$

或者简写为

$$\left.\begin{aligned}X(k) &= \widetilde{X}(k)R_N(k)\\ x(n) &= \widetilde{x}(n)R_N(n)\end{aligned}\right\} \tag{4-43}$$

式(4-42)和式(4-43)表明,离散傅里叶变换(DFT)是离散傅里叶级数(DFS)的主值序列;离散傅里叶反变换(IDFT)是逆离散傅里叶级数(IDFS)的主值序列。

4.5 DFT 的性质

有限长序列的离散傅里叶变换(DFT)的性质与周期序列的离散傅里叶级数(DFS)的性质密切相关,它包含了 DFS 的一些性质。而且由于 DFT 是 DFS 的主值序列,所以它还具有一些特有的性质。

4.5.1 线　性

设两个序列都是 N 点,且 $\mathrm{DFT}[x_1(n)]=X_1(k)$,$\mathrm{DFT}[x_2(n)]=X_2(k)$,则 DFT 的线性表示为

$$\mathrm{DFT}[ax_1(n)+bx_2(n)] = aX_1(k)+bX_2(k) \tag{4-44}$$

需要说明的是,如果序列 $x_1(n)$ 和 $x_2(n)$ 的长度 N_1 和 N_2 不等时,则选择 $N=\max[N_1, N_2]$ 为 DFT 的变换长度,即长度短的序列进行补零,以达到 N 点。

4.5.2 序列的圆周移位

1. 定　义

一个有限长序列 $x(n)$ 的圆周移位定义为

$$x_m(n) = x((n+m))_N R_N(n) \tag{4-45}$$

式(4-45)包括三层意思:① 先将 $x(n)$ 进行周期延拓 $\widetilde{x}(n)=x((n))_N$;② 再进行移位 $\widetilde{x}(n+m)=x((n+m))_N$;③ 最后取其主值序列 $x_m(n)=x((n+m))_N R_N(n)$。式(4-45)也可以用图 4-19 说明。图(a)表示有限长序列 $x(n)$,图(b)表示将有限长序列 $x(n)$ 进行周期延拓得到的周期序列 $\widetilde{x}(n)=x((n))_N$,图(c)表示将周期序列 $\widetilde{x}(n)=x((n))_N$ 左移 2 个元得到的周期序列 $\widetilde{x}(n+2)=x((n+2))_N$,图(d)表示主值序列 $x((n+2))_N R_N(n)$。

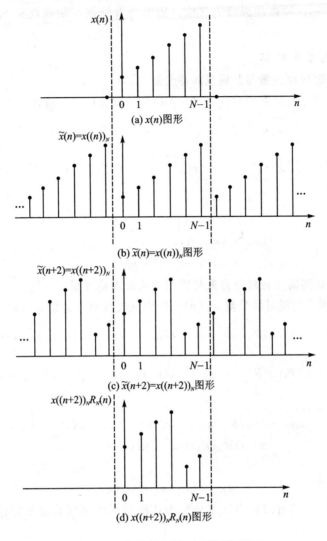

(a) x(n)图形

(b) $\tilde{x}(n)=x((n))_N$图形

(c) $\tilde{x}(n+2)=x((n+2))_N$图形

(d) $x((n+2))_N R_N(n)$图形

图 4-19　有限长序列 $x(n)$ 的圆周移位

2. 圆周位移的含义

所谓取主值序列，就是抽取位于 $n=0$ 到 $n=N-1$ 这一主值区间的序列。观察图 4-19（c）不难发现，当某一抽样从此区间一端移出时，与它相同值的抽样又从此区间的另一端移进。如果把 $x(n)$ 排列在一个 N 等分的圆周上，如图 4-20 所示。图（a）表示将圆 $N(=6)$ 等分；图（b）表示序列在圆周的分布；图（c）表示序列左移（顺时针移动）2 个元，则序列的移位就相当于

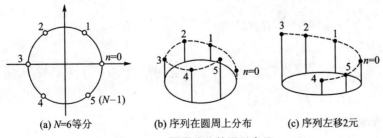

(a) N=6等分　　　(b) 序列在圆周上分布　　　(c) 序列左移2元

图 4-20　圆周移位的图形表示

$x(n)$在圆上旋转,故称这种移位为圆周移位。当围绕着圆周不断地观察下去时,看到的就是周期序列 $\tilde{x}(n)$。

4.5.3 共轭对称特性

1. 周期序列共轭对称分量与共轭反对称分量

周期为 N 的周期序列的共轭对称分量 $\tilde{x}_e(n)$ 与共轭反对称分量 $\tilde{x}_o(n)$ 分别定义为

$$\tilde{x}_e(n) = \frac{1}{2}\left[\tilde{x}(n) + \tilde{x}^*(-n)\right] = \frac{1}{2}\left[x((n))_N + x^*((N-n))_N\right] \tag{4-46}$$

$$\tilde{x}_o(n) = \frac{1}{2}\left[\tilde{x}(n) - \tilde{x}^*(-n)\right] = \frac{1}{2}\left[x((n))_N - x^*((N-n))_N\right] \tag{4-47}$$

而且,有

$$\left.\begin{array}{l}\tilde{x}(n) = \tilde{x}_e(n) + \tilde{x}_o(n) \\ \tilde{x}_e(n) = \tilde{x}_e^*(-n) \\ \tilde{x}_e(n) = -\tilde{x}_e^*(-n)\end{array}\right\} \tag{4-48}$$

2. 有限长序列的圆周共轭对称分量与圆周共轭反对称分量

有限长序列的圆周共轭对称分量 $x_{ep}(n)$ 与圆周共轭反对称分量 $x_{op}(n)$ 分别定义为

$$x_{ep}(n) = \tilde{x}_e(n)R_N(n) = \frac{1}{2}\left[x((n))_N + x^*((N-n))_N\right]R_N(n) \tag{4-49}$$

$$x_{op}(n) = \tilde{x}_o(n)R_N(n) = \frac{1}{2}\left[x((n))_N - x^*((N-n))_N\right]R_N(n) \tag{4-50}$$

由于

$$\begin{aligned}x(n) = \tilde{x}(n)R_N(n) &= \left[\tilde{x}_e(n) + \tilde{x}_o(n)\right]R_N(n) = \\ &\quad \tilde{x}_e(n)R_N(n) + \tilde{x}_o(n)R_N(n)\end{aligned}$$

所以

$$x(n) = x_{ep}(n) + x_{op}(n) \tag{4-51}$$

式(4-51)表明,长为 N 的有限长序列可分解为长度相同的圆周共轭对称分量和圆周共轭反对称分量。

3. 共轭对称特性之一

如果 $X(k) = \text{DFT}[x(n)]$,则

$$\text{DFT}[x^*(n)] = X^*((-k))_N R_N(k) = X^*((N-k))_N R_N(k) \tag{4-52}$$

证明

$$\text{DFT}[x^*(n)] = \sum_{n=0}^{N-1} x^*(n)W_N^{nk}R_N(k) =$$

$$\left[\sum_{n=0}^{N-1} x(n)W_N^{-nk}\right]^* R_N(k) =$$

$$\left[\sum_{n=0}^{N-1} x(n)W_N^{Nn}W_N^{-nk}\right]^* R_N(k) = \left[\sum_{n=0}^{N-1} x(n)W_N^{(N-k)n}\right]^* R_N(k) =$$

$$X^*((N-k))_N R_N(k)$$

4. 共轭对称特性之二

如果 $X(k) = \text{DFT}[x(n)]$,则

$$\mathrm{DFT}\big[x^*((-n))_N R_N(n)\big] = X^*(k) \qquad\qquad (4-53)$$

证明

$$\mathrm{DFT}\big[x^*((-n))_N R_N(n)\big] = \sum_{n=0}^{N-1} x^*((-n))_N R_N(k) W_N^{nk} =$$

$$\Big[\sum_{n=0}^{N-1} x((-n))_N W_N^{-nk}\Big]^* =$$

$$\Big[\sum_{n=-(N-1)}^{0} x((n))_N W_N^{nk}\Big]^* = \Big[\sum_{n=0}^{N-1} x((n))_N W_N^{nk}\Big]^* = X^*(k)$$

对比式(4-52)和(4-53)发现,这两个特性具有对称性,即一个"域"的共轭运算对应着另一个"域"的反褶、取共轭、周期延拓和取主值运算(操作)。

5. 共轭对称特性之三

如果 $X(k) = \mathrm{DFT}[x(n)]$,则

$$\mathrm{DFT}\{\mathrm{Re}[x(n)]\} = \frac{1}{2}\big[X((k))_N + X^*((N-k))_N\big] R_N(k) = X_{\mathrm{ep}}(k) \qquad (4-54)$$

式(4-54)表明,复数序列实部的 DFT 等于该序列 DFT 的圆周共轭对称分量。

证明　因为

$$\mathrm{Re}[x(n)] = \frac{1}{2}\big[x(n) + x^*(n)\big]$$

所以

$$\mathrm{DFT}\{\mathrm{Re}[x(n)]\} = \frac{1}{2}\{\mathrm{DFT}[x(n)] + \mathrm{DFT}[x^*(n)]\} =$$

$$\frac{1}{2}\big[X(k) + X^*((N-k))_N R_N(k)\big] =$$

$$\frac{1}{2}\big[X((k))_N + X^*((N-k))_N\big] R_N(k) = X_{\mathrm{ep}}(k)$$

6. 共轭对称特性之四

如果 $X(k) = \mathrm{DFT}[x(n)]$,则

$$\mathrm{DFT}\{j\mathrm{Im}[x(n)]\} = \frac{1}{2}\big[X((k))_N - X^*((N-k))_N\big] R_N(k) = X_{\mathrm{op}}(k) \qquad (4-55)$$

式(4-55)表明,复数序列虚部乘以 j 的 DFT 等于该序列 DFT 的圆周共轭反对称分量。

证明　由于

$$j\mathrm{Im}[x(n)] = \frac{1}{2}\big[x(n) - x^*(n)\big]$$

所以

$$\mathrm{DFT}\{j\mathrm{Im}[x(n)]\} = \frac{1}{2}\{\mathrm{DFT}[x(n)] - \mathrm{DFT}[x^*(n)]\} =$$

$$\frac{1}{2}\big[X(k) - X^*((N-k))_N R_N(k)\big] =$$

$$\frac{1}{2}\big[X((k))_N - X^*((N-k))_N\big] R_N(k) = X_{\mathrm{op}}(k)$$

7. 共轭对称特性之五

同样,可以证明

$$\mathrm{Re}[X(k)] = \mathrm{DFT}[x_{ep}(n)] \qquad (4-56)$$

8. 共轭对称特性之六

同样,可以证明

$$j\mathrm{Im}[X(k)] = \mathrm{DFT}[x_{op}(n)] \qquad (4-57)$$

9. $X(k)$ 圆周共轭对称分量与圆周共轭反对称分量的对称性

由于 $X(k)=X_{ep}(k)+X_{op}(k)$,所以

$$\left.\begin{aligned}
X_{ep}(k) &= X_{ep}^*(-k) = X_{ep}^*((-k))_N R_N(k) = \\
&\quad X_{ep}^*((N-k))_N R_N(k) \\
X_{op}(k) &= -X_{op}^*(-k) = -X_{op}^*((-k))_N R_N(k) = \\
&\quad -X_{op}^*((N-k))_N R_N(k)
\end{aligned}\right\} \qquad (4-58)$$

10. 实虚序列的对称特性

当 $x(n)$ 为实序列时,根据特性之三,则有 $X(k)=X_{ep}(k)$;又根据式(4-58),则有

$$X(k) = X^*((N-k))_N R_N(k) \qquad (4-59)$$

当 $x(n)$ 为(纯)虚序列时,根据特性之四,则 $X(k)=X_{op}(k)$;又根据式(4-58),则有

$$X(k) = -X^*((-k))_N R_N(k) \qquad (4-60)$$

4.5.4 圆周卷积(和)

1. 时域卷积定理

设 $x_1(n)$ 和 $x_2(n)$ 均为长度为 N 的有限长序列,且 $\mathrm{DFT}[x_1(n)]=X_1(k)$,$\mathrm{DFT}[x_2(n)]=X_2(k)$;如果 $Y(k)=X_1(k)\cdot X_2(k)$,则

$$\begin{aligned}
y(n) = \mathrm{IDFT}[Y(k)] &= \Big[\sum_{m=0}^{N-1} x_1(m)x_2((n-m))_N\Big]R_N(n) = \\
x_1(n) \otimes x_2(n) &= \Big[\sum_{m=0}^{N-1} x_2(m)x_1((n-m))_N\Big]R_N(n) = \\
x_2(n) \otimes x_1(n) & \qquad\qquad\qquad\qquad\qquad (4-61)
\end{aligned}$$

证明 式(4-61)表明,圆周卷积(和)相当于将序列 $\tilde{x}_1(n)$、$\tilde{x}_2(n)$ 进行周期卷积后,再取主值序列。证明应从对 $y(n)$ 进行周期延拓入手,即

$$\bar{y}(n) = \mathrm{IDFS}[\tilde{Y}(k)] = \sum_{m=0}^{N-1} \tilde{x}_1(m)\tilde{x}_2(n-m) = \sum_{m=0}^{N-1} x_1((m))_N x_2((n-m))_N$$

在主值区间 $0 \leqslant m \leqslant N-1$,$x_1((m))_N = x_1(m)$,因此

$$y(n) = \bar{y}(n)R_N(n) = \Big[\sum_{m=0}^{N-1} x_1(m)x_2((n-m))_N\Big]R_N(n) = x_1(n) \otimes x_2(n)$$

同样,可以证明

$$y(n) = \Big[\sum_{m=0}^{N-1} x_2(m)x_1((n-m))_N\Big]R_N(n) = x_2(n) \otimes x_1(n)$$

2. 时域圆周卷积过程

下面,以图 4-21 所示的 $x_1(n)$ 和 $x_2(n)$ 为例,说明时域圆周卷积过程。首先,将变量 n 用哑变量 m 代替,画出 $x_1(m)$ 和圆周位移后的 $x_2((0-m))_N R_N(m)$,如图 4-22 所示;然后将 $x_1(m)$ 和 $x_2((0-m))_N R_N(m)$ 的对应元素相乘,再相加,可以得到 $y(0)$,即

$$y(0) = \left[\sum_{m=0}^{6} x_1(m) x_2((0-m))_N \right] R_7(m) =$$

$$1 \times 1 + 1 \times 1 + 1 \times 0 + 0 \times 0 + 0 \times 0 + 0 \times 1 + 0 \times 1 = 2$$

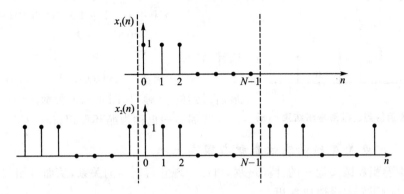

图 4 - 21 序列 $x_1(n)$ 和 $x_2(n)$ 的波形

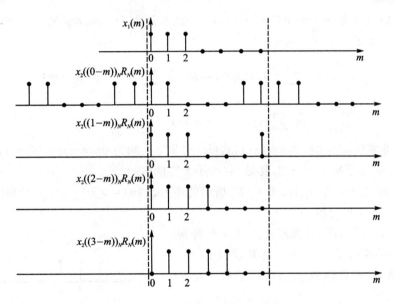

图 4 - 22 时域圆周卷积过程图示说明

将 $x_2((0-m))_N R_N(m)$ 圆周位移一位后得到 $x_2((1-m))_N R_N(m)$,如图 4 - 22 所示;然后将 $x_1(m)$ 和 $x_2((1-m))_N R_N(m)$ 的对应元素相乘,再相加,可以得到 $y(1)$,即

$$y(1) = \left[\sum_{m=0}^{6} x_1(m) x_2((1-m))_7 \right] R_7(m) =$$

$$1 \times 1 + 1 \times 1 + 1 \times 1 + 0 \times 0 + 0 \times 0 + 0 \times 0 + 0 \times 1 = 3$$

将 $x_2((1-m))_7 R_7(m)$ 圆周位移一位后得到 $x_2((2-m))_7 R_7(m)$,如图 4 - 22 所示;然后将 $x_1(m)$ 和 $x_2((2-m))_7 R_7(m)$ 的对应元素相乘,再相加,可以得到 $y(2)$,即

$$y(2) = \left[\sum_{m=0}^{6} x_1(m) x_2((2-m))_7 \right] R_7(m) =$$

$$1 \times 1 + 1 \times 1 + 1 \times 1 + 0 \times 1 + 0 \times 0 + 0 \times 0 + 0 \times 0 = 3$$

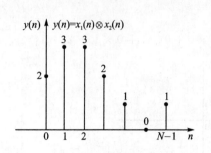

图 4-23 最后得到的圆周卷积结果 $y(n)$

类似地,得到

$$y(3) = \Big[\sum_{m=0}^{6} x_1(m) x_2((3-m))_7 \Big] R_7(m) =$$

$$1 \times 0 + 1 \times 1 + 1 \times 1 + 0 \times 1 + 0 \times 1 +$$

$$0 \times 0 + 0 \times 2 = 2$$

同样,得到

$$y(4) = 1 \qquad y(5) = 0 \qquad y(6) = 1$$

最后得到的 $y(n)$,如图 4-23 所示。

圆周卷积也称为循环卷积。

4.5.5 有限长序列的线性卷积与圆周卷积

分析线性卷积和圆周卷积的计算过程,可以发现它们之间的关系,从而可用圆周卷积计算线性卷积,再用 FFT 实现快速卷积。

1. 线性卷积

设 $x_1(n)$ 的长度为 $N_1 (0 \leqslant n \leqslant N_1-1)$,$x_2(n)$ 的长度为 $N_2 (0 \leqslant n \leqslant N_2-1)$;则它们的线性卷积(这里以下标"$l$"表示线性卷积)为

$$y_l(n) = \sum_{m=-\infty}^{\infty} x_1(m) x_2(n-m) = \sum_{m=0}^{N_1-1} x_1(m) x_2(n-m)$$

$$= \sum_{m=0}^{N_2-1} x_2(m) x_1(n-m) \tag{4-62}$$

$x_1(m)$ 的非零区间为 $0 \leqslant m \leqslant N_1-1$,$x_2(m)$ 的非零区间为 $0 \leqslant n-m \leqslant N_2-1$;两个不等式相加得不等式 $0 \leqslant n \leqslant N_1+N_2-2$,就是 $y_l(n)$ 不为零的区间。

例 4-3 试用图示方法求出图 4-24 所示的序列 $x_1(n) = u(n) - u(n-2)$ 和序列 $x_2(n) = u(n) - u(n-3)$ 的线性卷积。

解 如图 4-25 所示,首先用哑变量 m 代替变量 n,再将 $x_2(m)$ 翻褶成 $x_2(-m)$,计算卷积 $y_l(0)$;再右移一个单元,计算卷积 $y_l(1)$;再右移一个单元,计算出 $y_l(2)$。

如此可计算出 $y_l(3)$、$y_l(4)$ 和 $y_l(5)$;最后计算的结果 $y_l(n)$ 如图 4-26 所示。

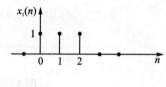

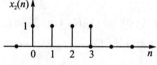

图 4-24 序列 $x_1(n)$ 和序列 $x_2(n)$ 的波形

2. 用圆周卷积计算线性卷积

如上所述,圆周卷积是周期卷积的主值序列,由于线性卷积(和)的长度等于两个参与卷积的序列长度之和再减一;因此,只要选择周期不小于线性卷积(和)的长度,则就可以用圆周卷积计算线性卷积。

用圆周卷积计算线性卷积的思路是,先根据线性卷积(和)的长度确定周期;再进行周期延拓,构造周期序列;接着计算周期卷积;最后取周期卷积的主值序列。

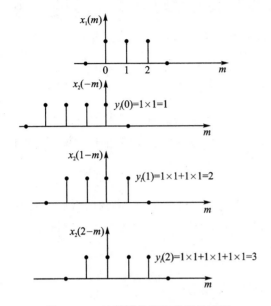

图 4 - 25 计算线性卷积的图示过程

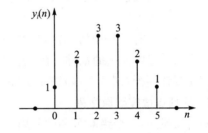

图 4 - 26 $y_l(n)$ 的计算结果

具体地,设序列 $x_1(n)$ 的长度为 N_1,$x_2(n)$ 的长度为 N_2;构造长度均为 $L \geqslant N_1 + N_2 - 1$ 的序列,即将序列 $x_1(n)$、$x_2(n)$ 补零点使它们的长度皆为 L;然后再对它们进行周期延拓,得到周期序列 $x_1((n))_L$、$x_2((n))_L$。它们的周期卷积为

$$\tilde{y}(n) = \sum_{m=0}^{L-1} x_1((m))_L x_2((n-m))_L \qquad (4-63)$$

由于 $0 \leqslant m \leqslant L-1$,故 $x_1((m))_L = x_1(m)$,因此,上式可改写为

$$\tilde{y}(n) = \sum_{m=0}^{L-1} x_1(m) x_2((n-m))_L = \sum_{m=0}^{L-1} x_1(m) \sum_{r=-\infty}^{\infty} x_2(n+rL-m) =$$

$$\sum_{r=-\infty}^{\infty} \sum_{m=0}^{L-1} x_1(m) x_2(n+rL-m) = \sum_{r=-\infty}^{\infty} y(n+rL) \qquad (4-64)$$

式(4-64)表明,当选择周期为 L 时,周期卷积为线性卷积的周期延拓。由于 y_L 有 $(N_1 + N_2 - 1)$ 个非零值,所以周期 L 必须满足 $L \geqslant N_1 + N_2 - 1$。又由于圆周卷积是周期卷积的主值序列,所以线性卷积可表示为

$$y(n) = \tilde{y}(n) R_L(n) = \left[\sum_{r=-\infty}^{\infty} y(n+rL) \right] R_L(n) \quad (L \geqslant N_1 + N_2 - 1) \qquad (4-65)$$

🌐 4.6 抽样 z 变换——频域抽样理论

众所周知,人们直接接触的信号多是连续时间信号,而数字计算机处理的是数字信号。通过第 2 章介绍的时域信号抽样理论和方法可以将连续时间信号离散化,为连续时间信号的数字化奠定了理论基础。然而,时域信号抽样只是对信号谱进行了周期延拓,并未解决信号谱的离散化(频域抽样)问题。为了实现信号谱的离散化,进而用计算机进行计算,必须解决依据什么规则对信号谱进行离散(频域抽样)? 离散后又能否恢复原信号(序列)? 抽样 z 变换,即频域抽样理论就是解决从频域抽样恢复原序列的问题。

4.6.1 从频域抽样恢复原序列

在讨论了 DFT 之后，可以对抽样的理论和方法进行全面的归纳。从信号存在域的角度可以将抽样分为时域抽样和频域抽样。

1．两种抽样

（1）时域抽样

由于对一个频带有限的信号（简称为带限信号）而言，根据时域抽样定理在时域对其进行抽样，所得抽样信号的频谱是原带限信号频谱的周期延拓。这就是说，时域抽样并没有丢失信息。因此完全可以由抽样信号恢复原信号。

（2）频域抽样

由于对一个有限长序列（简称为时限序列）$x(n)$ 进行"DFT"变换，所得到的 $X(k)$ 实际上就是对序列傅里叶变换的抽样。因此"DFT"变换就是频域抽样。下面，将讨论从时限序列的"DFT"恢复该序列，即从 $X(k)$ 恢复 $x(n)$ 的问题。

2．从频域抽样到原序列

如上文所述，一个绝对可和的非周期序列 $x(n)$ 的 z 变换为

$$X(z) = \sum_{n=-\infty}^{\infty} x(n)z^{-n}$$

由于 $x(n)$ 绝对可和，故其傅里叶变换存在且连续。也就是说，其 z 变换的收敛域应该包括单位圆。因此，对 $X(z)$ 在单位圆上 N 等分抽样，就得到 $\widetilde{X}(k)$，即

$$\widetilde{X}(k) = X(z) \mid_{z=W_N^{-k}} = \sum_{n=-\infty}^{\infty} x(n)W_N^{nk}$$

对 $\widetilde{X}(k)$ 进行反变换，并令其为 $\widetilde{x}_N(n)$，则有

$$\widetilde{x}_N(n) = \text{IDFS}[\widetilde{X}(k)] = \frac{1}{N}\sum_{k=0}^{N-1}\widetilde{X}(k)W_N^{-nk} =$$

$$\frac{1}{N}\sum_{k=0}^{N-1}\Big[\sum_{m=-\infty}^{\infty}x(m)W_N^{mk}\Big]W_N^{-nk} = \sum_{m=-\infty}^{\infty}\Big[\frac{1}{N}\sum_{k=0}^{N-1}W_N^{(m-n)k}\Big]x(m)$$

又由于

$$\frac{1}{N}\sum_{k=0}^{N-1}W_N^{(m-n)k} = \begin{cases} 1, & m = n+rN \\ 0, & m \neq n+rN \end{cases} \qquad (4-66)$$

而且，因为 n 是有限值，故当 $m=-\infty$ 时，则 $r=-\infty$；当 $m=\infty$ 时，则 $r=\infty$。因此，

$$\widetilde{x}_N(n) = \sum_{r=-\infty}^{\infty}x(n+rN) \qquad (4-67)$$

式（4-67）表明，由 $\widetilde{X}(k)$ 计算得到的周期序列 $\widetilde{x}_N(n)$ 是非周期序列 $x(n)$ 的周期延拓。也就是说，频域抽样造成时域周期延拓。

3．频域抽样不失真的条件

为了保证周期序列 $\widetilde{x}_N(n)$ 是非周期序列 $x(n)$ 的周期延拓而不失真，必须遵循如下规则：① 序列 $x(n)$ 应是有限长的，否则将无法周期延拓；② 如果 $x(n)$ 的长度为 M，则只有 $N \geqslant M$ 时，才能不失真的恢复信号，即

$$x_N(n) = \widetilde{x}_N(n)R_N(n) = \Big[\sum_{r=-\infty}^{\infty}x(n+rN)\Big]R_N(n) = x(n) \qquad (N \geqslant M) \quad (4-68)$$

4.6.2 由 $X(k)$ 表征 $X(z)$ 与 $X(e^{j\omega})$ 的问题——插值公式

下面,将讨论如何由 $X(k)$ 恢复 $X(z)$ 的问题;插值函数的引出及其特性;频率响应恢复问题以及插值函数的频率特性;频响 $X(e^{j\omega})$ 与 $X(k)$ 的关系。

1. 由 $X(k)$ 恢复 $X(z)$

设序列为 $x(n)$,$0 \leqslant n \leqslant N-1$,将 $x(n) = \dfrac{1}{N} \sum\limits_{k=0}^{N-1} X(k) W_N^{-nk}$ 代入 z 变换表达式,则有

$$X(z) = \sum_{n=0}^{N-1} x(n) z^{-n} = \sum_{n=0}^{N-1} \left[\frac{1}{N} \sum_{k=0}^{N-1} X(k) W_N^{-nk} \right] z^{-n} = \frac{1}{N} \sum_{k=0}^{N-1} \left[\sum_{n=0}^{N-1} W_N^{-nk} z^{-n} \right] X(k) =$$

$$\frac{1}{N} \sum_{k=0}^{N-1} \left[1 + W_N^{-k} z^{-1} + W_N^{-2k} z^{-2} + \cdots + W_N^{-(N-1)k} z^{-(N-1)} \right] X(k) =$$

$$\frac{1}{N} \sum_{k=0}^{N-1} \left[\frac{1 - W_N^{-Nk} z^{-N}}{1 - W_N^{-k} z^{-1}} \right] X(k) =$$

$$\sum_{k=0}^{N-1} \left[\frac{1 - z^{-N}}{N(1 - W_N^{-k} z^{-1})} \right] X(k) = \sum_{k=0}^{N-1} X(k) \phi_k(z) \qquad (4-69)$$

式中,$W_N^{-Nk} = e^{j\frac{2\pi}{N}Nk} = e^{j \cdot 2k\pi} = 1$;$\phi_k(z)$ 是插值函数,是变量 z 和参变量 k 的函数,即

$$\phi_k(z) = \frac{1 - z^{-N}}{N(1 - W_N^{-k} z^{-1})} \qquad (4-70)$$

式(4-69)就是由 $X(k)$ 恢复 $X(z)$ 的插值公式。

2. 插值函数的特性

将插值函数进行恒等变换,写成如下形式:

$$\phi_k(z) = \frac{1}{N} \frac{z^N - 1}{z^{N-1}(z - W_N^{-k})} \qquad (4-71)$$

令式(4-71)的分子为零,可得 N 个零点:$z = e^{j\frac{2\pi}{N}r}$,$r = 0, 1, \cdots k, \cdots, N-1$;令式(4-71)的分母为零,可得到一阶极点 $z = W_N^{-k} = e^{j\frac{2\pi}{N}k}$,$z = 0$ 为 $(N-1)$ 阶极点。显然,极点 $z = e^{j\frac{2\pi}{N}k}$ 与一个 $(r=k)$ 零点相消,这样只剩下 $(N-1)$ 个零点。图 4-27 给出了插值函数零极点的分布情况。

定义抽样点 $e^{j\frac{2\pi}{N}k}$ 为"本(身)抽样点"。又由于 N 个抽样点均布在单位圆上,因此插值函数仅在"本(身)抽样点"不为零;而在其他 $(N-1)$ 个抽样点均为零。

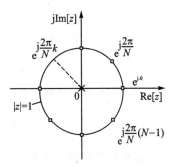

图 4-27 插值函数 $\phi_k(z)$ 零极点的分布

3. 用频率抽样表示频率响应

单位圆上的 z 变换即为频响,将 $z = e^{j\omega}$ 代入式(4-69),则

$$X(e^{j\omega}) = \sum_{k=0}^{N-1} X(k) \phi_k(e^{j\omega}) \qquad (4-72)$$

式(4-72)表明,系统的频响不仅与 $X(k)$ 有关,而且与插值函数的频率特性 $\phi_k(e^{j\omega})$ 有关。下面,分析插值函数的频率特性 $\phi_k(e^{j\omega})$,以便了解插值函数对频响的影响。

4. 插值函数的频率特性

将 $z = e^{j\omega}$ 代入式(4-71),则得

$$\phi_k(e^{j\omega}) = \frac{1}{N} \frac{1 - e^{-jN\omega}}{1 - e^{-j(\omega - k\frac{2\pi}{N})}} =$$

$$\frac{1}{N} \frac{e^{-j\frac{N\omega}{2}}(e^{j\frac{N\omega}{2}} - e^{-j\frac{N\omega}{2}})}{e^{-j\frac{1}{2}(\omega - \frac{2\pi}{N}k)}\left[e^{j\frac{1}{2}(\omega - \frac{2\pi}{N}k)} - e^{-j\frac{1}{2}(\omega - \frac{2\pi}{N}k)}\right]} =$$

$$\frac{1}{N} \frac{\sin\frac{N\omega}{2}}{\sin\left[\frac{1}{2}\left(\omega - \frac{2\pi}{N}k\right)\right]} e^{-j\left(\frac{N-1}{2}\omega + \frac{k\pi}{N}\right)} \tag{4-73}$$

式(4-73)表明,$\phi_k(e^{j\omega})$ 既是 ω 的函数又是 k 的函数。因此,为书写方便,可以将其表示为

$$\phi_k(e^{j\omega}) = \phi\left(\omega - k\frac{2\pi}{N}\right) \tag{4-74}$$

分析式(4-73)和式(4-74)可以看出,当 $k=0$ 时,则有

$$\phi_0(\omega) = \frac{1}{N} \frac{\sin\frac{N\omega}{2}}{\sin\frac{\omega}{2}} e^{-j\left(\frac{N-1}{2}\right)\omega} \tag{4-75}$$

式(4-75)表示取样点 $k=0$ 时的插值函数的频率特性;如果设 $\omega = k\frac{2\pi}{N}$,则由式(4-73)可求得

$$\phi_0(0) = \frac{1}{N} \frac{\left(\cos\frac{N\omega}{2}\right)\frac{1}{2}N}{\left(\cos\frac{\omega}{2}\right)\frac{1}{2}} = 1$$

而当 $\omega = i\frac{2\pi}{N} = \omega_i, i=1,2,\cdots,N-1, i\neq k$ 时,因为 $\sin\frac{N\omega}{2} = \sin(i\pi) = 0$,所以由式(4-73)可得 $\phi_k(\omega) = 0$。因此

$$\phi_k(e^{j\omega}) = \phi\left(\omega - k\frac{2\pi}{N}\right) = \begin{cases} 1 & \left(\omega = k\frac{2\pi}{N} = \omega_k\right) \\ 0 & \left(\omega = i\frac{2\pi}{N} = \omega_i, i\neq k\right) \end{cases} \tag{4-76}$$

式(4-76)表明,$\phi_k(e^{j\omega}) = \phi\left(\omega - k\frac{2\pi}{N}\right)$ 在"本(身)抽样点"为 1,在其他抽样点均为 0。

式(4-72)和式(4-76)共同表明,频响 $X(e^{j\omega})$ 等于由 N 个 $\phi\left(\omega - k\frac{2\pi}{N}\right)$ 函数分别乘以 $X(k)$ 后再求和,而在每个抽样点上的 $X(e^{j\omega})$ 就精确等于 $X(k)$,即

$$X(e^{j\omega})\big|_{\omega = \frac{2\pi}{N}k} = X(k) \quad (k=0,1,\cdots,N-1) \tag{4-77}$$

或者说,频响 $X(e^{j\omega})$ 在每个抽样点上就等于 $X(k)$,而在其他处等于插值函数 $\phi\left(\omega - k\frac{2\pi}{N}\right)$ 的加权和,其权函数为 $X(k)$。

下面以 $N=5$ 为例,具体说明插值函数的频率特性。由式(4-75)可知,$\phi_0(\omega)$ 的幅度特性 $|\phi_0(\omega)|$ 和相位特性 $\varphi_0(\omega) = \arg[\phi_0(\omega)]$ 分别为

$$|\phi_0(\omega)| = \left|\phi\left(\omega - 0 \times \frac{2\pi}{N}\right)\right| = \left|\frac{1}{N} \frac{\sin\frac{N\omega}{2}}{\sin\frac{\omega}{2}}\right| = \left|\frac{1}{5} \frac{\sin\frac{5\omega}{2}}{\sin\frac{\omega}{2}}\right|$$

$$\varphi_0(\omega) = \varphi\left(\omega - 0 \times \frac{2\pi}{N}\right) = -\frac{N-1}{2}\omega = -2\omega$$

幅度特性$|\phi_0(\omega)|$的图形如图 4 - 28(a)所示；相位特性 $\varphi_0(\omega) = \arg[\phi_0(\omega)]$的图形如图 4 - 28(b)所示。由式(4 - 73)可得，$\phi_1(\omega)$的幅度特性$|\phi_1(\omega)|$和相位特性 $\phi_1(\omega) = \arg[\phi_1(\omega)]$为

$$|\varphi_1(\omega)| = \left|\varphi\left(\omega - 1 \times \frac{2\pi}{N}\right)\right| = \left|\frac{1}{N} \frac{\sin\frac{N\omega}{2}}{\sin\frac{1}{2}\left(\omega - \frac{2\pi}{N} \times 1\right)}\right| = \left|\frac{1}{5} \frac{\sin\frac{5\omega}{2}}{\sin\frac{1}{2}\left(\omega - \frac{2\pi}{5}\right)}\right|$$

$$\varphi_1(\omega) = \varphi\left(\omega - 1 \times \frac{2\pi}{N}\right) = -\left(\frac{N-1}{2}\omega + \frac{\pi}{N}\right) = -2\omega - \frac{\pi}{5}$$

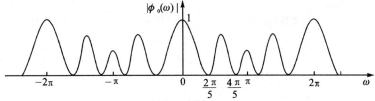

(a) $|\phi_0(\omega)|$图形

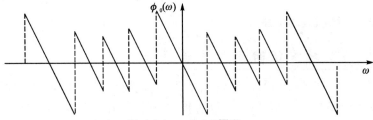

(b) $\phi_0(\omega) = \arg[\varphi_0(\omega)]$图形

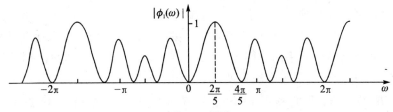

(c) $|\phi_1(\omega)|$图形

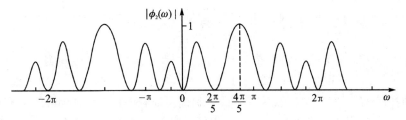

(c) $|\phi_2(\omega)|$图形

图 4 - 28　当 $N = 5$ 时插值函数的幅度特性

$|\phi_1(\omega)|$ 的图形如图 4-28(c)所示。由式(4-73)可得,$\phi_2(\omega)$ 的幅度特性 $|\phi_2(\omega)|$ 和相位特性 $\varphi_2(\omega)=\arg[\phi_2(\omega)]$ 为

$$\left|\phi_2(\omega)\right| = \left|\phi\left(\omega - 2\times\frac{2\pi}{N}\right)\right| = \left|\frac{1}{N}\frac{\sin\frac{N\omega}{2}}{\sin\frac{1}{2}\left(\omega - \frac{2\pi}{N}\times 2\right)}\right| = \left|\frac{1}{5}\frac{\sin\frac{5\omega}{2}}{\sin\frac{1}{2}\left(\omega - \frac{4\pi}{5}\right)}\right|$$

$$\varphi_2(\omega) = \varphi\left(\omega - 2\times\frac{2\pi}{N}\right) = -\left(\frac{N-1}{2}\omega + \frac{\pi}{N}\times 2\right) = -2\omega - \frac{2\pi}{5}$$

$|\phi_2(\omega)|$ 的图形如图 4-28(d)所示。

图 4-28 均表明,插值函数的幅度在本抽样点处为 1,其他抽样点处均为 0。

根据频响 $X(e^{j\omega})$ 在每个抽样点上等于 $X(k)$,而在其他处等于插值函数 $\phi\left(\omega - k\frac{2\pi}{N}\right)$ 的加

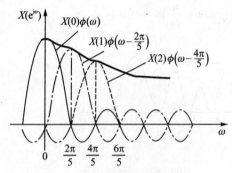

图 4-29 由插值函数确定频响

权和的原理,由图 4-28 可以得到 $N=5$ 时频响 $X(e^{j\omega})$ 的波形,如图 4-29 所示。

由图 4-29 可以看出,在本抽样点 $\omega_0=0$,$\omega_1=2\pi/5$,$\omega_2=4\pi/5$,$\cdots$ 上,则有 $X(0)\phi_0(0)=X(0)\phi(0-0\times 2\pi/5)=X(0)$,$X(1)\phi_1(0)=X(1)\phi(2\pi/5-1\times 2\pi/5)=X(1)$,$X(2)\phi_2(0)=X(2)\phi(4\pi/5-2\times 2\pi/5)=X(2)$,$\cdots$;而在抽样点之间,$X(e^{j\omega})$ 等于加权插值函数值 $X(k)\phi(\omega-k2\pi/N)(k=0,1,\cdots,N-1)$ 叠加而得。

4.7 用 DFT 对连续时间信号的逼近

讨论 DFT 的根本目的在于将其用于信号处理,例如进行谱分析以及快速卷积。所谓谱分析就是用 DFT 算法计算信号的幅度谱、相位谱和功率谱;所谓快速卷积就是用 DFT 的快速算法(FFT)计算卷积。这些计算一般情况都是针对连续时间信号而言的,而且是用 DFT 通过计算连续时间信号的傅里叶变换来实现的。在这些计算中可能造成的误差有因混叠引入的误差、频谱泄漏引入的误差和栅栏效应引入的误差。另一方面,用 DFT 处理连续时间信号时,需要针对周期信号和非周期信号采用不同的"傅里叶变换对"。例如,连续时间非周期信号傅里叶变换对,连续时间周期信号傅里叶级数变换对等。

4.7.1 用 DFT 计算连续时间信号的傅里叶变换可能造成的误差

1. 混叠误差

由于抽样导致信号频谱的周期延拓,为了避免频谱混叠,根据抽样定理,必须满足

$$f_s \geqslant 2f_h \tag{4-78}$$

式中,f_s 为抽样频率,f_h 为信号的最高频率分量。或者将式(4-78)改写为

$$T = 1/f_s \leqslant 1/(2f_h) \tag{4-79}$$

式中,T 为抽样间隔(周期)。当式(4-78)得不到满足时,相邻周期的频谱就会有部分交叠在一起(参阅图 2-29)产生所谓的频谱混叠。因频谱混叠所造成的误差称为混叠误差。

2. 频谱泄漏

在实际应用中,通常将所观测的信号 $x_1(n)$ 限制在一定的时间间隔内。也就是说,在时域对信号进行截断操作;或称为加时间窗,这相当于用一个时间窗函数乘以信号 $x_1(n)$。由频域卷积定理可知,时域相乘运算等效于频域卷积运算。由于时间窗的谱函数理论上是"非带限"的,这种频谱拖尾现象将造成所谓频谱泄漏。频谱泄漏可用图 4 - 30 来说明,其中图(a)为原信号 $x_1(n)$ 的时域波形和频谱,图(b)为时间窗函数 $x_2(n)$ 的时域波形和频谱,图(c)为截断后的信号 $y(n)$ 的时域波形和频谱。由图 4 - 30 可以看出,信号 $y(n)$ 的频谱 $Y(e^{j\omega})$ 与信号 $x_1(n)$ 的频谱 $X_1(e^{j\omega})$ 是不同的,大于截止频率 ω_h 频率分量将"发射出去",形成所谓的频谱泄漏。

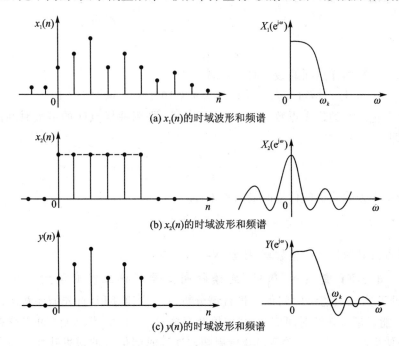

(a) $x_1(n)$ 的时域波形和频谱

(b) $x_2(n)$ 的时域波形和频谱

(c) $y(n)$ 的时域波形和频谱

图 4 - 30 频谱泄漏的示意图

3. 栅栏效应

当用 DFT 计算频谱时,只要遵循上述的时域抽样和频域抽样的基本原理,就可以从 $X(k)$ 准确得到。但是,在实际应用中,所遇到的时域数据的记录长度要么是有限的,要么是无限的;为了适于计算机处理,最终都必须变成有限的。这就是说,对时域数据要进行截断,设最终有限的时域记录长度(时间窗宽度)为 T_p。它就是进行 DFT 计算的、隐含的延拓周期(DFS 的周期)。根据 DFS 的基本原理,参阅图 4 - 11 和图 4 - 12 可知,频域的离散间隔为

$$\Omega_0 = \frac{2\pi}{T_p} = 2\pi F = \frac{2\pi}{NT} \tag{4-80}$$

式中,T 为时域抽样间隔(周期),N 为记录点数。定义频域离散间隔 Ω_0 为频率分辨力。频率分辨力另一种定义形式为

$$F = 1/T_p \tag{4-81}$$

式(4-81)表明,时域记录长度(时间窗宽度)T_p 的倒数为频率分辨力。这就是说,增加时域记录长度 T_p 可提高频率分辨力。

由于用 DFT 计算频谱时,只限制在频域的取样点上,也就是只计算出基频 F 的整数倍处

的频谱,而不是连续的频谱。通俗地说,得到(看到)的频谱 $X(k)$ 相当于频谱栅栏,故称这种现象为栅栏效应。理论上,通过插值函数完全可以恢复被栅栏挡住的频谱分量。但在实际应用中,可能因时域数据截断得不够合理,有可能漏掉一些频谱分量。这时可以通过补零点、加宽时域记录长度 T_p 提高频率分辨力,来克服栅栏效应。

例4-4 设有一个用于频谱分析的 DFT 处理器,规定其抽样点数必须是 2 的整数幂;已知频率分辨力为 $F \le 10$ Hz,信号的最高频率 $f_h \le 4$ kHz,试求最小记录长度 T_p,抽样点间的最大时间间隔 T 以及在一个记录中的最小点数 N。

解 如上所述,所谓最小记录长度就是时间窗的宽度,其倒数为频率分辨力。因此,最小记录长度为

$$T_p = \frac{1}{F} = \frac{1}{10} \text{ s} = 0.1 \text{ s}$$

根据式(4-79),抽样点间的最大时间间隔 T 为

$$T = 1/f_s = 1/2f_h = [1/(2 \times 4 \times 10^3)] \text{s} = 0.125 \times 10^{-3} \text{ s}$$

计算在一个记录中的最小点数 N 有两种方法:一是用抽样点间的最大时间间隔去除最小记录长度,即

$$N \ge \frac{T_p}{T} = \frac{0.1}{0.125 \times 10^{-3}} = 800$$

二是用频率分辨力去除 2 倍的信号的最高频率,即

$$N \ge \frac{2f_h}{F} = \frac{2 \times 4 \times 10^3}{10} = 800$$

由于要求抽样点数必须是 2 的整数幂,故取 $N = 2^{10} = 1024$。

4.7.2 用"DFT 变换对"逼近"连续时间信号的傅里叶变换对"

为了用 DFT 实现对连续时间信号进行谱分析以及快速卷积,首先需要解决的问题是用"DFT 变换对"能否逼近连续时间信号的"傅里叶变换对"。下面,将分析"DFT 变换对"与"连续时间信号的傅里叶变换对"的关系。众所周知,"连续时间信号的傅里叶变换对"可分为"连续时间非周期信号的傅里叶变换对"和"连续时间周期信号的傅里叶变换对"。

1. "DFT 变换对"与"连续时间非周期信号的傅里叶变换对"的关系

为了便于分析,将式(4-42)给出的"DFT 变换对"重写如下:

$$\left. \begin{array}{l} X(k) = \text{DFT}[x(n)] = \sum_{n=0}^{N-1} x(n) e^{-j\frac{2\pi}{N}kn} = \sum_{n=0}^{N-1} x(n) W_N^{nk} \\ x(n) = \text{IDFT}[X(k)] = \frac{1}{N} \sum_{k=0}^{N-1} X(k) e^{j\frac{2\pi}{N}kn} = \frac{1}{N} \sum_{k=0}^{N-1} X(k) W_N^{-nk} \end{array} \right\}$$

现在的问题是,能否用式(4-42)所给出的"DFT 变换对",来计算"连续时间非周期信号的傅里叶变换对":

$$\left. \begin{array}{l} X(j\Omega) = \int_{-\infty}^{\infty} x(t) e^{-j\Omega t} dt \\ x(t) = \frac{1}{2\pi} \int_{-\infty}^{\infty} X(j\Omega) e^{j\Omega t} d\Omega \end{array} \right\}$$

下面,以"连续时间非周期信号的傅里叶变换对"为切入点,分析"DFT 变换对"与计算"连续时间非周期信号的傅里叶变换的关系。

设 $t=nT, \mathrm{d}t=T, \int_{-\infty}^{\infty} \to \sum_{n=-\infty}^{\infty}$；将它们带入连续时间非周期信号的"傅里叶变换的上半式"，则有

$$X(\mathrm{j}\Omega) = \int_{-\infty}^{\infty} x(t)\mathrm{e}^{-\mathrm{j}\Omega t}\,\mathrm{d}t \approx \sum_{n=-\infty}^{\infty} x(nT)\mathrm{e}^{-\mathrm{j}\Omega nT}T = T\sum_{n=-\infty}^{\infty} x(nT)\mathrm{e}^{-\mathrm{j}\Omega nT}$$

又因为 $\Omega_0 = 2\pi f_s/N, \Omega = k\Omega_0, k=0,1,\ldots,N-1$；再将它们代入上式，则有

$$X(\mathrm{j}k\Omega_0) \approx T\sum_{n=0}^{N-1} x(nT)\mathrm{e}^{-\mathrm{j}kn\frac{2\pi Tf_s}{N}} = T\sum_{n=0}^{N-1} x(nT)\mathrm{e}^{-\mathrm{j}\frac{2\pi}{N}kn} =$$
$$T \cdot \mathrm{DFT}[x(n)] \quad (k=0,1,\cdots,N-1) \tag{4-82}$$

式（4-82）表明，完全可以用 DFT 来逼近连续时间非周期信号的傅里叶变换，并且将用 DFT 计算所得的频谱分量再乘以 T，就逼近连续信号频谱的正常幅度电平。

同样，用类似的推导，也可以得出用 IDFT 来逼近连续时间非周期信号的傅里叶反变换的结论。具体地，设 $2\pi F=\Omega_0, f_s=NF=N\frac{\Omega_0}{2\pi}, \mathrm{d}\Omega=\Omega_0, \Omega=k\Omega_0$，则

$$x(nT) = x(t)\big|_{t=nT} \approx \frac{1}{2\pi}\sum_{k=-\infty}^{\infty} X(\mathrm{j}k\Omega_0)\mathrm{e}^{\mathrm{j}k\Omega_0 nT}\Omega_0 = \frac{\Omega_0}{2\pi}\sum_{k=0}^{N} X(\mathrm{j}k\Omega_0)\mathrm{e}^{\mathrm{j}\frac{2\pi f_s T}{N}kn} =$$
$$f_s\frac{1}{N}\sum_{k=0}^{N} X(\mathrm{j}k\Omega_0)\mathrm{e}^{\mathrm{j}\frac{2\pi}{N}kn} = f_s \cdot \mathrm{IDFT}[X(k)] \tag{4-83}$$

式（4-83）表明，用 IDFT 计算的结果再乘以 f_s，就可逼近连续时间非周期信号的傅里叶反变换的正常幅度电平。需要指出的是，从时间到频率，对 DFT 的计算结果乘以 T，再从频率到时间，对 IDFT 的计算结果乘以 f_s，整个过程总共相乘的效益为 $T \cdot f_s=1$，幅度电平并未受到影响。

2. "DFT 变换对"与"连续时间周期信号的傅里叶变换对"的关系

对于连续时间周期信号 $x(t)$，其傅里叶变换对为

$$\left. \begin{aligned} X(\mathrm{j}k\Omega_0) &= \frac{1}{T}\int_0^{T_0} x(t)\mathrm{e}^{-\mathrm{j}k\Omega_0 t}\,\mathrm{d}t \\ x(t) &= \sum_{k=-\infty}^{\infty} X(\mathrm{j}k\Omega_0)\mathrm{e}^{\mathrm{j}k\Omega_0 t} \end{aligned} \right\}$$

利用与上面类似的方法，就可得到用 DFT 近似表征连续时间周期信号 $x(t)$ 的傅里叶变换对。为此，先进行时域抽样，则

$$\left. \begin{aligned} t &= nT \\ x(n) &= x(nT) = x(t)\big|_{t=nT} \\ \mathrm{d}t &= (n+1)T - nT = T \\ \int_0^{T_0} \mathrm{d}t &\to \sum_{n=0}^{N-1} T \end{aligned} \right\}$$

将上述关系代入连续时间周期信号 $x(t)$ 的傅里叶变换对，在一个周期内则有

$$X(\mathrm{j}k\Omega_0) \approx \frac{T}{T_0}\sum_{n=0}^{N-1} x(nT)\mathrm{e}^{-\mathrm{j}k\Omega_0 nT} = \frac{1}{N}\sum_{n=0}^{N-1} x(n)\mathrm{e}^{-\mathrm{j}\frac{2\pi}{N}kn} = \frac{1}{N}\mathrm{DFT}[x(n)] \tag{4-84}$$

式中，$N=T_0/T, \Omega_0=2\pi f_s/N=2\pi/TN$。式（4-84）表明，可以用 DFT 近似计算连续时间周期信号 $x(t)$ 的傅里叶级数（频谱），只须将计算出结果乘以 $1/N$ 就等于周期信号的频谱的正常

幅度电平。

同样,可以推导出用 IDFT 近似计算连续时间周期信号 $x(t)$ 的关系式。但应注意到,由于在计算过程中对连续时间周期信号 $x(t)$ 进行时域抽样,这将导致其离散的频谱周期延拓。因此,必须首先将离散周期频谱按周期进行截断,然后再进行计算:

$$x(nT) = x(t)\big|_{t=nT} \approx \sum_{k=0}^{N-1} X(jk\Omega_0) e^{-jk\Omega_0 nT} =$$

$$N \cdot \frac{1}{N} \sum_{n=0}^{N-1} X(jk\Omega_0) e^{-j\frac{2\pi}{N}kn} = N \cdot \text{IDFT}[X(jk\Omega_0)] \qquad (4-85)$$

式(4-85)表明,可以用 IDFT 计算连续时间周期信号 $x(t)$ 的一个周期内的数据,只须将计算结果再乘以 N 就可得到原信号的幅度电平,然后进行周期延拓,即可近似得到 $x(t)$。

本章小结

为了保证时间函数与频谱函数同时都是离散的,以便用数字计算机实现信号的傅里叶正变换和反变换。为此引入了离散傅里叶级数(DFS)的概念,进而导出离散傅里叶变换(DFT)。这是本章内容的主线。DFS 和 DFT 本质上是一样的,即 DFT 是 DFS 的主值序列,DFS 是 DFT 的周期延拓。DFT 是一种重要的变换,是分析有限长序列的有用工具;它在信号处理的理论上有着重要意义,实质上 DFT 就是信号的傅里叶变换的频率抽样,它开辟了频域离散化的道路;在运算方法上起核心作用,如谱分析、卷积和相关都可以通过 DFT 的快速算法在计算机上实现。

对于各种触手可及的时域信号(连续非周期时间信号、连续周期时间信号和时间序列)而言,都可以通过图 4-31 所归纳的处理过程,用 DFT 来分析;或者说用 DFT 可以处理上述各种时域信号。图 4-31 也给出了 DFS 与 DFT 之间的关系。虚线框表示 DFS 的处理过程,它相当于直接用 DFT 处理离散时间信号(序列)。换言之,DFT 的处理结果只是 DFS 的一个周期数据。因此在用 DFT 处理信号时,要时刻想着信号的周期性。

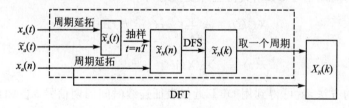

图 4-31　不同信号的处理过程

同样,离散傅里叶反变换(IDFT)处理信号的过程可用图 4-32 表示。IDFT 的信号处理功能相当于虚线框的处理功能。从图 4-32 可清楚看出,IDFT 与 IDFS 的关系。由离散信号 $x(n)$ 通过数模转换(D/A)得到模拟(连续时间)信号 $x_a(t)$;如果需要可进行周期延拓,得到周期信号 $\tilde{x}_a(t)$。

DFS 与 DFT 都是线性变换,它们的性质具有线性变换的一般特性。对 DFS 与 DFT 的性质,本章进行了较为详细的讨论。掌握这些性质,对理解信号处理的理论和方法将会大有帮助。卷积是信号处理的重要内容,熟练掌握圆周卷积、线性卷积和周期卷积之间的关系,在信号处理中可以少走弯路,避免错误。

频域抽样理论(抽样 z 变换)是信号处理的一个重要理论。它解决了如何从频域抽样恢复

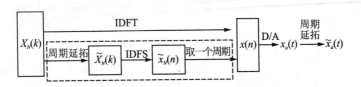

图 4-32　用 IDFT 处理信号的过程

原序列,如何用频率抽样表示频率响应,如何由 $X(k)$ 恢复 $X(z)$ 等问题。

最后,本章讨论了用 DFT 对连续时间信号的逼近。

思考题与习题

4-1　从信号的离散性和周期性着眼,傅里叶变换有几种形式?

4-2　DFS 与 DFT 的关系如何? 从 DFS 到 DFT 是如何演变的?

4-3　如何计算两个周期序列的周期卷积?

4-4　如何用圆周卷积计算线性卷积?

4-5　圆周卷积、线性卷积和周期卷积之间的关系如何?

4-6　如何用频域抽样恢复原序列?

4-7　如何由 $X(k)$ 恢复 $X(z)$?

4-8　用 DFT 计算连续时间信号的傅里叶变换可能造成的误差有哪些? 如何克服这些误差?

4-9　已知 $x(n)=R_4(n)$,试求 $\tilde{x}(n)$ 并作图。

4-10　已知 $x(n)=R_4(n)$,$\tilde{x}(n)=x((n))_6$;试求 $\tilde{X}(k)$ 并作图。

4-11　已知 $x(n)=\begin{cases} n+1 & (0\leqslant n\leqslant 4) \\ 0 & (n<0,n>4) \end{cases}$,$h(n)=R_4(n-2)$;若设 $\tilde{x}(n)=x((n))_6$,$\tilde{h}(n)=h((n))_6$;试求 $\tilde{x}(n)$ 与 $\tilde{h}(n)$ 的周期卷积并作图。

4-12　已知序列 $x(n)=\{1,1,3,2\}$ 如题图 4-1 所示,试画出 $\tilde{x}(n)=x((n))_6$,$x((n-3))_5 R_5(n)$ 和 $x((n))_8 R_8(n)$ 各序列的图形。

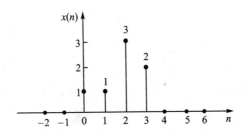

题图 4-1　序列 $x(n)=\{1,1,3,2\}$ 的图形

4-13　已知序列 $x(n)=R_4(n)$,试求 $x(n)$ 的 8 点和 16 点 DFT。

4-14　已知序列 $x(n)=3\delta(n)+2\delta(n-2)+4\delta(n-3)$,试求 $x(n)$ 的 4 点 DFT。

4-15　已知序列 $x(n)=R_4(n)$,试分别求出 6 点和 8 点的圆周卷积 $x(n)\otimes x(n)$,并比较两者的区别。

4-16　题图 4-2 给出了两个有限长序列的图形,试画出它们的 6 点圆周卷积。

4-17　已知 $x(n)$ 和 $y(n)$ 都是 N 点有限长序列,并且 $X(k)$ 和 $Y(k)$ 是它们的 N 点 DFT,

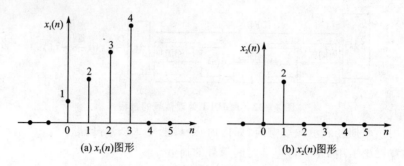

题图 4-2　两个有限长序列的图形

试用 $X(k)$ 和 $Y(k)$ 表示序列 $w(n)=x(n)y(n)$ 的 N 点 DFT。

4-18　设有一台用于谱分析的信号处理器,抽样点数必须为 2 的整数幂,假定没有采用任何特殊数据处理措施,要求频率分辨力≤10 Hz,如果抽样时间间隔为 0.1 ms,试求①最小记录长度;②所允许处理的信号的最高频率;③一个记录长度的最少点数。

第 **5** 章

快速傅里叶变换(FFT)的基本算法

　　如上所述,DFT 是信号谱分析和系统分析的重要工具。由于直接计算 DFT 的工作量太大,即使采用计算机也难以实现对信号的实时处理。因此,在快速傅里叶变换(FFT)提出以前,DFT 没有得到真正的运用。快速傅里叶变换(FFT)是库利(J. W. Cooly)和图基(J. W. Tukey)率先提出的一种 DFT 快速算法。只有理解和掌握了 DFT 的基本原理和算法之后,才能理解和掌握 FFT。为此,本章首先从分析 DFT 的计算工作量入手,寻找减少计算工作量的途径,以两种基-2FFT 算法为例,详细分析基于时间抽取(DIT)和频率抽取(DIF)的两种 FFT 算法,并以相当的笔墨介绍"其他基",例如基-4、分裂基和任意基等的 FFT 算法原理,最后介绍 FFT 的实际应用。

5.1　直接计算 DFT 的问题

　　这里首先分析直接计算 DFT 的工作量,找出影响计算 DFT 的工作量的原因。发现利用因子 W_N^{nk} 的对称性、周期性和可约性,可以减少计算 DFT 的工作量。

5.1.1　DFT 的计算工作量

　　为了叙述方便,现将 N 点 DFT 变换对的表达式重写如下:

$$\left.\begin{aligned}
X(k) &= \sum_{n=0}^{N-1} x(n) W_N^{nk} \qquad (k=0,1,\cdots,N-1)\\
x(n) &= \frac{1}{N} \sum_{k=0}^{N-1} X(k) W_N^{-nk} \qquad (n=0,1,\cdots,N-1)
\end{aligned}\right\} \qquad (5-1)$$

式中
$$W_N = e^{-j\frac{2\pi}{N}}$$

　　由式(5-1)易看出,DFT 与 IDFT 两者的差别仅在于复指数(旋转)因子 W_N^{nk} 的符号和系数 $1/N$。因此,它们的计算工作量是相等的。将式(5-1)展开,可以得到计算一个 $X(k)$ 值的工作量。例如,以计算 $X(1)$ 为例,其计算展开式为

$$X(1) = x(0) W_N^0 + x(1) W_N^1 + x(2) W_N^2 + \cdots + x(N-1) W_N^{N-1}$$

由上式可知,若 $x(n)$ 是复数,则计算 $X(1)$,需要 N 次复数乘法运算,$N-1$ 次复数加法运算。因此,计算所有的 $X(k)$ 值,就需要 N^2 次复数乘法运算,$N(N-1)$ 次复数加法运算。当 N 很大时,运算量将是惊人的。例如,$N=1\,024$ 时,则要完成 $1\,048\,576$ 次(一百多万次)复数乘法运算。这对实时性很强的信号处理来说,要求计算速度太高了。实际上,直接计算是难以做到实时处理的。

5.1.2　改进计算工作量的途径

　　为了便于说明,现将 4 点 DFT 的计算过程用矩阵表示如下:

$$\begin{bmatrix} X(0) \\ X(1) \\ X(2) \\ X(3) \end{bmatrix} = \begin{bmatrix} W_4^0 & W_4^0 & W_4^0 & W_4^0 \\ W_4^0 & W_4^1 & W_4^2 & W_4^3 \\ W_4^0 & W_4^2 & W_4^4 & W_4^6 \\ W_4^0 & W_4^3 & W_4^6 & W_4^9 \end{bmatrix} \begin{bmatrix} x(0) \\ x(1) \\ x(2) \\ x(3) \end{bmatrix} \tag{5-2}$$

利用复指数因子(常称为旋转因子)W_N^{nk} 的对称性、周期性和可约性,可以将式(5-2)进行简化。旋转因子 W_N^{nk} 的对称性是指

$$(W_N^{nk})^* = W_N^{-nk} \tag{5-3}$$

旋转因子 W_N^{nk} 的周期性是指

$$W_N^{nk} = W_N^{(n+N)k} = W_N^{n(k+N)} \tag{5-4}$$

旋转因子 W_N^{nk} 的可约性是指

$$\left. \begin{array}{l} W_N^{nk} = W_{mN}^{nmk} \\ W_N^{nk} = W_{N/m}^{nk/m} \end{array} \right\} \tag{5-5}$$

由此可推得

$$\left. \begin{array}{l} W_N^{n(N-k)} = W_N^{(N-n)k} = W_N^{-nk} \\ W_N^{N/2} = -1 \\ W_N^{(k+N/2)} = -W_N^k \end{array} \right\} \tag{5-6}$$

利用旋转因子 W_N^{nk} 的上述特性,可将式(5-2)化简为

$$\begin{bmatrix} X(0) \\ X(1) \\ X(2) \\ X(3) \end{bmatrix} = \begin{bmatrix} 1 & 1 & 1 & 1 \\ 1 & W_4^1 & -1 & -W_4^1 \\ 1 & -1 & 1 & -1 \\ 1 & -W_4^1 & -1 & W_4^1 \end{bmatrix} \begin{bmatrix} x(0) \\ x(1) \\ x(2) \\ x(3) \end{bmatrix} \tag{5-7}$$

对式(5-7)进行矩阵变换,即将该矩阵的第 2 列和第 3 列交换,则得

$$\begin{bmatrix} X(0) \\ X(1) \\ X(2) \\ X(3) \end{bmatrix} = \begin{bmatrix} 1 & 1 & 1 & 1 \\ 1 & -1 & W_4^1 & -W_4^1 \\ 1 & 1 & -1 & -1 \\ 1 & -1 & -W_4^1 & W_4^1 \end{bmatrix} \begin{bmatrix} x(0) \\ x(2) \\ x(1) \\ x(3) \end{bmatrix}$$

由此可得

$$\left. \begin{array}{l} X(0) = [x(0)+x(2)]+[x(1)+x(3)] \\ X(1) = [x(0)-x(2)]+[x(1)-x(3)]W_4^1 \\ X(2) = [x(0)+x(2)]-[x(1)+x(3)] \\ X(3) = [x(0)-x(2)]-[x(1)-x(3)]W_4^1 \end{array} \right\} \tag{5-8}$$

式(5-8)表明,利用旋转因子 W_N^{nk} 的特性,完成 4 点 DFT 只需要一次复数运算;而直接计算式(5-1)则需要 $4^2=16$ 次复数运算。

将长序列的 DFT 分解为短序列的 DFT,再利用旋转因子 W_N^{nk} 的对称性、周期性和可约性,可将其中的运算项进行合并,从而降低运算次数,提高运算速度。1965 年,J. W. Cooly(库利)和 J. W. Tukey(图基)率先提出了快速傅里叶变换 FFT(Fast Fourier Ttransform)算法。该算法对于 N 点 DFT 而言,仅需 $(N/2)\text{lb}N$ 次复数乘法运算。例如,当 $N=1\,024=2^{10}$ 时,需要 $(1\,024/2)\text{lb}2^{10}=5\,120$ 次运算,仅是直接计算 DFT 的 $5\,120/1\,048\,576=4.88\%$,可

见速度提高了 20 倍。

　　FFT 算法的提出,是数字信号处理的一个里程碑,开创了数字信号处理理论的实际应用的新纪元。40 多年来,FFT 算法得到了飞速地发展和广泛应用。FFT 算法可归纳为两类:一类是针对 N 等于 2 的整数次幂的算法,例如基 2 算法、基 4 算法和分裂基算法;另一类是 N 不等于 2 的整数次幂的算法,例如,N 为合数的 FFT 算法等。

5.2　按时间抽取(DIT)基-2 的 FFT 算法("库利-图基"算法)

　　所谓"按时间抽取"是指将实行变换的序列 $x(n)$ 在时域进行分组(抽取),即按序列时间排列的某种规律进行抽取。例如,按时间序号"n"的奇、偶进行分组(抽取)。所谓"基-2"是指实行变换序列 $x(n)$ 点数(长度)N 为 2 的整数次幂,即 $N=2^L$,L 为整数。推而广之,"基-4"FFT 算法就是 $x(n)$ 点数 N 为 4 的整数次幂的 FFT 算法。

5.2.1　算法原理

　　算法的基本思想可概括如下:按时间序号"n"的奇、偶进行分组(抽取),即将 N 点 DFT 分解为两个 $N/2$ 点的 DFT,再将每个 $N/2$ 点的 DFT 分解为两个 $N/4$ 点 DFT,如此进行直至分解为两点 DFT。按着这种规律分解,复数乘法和加法次数明显减少,从而提高了运算速度。

1. $N/2$ 点 DFT

　　设 $N=2^L$,L 为整数;N 不满足 2 的整数次幂时,可补零。先将 $x(n)$ 按序号"n"的奇、偶分为两组作 DFT,即 n 为偶数时,其式为

$$x(2r) = x_1(r) \quad (r=0,1,\cdots,N/2-1) \tag{5-9a}$$

n 为奇数时,其式为

$$x(2r+1) = x_2(r) \quad (r=0,1,\cdots,N/2-1) \tag{5-9b}$$

将 $\mathrm{DFT}[x(n)]=X(k)$ 的表达式按"n"的奇、偶展开,即

$$X(k) = \sum_{r=0}^{\frac{N}{2}-1} x(2r)W_N^{2rk} + \sum_{r=0}^{\frac{N}{2}-1} x(2r+1)W_N^{(2r+1)k} =$$
$$\sum_{r=0}^{\frac{N}{2}-1} x_1(r)(W_N^2)^{rk} + W_N^k \sum_{r=0}^{\frac{N}{2}-1} x_2(r)(W_N^2)^{rk} \tag{5-10}$$

根据旋转因子 W_N^{rk} 的可约性,则有

$$W_N^2 = \mathrm{e}^{-\mathrm{j}\frac{2\pi}{N}\times 2} = \mathrm{e}^{-\mathrm{j}\cdot 2\pi/\left(\frac{N}{2}\right)} = W_{N/2}$$

代入式(5-10),可得

$$X(k) = \sum_{r=0}^{\frac{N}{2}-1} x_1(r)(W_N^2)^{rk} + W_N^k \sum_{r=0}^{\frac{N}{2}-1} x_2(r)(W_N^2)^{rk} =$$
$$\sum_{r=0}^{\frac{N}{2}-1} x_1(r)W_{N/2}^{rk} + W_N^k \sum_{r=0}^{\frac{N}{2}-1} x_2(r)W_{N/2}^{rk} = X_1(k) + W_N^k X_2(k) \tag{5-11}$$

式中

$$\left. \begin{aligned} X_1(k) &= \sum_{r=0}^{\frac{N}{2}-1} x_1(r)W_{N/2}^{rk} = \sum_{r=0}^{\frac{N}{2}-1} x(2r)W_{N/2}^{rk} \\ X_2(k) &= \sum_{r=0}^{\frac{N}{2}-1} x_2(r)W_{N/2}^{rk} = \sum_{r=0}^{\frac{N}{2}-1} x(2r+1)W_{N/2}^{rk} \end{aligned} \right\} \quad \left(k=0,1,\cdots,\frac{N}{2}-1\right) \tag{5-12}$$

式(5-10)~式(5-12)表明：① 一个 N 点的 DFT、$X(k)$，可分解为两个 $N/2$ 点 DFT 的 $X_1(k)$（偶数组）和 $X_2(k)$（奇数组）；换言之，可用式(5-12)表示两个 $N/2$ 点 DFT 的 $X_1(k)$ 和 $X_2(k)$，按式(5-11)的形式表示一个 N 点 DFT 的 $X(k)$；② $X_1(k)$ 和 $X_2(k)$ 均为 $N/2$ 点的 DFT；③ $X_1(k)$ 和 $X_2(k)$ 只能确定 $X(k)$ 的前 $N/2$ 个点，即 $k=0,1,\cdots,(N/2-1)$ 点的值。

2. $X(k)$ 的后一半值的确定

根据旋转因子 W_N^{nk} 的周期性，则有

$$W_{N/2}^{r(k+N/2)} = W_{N/2}^{rk}$$

因此

$$X_1\left(\frac{N}{2}+k\right)=\sum_{r=0}^{\frac{N}{2}-1} x_1(r) W_{N/2}^{r\left(\frac{N}{2}+k\right)} = \sum_{r=0}^{\frac{N}{2}-1} x_1(r) W_{N/2}^{rk} =$$

$$X_1(k) \quad \left(k=0,1,\cdots,\frac{N}{2}-1\right) \tag{5-13}$$

同理，则有

$$X_2\left(\frac{N}{2}+k\right)=\sum_{r=0}^{\frac{N}{2}-1} x_2(r) W_{N/2}^{r\left(\frac{N}{2}+k\right)} = \sum_{r=0}^{\frac{N}{2}-1} x_2(r) W_{N/2}^{rk} =$$

$$X_2(k) \quad \left(k=0,1,\cdots,\frac{N}{2}-1\right) \tag{5-14}$$

式(5-13)和式(5-14)表明，$X_1(k)$、$X_2(k)$ 的后一半的值，均等于其前一半的值。

又由于

$$W_N^{\left(\frac{N}{2}+k\right)} = W_N^{N/2} W_N^k = -W_N^k$$

所以有

$$X\left(k+\frac{N}{2}\right)=X_1\left(k+\frac{N}{2}\right)+W_N^{\left(k+\frac{N}{2}\right)} X_2(k) =$$

$$X_1(k)-W_N^k X_2(k) \quad \left(k=0,1,\cdots,\frac{N}{2}-1\right) \tag{5-15}$$

式(5-15)表明，$X(k)$ 的后一半的值，也完全由 $X_1(k)$、$X_2(k)$ 的前一半[即 $k=0,1,\cdots,(N/2-1)$]值所确定。

上述分析表明，N 点的 DFT 的 $X(k)$，完全可由两个 $N/2$ 点的 DFT 的 $X_1(k)$ 和 $X_2(k)$ 来计算。

3. 蝶形运算

现将用两个 $N/2$ 点的 DFT 计算 N 点的 DFT 的表达式归纳如下：

$$\left.\begin{aligned} X(k) &= X_1(k)+W_N^k X_2(k) \quad \left(k=0,1,\cdots,\frac{N}{2}-1\right)\text{（前一半）} \\ X\left(k+\frac{N}{2}\right) &= X_1(k)-W_N^k X_2(k) \quad \left(k=0,1,\cdots,\frac{N}{2}-1\right)\text{（后一半）} \end{aligned}\right\} \tag{5-16}$$

式(5-16)可用运算流图表示，如图 5-1 所示。图中未标出数值支路的传输系数均为 1。运算流图形似蝴蝶，故称为蝶形运算。

由式(5-16)可看出，k 取每个不同值，即 $k=0,1,\cdots,(N/2-1)$ 时，都完成一个蝶形运算。这表明，实现 N 点的 DFT 共计完成 $N/2$ 个蝶形运算。

4. 第一次分解后的计算工作量分析

下面,来分析按奇、偶分组后的计算量,它包括两个 $N/2$ 点 DFT 的计算量和 $N/2$ 个蝶形运算的计算量。

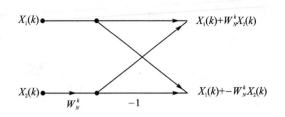

图 5-1　蝶形运算流图

(1) 两个 $N/2$ 点 DFT 的计算量

DFT 的计算量通常用复数乘法次数和复数加法次数来表征,而一个 $N/2$ 点 DFT 的复数乘法次数为

$$(N/2)^2 = N^2/4$$

一个 $N/2$ 点 DFT 的复数加法次数为

$$(N/2)(N/2-1) = N^2/4 - N/2$$

因此,两个 $N/2$ 点 DFT 的复数乘法次数为

$$(N^2/4) \times 2 = N^2/2$$

两个 $N/2$ 点 DFT 的复数加法次数为

$$2(N/2)(N/2-1) = N(N/2-1)$$

(2) $N/2$ 个蝶形运算的计算量

一个蝶形运算只有一次复数乘法,由于 N 点的 DFT 包含 $N/2$ 个蝶形运算,所以 $N/2$ 个蝶形运算的复数乘法次数为

$$N/2$$

一个蝶形运算有 2 次复数加法,$N/2$ 个蝶形运算的复数加法次数为

$$2(N/2) = N$$

(3) 奇、偶分组后的总计算量

奇、偶分组后的总计算工作量为上述两项之和,复数乘法次数和复数加法次数分别为

$$\left. \begin{array}{l} N^2/2 + N/2 \approx N^2/2 \quad (复数乘法次数) \\ N(N/2-1) + N = N^2/2 \quad (复数加法次数) \end{array} \right\} \tag{5-17}$$

式(5-17)表明,与直接计算 N 点 DFT 的工作量(复数乘法为 N^2 次,复数加法为 $N(N-1)$ 次)相比,奇、偶分解后的计算工作点差不多减少一半。

下面,以 $N=8$ 时的 DFT 为例,按奇、偶进行分解,将 $N=8$ 点的 DFT,分解为两个 $N/2=4$ 点的 DFT。从中可看出是如何用蝶形运算实现 DFT 的。

5. 8 点 DFT 分解为两个 4 点 DFT

n 为偶数,即 $x(0)$、$x(2)$、$x(4)$、$x(6)$ 时,记为

$$\left. \begin{array}{l} x_1(0) = x(0) \\ x_1(1) = x(2) \\ x_1(2) = x(4) \\ x_1(3) = x(6) \end{array} \right\} \tag{5-18}$$

对应的 4 点 DFT 为

$$X_1(k) = \sum_{r=0}^{3} x_1(r) W_4^{rk} = \sum_{r=0}^{3} x(2r) W_4^{rk} \quad (k = 0,1,2,3) \tag{5-19}$$

n 为奇数,即 $x(1)$、$x(3)$、$x(5)$、$x(7)$ 时,记为

$$\left.\begin{array}{l} x_2(0) = x(1) \\ x_2(1) = x(3) \\ x_2(2) = x(5) \\ x_2(3) = x(7) \end{array}\right\} \qquad (5-20)$$

对应的 4 点 DFT 为

$$X_2(k) = \sum_{r=0}^{3} x_2(r) W_4^{rk} = \sum_{r=0}^{3} x(2r+1) W_4^{rk} \quad (k=0,1,2,3) \qquad (5-21)$$

相应的蝶形运算为

$$\left.\begin{array}{l} X(k) = X_1(k) + W_8^k X_2(k) \\ X(k+4) = X_1(k) - W_8^k X_2(k) \end{array}\right\} \quad (k=0,1,2,3) \qquad (5-22)$$

式(5-22)表示的整个蝶形运算过程如图 5-2 所示。由图 5-2 看出,一共 4 个蝶形,这里称为第 3($\mathrm{lb}_2 8 = 3$)级蝶形运算。

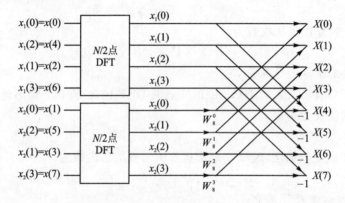

图 5-2 8 点 DFT 分解为两个 4 点 DFT

由图 5-2 可看出,对 $[X_1(k), k=0,1,2,3]$ 和 $[X_2(k), k=0,1,2,3]$ 进行蝶形运算,分别得到前半部数据为 $X(0) \sim X(3)$,后半部分为 $X(4) \sim X(7)$。

6. N/2 点 DFT 分解为 4 个 N/4 点 DFT

如上将 N 分为两组:偶数组 $N/2$ 个数据,奇数组 $N/2$ 个数据。由于 $N=2^L$,所以 $N/2$ 仍为偶数,可以进一步把每个 $N/2$ 点的序列再按其奇、偶进行分解,每个组分解为两个 $N/4$ 的子序列。

对于偶数组 $N/2$ 点数据中的偶数 n,则有

$$x_1(2l) = x_3(l) \quad \left(l=0,1,\cdots,\frac{N}{4}-1\right) \qquad (5-23)$$

对于偶数组 $N/2$ 点中数据的奇数 n,则有

$$x_1(2l+1) = x_4(l) \quad \left(l=0,1,\cdots,\frac{N}{4}-1\right) \qquad (5-24)$$

相应的 $N/4$ 点的 DFT 分为两部分:偶数组中的偶数,偶数组中的奇数;即

$$X_3(k) = \sum_{l=0}^{\frac{N}{4}-1} x_3(l) W_{N/4}^{lk} = \sum_{l=0}^{\frac{N}{4}-1} x_1(2l) W_{N/4}^{2lk} \quad （偶中偶）$$

$$X_4(k) = \sum_{l=0}^{\frac{N}{4}-1} x_4(l) W_{N/4}^{lk} = \sum_{l=0}^{\frac{N}{4}-1} x_1(2l+1) W_{N/4}^{2lk} \quad （偶中奇）$$

$$\left(k = 0,1,\cdots,\frac{N}{4}-1\right)$$

$$(5-25)$$

从而可得到前 $N/4$ 的 $X_1(k)$ 为

$$X_1(k) = X_3(k) + W_{N/2}^{k} X_4(k) \quad \left(k = 0,1,\cdots,\frac{N}{4}-1\right)$$

而后 $N/4$ 的 $X_1(k)$ 为

$$X_1\left(\frac{N}{4}+k\right) = X_3(k) - W_{N/2}^{k} X_4(k) \quad \left(k = 0,1,\cdots,\frac{N}{4}-1\right)$$

由 $X_3(k)$ 和 $X_4(k)$ 构成的蝶形运算归纳为

$$\left.\begin{array}{l} X_1(k) = X_3(k) + W_{N/2}^{k} X_4(k) \\ X_1\left(\dfrac{N}{4}+k\right) = X_3(k) - W_{N/2}^{k} X_4(k) \end{array}\right\} \quad \left(k = 0,1,\cdots,\frac{N}{4}-1\right) \qquad (5-26)$$

同样,对于奇数组 $N/2$ 点数据再进行奇、偶分组,可得"奇中偶"与"奇中奇"两组 $N/4$ 点的 DFT,即

$$X_5(k) = \sum_{l=0}^{\frac{N}{4}-1} x_5(l) W_{N/4}^{lk} = \sum_{l=0}^{\frac{N}{4}-1} x_2(2l) W_{N/4}^{2lk} \quad （奇中偶）$$

$$X_6(k) = \sum_{l=0}^{\frac{N}{4}-1} x_6(l) W_{N/4}^{lk} = \sum_{l=0}^{\frac{N}{4}-1} x_2(2l+1) W_{N/4}^{2lk} \quad （奇中奇）$$

$$\left(k = 0,1,\cdots,\frac{N}{4}-1\right)$$

$$(5-27)$$

由 $X_5(k)$ 和 $X_6(k)$ 构成的蝶形运算为

$$\left.\begin{array}{l} X_2(k) = X_5(k) + W_{N/2}^{k} X_6(k) \\ X_2\left(\dfrac{N}{4}+k\right) = X_5(k) - W_{N/2}^{k} X_6(k) \end{array}\right\} \quad \left(k = 0,1,\cdots,\frac{N}{4}-1\right) \qquad (5-28)$$

这样,通过又一次分解,可将 N 点 DFT 分解为四个 $N/4$ 点 DFT,构成两级蝶形运算,其计算量大约又减少一半,即其计算量为直接计算 N 点 DFT 的 $1/4$。

7. $8 = 2^3$ 时的 $N/2$ 点 DFT 分解为 4 个 $N/4$ 点 DFT

将原序列 $x(n)$ 的"偶中偶"部分:

$$\left.\begin{array}{l} x_3(l) = x_1(r) = x(n) \quad (l = 0,1, \quad r = 0,2, \quad n = 0,4) \\ x_3(0) = x_1(0) = x(0) \\ x_3(1) = x_1(2) = x(4) \end{array}\right\}$$

构成 $N/4$ 点 DFT;将原序列 $x(n)$ 的"偶中奇"部分:

$$\left.\begin{array}{l} x_4(l) = x_1(r) = x(n) \quad (l = 0,1, \quad r = 1,3, \quad n = 2,6) \\ x_4(0) = x_1(1) = x(2) \\ x_4(1) = x_1(3) = x(6) \end{array}\right\}$$

构成 $N/4$ 点 DFT, 即

$$X_3(k) = \sum_{l=0}^{1} x_3(l)W_2^{lk} = \sum_{l=0}^{1} x_1(2l)W_2^{2lk} \quad \text{（偶中偶）}$$

$$\left.\begin{array}{l}\end{array}\right\} \quad (k=0,1) \quad (5-29)$$

$$X_4(k) = \sum_{l=0}^{1} x_4(l)W_2^{lk} = \sum_{l=0}^{\frac{N}{4}-1} x_1(2l+1)W_2^{2lk} \quad \text{（偶中奇）}$$

从式(5-29)可以得到 $X_3(0)$、$X_3(1)$、$X_4(0)$ 和 $X_4(1)$。

这时，由 $X_3(k)$ 和 $X_4(k)$ 构成的蝶形运算为

$$\left.\begin{array}{l} X_1(k) = X_3(k) + W_4^k X_4(k) \\ X_1(2+k) = X_3(k) - W_4^k X_4(k) \end{array}\right\} \quad (k=0,1) \quad (5-30)$$

从而可计算出 $X_1(0)$、$X_1(1)$、$X_1(2)$ 和 $X_1(3)$。

同样，将原序列 $x(n)$ 的"奇中偶"部分：

$$\left.\begin{array}{l} x_5(l) = x_2(r) = x(n) \quad (l=0,1,\quad r=0,2,\quad n=1,5) \\ x_5(0) = x_2(0) = x(1) \\ x_5(1) = x_2(2) = x(5) \end{array}\right\}$$

构成 $N/4$ 点 DFT；将原序列 $x(n)$ 的"奇中奇"部分：

$$\left.\begin{array}{l} x_6(l) = x_2(r) = x(n) \quad (l=0,1,\quad r=1,3,\quad n=3,7) \\ x_6(0) = x_2(1) = x(3) \\ x_6(1) = x_2(3) = x(7) \end{array}\right\}$$

构成 $N/4$ 点 DFT，即

$$X_5(k) = \sum_{l=0}^{1} x_5(l)W_2^{lk} = \sum_{l=0}^{1} x_2(2l)W_2^{2lk} \quad \text{（奇中偶）}$$

$$\left.\begin{array}{l}\end{array}\right\} \quad (k=0,1) \quad (5-31)$$

$$X_6(k) = \sum_{l=0}^{1} x_6(l)W_2^{lk} = \sum_{l=0}^{\frac{N}{4}-1} x_2(2l+1)W_2^{2lk} \quad \text{（奇中奇）}$$

从上式可以得到 $X_5(0)$、$X_5(1)$、$X_6(0)$ 和 $X_6(1)$。

这时，由 $X_5(k)$ 和 $X_6(k)$ 构成的蝶形运算为

$$\left.\begin{array}{l} X_2(k) = X_5(k) + W_4^k X_6(k) \\ X_2(2+k) = X_5(k) - W_4^k X_6(k) \end{array}\right\} \quad (k=0,1) \quad (5-32)$$

式(5-32)表示的蝶形运算称为第 2 级蝶形运算，由此可计算出 $X_2(0)$、$X_2(1)$、$X_2(2)$ 和 $X_2(3)$。

最后，由 $X_1(0)$、$X_1(1)$、$X_1(2)$、$X_1(3)$ 和 $X_2(0)$、$X_2(1)$、$X_2(2)$、$X_2(3)$，通过蝶形运算，得到 $X(0)$、$X(1)$、$X(2)$、$X(3)$、$X(4)$、$X(5)$、$X(6)$ 和 $X(7)$。整个计算过程如图 5-3 所示。

8. 第 1 级蝶形运算

对于 $N=8$ 的 DFT，$N/4$ 点的 DFT 即为两点 DFT，由式(5-29)和(5-31)可以计算出：

$$\left.\begin{array}{l} X_3(0) = x_3(0) + W_2^0 x_3(1) = x(0) + W_N^0 x(4) \\ X_3(1) = x_3(0) + W_2^1 x_3(1) = x(0) - W_N^0 x(4) \end{array}\right\}$$

$$\left.\begin{array}{l} X_4(0) = x_4(0) + W_2^0 x_4(1) = x(2) + W_N^0 x(6) \\ X_4(1) = x_4(0) + W_2^1 x_4(1) = x(2) - W_N^0 x(6) \end{array}\right\}$$

$$\left.\begin{array}{l} X_5(0) = x_5(0) + W_2^0 x_5(1) = x(1) + W_N^0 x(5) \\ X_5(1) = x_5(0) + W_2^1 x_5(1) = x(1) - W_N^0 x(5) \end{array}\right\}$$

$$X_6(0) = x_6(0) + W_2^0 x_6(1) = x(3) + W_N^0 x(7)$$
$$X_6(1) = x_6(0) + W_2^1 x_6(1) = x(3) - W_N^0 x(7)$$

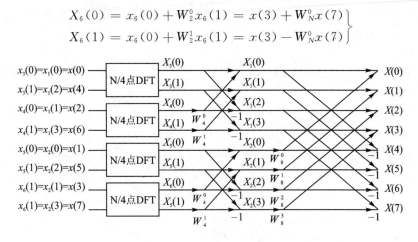

图 5-3　将一个 8 点 DFT 分解为四个 N/4=2 点 DFT

上述四组计算式可用四个蝶形运算表示,如图 5-4 左侧所示,称之为第 1 级蝶形运算。由于图 5-4 中旋转因子 $W_4^0 = W_8^0$,$W_4^1 = W_8^2$;所以整个流图总共有 4 个旋转因子:W_8^0、W_8^1、W_8^2 和 W_8^3。图 5-4 表示 $N=8$ 时按时间抽取的 FFT 算法流图。

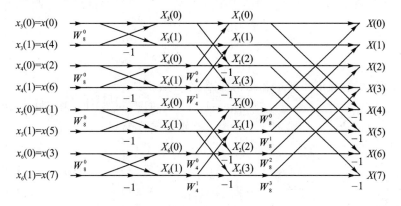

图 5-4　N=8 时按时间抽取的 FFT 算法流图

由于上述的 FFT 算法,是在时间上对输入序列的次序是属于偶数还是属于奇数来进行分解的,所以称为按时间抽取的算法 DIT(decimation in time)。

🧭 5.2.2　FFT 算法的运算特点

由图 5-4 可知,$N=8=2^3$ 时,需三级蝶形运算,每级都由 $4=N/2$ 个蝶形运算组成;推而广之,当 $N=2^L$ 时,则需 L 级蝶形运算,而每级都由 $N/2$ 个蝶形运算组成,每个蝶形运算只有一次复数乘法,两次复数加法。由此可以计算出 FFT(DIT)算法的运算量为

$$\left.\begin{array}{l} \dfrac{N}{2} \cdot L = \dfrac{N}{2}\text{lb}N \quad (\text{复数乘法次数}) \\[2mm] N \cdot L = N\text{lb}N \quad (\text{复数加法次数}) \end{array}\right\}$$

(5-33)

为了归纳 FFT(DIT)算法的运算特点,现将图 5-4 的运算流图进行适当"规范",运算流图的每一列蝶形运算,从左到右分别规定为第 1 级,第 2 级,…,第 m 级,…,直到第($L=$lb$N$)级;且该级的输出行数据下标用"m"表示,该级的输入行数据下标用"$m-1$"表示。运算流图

的每一行(输入/输出)数据,自上而下分别确定为第 0 行,第 1 行,第 2 行,…,直到第$(N-1)$行。如此规定的运算流图如图 5-5 所示,称之为"规范化运算流图"。

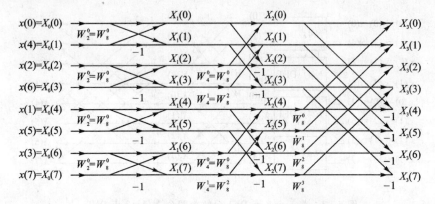

图 5-5　$N=8$ 时按时间抽取的规范化运算流图

1. 原位运算

图 5-5 表明,FFT 算法流图是由一系列的蝶形运算构成,一共有 $L=\mathrm{lb}N$ 级,每一级有 $N/2$ 个蝶形。若设蝶形输入(输出)的两个节点分别为 k(行数),i(行数),则任何一个蝶形运算均可表示为

$$\left.\begin{array}{l} X_m(k) = X_{m-1}(k) + X_{m-1}(i)W_N^r \\ X_m(i) = X_{m-1}(k) - X_{m-1}(i)W_N^r \end{array}\right\} \qquad (5-34)$$

因此,DIT 的 FFT 算法蝶形一般运算结构如图 5-6 所示。

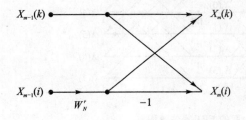

图 5-6　DIT 的 FFT 算法蝶形一般运算结构

例如,当 $m=1$ 时,图 5-5 中左上角的两个蝶形运算为

$$\left.\begin{array}{l} X_1(0) = X_0(0) + X_0(1)W_N^0 \\ X_1(1) = X_0(0) - X_0(1)W_N^0 \\ X_1(2) = X_0(2) + X_0(3)W_N^0 \\ X_1(3) = X_0(2) - X_0(3)W_N^0 \end{array}\right\}$$

而当 $m=2$ 时,图 5-5 中部靠上面的两个蝶形运算为

$$\left.\begin{array}{l} X_2(0) = X_1(0) + X_1(2)W_N^0 \\ X_2(2) = X_1(0) - X_1(2)W_N^0 \\ X_2(1) = X_1(1) + X_1(3)W_N^2 \\ X_2(3) = X_1(1) - X_1(3)W_N^2 \end{array}\right\}$$

而当 $m=3$ 时,图 5-5 中右上的两个蝶形运算为

$$\left.\begin{array}{l} X_3(0) = X_2(0) + X_2(4)W_N^0 \\ X_3(4) = X_2(0) - X_2(4)W_N^0 \\ X_3(1) = X_2(1) + X_2(5)W_N^1 \\ X_3(5) = X_2(1) - X_2(5)W_N^1 \end{array}\right\}$$

可见,在某列上,进行蝶形运算的任意两个节点变量 $X_{m-1}(k)$、$X_{m-1}(i)$,完全可以确定蝶

形运算的结果 $X_m(k)$、$X_m(i)$;这表明该结果与其他行(节点)无关。这样,就可以将蝶形运算的两个输出值,仍可放回蝶形运算的两个输入所在的存储器中,即实现所谓"原位运算"。"原位运算"意指输入数据和运算结果(输出数据)共同占据同一个存储位。考虑到每一级(列)有 $N/2$ 个蝶形运算,所以共需 N 个存储单元。这表明该运算结构可以节省存储单元。

2. 倒位序规律

由图 5-4 看出,输入原序列按 n 的排列次序是 $x(0)$、$x(4)$、$x(2)$、$x(6)$、$x(1)$、$x(5)$、$x(3)$、$x(7)$;而输出序列 $X(k)$ 按 k 的自然顺序递增排列。输入序列这种按 n 的排列次序称为倒位序排列,即输入序列的原本排列次序 n 用对应的二进制数 $x(n_2n_1n_0)$ 表示,因奇偶分组导致输入序列重新按二进制数倒位序 $x(n_0n_1n_2)$ 排列。下面,以 $N=8$ 为例进行具体说明,如图 5-7 所示。

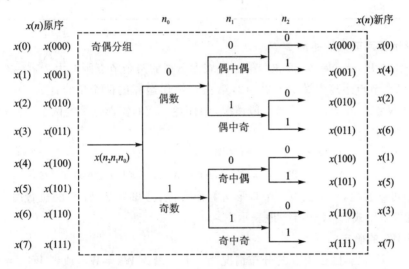

图 5-7　$N=8$ 时输入序列的倒位序排列

图 5-7 表明,由于 FFT(DIT)算法按 n 的奇、偶进行分组,导致原来按二进制数 $x(n_2n_1n_0)$ 的排列,变为按二进制数 $x(n_0n_1n_2)$ 的排列,正好使二进制数的位序颠倒。例如,原来的数值 $x(n_2n_1n_0)=x(001)$ 变为 $x(n_0n_1n_2)=x(100)$;而数值 $x(n_2n_1n_0)=x(011)$ 变为 $x(n_0n_1n_2)=x(110)$。在实现 FFT(DIT)算法时,必须首先完成这种倒位序的转换。

3. 倒位序的实现

一般输入序列先按自然顺序存入存储单元,然后经变址运算来实现倒位序排列。设输入序列的序号为 n,对应的二进制数为 $x(n_2n_1n_0)$,倒位序顺序的十进制数用 $\hat{n}$ 表示,其对应的倒位序二进制数为 $x(n_0n_1n_2)$。$N=8$ 时的倒位序情况如表 5-1 所列。

将自然顺序排列的序列数据,按倒位序的顺序存储在存储单元的处理方法称为变址处理。如图 5-8 所示,按箭头方向将自然顺序排列的序列数据存储到对应的存储单元就可实现倒位序排列。

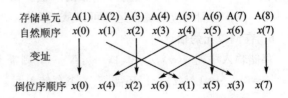

图 5-8　倒位序的变址处理

表 5-1 倒位序排列

自然递增顺序 n	二进制数 $x(n_2n_1n_0)$	倒位序二进制数 $x(n_0n_1n_2)$	倒位序顺序 $\hat{n}$
0	000	000	0
1	001	100	4
2	010	010	2
3	011	110	6
4	100	001	1
5	101	101	5
6	110	011	3
7	111	111	7

4. 蝶形运算两节点的距离 2^{m-1}

由图 5-5 看出,当 $N=8=2^3$ 时,第一级蝶形运算的两个节点距离为 $2^{1-1}=2^0=1$,第二级蝶形运算的两个节点距离为 $2^{2-1}=2^1=2$,第三级蝶形运算的两个节点距离为 $2^{3-1}=2^2=4$。推而广之,对 $N=2^L$,L 为正整数的一般情况,则任意一级的蝶形运算的两个节点距离为 2^{m-1}。这时式(5-34)变为

$$\left.\begin{array}{l} X_m(k) = X_{m-1}(k) + W_N^r X_{m-1}(k+2^{m-1}) \\ X_m(k+2^{m-1}) = X_{m-1}(k) - W_N^r X_{m-1}(k+2^{m-1}) \end{array}\right\} \tag{5-35}$$

由式(5-35)可以看出,对于任意一个蝶形运算而言,当已知节点 $(k,\ i)$ 的位置时,如果能确定因子 W_N^r,就可以用式(5-34)唯一地表示它。

5. 因子 W_N^r 的确定

由图 5-5 可看出,因子 W_N^r 的分布情况为:第一级为 $W_N^r=W_8^0$,或者 $W_{N/4}^r=W_2^0$;第二级为 $W_N^r=W_8^0$,$W_N^r=W_8^2$,或者 $W_{N/2}^r=W_4^0$,$W_{N/2}^r=W_4^1$;第三级为 $W_N^r=W_8^0$,$W_N^r=W_8^1$,$W_N^r=W_8^2$,$W_N^r=W_8^3$。

由于 N 是已知的,所以只要能求得 r 的值,因子 W_N^r 就能确定。r 的确定方法为:① 将节点 k 表示成 L 位二进制数($N=2^L$),即 $(k)_2=(n_{\text{lb}(N-1)}\cdots n_1 n_0)_2$,例如,$N=8=2^3$ 时,则 $(k)_2=(n_2n_1n_0)_2$;② 将这个二进制数 $(k)_2=(n_{\text{lb}(N-1)}\cdots n_1 n_0)_2$ 左移 $(L-m)$ 位,右边位置补零,即乘以 2^{L-m},就可得到 r 二进制数的值 $(r)_2$,即 $(r)_2=(k)_2 2^{L-m}$。

例如,对于 $N=8=2^3$,① 当 $k=2$ 时,求 $m=3$ 的 r 值。由于 $k=2=(010)_2$ 左移 $L-m=3-3=0$,所以 $r(010)_2=2$。② 当 $k=3$ 时,求 $m=3$ 的 r 值。因为 $k=3=(011)_2$,也左移 0 位,故 $r=3$。③ 当 $k=5$ 时,求 $m=2$ 的 r 值。由于 $k=5=(101)_2$,左移 $L-m=1$ 位,所以 $r(010)_2=2$。它们对应的蝶形运算可以从图 5-5 中找到。

6. 存储单元的估计

存储输入序列 $x(n)$,$n=0,1,\cdots,N-1$,则需要 N 个存储单元。另外存放系数(因子) W_N^r,$r=0,1,\cdots,(N/2)-1$,还需 $N/2$ 个存储单元。因此,共计需要 $(N+N/2)$ 个存储单元。

⊙ 5.3 DIF 的 FFT 算法(桑德-图基算法)

DIF(Decimation In Frequency)的 FFT 算法是一种按频率抽取的快速傅里叶变换的算

法,也称为桑德-图基算法。它与 DIT 的 FFT 算法有许多相同之处。

5.3.1　DIF 的 FFT 算法原理

下面,从 DFT 的另一种表达式入手,以便推导出 DIF 的 FFT 算法。

1. N 点 DFT 的另一种表达式

$$X(k) = \sum_{n=0}^{N-1} x(n) W_N^{nk} = \sum_{n=0}^{\frac{N}{2}-1} x(n) W_N^{nk} + \sum_{n=N/2}^{N-1} x(n) W_N^{nk} =$$

$$\sum_{n=0}^{\frac{N}{2}-1} x(n) W_N^{nk} + \sum_{n=0}^{\frac{N}{2}-1} x\left(n+\frac{N}{2}\right) W_N^{\left(n+\frac{N}{2}\right)k} =$$

$$\sum_{n=0}^{\frac{N}{2}-1} \left[x(n) + x\left(n+\frac{N}{2}\right) W_N^{\frac{N}{2}k} \right] W_N^{nk} \tag{5-36}$$

由于 $W_N^{\frac{N}{2}} = e^{-j\pi} = -1$,故 $W_N^{\frac{N}{2}} = (-1)^k$。因此,式(5-36)简化为

$$X(k) = \sum_{n=0}^{\frac{N}{2}-1} \left[x(n) + (-1)^k x\left(n+\frac{N}{2}\right) \right] W_N^{nk} \tag{5-37}$$

式(5-37)表明,它是直接按 n 将 $x(n)$ 分为两段再进行 DFT 变换的形式。

2. N 点 DFT 按 k 的奇偶分组可分为两个 $N/2$ 的 DFT

对于式(5-37)而言,当 k 为偶数,即 $k=2r$ 时,则 $(-1)^k=1$;当 k 为奇数,即 $k=2r+1$ 时 $(-1)^k=-1$。这时 $X(k)$ 可分为两部分:即当 k 为偶数时为

$$X(2r) = \sum_{n=0}^{\frac{N}{2}-1} \left[x(n) + x\left(n+\frac{N}{2}\right) \right] W_N^{2nr} =$$

$$\sum_{n=0}^{\frac{N}{2}-1} \left[x(n) + x\left(n+\frac{N}{2}\right) \right] W_{N/2}^{nr} \quad \left(r=0,1,\cdots,\frac{N}{2}-1 \right) \tag{5-38}$$

当 k 为奇数时为

$$X(2r+1) = \sum_{n=0}^{\frac{N}{2}-1} \left[x(n) - x\left(n+\frac{N}{2}\right) \right] W_N^{n(2r+1)} =$$

$$\sum_{n=0}^{\frac{N}{2}-1} \left\{ \left[x(n) - x\left(n+\frac{N}{2}\right) \right] W_N^n \right\} W_{N/2}^{nr} \quad \left(r=0,1,\cdots,\frac{N}{2}-1 \right) \tag{5-39}$$

可见,式(5-38)和(5-39)均为 $N/2$ 点的 DFT。

3. 蝶形运算

式(5-38)和(5-39)表明,按 k 的奇偶进行分组,导致序列的前半段 $x(n)$ 和后半段 $x(n+N/2)$ 也实现一种蝶形运算,如图 5-9 所示。

例如,$N=8$ 时,按 k 的奇偶分解(DIF)过程如图 5-10 所示。图 5-10 表明,先进行蝶形运算,后实现 DFT。

仿照 DIT 的方法,再将 $N/2$ 点 DFT 按 k 的奇偶分解为两个 $N/4$ 点的 DFT,如此进行下去,直至分解为 2 点

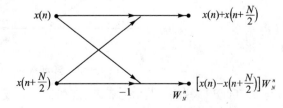

图 5-9　按 k 的奇偶分组的蝶形运算

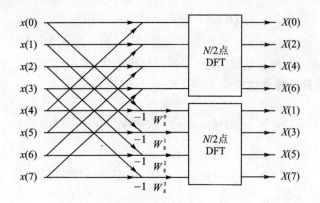

图 5 - 10 $N=8$ 时按 k 的奇偶将 N 点 DFT 分解为两个 $N/2$ 点 DFT

DFT。例如，$N=8$ 时 DIF 的 FFT 算法流图如图 5 - 11 所示。

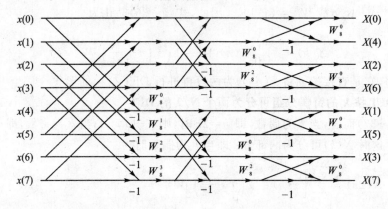

图 5 - 11 $N=8$ 时的 FFT(DIF)算法流图

5.3.2   FFT(DIF)算法的特点

1. 原位运算

从图 5 - 11 看出，FFT(DIF)算法与 FFT(DIT)算法一样，可以分为 $L=\mathrm{lb}N$ 级蝶形运算，每级(列)都是由 $N/2$ 个蝶形运算构成，其一般表达式为

$$\left.\begin{array}{l} X_m(k) = X_{m-1}(k) + X_{m-1}(i) \\ X_m(i) = \left[X_{m-1}(k) - X_{m-1}(i) \right] W_N^r \end{array}\right\} \tag{5-40}$$

更一般化(第 m 级)的蝶形运算结构如图 5 - 12 所示。

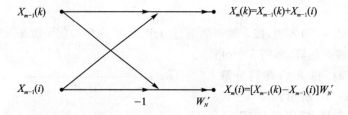

图 5 - 12   第 m 级的蝶形运算结构

与 FFT(DIT)算法一样，在某级(例如，第 m 级)上，进行蝶形运算的任意两个节点变量 $X_{m-1}(k)$、$X_{m-1}(i)$，完全可以确定蝶形运算的结果 $X_m(k)$、$X_m(i)$；这表明该结果与其他行(节

点)无关。这就可以将蝶形运算的两个输出值,仍可放回蝶形运算的两个输入所在的存储器中,即实现所谓"原位运算"。

2. 蝶形运算两节点的距离

从图 5-11 可看出,当 $N=8$ 时,第一级的距离为 $4=N/2$,第二级的距离为 $2=N/4$,第三级的距离为 $1=N/8$。一般地,蝶形运算两节点的距离为

$$\frac{N}{2^m} = 2^{L-m} \qquad (5-41)$$

由于 DIF 蝶形运算的两节点的距离为 $N/2^m$,所以蝶形运算还可表示为

$$\left.\begin{array}{l} X_m(k) = X_{m-1}(k) + X_{m-1}\left(k + \dfrac{N}{2^m}\right) \\[3mm] X_m\left(k + \dfrac{N}{2^m}\right) = \left[X_{m-1}(k) - X_{m-1}\left(k + \dfrac{N}{2^m}\right)\right]W_N^r \end{array}\right\} \qquad (5-42)$$

3. W_N^r 的计算

由于通常 N 是已知的,所以只要知道 r 的值,因子 W_N^r 就可确定。r 可通过下面求法得到:① 将 k 用二进制数表示 $(k)_2 = (n_{lbN-1}\cdots n_2 n_1 n_0)_2$;② 将 $(k)_2$ 左移 $m-1$ 位,右边空出的位置补零可得 $(r)_2$,亦即 $(r)_2 = (k)_2 2^{m-1}$。

例如,当 $N=8$ 时,① $m=1, k=2$,则 $(k)_2 = (010)_2$,左移 0 位,因此,$(r)_2 = (101)_2 = 2$;② $m=2, k=1$,则 $(k)_2 = (001)_2$,左移 1 位,因此,$(r)_2 = (010)_2 = 2$;③ $m=2, k=5$,则 $(k)_2 = (101)_2$,左移 1 位,因此,$(r)_2 = (010)_2 = 2$。

5.3.3 DIF 算法与 DIT 算法的异同点

1. DIF 算法与 DIT 算法的相同点

1) 两者都可实现原位运算,同样可以节省存储单元。

2) 由于两者的蝶形运算的个数相同,故运算量相同,均为 $(N/2)lbN$ 次复数乘法,$NlbN$ 次复数加法。

2. DIF 算法与 DIT 算法的不同点

(1) 输入/输出数据的顺序不同。

DIT 算法输入为倒位序,输出为自然顺序;而 DIF 算法正好与此相反。但注意 DIT 也有输入为自然顺序,输出为倒位序的情况。

(2) 蝶形运算的结构不同

DIT 算法蝶形运算的结构如图 5-6 所示,其运算表达式(5-33)用矩阵表示为

$$\begin{bmatrix} X_m(k) \\ X_m(j) \end{bmatrix} = \begin{bmatrix} 1 & W_N^r \\ 1 & -W_N^r \end{bmatrix} \begin{bmatrix} X_{m-1}(k) \\ X_{m-1}(j) \end{bmatrix} \qquad (5-43)$$

DIF 算法蝶形运算的结构如图 5-12 所示,其运算表达式(5-39)用矩阵表示为

$$\begin{bmatrix} X_m(k) \\ X_m(j) \end{bmatrix} = \begin{bmatrix} 1 & 1 \\ W_N^r & -W_N^r \end{bmatrix} \begin{bmatrix} X_{m-1}(k) \\ X_{m-1}(j) \end{bmatrix} \qquad (5-44)$$

式(5-43)和式(5-44)表明,两种蝶形运算的矩阵互为转置矩阵。

比较图 5-6 和图 5-12 发现,将流图的所有支路的方向都反向,并交换输入和输出,就可得到另一种蝶形。

5.4 其他 FFT 算法

上面讨论了基-2 的 DIT 和 DIF 两种 FFT 算法,要求数据长度满足 $N=2^L$。这表明 FFT 算法取决于数据的长度。一般在分析和选用 FFT 算法时,分为如下几种情况。

1) 当满足 $N=2^L$ 时,首选基-2 的 FFT 算法,或者分裂基(split-radix)FFT 算法。也可以补充一些零值点,使其数据长度满足 $N=2^L$(补零点只是增加了频谱的抽样点,并不影响信号的频域)。如果补充零点很多而影响计算速度时,则要求选用其他算法。

2) 如果 N 为素数(系指只能被 1 和数本身整除的自然数),又要求准确的 N 点 DFT 时,需要采用后面介绍的 CZT(Chirp z 变换)方法。

3) 如果 N 是合数(系指除素数以外的自然数,或称复合数),则它可以分解为一些因子的乘积,利用所谓的 N 为合数的 FFT 算法,或称为混合基的 FFT 算法进行变换。

5.4.1 N 为合数的 FFT 算法

1. 算法原理

由于 N 为合数,所以它可以表示成除 1 以外的两个整数的乘积,例如,$N=p \cdot q$。这样,就可以将 N 点 DFT 分解为 p 个 q 点 DFT,或者 q 个 p 点 DFT。因此,可将序列 $x(n)$ 分为 p 组,每组长为 q,即 p 组:

$$\left. \begin{array}{l} x(pr) \\ x(pr+1) \\ \vdots \\ x(pr+p-1) \end{array} \right\} \quad (r=0,1,\cdots,q-1) \tag{5-45}$$

例如,$N=18=3 \times 6$,即 $p=3$ 组,$q=6$ 点;这样可将 $x(n)$ 分为 3 组,每组 6 个序列值,即

$$\left. \begin{array}{cccccc} x(0) & x(3) & x(6) & x(9) & x(12) & x(15) \\ x(1) & x(4) & x(7) & x(10) & x(13) & x(16) \\ x(2) & x(5) & x(8) & x(11) & x(14) & x(17) \end{array} \right\}$$

将 N 点 DFT 分解为 p 组 q 点 DFT,即

$$X(k)=\sum_{n=0}^{N-1} x(n) W_N^{nk} =$$

$$\sum_{r=0}^{q-1} x(pr) W_N^{prk} + \sum_{r=0}^{q-1} x(pr+1) W_N^{(pr+1)k} + \cdots + \sum_{r=0}^{q-1} x(pr+p-1) W_N^{(pr+p-1)k} =$$

$$\sum_{r=0}^{q-1} x(pr) W_N^{prk} + W_N^{k} \sum_{r=0}^{q-1} x(pr+1) W_N^{prk} + W_N^{2k} \sum_{r=0}^{q-1} x(pr+2) W_N^{prk} + \cdots +$$

$$W_N^{(p-1)k} \sum_{r=0}^{q-1} x(pr+p-1) W_N^{prk} = \sum_{l=0}^{p-1} W_N^{lk} \sum_{r=0}^{q-1} x(pr+l) W_N^{prk} \tag{5-46}$$

由于 $W_N^{prk} = W_{N/p}^{rk} = W_q^{rk}$,则有

$$Q_l(k) = \sum_{r=0}^{q-1} x(pr+l) W_q^{rk} \tag{5-47}$$

式(5-47)表示的是一个 q 点 DFT。将式(5-47)代入式(5-46),则

$$X(k) = \sum_{l=0}^{p-1} W_N^{lk} Q_l(k) \tag{5-48}$$

显然,式(5-48)是一个 p 点 DFT。

因为基-2 的 FFT 算法是基于条件 $N=2^L$ 的,即 N 表示为 2 的连乘积形式,故称基-2;据此,$N=p \cdot q$ 的"基"为 p 和 q,故将 N 为合数的 FFT 算法称为"混合基"FFT 算法。

对于一般情况,N 为多个素数乘积时,则

$$N = p_1 p_2 \cdots p_m \tag{5-49}$$

这时的处理方法是,首先设 $q_1=p_2 p_3 \cdots p_m$,则 $N=p_1 q_1$;然后仿照上面方法,将 N 点 DFT 分解为 p_1 组 q_1 点 DFT;再将 q_1 分解为 $q_1=p_2 q_2$,其中 $q_2=p_3 p_4 \cdots p_m$,即将每一个 q_1 点 DFT 分解为 p_2 组 q_2 点 DFT;如此,通过 m 次分解,最后得到 p_m 点 DFT。

2. 举例说明

下面,以 $N=p \times q=3 \times 2$ 为例,说明 N 为合数的 FFT 算法。由于

$$X(k) = \sum_{n=0}^{5} x(n) W_N^{nk} = \sum_{r=0}^{1} x(3r) W_N^{3rk} + \sum_{r=0}^{1} x(3r+1) W_N^{(3r+1)k} +$$

$$\sum_{r=0}^{1} x(3r+2) W_N^{(3r+2)k} \quad (k=0,1,2,3,4,5)$$

所以有

$$X(0) = \sum_{r=0}^{1} x(3r) W_N^0 + \sum_{r=0}^{1} x(3r+1) W_N^0 + \sum_{r=0}^{1} x(3r+2) W_N^0 =$$

$$[x(0)+x(3)] W_N^0 + [x(1)+x(4)] W_N^0 + [x(2)+x(5)] W_N^0$$

$$X(1) = \sum_{r=0}^{1} x(3r) W_N^{3r} + \sum_{r=0}^{1} x(3r+1) W_N^{3r+1} + \sum_{r=0}^{1} x(3r+2) W_N^{3r+2} =$$

$$x(0) W_N^0 + x(3) W_N^3 + x(1) W_N^1 + x(4) W_N^4 + x(2) W_N^2 + x(5) W_N^5$$

$$X(2) = \sum_{r=0}^{1} x(3r) W_N^{6r} + \sum_{r=0}^{1} x(3r+1) W_N^{(3r+1) \times 2} + \sum_{r=0}^{1} x(3r+2) W_N^{(3r+2) \times 2} =$$

$$x(0) W_N^0 + x(3) W_N^6 + x(1) W_N^2 + x(4) W_N^8 + x(2) W_N^4 + x(5) W_N^{10}$$

$$X(3) = \sum_{r=0}^{1} x(3r) W_N^{9r} + \sum_{r=0}^{1} x(3r+1) W_N^{(3r+1) \times 3} + \sum_{r=0}^{1} x(3r+2) W_N^{(3r+2) \times 3} =$$

$$x(0) W_N^0 + x(3) W_N^3 + x(1) W_N^3 + x(4) W_N^6 + x(2) W_N^6 + x(5) W_N^3$$

$$X(4) = \sum_{r=0}^{1} x(3r) W_N^{12r} + \sum_{r=0}^{1} x(3r+1) W_N^{(3r+1) \times 4} + \sum_{r=0}^{1} x(3r+2) W_N^{(3r+2) \times 4} =$$

$$x(0) W_N^0 + x(3) W_N^6 + x(1) W_N^4 + x(4) W_N^4 + x(2) W_N^8 + x(5) W_N^2$$

$$X(5) = \sum_{r=0}^{1} x(3r) W_N^{15r} + \sum_{r=0}^{1} x(3r+1) W_N^{(3r+1) \times 5} + \sum_{r=0}^{1} x(3r+2) W_N^{(3r+2) \times 5} =$$

$$x(0) W_N^0 + x(3) W_N^3 + x(1) W_N^5 + x(4) W_N^2 + x(2) W_N^{10} + x(5) W_N^1$$

根据 $X(0) \sim X(5)$ 的表达式,可以画出 $N=p \times q=3 \times 2$ 时的 FFT 算法流程图,如图 5-13 所示。注意,图中未标出系数的箭头处,均为系数 W_N^0。为了使流程图更加规范,$X(0) \sim X(5)$ 的表达式进行了适当改动。例如

$$X(1) = \sum_{r=0}^{1} x(3r) W_N^{3r} + \sum_{r=0}^{1} x(3r+1) W_N^{3r+1} + \sum_{r=0}^{1} x(3r+2) W_N^{3r+2} =$$

$$x(0)W_N^0 + x(3)W_N^3 + x(1)W_N^1 + x(4)W_N^4 + x(2)W_N^2 + x(5)W_N^5 =$$

$$x(0)W_N^0 + x(3)W_N^3 + x(1)W_N^0W_N^1 + x(4)W_N^3W_N^1 + x(2)W_N^0W_N^2 + x(5)W_N^3W_N^2$$

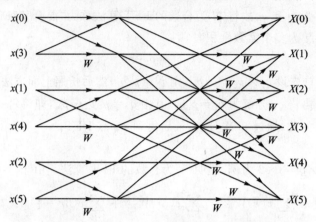

图 5-13 $N=p \times q=3 \times 2$ 时的 FFT 算法流程图

5.4.2 分裂基 FFT 算法

理论上,较大基数的 FFT 算法可以进一步减少运算次数。基-4 的 FFT 算法比基-2 的 FFT 算法要快。但是提高基数要以程序复杂化为代价,甚至得不偿失。因此,大于基-8 的 FFT 算法没有多大实际意义。1984 年,法国杜梅尔(P. Dohamel)和霍尔曼(H. Hollmann)将基-4 的 FFT 算法和基-2 的 FFT 算法融合在一起,提出了所谓分裂基(split-radix)FFT 算法。该算法运算速度快,程序较短,运算流程图与基-2 的 FFT 算法接近,是一种高效实用的 FFT 算法。

1. 基-4 的 FFT(DIF)算法

下面以频率抽取(DIF)为例(因这种形式便于推导,DIT 可用对偶关系获得),简介基-4 的 FFT(DIF)算法。对于 $N=4^L$ 点 DFT,若按频率抽取,则有

$$X(k) = \sum_{n=0}^{N-1} x(n)W_N^{nk} = \sum_{n=0}^{N/4-1} x(n)W_N^{nk} + \sum_{n=N/4}^{N/2-1} x(n)W_N^{nk} +$$

$$\sum_{n=N/2}^{3N/4-1} x(n)W_N^{nk} + \sum_{n=3N/4}^{N-1} x(n)W_N^{nk} \quad (k=0,1,\cdots,N-1) \quad (5-50)$$

将 N 个 k 值分成 4 段,并用 r 表示,即

$$\left.\begin{array}{c} k=4r \\ k=4r+1 \\ k=4r+2 \\ k=4r+3 \end{array}\right\} \quad (r=0,1,\cdots,N/4-1) \quad (5-51)$$

将式(5-51)代入式(5-50),并分成 4 段表示 $X(k)$,则

112

$$X(4r) = \sum_{n=0}^{N/4-1}\left\{\left[x(n)+x\left(n+\frac{N}{2}\right)\right]+\mathrm{j}\left[x\left(n+\frac{N}{4}\right)+x\left(n+3\frac{N}{4}\right)\right]\right\}W_{N/4}^{nr}$$

$$X(4r+2) = \sum_{n=0}^{N/4-1}\left\{\left[x(n)+x\left(n+\frac{N}{2}\right)\right]-\mathrm{j}\left[x\left(n+\frac{N}{4}\right)+x\left(n+3\frac{N}{4}\right)\right]\right\}W_{N}^{2n}W_{N/4}^{nr}$$

$$X(4r+1) = \sum_{n=0}^{N/4-1}\left\{\left[x(n)-x\left(n+\frac{N}{2}\right)\right]-\mathrm{j}\left[x\left(n+\frac{N}{4}\right)-x\left(n+3\frac{N}{4}\right)\right]\right\}W_{N}^{n}W_{N/4}^{nr}$$

$$X(4r+3) = \sum_{n=0}^{N/4-1}\left\{\left[x(n)-x\left(n+\frac{N}{2}\right)\right]+\mathrm{j}\left[x\left(n+\frac{N}{4}\right)-x\left(n+3\frac{N}{4}\right)\right]\right\}W_{N}^{3n}W_{N/4}^{nr}$$

$$(5-52)$$

当 $16=4^2$ 时,则

$$X(4r) = \sum_{n=0}^{3}\{[x(n)+x(n+8)]+\mathrm{j}[x(n+4)+x(n+12)]\}W_{4}^{nr}$$

$$X(4r+2) = \sum_{n=0}^{3}\{[x(n)+x(n+8)]-\mathrm{j}[x(n+4)+x(n+12)]\}W_{16}^{2n}W_{4}^{nr}$$

$$X(4r+1) = \sum_{n=0}^{3}\{[x(n)-x(n+8)]-\mathrm{j}[x(n+4)-x(n+12)]\}W_{16}^{n}W_{4}^{nr}$$

$$X(4r+3) = \sum_{n=0}^{3}\{[x(n)-x(n+8)]+\mathrm{j}[x(n+4)-x(n+12)]\}W_{16}^{3n}W_{4}^{nr}$$

$$(r = 0,1,2,3)$$

$$(5-53)$$

由式(5-53)得出的运算流图如图 5-14 所示。例如,由式(5-53)和运算流图都可以得出:

$$X(0) = [x(0)+x(8)+x(4)+x(12)]W_{4}^{0}+[x(1)+x(9)+x(5)+x(13)]W_{4}^{0}+$$
$$[x(2)+x(10)+x(6)+x(14)]W_{4}^{0}+[x(3)+x(11)+x(7)+x(15)]W_{4}^{0}$$

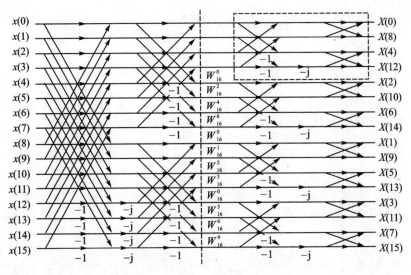

图 5-14 $N=16=4^2$ 时的运算流图

根据分解一次为一级的原理,$N=16=4^2$ 时的基-4 的 FFT 算法分为两级,第一级(虚线左侧)由节点距离为 8 的蝶形和节点距离为 4 的蝶形两部分构成;第二级(虚线右侧)由节点距离为 2 的蝶形和节点距离为 1 的蝶形两部分构成。基本运算单元(蝶形结构)如图右上角的虚线框所示,它由节点距离减半的蝶形结构相连而成(对于 DIT,两类蝶形结构连接次序交换)。

下面,来分析基-4 的 FFT 算法的运算速度。从图 5-14 看出,① 扣除因子 W_N^0,基-4 的基本运算单元只有 3 次乘法运算;② 乘 j(或 −j)用交换实部和虚部、再加以正负号来实现;③ 每一级有 $N/4$ 个 4 点 DFT;④ 第一级不作乘法运算。因此,设 $N=4^L$,基-4 的 FFT 算法的乘法次数为

$$3 \times \frac{N}{4}(L-1) = \frac{3N}{4}\left(\frac{1}{2}\text{lb}N - 1\right) \approx \frac{3}{8}N\text{lb}N \quad (L \gg 1) \tag{5-54}$$

显然,基-4 的 FFT 算法的运算速度要比基-2 的 FFT 算法的运算速度 $\left(\frac{N}{2}\text{lb}N\right)$ 快。

2. 分裂基的 FFT 算法

从图 5-2 至图 5-5 中可以看出,对于基-2 的 FFT(DIT)算法,每次分组只是在输入序号为奇数时,才乘以旋转因子 W_N^{nk};而在图 5-10 和图 5-11 中可以看出,对于基-2 的 FFT(DIF)算法,每次分组只是在输出序号为奇数时,才乘以旋转因子 W_N^{nk}。另一方面,由上面分析可知,基-4 的 FFT 算法的运算速度要比基-2 的 FFT 算法的运算速度快。如果对于长度为 $N=2^L$ 的序列 $x(n)$,其偶数序号采用基-2 的 FFT 算法,奇数序号采用基-4 的 FFT 算法,则可以进一步减少乘法次数使运算速度得以提高。这就是分裂基的 FFT 算法的基本思想。为此,将序列 $x(n)$ 分成 3 个序列:

$$\left.\begin{aligned} x(2r) &= x_1(r) & (0 \leqslant r \leqslant N/2 - 1) \\ x(4l+1) &= x_2(l) & (0 \leqslant l \leqslant N/4 - 1) \\ x(4l+3) &= x_3(l) & (0 \leqslant l \leqslant N/4 - 1) \end{aligned}\right\} \tag{5-55}$$

则有

$$\begin{aligned} X(k) &= \sum_{n=0}^{N-1} x(n)W_N^{nk} = \sum_{r=0}^{\frac{N}{2}-1} x(2r)W_N^{2rk} + \\ &\quad \sum_{l=0}^{\frac{N}{4}-1} x(4l+1)W_N^{(4l+1)k} + \sum_{l=0}^{\frac{N}{4}-1} x(4l+3)W_N^{(4l+3)k} = \\ &\quad \sum_{r=0}^{\frac{N}{2}-1} x_1(r)W_{N/2}^{rk} + W_N^k \sum_{l=0}^{\frac{N}{4}-1} x_2(l)W_{N/4}^{lk} + W_N^{3k} \sum_{l=0}^{\frac{N}{4}-1} x_3(l)W_{N/4}^{lk} = \\ &\quad X_1(k) + W_N^k X_2(k) + W_N^{3k} X_3(k) \quad (0 \leqslant k \leqslant N-1) \end{aligned} \tag{5-56}$$

其中

$$\left.\begin{aligned} X_1(k) &= \sum_{r=0}^{\frac{N}{2}-1} x_1(r)W_{N/2}^{rk} = \sum_{r=0}^{\frac{N}{2}-1} x(2r)W_{N/2}^{rk} \\ X_2(k) &= \sum_{l=0}^{\frac{N}{4}-1} x_2(l)W_{N/4}^{lk} = \sum_{l=0}^{\frac{N}{4}-1} x(4l+1)W_{N/4}^{lk} \\ X_3(k) &= \sum_{l=0}^{\frac{N}{4}-1} x_3(l)W_{N/4}^{lk} = \sum_{l=0}^{\frac{N}{4}-1} x(4l+3)W_{N/4}^{lk} \end{aligned}\right\} \left(0 \leqslant k \leqslant \frac{N}{2} - 1\right) \tag{5-57}$$

显然,式(5-57)中的 $X_1(k)$ 为偶数序号 $x(n)$ 构成的 $N/2$ 点 DFT;$X_2(k)$ 和 $X_3(k)$ 均为奇数序

号 $x(n)$ 构成的 $N/4$ 点 DFT,它们合计为 $N/2$ 点。

下面,利用 $X_1(k) \sim X_3(k)$ 的周期性,按 k 值将 $X(k)$ 分成四段进行讨论。考虑到 $X_1(k) \sim X_3(k)$ 的周期性:

$$
\left.
\begin{aligned}
X_1(k) &= X_1\left(k+\frac{N}{2}\right) = X_1\left(k+m\frac{N}{2}\right) \\
X_2(k) &= X_2\left(k+\frac{N}{4}\right) = X_2\left(k+m\frac{N}{4}\right) \\
X_3(k) &= X_3\left(k+\frac{N}{4}\right) = X_3\left(k+m\frac{N}{4}\right)
\end{aligned}
\right\}
\tag{5-58}
$$

式中 m 为整数。再将 k 值递增 $N/4$,把 $X(k)$ 分成四段,利用 $W_N^{N/4}=-\mathrm{j}$,$W_N^{3N/4}=\mathrm{j}$,$W_N^{N/2}=-1$,$W_N^{3N/2}=-1$,$W_N^{9N/4}=-\mathrm{j}$;则有

$$
\left.
\begin{aligned}
X(k) &= X_1(k) + W_N^k X_2(k) + W_N^{3k} X_3(k) \\
X\left(k+\frac{N}{4}\right) &= X_1\left(k+\frac{N}{4}\right) - \mathrm{j}W_N^k X_2(k) + \mathrm{j}W_N^{3k} X_3(k) \\
X\left(k+\frac{N}{2}\right) &= X_1(k) - W_N^k X_2(k) - W_N^{3k} X_3(k) \\
X\left(k+\frac{3N}{4}\right) &= X_1\left(k+\frac{N}{4}\right) + \mathrm{j}W_N^k X_2(k) - \mathrm{j}W_N^{3k} X_3(k)
\end{aligned}
\right\}
\left(0 \leqslant k \leqslant \frac{N}{4}-1\right)
\tag{5-59}
$$

当 $k=0$ 时,则式(5-59)变为

$$
\left.
\begin{aligned}
X(0) &= X_1(0) + W_N^0 X_2(0) + W_N^0 X_3(0) \\
X\left(\frac{N}{4}\right) &= X_1(N/4) - \mathrm{j}W_N^0 X_2(0) + \mathrm{j}W_N^0 X_3(0) \\
X\left(\frac{N}{2}\right) &= X_1(0) - W_N^0 X_2(0) - W_N^0 X_3(0) \\
X\left(\frac{3N}{4}\right) &= X_1(N/4) + \mathrm{j}W_N^0 X_2(0) - \mathrm{j}W_N^0 X_3(0)
\end{aligned}
\right\}
\tag{5-60}
$$

综合考虑式(5-59)和(5-60),可用基本蝶形运算表示分裂基 FFT 算法,如图 5-15 所示。注意,图中仅画出 $k=0$ 时的运算结构,k 为其他值时的运算结构也是一样的。因此,分裂基 FFT 算法的基本蝶形运算结构之一"分裂基蝶形结构"如图 5-16 所示。由图 5-16 可知,一个"分裂基蝶形结构"只有 2 次复数乘法运算。

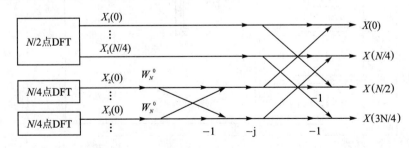

图 5-15 分裂基 FFT(DIT)算法的流程图

仿照序列 $x(n)$(N 点)分解方法,将 $x_1(r)$($N/2$ 点)的偶数序号作 $N/4$ 点 DFT,将 $x_1(r)$($N/2$ 点)的奇数序号作 $N/8$ 点 DFT;$x_2(l)$ 和 $x_3(l)$ 也作同样处理,直到分解完毕。

当 $N=4^2=16$ 时,式(5-59)变为

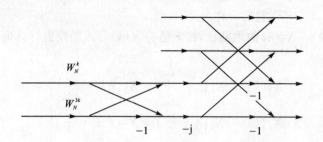

图 5-16 分裂基 FFT(DIT)算法的"分裂基蝶形结构"

$$\left.\begin{array}{l} X(k) = X_1(k) + W_N^k X_2(k) + W_N^{3k} X_3(k) \\ X(k+4) = X_1(k+4) - \mathrm{j}W_N^k X_2(k) + \mathrm{j}W_N^{3k} X_3(k) \\ X(k+8) = X_1(k) - W_N^k X_2(k) - W_N^{3k} X_3(k) \\ X(k+12) = X_1(k+4) + \mathrm{j}W_N^k X_2(k) - \mathrm{j}W_N^{3k} X_3(k) \end{array}\right\} \quad (0 \leqslant k \leqslant 3) \qquad (5-61)$$

式(5-57)变为

$$\left.\begin{array}{l} X_1(k) = \sum_{r=0}^{7} x_1(r) W_{N/2}^{rk} = \sum_{r=0}^{7} x(2r) W_{N/2}^{rk} \quad (0 \leqslant k \leqslant 7) \\ X_2(k) = \sum_{l=0}^{3} x_2(l) W_{N/4}^{lk} = \sum_{l=0}^{3} x(4l+1) W_{N/4}^{lk} \quad (0 \leqslant k \leqslant 3) \\ X_3(k) = \sum_{l=0}^{3} x_3(l) W_{N/4}^{lk} = \sum_{l=0}^{3} x(4l+3) W_{N/4}^{lk} \quad (0 \leqslant k \leqslant 3) \end{array}\right\} \qquad (5-62)$$

分析式(5-61)和(5-62)不难得出,$N=4^2=16$ 点时的分裂基 FFT 算法的结构示意图如图 5-17 所示。式(5-61)表示 4 个"分裂基蝶形结构";式(5-62)中的 $X_1(k)$ 分解为 2 个"分裂基蝶形结构",一个基-4 的 4 点 DFT 和两个基-2 的 2 点 DFT;而 $X_2(k)$ 和 $X_3(k)$ 均分解为一个基-4 的 4 点 DFT。

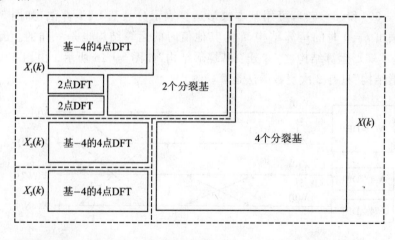

图 5-17 $N=4^2=16$ 点时的分裂基 FFT 算法(DIT)的结构示意图

$N=4^2=16$ 点时的分裂基 FFT 算法的运算流图如图 5-18 所示。从图 5-17 和图 5-18 可看出,分裂基 FFT 算法的基本运算结构包括:① 分裂基蝶形运算结构(两个虚线框);② 基-4 蝶形运算结构;③ 基-2 蝶形运算结构。

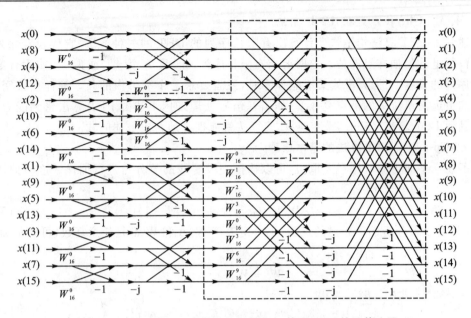

图 5 - 18　$N=4^2=16$ 点时的分裂基 FFT 算法(DIT)的运算流图

3. 分裂基 FFT 算法的运算速度

下面,从复数乘法次数的角度来说明分裂基 FFT 算法的运算速度。如上所述,当不计"$-j$"和输入端的"W_N^0"时,基-2、基-4 的基本蝶形没有乘法运算,而一个分裂基蝶形只有 2 次复数乘法次数。由图 5 - 18 看出,当 $N=2^l=2^2=4$ 时,仅用一个基-4 的基本蝶形,故分裂基蝶形的个数为零,记为 $B_2=0$;复数乘法次数为零,记为 $M_2=0$。当 $N=2^l=2^3=8$ 时,分裂基蝶形的个数为 2,记为 $B_3=2$;复数乘法次数为 4,记为 $M_3=2B_3=4$。当 $N=2^l=2^4=16$ 时,分裂基蝶形的个数为 6,记为 $B_4=2+4=B_3+2B_2+2^{l-2}=6$;复数乘法次数为 12,记为 $M_4=2B_4=12$。由此可以推出,当 $N=2^l=2^5=32$ 时,分裂基蝶形的个数为 18,记为 $B_5=6+4+8=B_4+2B_3+2^{l-2}=18$;复数乘法次数为 36,记为 $M_5=2B_5=36$。

对于 $N=2^l$ 时的更一般情况,则分裂基的个数 B_l 和复数乘法次数 M_l 分别为

$$\left.\begin{array}{l} B_l = B_{l-1} + 2B_{l-2} + 2^{l-2} \\ M_l = 2B_l \end{array}\right\} \tag{5-63}$$

为了表述得更加清楚,现列表说明分裂基的个数 B_l 和复数乘法次数 M_l,如表 5 - 2 所列。

表 5 - 2　分裂基 FFT 算法的乘法次数

l	2	3	4	5	6	7	8	9	10
$N=2^l$	4	8	16	32	64	128	256	512	1 024
B_l	0	2	6	18	46	114	270	626	1 422
M_l	0	4	12	36	92	228	540	1 252	2 844
$(N/2)\text{lb}N$	4	12	32	80	192	448	1 024	2 304	5 120
$(N/3)\text{lb}N$	3	8	22	54	128	299	683	1 536	3 413

由表 5 - 2 可看出,分裂基 FFT 算法的乘法次数不仅比基-2 的 FFT 算法 $(N/2)\text{lb}N$、基-4 的 FFT 算法 $(3N/8)\text{lb}N$ 要少,而且比 $(N/3)\text{lb}N$ 还要少。

117

✦ 5.4.3 Chirp-z 变换 FFT 算法

上述几种 FFT 算法均是快速计算出有限长序列的 DFT 的一种方法,它代表着序列 z 变换在单位圆上均匀抽样点的值。这时要求有限长序列的长度 N 为 2^L,或为 4^L,或为合数。当有限长序列的长度 N 为大素数又不能补零时,或者要求某个窄带内的频率抽样点很密集时,或者要知道远离单位圆的极点复频率(如语音信号处理)时,上述的 FFT 算法将无能为力,必须寻求其他 FFT 算法。Chirp-z 变换 FFT 算法就能很好地解决上述问题。

1. Chirp-z 变换 FFT 算法的基本原理

为了在 z 平面更一般路径上取值,可以选择一段螺线的等分角进行抽样。这些抽样点可表示为

$$z_k = AW^{-k} \quad (k = 0, 1, \cdots, M-1) \tag{5-64}$$

式中,M 为所要求分析的复频谱的点数,不一定等于 N;A 和 W 都是任意复数,可表示为

$$\left. \begin{array}{l} A = A_0 \mathrm{e}^{\mathrm{j}\theta_0} \\ W = W_0 \mathrm{e}^{-\mathrm{j}\phi_0} \end{array} \right\} \tag{5-65}$$

将式(5-65)代入式(5-63),可得

$$z_k = A_0 \mathrm{e}^{\mathrm{j}\theta_0} W_0^{-k} \mathrm{e}^{-\mathrm{j}\phi_0} = A_0 W_0^{-k} \mathrm{e}^{\mathrm{j}(\theta_0 + \phi_0)} \quad (k = 0, 1, \cdots, M-1) \tag{5-66}$$

因此,有

$$\left. \begin{array}{l} z_0 = A_0 \mathrm{e}^{\mathrm{j}\theta_0} \\ z_1 = A_0 W_0^{-1} \mathrm{e}^{\mathrm{j}(\theta_0 + \phi_0)} \\ \vdots \\ z_k = A_0 W_0^{-k} \mathrm{e}^{\mathrm{j}(\theta_0 + \phi_0)} \\ \vdots \\ z_{M-1} = A_0 W_0^{-(M-1)} \mathrm{e}^{\mathrm{j}(\theta_0 + \phi_0)} \end{array} \right\} \tag{5-67}$$

抽样点在 z 平面螺线上的分布情况如图 5-19 所示。

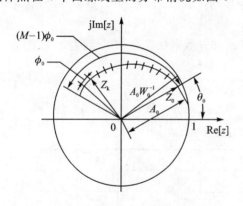

图 5-19 抽样点在 z 平面螺线上的分布

在分析时要注意如下几点:

1) A_0 表示起始抽样点 z_0 矢量的半径长度,一般 $A_0 \leqslant 1$;

2) θ_0 表示起始抽样点 z_0 矢量的相角,它可正亦可负;

3) ϕ_0 表示两个相邻抽样点之间相角差,z_k 的路径逆时针旋转时 ϕ_0 为正,反之为负;

4) W_0 的大小表示螺线的伸展率(程度),$W_0 > 1$ 时,随着 k 的增加螺线内缩;否则螺线外伸。显然,$W_0 = 1$ 表示半径为 A_0 的一段圆弧;$W_0 = A_0 = 1$ 则表示单位圆一部分。

将式(5-64)代入 z 变换表达式,则有

$$X(z_k) = \sum_{n=0}^{N-1} x(n) z_k^{-n} = \sum_{n=0}^{N-1} x(n) A^{-n} W^{nk} \quad (0 \leqslant k \leqslant M-1) \tag{5-68}$$

如果直接计算式(5-68),与直接计算 DFT 类似;对于 M 个抽样点,需要 NM 次复数乘法和 $(N-1)M$ 次复数加法。当 N、M 很大时,计算量很大,限制了运算速度。若采用布鲁斯坦

（Bluestein）提出的等式：

$$nk = \frac{1}{2}\big[n^2 + k^2 - (k-n)^2\big] \tag{5-69}$$

可以将式(5-68)转换成卷积和的形式，采用 FFT 算法可显著提高运算速度。为此，将式(5-69)代入式(5-68)，则得

$$X(z_k) = \sum_{n=0}^{N-1} x(n)A^{-n}W^{\frac{n^2}{2}}W^{-\frac{(k-n)^2}{2}}W^{\frac{k^2}{2}} = W^{\frac{k^2}{2}} \sum_{n=0}^{N-1}\big[x(n)A^{-n}W^{\frac{n^2}{2}}\big]W^{-\frac{(k-n)^2}{2}} \tag{5-70}$$

设

$$\left.\begin{array}{l} g(n) = x(n)A^{-n}W^{n^2/2} \\ h(n) = W^{-n^2/2} \end{array}\right\} \quad (n=0,1,\cdots,N-1) \tag{5-71}$$

将式(5-71)代入式(5-70)，则得

$$X(z_k) = W^{k^2/2} \sum_{n=0}^{N-1} g(n)h(k-n) \quad (k=0,1,\cdots,M-1) \tag{5-72}$$

式(5-72)表明，z_k 点的 z 变换等于 $g(k)$ 与 $h(k)$ 的线性卷积、再乘以 $W^{k^2/2}$。也可以表示为

$$X(z_k) = W^{k^2/2}\big[g(k)*h(k)\big] \quad (k=0,1,\cdots,M-1) \tag{5-73}$$

Chirp-z 变换 FFT 算法的模型化表示如图 5-20 所示。

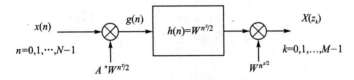

图 5-20　Chirp-z 变换 FFT 算法的模型化表示

序列 $g(n)$ 可看成一个具有二次相位的复指数序列。这种信号在雷达系统中成为 Chirp-z 信号，故称这种变换为线性调频 z 变换(CZT)，简称 Chirp-z 变换。

2. Chirp-z 变换的实现步骤

由式(5-72)可看出，当 n 的取值为 $n=0,1,\cdots,N-1$，k 的取值为 $k=0,1,\cdots,M-1$ 时，$h(n)$ 的取值范围是 $n=-(N-1)$ 到 $n=M-1$；显然 $h(n)$ 是非因果的，其点数为 $N+M-1$。另一方面，$g(n)$ 是点数等于 N 的有限长序列。因此，用圆周卷积（FFT 算法）计算两者的线性卷积的点数应为 $2N+M-2$。但是，输出只需要前 M 个值，这样就可以将卷积的点数缩减为 $N+M-1$。若用基-2 的 FFT 算法进行计算，则要求 $L \geqslant N+M-1$。由此可归纳出 Chirp-z 变换的实现步骤：

1）选择一个最小整数 L，使其满足 $L \geqslant N+M-1$。

2）对 $g(n)=x(n)A^{-n}W^{n^2/2}$ 进行补零，使其达到 L 点序列，并用基-2 的 FFT 算法计算 L 点 DFT：

$$G(r) = \sum_{n=0}^{L-1} g(n)e^{-j\frac{2\pi}{L}rn} \quad (r=0,1,\cdots,L-1)$$

3）对 $h(n)=W^{-n^2/2}$ 进行周期为 L 的周期延拓，再取其主值序列，即

$$h(n) = \begin{cases} W^{n^2/2} & (0 \leqslant n \leqslant M-1) \\ 0 & (M \leqslant n \leqslant L-M) \\ W^{-(L-n)^2/2} & (L-N+1 \leqslant n \leqslant L-1) \end{cases} \qquad (5-74)$$

并用基-2的 FFT 算法计算 L 点 DFT：

$$H(r) = \sum_{n=0}^{L-1} h(n) e^{-j\frac{2\pi}{L}rn} \qquad (r = 0, 1, \cdots, L-1)$$

4）进行乘法运算 $Q(r) = H(r)G(r)$，以求得 L 点频域离散序列 $Q(r)$。

5）用 IFFT 算法求得

$$q(n) = \text{FFT}^{-1}[Q(r)] = \text{FFT}^{-1}[H(r)G(r)]$$

6）最后得到

$$X(z_k) = W^{k^2/2} q(k) \qquad (0 \leqslant k \leqslant M-1)$$

3. Chirp-z 变换 FFT 算法的运算量估计

Chirp-z 变换 FFT 算法的运算量需要考虑如下因素：构成序列 $g(n) = x(n)A^{-n}W^{n^2/2}$ 的运算量；构成序列 $h(n) = W^{-n^2/2}$ 的运算量；计算 $H(k)$、$G(k)$ 和 $q(n)$ 的运算量；计算 $Q(r)$ 的运算量；以及最后计算 $X(z_k) = W^{k^2/2}q(k)$，$0 \leqslant k \leqslant M-1$ 的运算量。下面，逐一进行分析。

（1）构成序列 $g(n) = x(n)A^{-n}W^{n^2/2}$ 的运算量

设 $g(n) = x(n)A^{-n}W^{n^2/2} = x(n)C_n$，则因 $x(n)$ 为 N 点序列，故需要 $x(n)$ 与 C_n 的 N 次复数乘法；另外构成 $C_n = A^{-n}W^{n^2/2}$ 需要如下递推运算：

$$\begin{cases} C_0 = 1 \\ D_0 = W^{1/2}A^{-1} \\ D_n = W^n D_0 = WD_{n-1} \\ C_n = C_{n-1}D_{n-1} \end{cases} \qquad (5-75)$$

由式（5-75）可看出，计算一个系数 C_n 需要 2 次（包括得到 D_n 的 1 次）复数乘法运算，N 个点共需要 $2N$ 次复数乘法，因此构成序列 $g(n)$ 总共需要 $3N$ 次复数乘法运算。

（2）构成序列 $h(n) = W^{-n^2/2}$ 的运算量

当 $N > M$ 时，因只须求得 $0 \leqslant n \leqslant N-1$ 一段 N 点序列值，故仿照构造 $g(n)$ 的方法，可知总共需要 $2N$ 次复数乘法运算。

（3）计算 $H(k)$、$G(k)$ 和 $q(n)$ 的运算量

计算 $H(k)$、$G(k)$ 和 $q(n)$ 共需要 3 次 L 点 FFT 运算，因此需要 $(3L/2)\text{lb}L$ 次复数乘法运算。

（4）计算 $Q(r)$ 的运算量

计算 $Q(r) = H(r)G(r)$ 需要 L 次复数乘法运算。

（5）计算 $X(z_k) = W^{k^2/2}q(k)$，$0 \leqslant k \leqslant M-1$ 的运算量

计算 $X(z_k)$ 需要 M 次复数乘法运算。

综上所述，Chirp-z 变换 FFT 算法的运算量为

$$\frac{3}{2}L\text{lb}L + 3N + 2N + L + M = \frac{3}{2}L\text{lb}L + 5N + L + M \qquad (5-76)$$

例如，当 $N = 60$，$M = 50$ 时，直接计算需要 3 000 次复数乘法运算；而采用 Chirp-z 变换 FFT 算法，其复数乘法为 $3 \times 128 \div 2 \times \text{lb}128 + 5 \times 60 + 128 + 50 = 1\ 812$ 次；显然，Chirp-z 变换 FFT 算法的运算速度要快许多。

5.5　快速傅里叶反变换(IFFT)算法

快速傅里叶反变换(IFFT)是离散傅里叶反变换(IDFT)的快速算法。由于 IDFT 和 DFT 的数学表达式十分相似,因此两者的快速算法很接近。一般可用两种方法实现 IFFT:一是稍微变动 FFT 程序和参数来实现 IFFT;另一种是不必改动 FFT 程序直接实现 IFFT。

5.5.1　稍微变动 FFT 程序和参数可实现 IFFT

为了叙述方便,现将 DFT 和 IDFT 的数学表达式抄录如下:

$$X(k) = \text{DFT}[x(n)] = \sum_{n=0}^{N-1} x(n) W_N^{nk} \qquad (k = 0, 1, \cdots, N-1) \qquad (5-77)$$

$$x(n) = \text{IDFT}[X(k)] = \frac{1}{N} \sum_{k=0}^{N-1} X(k) W_N^{-nk} \qquad (n = 0, 1, \cdots, N-1) \qquad (5-78)$$

比较式(5-77)和(5-78)可知,只须将系数 W_N^{nk} 换成 W_N^{-nk},再乘以常数 $1/N$,就能把 DFT 算法变换成 IDFT 算法。因此,在进行 IFFT 时,可以直接利用原有的各种算法语言的 FFT 子程序,只须将系数 W_N^{nk} 换成 W_N^{-nk},再乘以常数 $1/N$,就可得到所需的 IFFT 快速算法的结果。另一方面,可以将常数 $1/N$ 分配到每级蝶形运算中,由于 $1/N = 1/2^L = (1/2)^L$,所以只须在每级蝶形运算中乘以 $1/2$。

5.5.2　不改 FFT 的程序直接实现 IFFT

由于 $[W_N^{-nk}]^* = W_N^{nk}$,又根据复数运算规则 $[A \cdot B]^* = A^* \cdot B^*$,则有

$$x^*(n) = \left[\frac{1}{N} \sum_{k=0}^{N-1} X(k) W_N^{-nk} \right]^* = \frac{1}{N} \sum_{k=0}^{N-1} X^*(k) W_N^{nk} \qquad (5-79)$$

对式(5-79)两边取共轭,则

$$x(n) = \left[\frac{1}{N} \sum_{k=0}^{N-1} X^*(k) W_N^{nk} \right]^* = \frac{1}{N} \{ \text{DFT}[X^*(k)] \}^* \qquad (5-80)$$

式(5-80)表明,先对 $X(k)$ 取共轭,即将 $X(k)$ 的虚部乘以 -1,直接利用 FFT 程序计算 DFT;然后再取一次共轭;最后再乘 $1/N$,就可得到 $x(n)$。因此,在运用 FFT 和 IFFT 进行信号处理时,可调用一个 FFT 子程序。

5.6　线性卷积的 FFT 算法

众所周知,线性移(时)不变系统的输出是其输入与系统冲激响应的线性卷积,从计算的角度看,滤波器实际上是完成线性卷积的运算装置。在学习了 FFT 算法之后,能否快速计算线性卷积呢?为了回答这个问题,首先要分析线性卷积的长度和直接计算的工作量;然后分析用 FFT 算法、通过圆周卷积计算线性卷积的工作量;最后针对不同情况比较两者的计算工作量。

5.6.1　线性卷积的长度

设一个离散线性移不变系统的冲激响应为 $h(n)$,其输入信号为 $x(n)$,其输出为 $y(n)$;并且 $x(n)$ 的长度为 L 点,$h(n)$ 的长度为 M 点,则其表达式为

$$y(n) = x(n) * h(n) = \sum_{m=0}^{L-1} x(m) h(n-m) \qquad (5-81)$$

式(5-81)表明,在计算 $y(n)$ 的过程中,每一个 $x(n)$ 的输入值都必须和全部的 $h(n)$ 相乘一次,因此总共需要 LM 次乘法运算,这就是直接计算线性卷积的乘法次数,记为

$$N_D = LM \tag{5-82}$$

另一方面，由线性卷积原理可知，$y(n)$ 的长度为

$$N = M + L - 1 \tag{5-83}$$

5.6.2 用 FFT 算法计算 $y(n)$

1. 用 FFT 算法计算 $y(n)$ 的原理

用 FFT 算法计算 $y(n)$ 实际上就是用圆周卷积计算线性卷积，由 4.5.5 节可知，为了不产生混叠，要求 $x(n)$、$h(n)$ 补零点，它们的数据点长度至少为 $N = M + L - 1$，即

$$x(n) = \begin{cases} x(n) & (0 \leqslant n \leqslant L-1) \\ 0 & (L \leqslant n \leqslant N-1) \end{cases}$$

$$h(n) = \begin{cases} h(n) & (0 \leqslant n \leqslant M-1) \\ 0 & (M \leqslant n \leqslant N-1) \end{cases}$$

再用圆周卷积计算线性卷积 $y(n)$，即

$$y(n) = x(n) \bigotimes h(n) \tag{5-84}$$

对式（5-84）进行适当变换，则有

$$\begin{aligned} y(n) &= \text{IDFT}\{\text{DFT}[x(n)] \cdot \text{DFT}[h(n)]\} = \\ &\quad \text{IDFT}\{X(k) \cdot H(k)\} = \text{IDFT}\{Y(k)\} \end{aligned} \tag{5-85}$$

若用 FFT 算法表示，式（5-85）的运算流程图如图 5-21 所示。

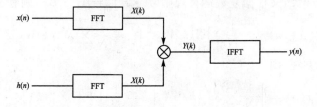

图 5-21　线性卷积的 FFT 算法运算流程图

2. 用 FFT 算法计算 $y(n)$ 的步骤

根据线性卷积的 FFT 算法运算流程图，其计算步骤：① 将 $x(n)$、$h(n)$ 补零点，至少为 $N = M + L - 1$ 个点；② 求 $H(k) = \text{FFT}[h(n)]$；③ 求 $X(k) = \text{FFT}[x(n)]$；④ 求 $Y(k) = X(k) \cdot H(k)$；⑤ 求 $y(n) = \text{IFFT}[Y(k)]$。

3. 两种方法计算速度的比较

由上面分析可知，用 FFT 算法计算 $y(n)$ 需要 3 次 FFT 运算，即需要 $(3/2) \cdot N \, \text{lb}N$ 次乘法运算，完成步骤④需要 N 次乘法运算，因此共计需要乘法运算次数为

$$N_F = \frac{3}{2} N \cdot \text{lb}N + N = N\left(1 + \frac{3}{2}\text{lb}N\right) \tag{5-86}$$

直接计算与用 FFT 算法计算两者计算速度的比值为

$$K = \frac{N_D}{N_F} = \frac{LM}{N\left(1 + \dfrac{3}{2}\text{lb}N\right)} = \frac{LM}{(M+L-1)\left[1 + \dfrac{3}{2}\text{lb}(M+L-1)\right]} \tag{5-87}$$

当 $x(n)$ 和 $h(n)$ 的点数差不多时，若设 $M = L$，则 $N = 2M - 1 \approx 2M$，这时有

$$K = \frac{M}{2\left[1 + \frac{3}{2}\text{lb}(2M)\right]} = \frac{M}{5 + 3\text{lb}M} \tag{5-88}$$

由式(5-88)可得到表5-3。

表 5-3　两者计算速度之比

$M=L$	8	32	64	128	256	512	1024	2048	4096
K	0.572	1.60	2.78	5.96	8.82	16	29.24	53.9	99.9

表5-3表明,当$M \geqslant 32$时,圆周卷积FFT算法的计算速度快,随着点数的增加,其优势越明显。

当$x(n)$和$h(n)$的点数相差很多时,若设$L \gg M$,则$N = L + M - 1 \approx L$,这时有

$$K = \frac{LM}{L\left[1 + \frac{3}{2}\text{lb}L\right]} = \frac{2M}{2 + 3\text{lb}L} \tag{5-89}$$

例如,当$M=8, L=64$时,则$K=0.8$。这表明圆周卷积FFT算法无优势可言。这时需要采用所谓的"重叠相加法"和"重叠保留法"来解决计算问题。

4. 重叠相加法

所谓"重叠相加法"是指将长序列$x(n)$进行分段,选择每段长度与序列$h(n)$长度的数量级相同,然后用FFT算法分段计算圆周卷积,再将前后相邻的两段相重叠的部分相加就得到卷积结果,而且计算速度也相应提高。

设$h(n)$的长度为M,长序列$x(n)$的每个分段长度为L,若用$x_i(n)$表示其第i段,则

$$x_i(n) = \begin{cases} x(n) & (iL \leqslant n \leqslant (i+1)L-1, i=0,1,\cdots) \\ 0 & (n < iL, n > (i+1)L-1, i=0,1,\cdots) \end{cases} \tag{5-90}$$

因此,序列$x(n)$可表示成

$$x(n) = \sum_{i=0}^{\infty} x_i(n) \tag{5-91}$$

由此可得到$x(n)$与$h(n)$的线性卷积为

$$y(n) = x(n) * h(n) = \sum_{i=0}^{\infty} x_i(n) * h(n) \tag{5-92}$$

式(5-92)中每部分卷积$x_i(n) * h(n), i=0,1,\cdots$,都可以用FFT算法实现快速卷积。为了便于利用基-2的FFT算法计算卷积,要求$N = 2^m \geqslant L + M - 1$,因此将两序列均补零到$N$点后,对应的圆周卷积为

$$y_i(n) = x_i(n) \bigotimes h(n) \tag{5-93}$$

由于$x_i(n)$为L点,而$y_i(n)$为$(L+M-1)$点,所以相邻两段的$y_i(n)$必然有$(M-1)$个数据点发生重叠,即前一段的后$(M-1)$个数据点与后一段的前$(M-1)$个数据点相重叠,如图5-22所示。式(5-92)表示的最后卷积结果,将由重叠部分相加再与不重叠部分共同组成。其中,图5-22(a)表示序列$h(n)$及其对它进行补零的情况;图(b)表示序列$x(n)$及其分段情况;图(c)表示补零后的$x_0(n)$和$x_1(n)$;图(d)表示$x_0(n)$与$h(n)$的圆周卷积$y_0(n)$,$x_1(n)$与$h(n)$的圆周卷积$y_1(n)$。同样,可以得到其他段的圆周卷积$y_i(n)$,最后将它们重叠的部分相加,即可

123

得到所需要的结果。

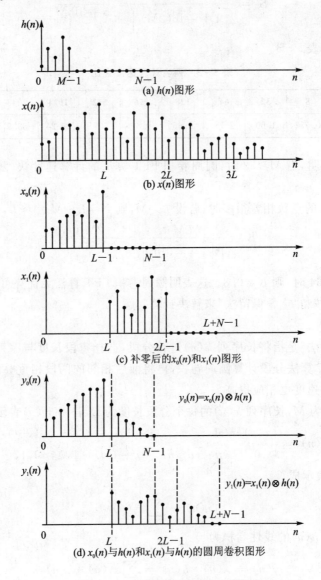

图 5-22　重叠相加法的图示说明

5. 重叠保留法

与重叠相加法相同,也是将长序列 $x(n)$ 进行分段,每段长度为 $L=N-M+1$;所不同的是,原来补零处不补零,而是在每段前边补上 $M-1$ 输入序列值;当要求 $N=2^m \geqslant L+M-1$ 时,可在每段的末端补零。这样做的结果会使卷积结果的前 $M-1$ 个数据不等于线性卷积值,应舍去;而将后面的数据保留下来,作为卷积的部分结果。

由于 $N(=2^m \geqslant L+M-1)$ 点圆周卷积:

$$y_i(n) = x_i(n) \otimes h(n) = \sum_{m=0}^{N-1} x_i(m)h((n-m))_N R_N(n) \tag{5-94}$$

中的主值周期序列 $h((n-m))_N R_N(n)$，仅在 $n \geqslant M-1$ 时，才等于原序列 $h(n)$，即

$$h(n) = h((n-m))_N R_N(n) \quad (n \geqslant M-1) \tag{5-95}$$

这就是说，式(5-94)表示的圆周卷积前 $M-1$ 个数据不等于所希望的线性卷积；满足 $M-1 \leqslant n \leqslant N-1$ 时，圆周卷积才等于所希望的线性卷积。

由于 $x(n)$ 的第一段无保留数据，故前 $M-1$ 个数据补零，因此，第一段 $x_0(n)$ 为

$$x_0(n) = \begin{cases} 0 & (0 \leqslant n \leqslant M-2) \\ x[n-(M-1)] & (M-1 \leqslant n \leqslant N-1) \end{cases} \tag{5-96}$$

而 $x(n)$ 的其他段表示为

$$x_i(n) = \begin{cases} x[n+i(N-M+1)] & (0 \leqslant n \leqslant N-1, i=1,2,\cdots) \\ 0 & (n<0, n>N-1) \end{cases} \tag{5-97}$$

设

$$y_i'(n) = \begin{cases} y_i(n) & (M-1 \leqslant n \leqslant N-1) \\ 0 & (n<M-1, n>N-1) \end{cases} \tag{5-98}$$

则重叠保留法的最后结果为

$$y_i(n) = \sum_{i=0}^{\infty} y_i'[n+i(N-M+1)] \tag{5-99}$$

说明重叠保留法的示意图如图 5-23 所示，其中，图(a)表示序列 $x(n)$，补零后的第一段为 $x_0(n)$，以及前面补 $(M-1)$ 输入序列值的 $x_1(n)$；图(b)表示第一段、第二段圆周卷积结果

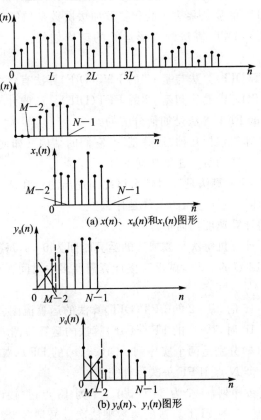

(a) $x(n)$、$x_0(n)$ 和 $x_1(n)$ 图形

(b) $y_0(n)$、$y_1(n)$ 图形

图 5-23 重叠保留法的示意图

$y_0(n)$ 和 $y_1(n)$；去掉图中打"×"的部分，就是 $y_0'(n)$ 和 $y_1'(n)$。

　　从上面的计算过程看出，每一个输入段均保留了前一段 $M-1$ 个点的重叠数据，故称为重叠保留法。

本章小结

　　离散傅里叶变换快速算法的计算速度，取决于数据长度和分组方法。变换的数据能否补零，要依据所采用的 FFT 算法；不同的分组方法，将影响计算速度。当满足 $N=2^L$ 时，分裂基 FFT 算法最快，其次是基-4 的 FFT 算法，再次是基-2 的 FFT 算法。允许补零的情况下，计算速度又能满足要求时，可以选择基-2 的 FFT 算法；如果要求尽可能快的计算速度，可以选用分裂基算法；在不允许补零的情况下，可以选择 N 为合数的 FFT 算法；同时又对某些频率感兴趣时，可选用线性调频(Chirp-z 变换)FFT 算法。如果希望输出顺序按自然排序，可选按时间抽取(DIT)的分组方式；如果希望输入顺序按自然排序，可选按频率抽取(DIF)的分组方式。

　　线性卷积是信号处理的重要内容，很多情况都要用到卷积运算。但是直接计算卷积的运算量太大，理论和实践均表明，圆周卷积(FFT)算法可快速实现卷积运算。当参与卷积的序列长度处于同一数量级，数据点又较长时，圆周卷积(FFT)算法的速度优势明显；当两个序列长度相差较大时，选用重叠相加法或重叠保留法，可相应地提高计算速度。

思考题与习题

　　5-1　直接计算 DFT 的复数乘法次数和复数加法次数是如何计算出来的？

　　5-2　基-2 的 FFT(DIT)算法的蝶形运算的结构如何？一共分几级？每级有多少个蝶形？

　　5-3　基-2 的 FFT(DIT)算法与基-2 的 FFT(DIF)算法有什么区别？

　　5-4　基-2 的 FFT(DIT)算法和基-2 的 FFT(DIF)算法的计算工作量如何估计？

　　5-5　N 为合数时的 FFT 算法是如何分解的？

　　5-6　分裂基 FFT 算法包括几种"运算基"？它们的结构又如何？

　　5-7　分裂基 FFT 算法的运算速度如何估计？

　　5-8　Chirp-z 变换 FFT 算法是针对什么情况而提出的？其计算步骤是什么？

　　5-9　用圆周卷积计算线性卷积的条件是什么？

　　5-10　快速卷积的计算速度如何估计？

　　5-11　设一台通用计算机每次复数乘法的运算时间为 $5\ \mu s$，每次复数加法的运算时间为 $0.5\ \mu s$；如果用它计算 512 点的 DFT，试求直接计算需要多少时间？用基-2 的 FFT 算法需要多少时间？

　　5-12　试画出 $N=16$ 时，基-2 的 FFT(DIT)算法的运算流图。

　　5-13　试画出 $N=16$ 时，基-2 的 FFT(DIF)算法的运算流图。

　　5-14　设 $X(k)$、$Y(k)$ 分别是两个实序列 $x(n)$、$y(n)$ 的 DFT；如果要求从 $X(k)$、$Y(k)$ 求出 $x(n)$、$y(n)$；如何用一个 N 点 IFFF 一次运算完成。

　　5-15　设有两个复数序列，一个为 64 点，另一个为 48 点；直接计算它们的线性卷积的复数乘法次数为多少？用基-2 的 FFT 算法的复数乘法次数又是多少？

第 **6** 章

信号的频谱与数字谱

信号的频谱是信号的频域描述形式。它表示信号所包含的各个频率分量的幅度和相位随频率的分布情况。前者称为幅度频谱(幅度谱),后者称为相位频谱(相位谱)。幅度谱反映了构成信号的各个分量的幅度大小,而相位谱则表示了各个构成分量之间的相位关系。研究频谱对认识信号的特性、设计信号的处理与传输系统都很有必要。下面,首先介绍周期信号和非周期信号的频谱分析方法,然后由抽样信号的频谱引入数字谱的概念。

确定信号(可用数学公式描述的信号)一般可分为周期信号和非周期信号。信号的频谱实际上是它的频域表示。由信号理论可知,周期信号的频谱是离散谱,其分析工具是傅里叶级数;而非周期信号的频谱是连续谱,其分析工具是傅里叶变换;而非周期抽样信号的频谱是周期连续的,只有周期抽样信号的频谱是离散(或者说成数字)的。

6.1　周期信号的频谱

6.1.1　周期信号的频域描述

设周期信号为

$$\tilde{x}(t) = \sum_{m=-\infty}^{\infty} x(t+mT) \quad (T > 0) \tag{6-1}$$

式中,T 为周期。如果信号 $\tilde{x}(t)$ 在一个周期内或者连续,或者只有有限个第一类间断点,且仅有有限个极大值和极小值,则它可展成三角函数正弦量形式、三角函数正弦量与余弦量线性组合形式和(复)指数形式等三种可相互转换的傅里叶级数:

$$X(\Omega) = \text{CTFS}[\tilde{x}(t)] = \begin{cases} A_0 + \sum_{n=1}^{\infty} A_n \sin(n\Omega t + \theta_n) \\ \dfrac{a_0}{2} + \sum_{n=1}^{\infty} (a_n \cos n\Omega t + b_n \sin n\Omega t) \\ \sum_{n=-\infty}^{\infty} c_n \mathrm{e}^{\mathrm{j}n\Omega t} \end{cases} \tag{6-2}$$

式中,角频率 $\Omega = \dfrac{2\pi}{T} = 2\pi f$ 为基波频率(基频),a_n,b_n 和 c_n 均为 $\tilde{x}(t)$ 的傅里叶系数,它们可通过下式求得,即

$$\left. \begin{aligned} a_n &= \frac{2}{T} \int_{-T/2}^{T/2} \tilde{x}(t) \cos n\Omega t \, \mathrm{d}t \\ b_n &= \frac{2}{T} \int_{-T/2}^{T/2} \tilde{x}(t) \sin n\Omega t \, \mathrm{d}t \\ c_n &= \frac{2}{T} \int_{-T/2}^{T/2} \tilde{x}(t) \mathrm{e}^{-\mathrm{j}n\Omega t} \, \mathrm{d}t \end{aligned} \right\} \quad (n = 0, 1, 2, \cdots) \tag{6-3}$$

两种三角函数的傅里叶级数之间的转换,可通过三角函数变换进行;而它们与复指数傅里叶级

数之间转换可通过欧拉公式

$$\left.\begin{array}{l}\cos n\Omega t = \dfrac{1}{2}(\mathrm{e}^{\mathrm{j}n\Omega t} + \mathrm{e}^{-\mathrm{j}n\Omega t}) \\[3mm] \sin n\Omega t = \dfrac{1}{\mathrm{j} \cdot 2}(\mathrm{e}^{\mathrm{j}n\Omega t} - \mathrm{e}^{-\mathrm{j}n\Omega t})\end{array}\right\} \tag{6-4}$$

来实现。

傅里叶系数 A_n 与 a_n、b_n 之间，a_n、b_n 和 c_n 之间的关系可由下式得到，即

$$\left.\begin{array}{l}A_0 = \dfrac{a_0}{2},a_0 = 2A_0 \\[3mm] A_n = \sqrt{a_n^2 + b_n^2},\tan\theta_n = \dfrac{b_n}{a_n},a_n = A_n\cos\theta_n,b_n = A_n\sin\theta_n \quad (n=1,2,\cdots) \\[3mm] c_0 = \dfrac{a_0}{2},a_0 = 2c_0 \\[3mm] c_n = \dfrac{1}{2}(a_n - \mathrm{j}b_n),c_{-n} = \dfrac{1}{2}(a_n + \mathrm{j}b_n) \quad (n=1,2,\cdots) \\[3mm] a_n = c_n + c_{-n},b_n = \mathrm{j}(c_n - c_{-n}) \quad (n=1,2,\cdots)\end{array}\right\} \tag{6-5}$$

从式(6-2)到(6-5)可以看出，信号 $\widetilde{x}(t)$ 由系数不同的各个分项叠加而成。当 $n=0$ 时，由 $A_0 = c_0 = a_0/2$ 所对应的项为直流分量。其余各项为交流分量，其中 $n=1$ 时，所对应的项为基波或一次谐波；n 为其他整数时所对应的项为谐波，称为 n 次谐波。不论是三角函数级数形式还是复指数级数形式，都表明周期信号可以分解为直流分量、基波和若干个谐波分量。这也说明，可用直流分量、基波和若干个谐波分量重构周期信号。

信号各个分量的幅度随频率分布的情况称为幅度谱，或者幅度函数，如表6-1所示。

表6-1　信号的幅度谱

频　率	0	Ω	2Ω	3Ω	$\cdots$	$n\Omega$	$\cdots$
幅　度	A_0	A_1	A_2	A_3	$\cdots$	A_n	$\cdots$

信号各个分量的相位随频率分布的情况称为相位谱，通常称为相谱，如表6-2所示。

表6-2　脉冲信号的相位谱

频　率	0	Ω	2Ω	3Ω	$\cdots$	$n\Omega$	$\cdots$
相　位	θ_0	θ_1	θ_2	θ_3	$\cdots$	θ_n	$\cdots$

可以证明

$$\frac{1}{T}\int_{-T/2}^{T/2} |\widetilde{x}(t)|^2 \mathrm{d}t = \frac{a_0^2}{4} + \frac{1}{2}\sum_{n=1}^{\infty}(a_n^2 + b_n^2) = \sum_{n=-\infty}^{\infty} |c_n|^2 \tag{6-6}$$

这就是著名的帕赛瓦尔(Parseval)等式。它表明，信号在一个周期的平均功率，等于在频域各个频率分量的幅度平方之和。这就是说，在时域或频域计算的信号功率是等价的，而且有

$$\left.\begin{array}{l}\lim_{n\to\infty} a_n = 0 \\[2mm] \lim_{n\to\infty} b_n = 0 \\[2mm] \lim_{n\to\infty} |c_n| = 0\end{array}\right\} \tag{6-7}$$

式(6-7)表明,随着频率的增加,信号的幅度越来越小;这也说明可用有限个分量作为信号的近似值。这一点对设计和选用信号的传输系统很有实用意义。

6.1.2　周期矩形脉冲信号(矩形波)的频谱

下面,以周期矩形脉冲为例介绍周期信号的频谱。图 6-1 给出了周期矩形脉冲信号的时域波形,其中 T 为周期,τ 为脉冲持续时间,E 为脉冲幅度。

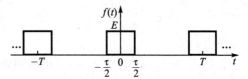

图 6-1　周期矩形脉冲信号的时域波形

根据式(6-2)和式(6-3),可以将 $f(t)$ 展成三角函数形式的傅里叶级数,其傅里叶系数为

$$a_0 = \frac{1}{T}\int_{-T/2}^{T/2} f(t)\,\mathrm{d}t = \frac{1}{T}\int_{-\tau/2}^{\tau/2} E\,\mathrm{d}t = \frac{E\tau}{T}$$

$$a_n = \frac{2}{T}\int_{-\tau/2}^{\tau/2} E\cos(n\Omega t)\,\mathrm{d}t = 2\frac{E\tau}{T}\frac{\sin n\Omega\frac{\tau}{2}}{n\Omega\frac{\tau}{2}} = 2\frac{E\tau}{T}\mathrm{Sa}\left(n\Omega\frac{\tau}{2}\right)$$

由于周期矩形脉冲信号 $f(t)$ 是偶函数,所以

$$b_n = \frac{2}{T}\int_{-\tau/2}^{\tau/2} E\sin(n\Omega t)\,\mathrm{d}t = 0$$

因此,周期矩形脉冲信号 $f(t)$ 的三角函数形式的傅里叶级数表达式为

$$f(t) = \frac{E\tau}{T} + \frac{2E\tau}{T}\sum_{n=1}^{\infty}\mathrm{Sa}\left(n\Omega\frac{\tau}{2}\right)\cos n\Omega t \tag{6-8}$$

式中,$\mathrm{Sa}(n\Omega\tau/2)$ 为取样函数。从式(6-8)可以看出:① 周期矩形脉冲信号 $f(t)$ 的频谱是离散谱,即由直流分量($n=0$)、基波分量($n=1$)和无穷多个谐波分量(n 为其他值)组成;② 谐波分量的幅度遵循取样函数的规律并随着频率的增加而减小;③ 由于取样函数是正负相间的变化,所以其相位谱要么为 0、要么为 $-\pi$。若令

$$c_0 = \frac{E\tau}{T},\quad c_n = \left|\frac{2E\tau}{T}\mathrm{Sa}\left(n\Omega\frac{\tau}{2}\right)\right|,\quad \varphi_n = \begin{cases} 0 & (a_n > 0) \\ -\pi & (a_n < 0) \end{cases}$$

则周期矩形脉冲信号的频谱如图 6-2 所示,其中图(a)为幅度谱,图(b)为相位谱。

另外,根据式(6-2)和式(6-3),还可以将 $f(t)$ 展成指数形式傅里叶级数,其中傅里叶系数为

$$F_n = \frac{1}{T}\int_{-T/2}^{T/2} E\mathrm{e}^{-\mathrm{j}n\Omega t}\,\mathrm{d}t =$$
$$\frac{1}{T}\int_{-\tau/2}^{\tau/2} E\mathrm{e}^{-\mathrm{j}n\Omega t}\,\mathrm{d}t = \frac{E\tau}{T}\mathrm{Sa}\left(n\Omega\frac{\tau}{2}\right)$$

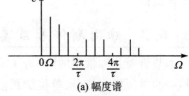

(a) 幅度谱

因此,其指数形式傅里叶级数为

$$f(t) = \sum_{n=-\infty}^{\infty}\frac{E\tau}{T}\mathrm{Sa}\left(n\Omega\frac{\tau}{2}\right)\mathrm{e}^{\mathrm{j}n\Omega t} =$$

$$\sum_{n=-\infty}^{\infty}F_n\mathrm{e}^{\mathrm{j}n\Omega t} = \sum_{n=-\infty}^{\infty}|F_n|\mathrm{e}^{\mathrm{j}\varphi_n}\mathrm{e}^{\mathrm{j}n\Omega t} \tag{6-9}$$

(b) 相位谱

式中

图 6-2　周期矩形脉冲信号的频谱

$$|F_n| = \left| \frac{E\tau}{T} \text{Sa}\left(n\Omega\frac{\tau}{2}\right) \right| \qquad (6-10)$$

为幅度谱,而

$$\varphi_n = \begin{cases} 0 & (F_n > 0) \\ \mp\pi & (F_n < 0) \end{cases} \qquad (6-11)$$

为相位谱。

　　根据式(6-10)和式(6-11)画出的频谱图如图6-3所示,其中图(a)为幅度谱,图(b)为相位谱,图(c)为幅度谱与相位谱的合并图。由式(6-9)和图6-3看出,这种表示形式含有负频率;这仅是一种数学的表达形式,实际上是不存在负频率的。另外其交流分量的幅度与三角函数形式相比、减为一半。这样一个负频率分量与其对应的正频率分量就可合成一个与三角函数形式表示的幅值相同的量。

　　由上述分析不难得出如下结论:

　　1) 频谱的零点为$\pm 2\pi/\tau, \pm 4\pi/\tau$,…,信号的$90\%$左右的能量集中在第一个零点$\pm 2\pi/\tau$内。

　　2) 通常定义第一个零点所对应频率为信号的带宽:$\Omega_B = 2\pi f_B = 2\pi/\tau$,即$f_B = 1/\tau$。这表明脉冲信号的持续时间$\tau$越窄信号所占的带宽$f_B$越宽,反之亦然;脉冲信号的持续时间$\tau$和其所占的带宽$f_B$的乘积为一常数,即$f_B\tau = 1$。

　　3) 由于$\Omega = 2\pi f = 2\pi/T$,所以随信号周期的增加,信号的谱线变密,反之亦然;当$T\to\infty$时,周期脉冲转化为非周期脉冲,并且$\Omega\to d\Omega\to 0$,离散谱变为连续谱。

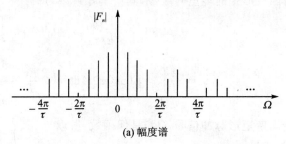

(a) 幅度谱

(b) 相位谱

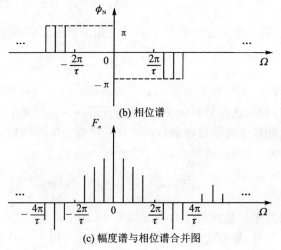

(c) 幅度谱与相位谱合并图

图6-3　周期矩形脉冲信号指数表示形式的频谱

6.2　非周期信号及其频谱

　　本节将对几种常用的信号:单位冲激信号、单个矩形脉冲信号和高斯信号,以及与它们密切相关的单边指数信号、单位阶跃信号等,逐一进行分析,并分别给出了它们的频谱表达式、频谱图和相位图·

6.2.1　非周期信号的频域描述

　　在实际应用中,除了周期信号之外,常遇到的信号还有单个方波、三角波和钟形波等脉冲信号。它们是非周期信号,即在整个时间轴上出现一次;或者看成周期信号当周期$T\to\infty$时的极限情况。这时傅里叶级数就变成傅里叶积分,即傅里叶变换。

当信号 $x(t)$ 在有限区间满足狄里赫莱条件,且 $\int_{-\infty}^{\infty} | x(t) | \, dt$ 存在,则有

$$
\left.
\begin{array}{l}
X(\Omega) = \displaystyle\int_{-\infty}^{\infty} x(t) e^{-j\Omega t} \, dt \quad (傅里叶变换) \\[3mm]
x(t) = \dfrac{1}{2\pi} \displaystyle\int_{-\infty}^{\infty} X(\Omega) e^{j\Omega t} \, d\omega \quad (傅里叶反变换)
\end{array}
\right\}
\tag{6-12}
$$

式中,$X(\Omega)$ 称为信号 $x(t)$ 的频谱函数,或简称为频谱,而且

$$
X(\Omega) = | X(\Omega) | e^{j\varphi(\Omega)}
\tag{6-13}
$$

的模 $|X(\Omega)|$ 为信号 $x(t)$ 的振幅(幅度)谱,$\varphi(\Omega)$ 为 $x(t)$ 的相位谱。注意,这里对应着连续变量 Ω,在 $-\infty < \Omega < +\infty$ 范围内,都有谱线存在,因此非周期信号的频谱是连续谱。

用频率 f 代替角频率 $\Omega = 2\pi f$,并用 $X(f)$ 表示 $X(2\pi f)$,则可得到常用的傅里叶变换式:

$$
\left.
\begin{array}{l}
X(f) = \displaystyle\int_{-\infty}^{\infty} x(t) e^{-j \cdot 2\pi ft} \, dt \quad (傅里叶变换) \\[3mm]
x(t) = \displaystyle\int_{-\infty}^{\infty} X(f) e^{j \cdot 2\pi ft} \, df \quad (傅里叶反变换)
\end{array}
\right\}
\tag{6-14}
$$

更简捷的形式为

$$
\left.
\begin{array}{l}
X(\Omega) = \mathrm{CTFT}[x(t)] \\[2mm]
x(t) = \mathrm{CTFT}^{-1}[X(\Omega)]
\end{array}
\right\}
\tag{6-15}
$$

或者

$$
\left.
\begin{array}{l}
X(f) = \mathrm{CTFT}[x(t)] \\[2mm]
x(t) = \mathrm{CTFT}^{-1}[X(f)]
\end{array}
\right\}
\tag{6-16}
$$

式(6-12)至(6-16)均表明,非周期信号的幅度谱和相位谱都是连续谱。

🧭 6.2.2 单位冲激信号

需要指出的是,这里的单位冲激信号(或函数)也称为单位冲激脉冲信号(或函数)。根据脉冲的定义,单位冲激信号可看做第二额定状态趋于无穷大($\to\infty$)、持续时间趋于零($\to 0$)的一种特殊脉冲信号,故这里称为单位冲激脉冲信号。

1. 单位冲激信号的定义

根据狄拉克(Dirac)定义,单位冲激脉冲信号的定义式为

$$
\left.
\begin{array}{l}
\displaystyle\int_{-\infty}^{\infty} \delta(t) \, dt = 1 \\[3mm]
\delta(t) = 0 \quad (t \neq 0) \\[2mm]
\delta(t) = \infty \quad (t = 0)
\end{array}
\right\}
\tag{6-17}
$$

可以将式(6-17)看做在 $t=0$ 处发生的冲激;与此相应,在任意点 $t=t_0$ 处发生冲激,则表示为

$$
\left.
\begin{array}{l}
\displaystyle\int_{-\infty}^{\infty} \delta(t-t_0) \, dt = 1 \\[3mm]
\delta(t-t_0) = 0 \quad (t \neq t_0) \\[2mm]
\delta(t-t_0) = \infty \quad (t = t_0)
\end{array}
\right\}
\tag{6-18}
$$

131

2. 单位冲激信号的频谱

单位冲激脉冲信号的频谱就是其傅里叶变换,由式(6-12)可得

$$
\Delta(\Omega) = \int_{-\infty}^{\infty} \delta(t) e^{-j\Omega t} \, dt = \int_{-\infty}^{\infty} \delta(t) e^{-j\Omega 0} \, dt = \int_{-\infty}^{\infty} \delta(t) \, dt = 1
\tag{6-19}
$$

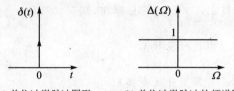

(a) 单位冲激脉冲图形　　　(b) 单位冲激脉冲的频谱图

图 6-4　单位冲激脉冲信号及其频谱图

这表明单位冲激脉冲的频谱为一常数,单位冲激脉冲及其频谱图如图 6-4 所示。

图 6-4 表明,单位冲激脉冲的频谱是频率从负无穷到正无穷的连续谱,即它是全频带频谱信号。实际上不存在,人们也无法产生这样的单位冲激脉冲;它只是一个幅度很高、宽度很窄的矩形脉冲的极限逼近或理论抽象,但是它在信号理论上却很有用。

⊚ 6.2.3　单边指数信号

介绍单边指数信号的目的,完全是为了获得下面将要介绍的单位阶跃信号的频谱,其时域表达式为

$$f(t) = \begin{cases} e^{-\alpha t} & (t \geqslant 0, \alpha > 0) \\ 0 & (t < 0) \end{cases} \tag{6-20}$$

其时域波形如图 6-5(a)所示。

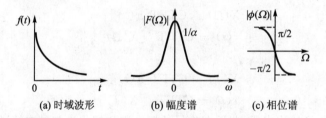

(a) 时域波形　　　　(b) 幅度谱　　　　(c) 相位谱

图 6-5　单边指数信号的时域波形与频谱图

由式(6-12)可知,单边指数信号的傅里叶变换为

$$F(\Omega) = \int_{-\infty}^{\infty} f(t) e^{-j\Omega t} dt = \int_{0}^{\infty} e^{-\alpha t} e^{-j\Omega t} dt = \int_{0}^{\infty} e^{-(\alpha + j\Omega)t} dt = \frac{1}{\alpha + j\Omega} \tag{6-21}$$

其幅度谱为

$$\left| F(\Omega) = \frac{1}{\sqrt{\alpha^2 + \Omega^2}} \right| \tag{6-22}$$

而其相位谱为

$$\varphi(\Omega) = -\arctan\left(\frac{\Omega}{\alpha}\right) \tag{6-23}$$

幅度谱和相位谱的图形分别如图 6-5(b)、(c)所示。

⊚ 6.2.4　单位阶跃信号

单位阶跃信号可以看做持续时间趋于无穷远的一种特殊脉冲信号,其时域表达式为

$$u(t) = \begin{cases} 1 & (t \geqslant 0) \\ 0 & (t < 0) \end{cases} \tag{6-24}$$

另一方面,单位阶跃信号可以从单位冲激脉冲信号求得,反之亦然。下面,给出它们的关系:

$$\left. \begin{array}{l} \int_{-\infty}^{t} \delta(\tau) d\tau = u(t) \\ \\ \delta(t) = \dfrac{du(t)}{dt} \end{array} \right\} \tag{6-25}$$

由于单位阶跃信号不满足可积条件,故不能直接求解傅里叶变换得到频谱。但是,可以将其看成单边指数信号 $\alpha \to 0$ 时的极限,这样就可以通过 $\alpha \to 0$ 时的单边指数信号频谱的极限求得,即

$$U(\Omega) = \lim_{\alpha \to 0} \frac{1}{\alpha + j\Omega} = \lim_{\alpha \to 0}\left(\frac{\alpha}{\alpha^2 + \Omega^2} - j\frac{\Omega}{\alpha^2 + \Omega^2}\right) = \lim_{\alpha \to 0}\frac{\alpha}{\alpha^2 + \Omega^2} - j\frac{1}{\Omega}$$

由于 $U(\Omega)$ 的实部可表示为

$$\mathrm{Re}[U(\Omega)] = \lim_{\alpha \to 0}\frac{\alpha}{\alpha^2 + \Omega^2} = \begin{cases} \lim\limits_{\alpha \to 0}\dfrac{1}{\alpha} & (\Omega = 0) \\ 0 & (\Omega \neq 0) \end{cases} \tag{6-26}$$

显然,$U(\Omega)$ 的实部在 $\Omega = 0$ 表现为一冲激,其强度为

$$\int_{-\infty}^{\infty}\lim_{\alpha \to 0}\frac{\alpha}{\alpha^2 + \Omega^2}\,\mathrm{d}\Omega = \lim_{\alpha \to 0}\int_{-\infty}^{\infty}\frac{\alpha}{\alpha^2 + \Omega^2}\,\mathrm{d}\Omega =$$

$$\lim_{\alpha \to 0}\int_{-\infty}^{\infty}\frac{1}{1 + \left(\dfrac{\Omega}{\alpha}\right)^2}\,\mathrm{d}\left(\frac{\Omega}{\alpha}\right) = \lim_{\alpha \to 0}\arctan\left(\frac{\Omega}{\alpha}\right)\Big|_{-\infty}^{\infty} = \pi \tag{6-27}$$

因此,单位阶跃信号的傅里叶变换为

$$U(\Omega) = \pi\delta(\Omega) - j\frac{1}{\Omega} \tag{6-28}$$

单位阶跃信号的时域波形、幅度谱和相位谱分别如图 6-6(a)、(b) 和 (c) 所示。

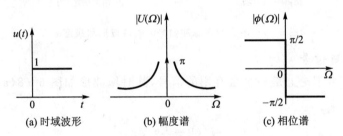

(a) 时域波形　　　　(b) 幅度谱　　　　(c) 相位谱

图 6-6　单位阶跃信号的时域波形和频谱图

🧭 6.2.5　单个矩形脉冲信号

　　单个矩形脉冲信号的时域表达式为

$$x(t) = \begin{cases} 0 & (t < -\tau/2, t > \tau/2) \\ E & (-\tau/2 \leqslant t \leqslant \tau/2) \end{cases} \tag{6-29}$$

其时域波形如图 6-7(a) 所示,其中 E 为脉冲幅度,τ 为脉冲宽度。单个矩形脉冲信号的频谱,即傅里叶变换为

$$X(\Omega) = \int_{-\infty}^{\infty} x(t)\mathrm{e}^{-j\Omega t}\,\mathrm{d}t = \int_{-\tau/2}^{\tau/2} E\mathrm{e}^{-j\Omega t}\,\mathrm{d}t = (2E/\Omega)\sin(\Omega\tau/2) =$$

$$E\tau\frac{\sin(\Omega\tau/2)}{\Omega\tau/2} = E\tau\mathrm{Sa}(\Omega\tau/2) \tag{6-30}$$

可见,单个矩形脉冲信号的频谱为一抽样函数。其幅度谱为

$$|X(\Omega)| = E\tau\left|\mathrm{Sa}\left(\frac{\Omega\tau}{2}\right)\right| \tag{6-31}$$

相位谱为

$$\varphi(\Omega) = \begin{cases} 0 & \left(\dfrac{4n\pi}{\tau} < |\Omega| < \dfrac{2(2n+1)\pi}{\tau}\right) \\ \mp\pi & \left(\dfrac{2(2n+1)\pi}{\tau} < |\Omega| < \dfrac{4(n+1)\pi}{\tau}\right) \end{cases} \quad (n = 0, \pm 1, \pm 2, \cdots) \quad (6-32)$$

单个矩形脉冲信号的时域波形频谱、幅度谱和相位谱的图形分别如图 6-7(a)、(b)、(c)和(d)所示。

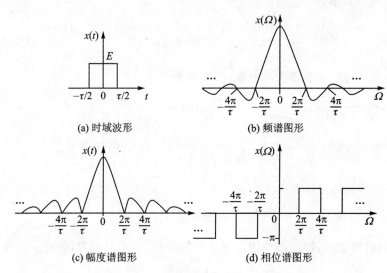

图 6-7　单个矩形脉冲信号的时域波形和频谱图

6.2.6　高斯信号

高斯信号在信号理论上是一个很有用的信号,其时域波形如图 6-8(a)所示、时域表达式为

$$f(t) = E e^{-\frac{t^2}{2\sigma^2}} \tag{6-33}$$

式中,$E = 1/(\sqrt{2\pi}\,\sigma)$。高斯脉冲信号的频谱,即它的傅里叶变换为

$$F(\Omega) = \int_{-\infty}^{\infty} f(t) e^{-j\Omega t}\, dt = E \int_{-\infty}^{\infty} e^{-j\Omega t - \frac{t^2}{2\sigma^2}}\, dt$$

为了求得上述积分,可作变量置换,即设

$$jax - bx^2 = -\frac{a^2}{4b} - by^2, \quad x = y + j\frac{a}{2b}$$

若令 $t = x, \Omega = -a, 1/2\sigma^2 = b$,则有

$$-j\Omega t - \frac{t^2}{2\sigma^2} = -\frac{\sigma^2 \Omega^2}{2} - \frac{y^2}{2\sigma^2}$$

代入上面傅里叶变换式,并考虑到 $dt = dx = dy$,则

$$F(\Omega) = E \int_{-\infty}^{\infty} e^{-j\Omega t - \frac{t^2}{2\sigma^2}}\, dt = E \int_{-\infty}^{\infty} e^{-\frac{\sigma^2\Omega^2}{2} - \frac{y^2}{2\sigma^2}}\, dy = E e^{-\frac{\sigma^2\Omega^2}{2}} \int_{-\infty}^{\infty} e^{-\frac{y^2}{2\sigma^2}}\, dy =$$

$$\sqrt{2}\sigma E e^{-\frac{\sigma^2\Omega^2}{2}} \int_{-\infty}^{\infty} e^{-z^2}\, dz = \sqrt{2}\sigma E e^{-\frac{\sigma^2\Omega^2}{2}} \sqrt{\pi} = \sqrt{2\pi}\,\sigma E e^{-\frac{\sigma^2\Omega^2}{2}} = e^{-\frac{\sigma^2\Omega^2}{2}} \tag{6-34}$$

式中,$z = y/(\sqrt{2}\sigma)$。

高斯信号的频谱如图 6 - 8(b) 所示。

比较式(6 - 33)和(6 - 34)可以发现,高斯信号的时域和频域表达式具有非常相似的形式,即都是负平方指数函数。这表明它的上升和下降趋势要比其他信号(曲线)快;而且与其他信号相比,达到同样上升时间时,信号所占的频带宽度要窄、收敛要快。这是人们最感兴趣的特性。

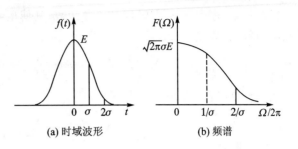

图 6 - 8　高斯脉冲信号的时域波形和频谱

6.3　序列的频谱

本节所指的序列是非周期序列。如前所述,序列是离散时间信号的数学抽象,离散时间信号是时域的抽样信号。离散时间信号的频谱也称为数字频谱,这是因为在数字信号处理的文献和教科书中,"离散时间信号"与"数字信号"这两个词是通用的缘故。实际上,这样的"称谓"不够严谨,本书称为序列频谱,或离散时间信号的频谱,或抽样信号的频谱。

6.3.1　序列频谱的理论描述

在第 2 章,根据频域卷积定理分析抽样信号 $\hat{x}_a(t)$ 的频谱和讨论抽样定理时,曾得出非常重要的结论和公式(2 - 31),为了叙述方便,现重写如下:

$$\hat{X}_a(\mathrm{j}\Omega) = \frac{1}{T} \sum_{k=-\infty}^{\infty} X_a(\mathrm{j}\Omega - \mathrm{j}k\Omega_s) = \frac{1}{T} \sum_{k=-\infty}^{\infty} X_a\left(\mathrm{j}\Omega - \mathrm{j}k\frac{2\pi}{T}\right) \tag{6 - 35}$$

式中, $X_a(\mathrm{j}\Omega)$ 为连续时间信号 $x_a(t)$ 的频谱, $\hat{x}_a(\mathrm{j}\Omega)$ 为抽样信号 $\hat{x}_a(t)$ 的频谱, $\hat{x}_a(t)$ 为连续时间信号 $x_a(t)$ 的抽样信号, Ω_s 为抽样角频率, T 为抽样间隔。

式(6 - 35)表明,抽样信号的频谱是周期重复的,其重复频率为 Ω_s;抽样信号频谱的数值与原连续时间信号的频谱成比例。

另一方面,在第 3 章讨论序列的 z 变换时,发现序列(抽样信号)在单位圆上的 z 变换,就等于抽样信号的傅里叶变换,即

$$\left.\begin{aligned} X(z) \big|_{z=e^{\mathrm{j}\Omega T}} = X(e^{\mathrm{j}\Omega T}) = \frac{1}{T} \sum_{k=-\infty}^{\infty} X_a\left(\mathrm{j}\Omega - \mathrm{j}k\frac{2\pi}{T}\right) \\ X(z) \big|_{z=e^{\mathrm{j}\omega}} = X(e^{\mathrm{j}\omega}) = \frac{1}{T} \sum_{k=-\infty}^{\infty} X_a\left(\mathrm{j}\frac{\omega - 2\pi k}{T}\right) \end{aligned}\right\} \tag{6 - 36}$$

式(6 - 36)表明,单位圆上的 z 变换是和信号的频谱相联系的,即单位圆上序列的 z 变换就是序列的傅里叶变换。式中, ω 为数字频率,表示 z 平面的辐角。它与模拟角频率 Ω 的关系为

$$\omega = \Omega T = \frac{\Omega}{f_s} = 2\pi \frac{f}{f_s} \tag{6 - 37}$$

式中, f_s 为抽样频率, f 为模拟频率。

根据序列在单位圆上的 z 变换就是序列的傅里叶变换的理念,定义序列的傅里叶变换,即离散时间信号的傅里叶变换(DTFT)为

$$\mathrm{DTFT}[x(n)] = X(e^{\mathrm{j}\omega}) = X(z) \big|_{z=e^{\mathrm{j}\omega}} = \sum_{n=-\infty}^{\infty} x(n) e^{-\mathrm{j}\omega n} \tag{6 - 38}$$

需要指出的是,序列 $x(n)$ 在时域是离散函数,其傅里叶变换却是数字频率 ω 的连续函数,而且是周期函数,其周期为 2π,可证明如下:

$$X(e^{j\omega+2\pi}) = \sum_{n=-\infty}^{\infty} x(n)e^{-j(\omega+2\pi)n} = e^{-j2\pi n}\sum_{n=-\infty}^{\infty} x(n)e^{-j\omega n} = X(e^{j\omega n})$$

将关系 $(\omega = \Omega T)$ 代入式 $(6-38)$,则有

$$X(e^{j\Omega Tn}) = \sum_{n=-\infty}^{\infty} x(n)e^{-j\Omega Tn} \tag{6-39}$$

由上述分析不难得出两点结论:① 序列 $x(n)$ 频谱是数字频率 ω 的连续函数,也是模拟频率 Ω 的连续函数。② 序列 $x(n)$ 频谱是周期重复的,若以数字频率 ω 计,周期为 2π;若以模拟频率 Ω 计,周期为 Ω_s。

6.3.2 序列频谱的举例

1. 实指数递减序列的频谱

实指数递减序列的表达式为

$$x(n) = a^n u(n) \qquad (|a| < 1)$$

其波形如图 6-9 所示。

利用单位圆上的 z 变换或 DTFT,求得的频谱为

$$X(e^{j\omega}) = \text{DTFT}[x(n)] = \sum_{n=0}^{\infty} a^n e^{-j\omega n}$$

$$= \frac{1}{1 - ae^{-j\omega}} \qquad (|a| < 1)$$

其中,幅度谱(函数)为

$$|X(e^{j\omega})| = \frac{1}{\sqrt{1 + a^2 - 2a\cos\omega}}$$

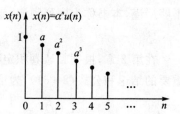

图 6-9 实指数递减序列的波形

而相位谱(函数)为

$$\varphi(\omega) = -\arctan\left(\frac{a\sin\omega}{1 - a\cos\omega}\right)$$

幅度谱和相位谱分别如图 6-10(a) 和 (b) 所示。

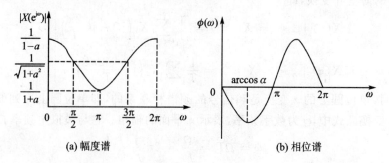

(a) 幅度谱 　　　　　　　　　(b) 相位谱

图 6-10 实指数递减序列的幅度谱和相位谱

2. 矩形序列的频谱

矩形序列的表达式为

$$r_N(n) = u(n) - u(n - N)$$

其波形如图 6-11 所示。

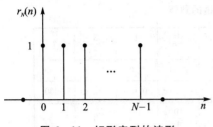

图 6-11　矩形序列的波形

利用单位圆上的 z 变换或 DTFT，求得的频谱为

$$R_N(e^{j\omega}) = DTFT[r_N(n)] = \sum_{n=0}^{N-1} e^{-j\omega n} = e^{-j\omega(\frac{N-1}{2})} \frac{\sin \frac{\omega N}{2}}{\sin \frac{\omega}{2}}$$

矩形序列的幅度谱如图 6-12 所示。

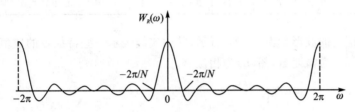

图 6-12　矩形序列的幅度谱

3. 高斯序列的频谱

高斯序列可以由高斯信号的抽样得到，其表达式为

$$f(n) = E e^{-\frac{n^2}{2\sigma^2}}$$

式中，$E = 1/(\sqrt{2\pi}\,\sigma)$。

如上所述，序列的频谱可以由单位圆上的 z 变换或 DTFT 得到。另一方面，由式(6-35)可知，将序列看做信号的理想抽样，这样序列的频谱就可由原信号频谱的周期延拓得到。例如，高斯序列的频谱就是由图 6-8(b)所示的频谱周期延拓得到的，如图 6-13 所示。

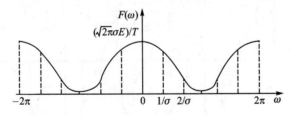

图 6-13　高斯序列的频谱

例 6-1　试求矩形序列 $x(n) = u(n) - u(n-4)$ 的幅度谱和相位谱，并作图。

解　对序列进行离散时间傅里叶变换，则.

$$X(e^{j\omega}) = DTFT[x(n)] = 1 + e^{-j\omega} + e^{-j \cdot 2\omega} + e^{-j \cdot 3\omega}$$

因此，幅度谱为

$$|X(e^{j\omega})| = \sqrt{(1 + \cos\omega + \cos 2\omega + \cos 3\omega)^2 + (\sin\omega + \sin 2\omega + \sin 3\omega)^2}$$

而相位谱为

$$\varphi(\omega) = -\arctan\left(\frac{\sin\omega + \sin 2\omega + \sin 3\omega}{1 + \cos\omega + \cos 2\omega + \cos 3\omega}\right)$$

由上述两式可以计算出一些特征点的数值。例如，间隔 $\pi/4$ 的幅度谱和相位谱的具体数

137

值如表 6-3 所列。

表 6-3　幅度谱和相位谱的数值

$\omega(\pi)$	-1	$-\frac{3}{4}$	$-\frac{1}{2}$	$-\frac{1}{4}$	0	$\frac{1}{4}$	$\frac{1}{2}$	$\frac{3}{4}$	1
$|X(e^{j\omega})|$	0.00	1.08	0.00	2.61	4.00	2.61	0.0	1.08	0.00
$\phi(\omega)$	0.00	0.39	0.00	1.18	0.00	-1.18	0.00	-0.39	0.00
$\omega(\pi)$	$\frac{5}{4}$	$\frac{6}{4}$	$\frac{7}{4}$	2	$\frac{9}{4}$	$\frac{10}{4}$	$\frac{11}{4}$	3	
$|X(e^{j\omega})|$	1.08	0.00	2.61	4.00	2.61	0.00	1.08	0.00	
$\phi(\omega)$	0.39	0.00	1.18	0.00	-1.18	0.00	-0.39	0.00	

　　幅度谱和相位谱的波形如图 6-14 所示,其中实线表示一些特征点的数值,虚线表示两个谱特性的形状;图(a)为幅度谱,图(b)为相位谱。

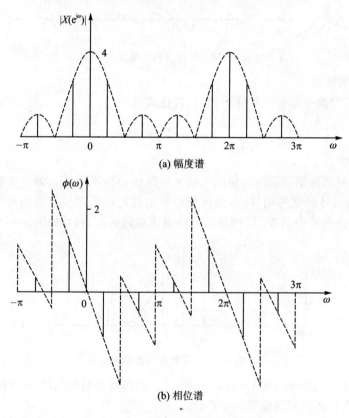

(a) 幅度谱

(b) 相位谱

图 6-14　矩形序列的幅度谱和相位谱

138

6.4　数字谱

　　信号是时域离散的,其频谱也是离散的。这样的信号谱是严格意义上的数字频谱,简称为数字谱。或者说,直接通过"量化"而数字,并由数字计算机直接计算、变换和表征的信号频谱称为数字谱。需要指出的是,数字谱首先必是离散谱,因"量化而数字"是不言自明的过程,故数字谱常常指的是离散谱;另一方面,数字谱还必是对应于离散时间信号。这样,数字谱的来源有两个,一个是周期序列的离散傅里叶级数(DFS);另一个是有限长序列的离散傅里叶变换(DFT)。

6.4.1　数字谱的描述

在第 4 章已经讨论过,周期序列

$$\widetilde{x}(n) = \sum_{m=-\infty}^{\infty} x(n+mN) = x((n))_N$$

离散傅里叶级数(DFS)为

$$\widetilde{X}(k) = \text{DFS}[\widetilde{x}(n)] = \frac{1}{N}\sum_{n=0}^{N-1} x(n)e^{-j\frac{2\pi}{N}kn} \quad (k=0,1,\cdots,N-1) \tag{6-40}$$

式(6-40)表明,周期为 N 的离散信号的频谱是周期离散的,其周期也为 N。按照离散与数字"混称"的理念,这时的频谱就是数字谱。

对于有限长序列而言,其离散傅里叶变换也是一个有限长序列,它表示时限离散信号的离散谱。由第 4 章的讨论可知,有限长序列的离散傅里叶变换为

$$X(k) = \text{DFT}[x(n)] = \sum_{n=0}^{N-1} x(n)W_N^{nk}, W_N = e^{-j\frac{2\pi}{N}} \tag{6-41}$$

式(6-41)表明,当 $x(n)$ 表示一个时限离散信号时,则 $X(k)$ 就表示该信号的离散谱,即数字谱;另一方面,由离散傅里叶级数(DFS)与离散傅里叶变换(DFT)的关系式:

$$X(k) = \text{DFT}[x(n)] = \{\text{DFS}[\widetilde{x}(n)]\}R_N(k) \tag{6-42}$$

可知,时限离散信号 $x(n)$ 的数字谱,可通过周期序列的离散傅里叶级数的主值序列求得。

6.4.2　数字谱举例

为了加深对数字谱的理解,下面举例说明。

例 6-2　试求图 6-15 所示的离散周期方波信号 $x(n)$ 的数字幅度谱和相位谱。

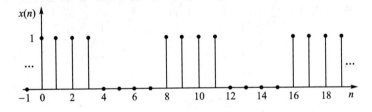

图 6-15　离散周期方波信号 $x(n)$ 的波形

解　由图 6-17 看出,信号的周期为 $N=8$,因此由式(6-41)可得

$$X(k) = \text{DFT}[x(n)] = \sum_{n=0}^{7} x(n)e^{-j\frac{2\pi}{N}nk} = 1 + e^{-j\frac{\pi}{4}k} + e^{-j\frac{2\pi}{4}k} + e^{-j\frac{3\pi}{4}k}$$

因此,幅度谱为

$$|X(k)| = \sqrt{\left(1+\cos\frac{\pi}{4}k+\cos 2\frac{\pi}{4}k+\cos 3\frac{\pi}{4}k\right)^2 + \left(\sin\frac{\pi}{4}k+\sin 2\frac{\pi}{4}k+\sin 3\frac{\pi}{4}k\right)^2}$$

而相位谱为

$$\varphi(k) = -\text{argtan}\left[\frac{\sin\frac{\pi}{4}k+\sin 2\frac{\pi}{4}k+\sin 3\frac{\pi}{4}k}{1+\cos\frac{\pi}{4}k+\cos 2\frac{\pi}{4}k+\cos 3\frac{\pi}{4}k}\right]$$

139

将上述两式所计算的幅度谱和相位谱的具体数字列表,如表 6-4 所列。

表 6-4   离散周期方波信号 $x(n)$ 的数字幅度谱和相位谱

k	0	1	2	3	4	5	6	7
$\lvert X(k) \rvert/8$	0.50	0.33	0.00	0.14	0.00	0.14	0.00	0.33
$\varphi(k)$	0.00	-1.18	0.00	-0.39	0.00	0.39	0.00	1.18

离散周期方波信号 $x(n)$ 的幅度谱和相位谱的波形如图 6-16 所示,其中实线表示具体数值,虚线表示两个谱特性的包络形状;图(a)为幅度谱,图(b)为相位谱。

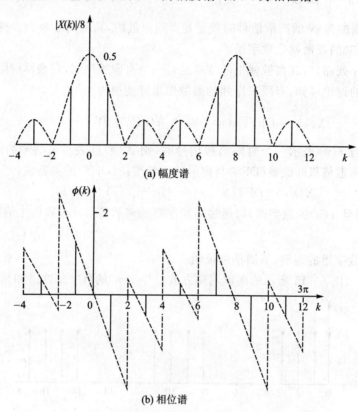

(a) 幅度谱

(b) 相位谱

图 6-16   离散周期方波信号 $x(n)$ 的幅度谱和相位谱

比较图(6-16)和图(6-18)可知,数字谱就是非周期序列的连续频谱的抽样。

本章小结

信号的频谱表示信号的能量随频率变化的分布情况,它取决于信号的周期性和离散性。或者说,信号的时域周期性决定了信号的频域离散性,信号的时域离散性决定了信号的频域周期性。说得更详细些,时域连续的周期信号,其频谱是离散的和非周期的;时域连续的非周期信号,其频谱是连续的和非周期的;时域离散的非周期信号,其频谱是连续的和周期的;时域离散的周期信号,其频谱是离散的和周期的。

数字谱是因信号时域离散或数字化而引入的新概念,一般认为时域离散信号所对应的频谱可称为数字谱;深究起来,只有时域离散的周期信号所对应的频谱才是严格意义上的数字谱。这是因为此时的时–频两域的信号都是离散的,根据"离散"与"数字"通用的理念,故称为数字谱。

本章依据信号的时域表示形式,逐一分析了它们的频谱。连续时间的周期信号的频谱用连续时间傅里叶级数(CTFS)求得,连续时间的非周期信号的频谱用连续时间傅里叶变换(CTFT)求得,离散时间非周期信号的频谱用离散时间傅里叶变换(DTFT)求得,离散时间周期信号的频谱用离散时间傅里叶级数(DFS)求得,有限长序列的频谱用离散傅里叶变换(DFT)求得。

思考题与习题

6-1　连续时间的周期信号的频谱如何描述?

6-2　连续时间的非周期信号的频谱如何描述?

6-3　离散时间非周期信号的频谱如何描述?

6-4　离散时间周期信号的频谱如何描述? 如果离散时间非周期信号的长度等于离散时间周期信号的周期,两者的频谱有何关系?

6-5　试求题图 6-1 所示的锯齿波信号的傅里叶级数。

6-6　试求题图 6-2 所示的三角脉冲信号的频谱。

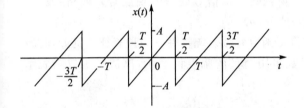

题图 6-1　锯齿波信号的波形

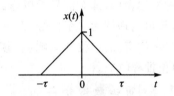

题图 6-2　三角脉冲的波形

6-7　试求题图 6-3 所示的指数信号 $x(t)=\mathrm{e}^{-a|t|}$,$a>0$ 的频谱。

6-8　试求矩形序列 $R_8(n)$ 的频谱。

6-9　试求序列 $x(n)=u(n-2)-u(n-6)$ 的频谱。

6-10　试求题图 6-4 所示的周期矩形序列的频谱。

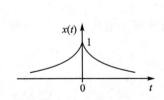

题图 6-3　指数信号 $x(t)=\mathrm{e}^{-a|t|}$,$a>0$ 的波形

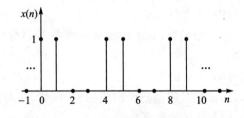

题图 6-4　周期矩形序列

第 7 章

窗函数

窗函数简称为"窗"。在信号处理中,窗函数是无法回避的问题。人们总是自觉或不自觉地在运用窗函数。例如,对数据进行截断,实际上就使用了一个矩形窗函数;又如,在利用窗函数法设计 FIR 滤波器时,人们一般根据技术指标要求选择合适的窗函数。窗函数宛若一把双刃剑,对时域信号施加一个时域窗,这相当对信号进行一个乘法操作,在频域就等效于一个卷积运算,其结果会造成频谱泄露;另一方面,窗函数选择得合理,可适当地减少频谱泄露。本章就窗函数的时域特性、频域特性和"加窗"对信号的影响等有关内容进行讨论。

7.1 窗函数的基本概念

7.1.1 窗函数的定义

能对信号进行截断或选取的一类函数称为窗函数。从信号处理的观点看,"截断"或"选取"是一种乘法操作,即对信号乘以窗函数 $w(t)$ 或 $w(n)$。

窗函数可以理解为一个信号,但更多地是将窗函数看做系统特性的一种表征。例如,时域窗函数就表示"窗"的单位冲激响应,频域窗函数多用"窗"的幅度谱表示,离散窗函数则表示"窗"的单位抽样响应。

7.1.2 窗函数的分类

窗函数可以按其"介入域"进行分类,也可以按窗函数的特性进行分类。

1. 按"介入域"分类

根据窗函数的"介入域"的不同,可分为时域窗函数、频域窗函数和离散窗函数。

2. 按窗函数特性分类

(1) 幂 窗

函数表示为时间变量某次幂的形式,如矩形、三角形、梯形窗或时间变量的其他幂次窗。

(2) 三角函数窗

用三角函数,如正弦或余弦函数等组合而成的复合函数所构成的窗,例如,汉宁窗、海明窗等。

(3) 指数窗

用指数时间函数所构成的窗,例如,高斯窗。

(4) 特殊函数窗

用特殊函数所构成的窗,例如,凯泽窗。

7.1.3 窗函数的作用

1. 截断数据

利用窗函数对无限长数据或周期数据进行适当截断,以利于计算机计算或处理。

2. 降低频谱泄露

选择合适的窗函数,可减少或压低频谱泄露。

3. 设计 FIR 数字滤波器

利用窗函数,可以设计 FIR 数字滤波器,通常将这种方法称为窗函数法。

7.1.4　基本概念

下面介绍的基本概念有窗函数,窗的频响和窗谱。

1. 窗函数

这里将"窗"的时域表达式定义为窗函数。

2. 窗的频响

窗函数的傅里叶变换称为窗的频响,包括幅度频率响应(函数)和相位频率响应(函数)。

3. 窗　谱

为了便于叙述,将窗的幅度频响(函数)定义为"窗谱"。

7.2　窗函数的时域表征

本节将介绍常用的几种窗的时域表征方法。

7.2.1　矩形窗

下面,介绍时域矩形窗和离散矩形窗的时域表征。

1. 时域矩形窗

时域矩形窗实际上是指时域连续矩形窗,其窗函数表达式为

$$w_R(t) = u(t) - u(t-\tau) \tag{7-1}$$

其形状(波形)如图 7-1(a)所示。

2. 时域离散矩形窗

时域离散矩形窗的窗函数表达式为

$$w_R(n) = R_N(n) = u(n) - u(n-N) \tag{7-2}$$

其形状如图 7-1(b)所示。

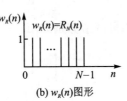

图 7-1　矩形窗的形状

7.2.2　三角窗

1. 时域三角(bartlett)窗

时域三角窗的窗函数表达式为

$$w_B(n) = \begin{cases} \dfrac{2t}{\tau} & \left(0 \leqslant t \leqslant \dfrac{\tau}{2}\right) \\ 2 - \dfrac{2t}{\tau} & \left(\dfrac{\tau}{2} \leqslant t \leqslant \tau\right) \end{cases} \tag{7-3}$$

其形状如图 7-2(a)所示。

2. 时域离散三角窗

时域离散三角窗的窗函数表达式为

$$w_B(n) = \begin{cases} \dfrac{2n}{N-1} & \left(0 \leqslant n \leqslant \dfrac{N-1}{2}\right) \\ 2 - \dfrac{2n}{N-1} & \left(\dfrac{N-1}{2} < n \leqslant N-1\right) \end{cases} \tag{7-4}$$

143

其形状如图 7-2(b)所示。

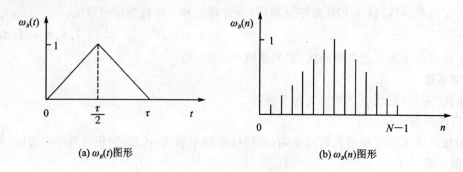

(a) $\omega_B(t)$图形　　　　　　(b) $\omega_B(n)$图形

图 7-2　三角窗的形状

7.2.3　汉宁(Hanning)窗

汉宁窗也称为升余弦窗,是三角函数窗的一种。三角函数窗的一般表达式为

$$\left.\begin{array}{l} w(t) = \left[\alpha + (1-\alpha)\cos(\Omega t)\right]R_N(t) \\[2mm] w(n) = \left[\alpha + (1-\alpha)\cos\left(\dfrac{2\pi n}{N-1}\right)\right]R_N(n) \end{array}\right\} \quad (7-5)$$

当参数 $\alpha=0.5$ 时,称为汉宁窗,其窗函数为

$$\left.\begin{array}{l} w_{\mathrm{Han}}(t) = \dfrac{1}{2}\left[1 - \cos(\Omega t)\right]R_N(t) \\[2mm] w_{\mathrm{Han}}(n) = \dfrac{1}{2}\left[1 - \cos\left(\dfrac{2\pi n}{N-1}\right)\right]R_N(n) \end{array}\right\} \quad (7-6)$$

由式(7-6)画出的汉宁窗时域连续波形和离散波形分别如图 7-3(a)和(b)所示。

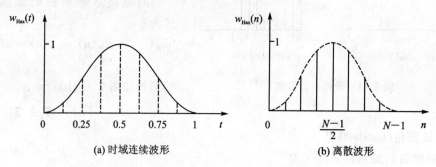

(a) 时域连续波形　　　　　　(b) 离散波形

图 7-3　汉宁窗的时域波形和离散波形

注意,汉宁窗也看做"窗" $w(n) = \left[\sin^{\alpha}\left(\dfrac{n\pi}{N-1}\right)\right]R_N(n)$, $\alpha=2$ 时的特例。

7.2.4　海明(Hamming)窗

海明窗又称为改进升余弦窗,是参数 $\alpha=0.54$ 时的一种三角函数窗,其窗函数为

$$\left.\begin{array}{l} w_{\mathrm{Ham}}(t) = \left[0.54 - 0.46\cos(\Omega t)\right]R_N(t) \\[2mm] w_{\mathrm{Ham}}(n) = \left[0.54 - 0.46\cos\left(\dfrac{2\pi n}{N-1}\right)\right]R_N(n) \end{array}\right\} \quad (7-7)$$

由式(7-7)画出海明窗的时域波形和离散波形分别如图 7-4(a)和(b)所示。

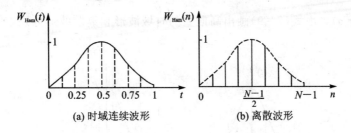

(a) 时域连续波形　　　　(b) 离散波形

图 7 - 4　海明窗的时域波形和离散波形

7.2.5　布拉克曼(Blackman)窗

布拉克曼窗又称二阶余弦窗,其窗函数为

$$w_{\text{Bla}}(t) = \left[0.42 - 0.5\cos(\Omega t) + 0.08\cos(2\Omega t)\right]R_N(t)$$
$$w_{\text{Bla}}(n) = \left[0.42 - 0.5\cos\left(\frac{2\pi n}{N-1}\right) + 0.08\cos\left(\frac{4\pi n}{N-1}\right)\right]R_N(n) \tag{7-8}$$

由式(7-8)画出布拉克曼窗的时域波形和离散波形分别如图 7 - 5(a)和(b)所示。

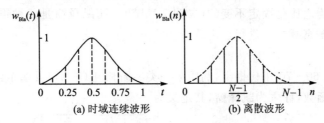

(a) 时域连续波形　　　　(b) 离散波形

图 7 - 5　布拉克曼窗的时域波形和离散波形

现将上述常用的五种窗口的窗函数的离散波形画在一起,以便比较,如图 7 - 6 所示。

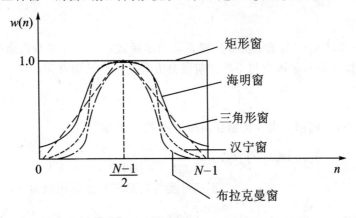

图 7 - 6　五种常用窗的窗函数

7.2.6　高斯窗

高斯系统与在第 6 章介绍的高斯信号同样重要。当高斯系统作为"窗"而使用时,就是所谓的高斯窗,其窗函数为

$$w_G(t) = E\mathrm{e}^{-\frac{t^2}{2\sigma^2}}$$
$$w_G(n) = E\mathrm{e}^{-\frac{n^2}{2\sigma^2}} \tag{7-9}$$

式中，$E=1/(\sqrt{2\pi}\,\sigma)$。由式(7-9)画出高斯窗的时域波形和离散波形分别如图7-7(a)和(b)所示。

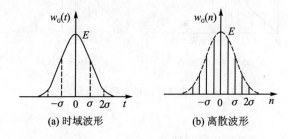

(a) 时域波形　　　　　(b) 离散波形

图 7-7　高斯窗的时域波形和离散波形

7.2.7　凯泽(Kaiser)窗

上述几种窗函数，如矩形窗、汉宁窗、海明窗等，它们的共同特点为幅度函数主波形(常称为主瓣)和次波形(常称为旁瓣)是密切相关的；其压制旁瓣，是以加宽主瓣为代价的；而且，每一种窗的主瓣和旁瓣之比是固定不变的(参阅7.3节)。而凯泽窗是一种很特殊的"窗"，它可以在主瓣宽度与旁瓣衰减之间进行自由选择。

凯泽窗定义：

凯泽在20世纪60—70年代提出，利用第一类零阶修正(变形)贝塞尔函数可以构成一种近似最佳的离散窗函数，称之为凯泽窗，其定义为

$$w_K(n)=\begin{cases}\dfrac{I_0\big[\beta(1-[(n-\alpha)/\alpha]^2)^{1/2}\big]}{I_0(\beta)}=\dfrac{I_0\left(\beta\sqrt{1-\left(1-\dfrac{2n}{N-1}\right)^2}\right)}{I_0(\beta)}&(0\leqslant n\leqslant N-1)\\0&(n<0,n>N-1)\end{cases}$$

$$(7-10)$$

式中，$\alpha=(N-1)/2$，$I_0(\cdot)$为第一类零阶修正贝塞尔函数，β是一个可自由选择的参数。

第一类零阶修正贝塞尔函数与下述二阶微分方程的一个特解有关。设二阶微分方程为

$$y''+\frac{1}{x}y'-\left(1+\frac{n^2}{x^2}\right)y=0$$

其一个特解为$J_n(jx)$，则第一类n阶修正贝塞尔函数定义为

$$I_n(x)=j^{-n}J_n(jx)=\sum_{m=0}^{+\infty}\frac{x^{n+2m}}{2^{n+2m}m!\,\Gamma(n+m+1)}$$

而第一类零阶修正贝塞尔函数为

$$I_0(x)=\sum_{m=0}^{\infty}\frac{x^{2m}}{2^{2m}m!\,(m)!}=1+\sum_{m=1}^{\infty}\left[\frac{(x/2)^m}{m!}\right]^2$$

$$(7-11)$$

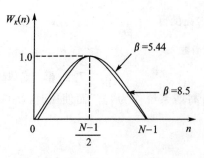

图 7-8　凯泽窗的波形随 β 的变化

分析式(7-10)可以得出如下结论：① β越大，$W(n)$窗越窄；频谱旁瓣越小，而主瓣相应增加。② $\beta=0$时的凯泽窗，相当于矩形窗。③ β的选择范围通常为$4<\beta<9$，它们的旁瓣与主瓣幅度之比为$3.1\%\sim0.047\%$。凯泽窗随β变化的曲线如图7-8所示。

图7-8表明,$n=\alpha=(N-1)/2$ 为对称中心,且是偶对称,即 $W_K(n)=W_K(N-1-n)$;而且由式(7-10)可知

$$W_K\left(\frac{N-1}{2}\right)=\frac{I_0(\beta)}{I_0(\beta)}=1 \tag{7-12}$$

7.3 窗函数的频域表征

窗函数主要用于 FIR 数字滤波器的设计,设计时用的是离散窗函数。因此,本节仅就离散窗的频域表征进行讨论。

7.3.1 矩形窗的频域表征

离散矩形窗的频响记为 $W_R(e^{j\omega})$,可通过式(7-2)的离散时间的傅里叶变换(DTFT)求得,即

$$W_R(e^{j\omega})=\mathrm{DTFT}[w_R(n)]=\sum_{n=0}^{N-1}w_R(n)e^{-j\omega n}=\sum_{n=0}^{N-1}e^{-j\omega n}=$$

$$\frac{1-e^{-j\omega N}}{1-e^{-j\omega}}=\frac{\sin\dfrac{\omega N}{2}}{\sin\dfrac{\omega}{2}}e^{-j\omega\left(\frac{N-1}{2}\right)}=W_R(\omega)e^{-j\phi(\omega)} \tag{7-13}$$

式中,$\phi(\omega)=-\left(\dfrac{N-1}{2}\right)\omega$ 为相位函数,而幅度函数为

$$W_R(\omega)=\frac{\sin\left(\dfrac{\omega N}{2}\right)}{\sin\left(\dfrac{\omega}{2}\right)} \tag{7-14}$$

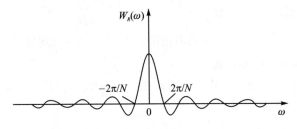

图7-9 矩形窗的窗谱

这里常将幅度函数简称为窗谱。由式(7-14)可得到矩形窗的窗谱的波形,它是由一个大主瓣和许多小旁瓣构成,如图7-9所示。

由图7-9可看出,第一对零点发生在 $\omega_0=\pm\dfrac{2\pi}{N}$,因此矩形窗窗谱的主瓣宽度为

$$\Delta\omega_R=\frac{2\pi}{N}-\left(-\frac{2\pi}{N}\right)=\frac{4\pi}{N} \tag{7-15}$$

7.3.2 三角形窗的频域表征

仿照矩形窗,对式(7-4)表示的窗函数 $w_B(n)$ 进行离散时间傅里叶变换,可得其频响:

$$W_B(e^{j\omega})=\mathrm{DTFT}[w_B(n)]=\frac{2}{N-1}\left[\frac{\sin\left[\left(\dfrac{N-1}{4}\right)\omega\right]}{\sin\left(\dfrac{\omega}{2}\right)}\right]^2 e^{-j\left(\frac{N-1}{2}\right)\omega}\approx$$

$$\frac{2}{N}\left[\frac{\sin\left(\frac{N}{4}\omega\right)}{\sin\left(\frac{\omega}{2}\right)}\right]^2 e^{-j\left(\frac{N-1}{2}\right)\omega} \quad (N\gg1) \tag{7-16}$$

三角窗的窗谱为

$$W_B(\omega)\approx\frac{2}{N}\left[\frac{\sin\left(\frac{N}{4}\omega\right)}{\sin\left(\frac{\omega}{2}\right)}\right]^2 \quad (N\gg1) \tag{7-17}$$

由式(7-17)画出的三角窗窗谱,如图7-10所示。

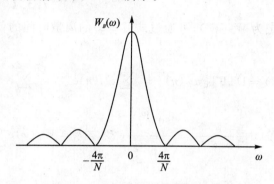

图 7-10   三角窗的窗谱

由式(7-17)和图7-10可知,$W_B(e^{j\omega})$的第一对零点为$\frac{N\omega}{4}=\pm\pi$,即$\omega=\pm\frac{4\pi}{N}$,所以主瓣宽度为

$$\Delta\omega_B=\frac{4\pi}{N}-\left(-\frac{4\pi}{N}\right)=\frac{8\pi}{N} \tag{7-18}$$

比较式(7-15)和式(7-18)可知,三角窗窗谱的主瓣宽度比矩形窗窗谱的主瓣宽度宽一倍。

7.3.3   汉宁窗的频域表征

汉宁窗的频响可先通过欧拉公式对其窗函数表达式(7-6)进行变形,然后利用相应的性质求出,即先将$w_{Han}(n)$变为

$$w_{Han}(n)=\frac{1}{2}R_N(n)+\frac{1}{4}e^{j\left(\frac{2\pi}{N-1}\right)n}R_N(n)+\frac{1}{4}e^{-j\left(\frac{2\pi}{N-1}\right)n}R_N(n) \tag{7-19}$$

再利用性质$X(e^{-j\left(\omega-\frac{2\pi}{N-1}\right)})=\mathrm{DTFT}[e^{j\left(\frac{2\pi}{N-1}\right)n}x(n)]$,可得

$$W_{Han}(e^{j\omega})=\left[\frac{1}{2}W_R(\omega)+\frac{1}{4}W_R\left(\omega-\frac{2\pi}{N-1}\right)+\frac{1}{4}W_R\left(\omega+\frac{2\pi}{N-1}\right)\right]e^{-j\left(\frac{N-1}{2}\right)\omega}=$$
$$W_{Han}(\omega)e^{-j\left(\frac{N-1}{2}\right)\omega} \tag{7-20}$$

式中,$W_R(\omega)=\mathrm{DTFT}[w_R(n)]=\mathrm{DTFT}[R_N(n)]$,$W_{Han}(\omega)$为窗谱,当$N\gg1$时,$N-1\approx N$,窗谱为

$$W_{Han}(\omega)=\frac{1}{2}W_R(\omega)+\frac{1}{4}W_R\left(\omega-\frac{2\pi}{N}\right)+\frac{1}{4}W_R\left(\omega+\frac{2\pi}{N}\right) \tag{7-21}$$

式(7-21)表明,窗谱$W_{Han}(\omega)$等于三部分之和,旁瓣较大程度地互相抵消,主瓣加宽一倍,即为$8\pi/N$,如图7-11所示,其中图(a)表示三部分相加的过程,图(b)表示相加结果,可见其主瓣宽度为$8\pi/N$。

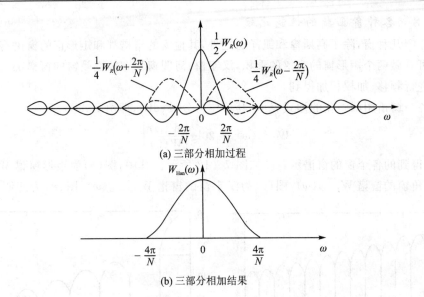

(a) 三部分相加过程

(b) 三部分相加结果

图 7 - 11　汉宁窗的窗谱

7.3.4　海明窗的频域表征

仿照汉宁窗的分析方法,可以得到海明窗的窗谱为

$$W_{\mathrm{Ham}}(\omega) = 0.54W_R(\omega) + 0.23\left[W_R\left(\omega - \frac{2\pi}{N-1}\right) + W_R\left(\omega + \frac{2\pi}{N-1}\right)\right] \approx$$

$$0.54W_R(\omega) + 0.23\left[W_R\left(\omega - \frac{2\pi}{N}\right) + W_R\left(\omega + \frac{2\pi}{N}\right)\right] \quad (N \gg 1) \quad (7-22)$$

比较式(7-21)和式(7-22)可知,两者的不同仅在于系数的差别。这样做的目的是为了减少旁瓣峰值与主瓣峰值之比,可做到(旁瓣峰值/主瓣峰值)$<1\%$,可使 99.963% 的能量集中在主瓣内,其主瓣宽度没变化,仍为 $8\pi/N$。

7.3.5　布拉克曼窗的频域表征

对式(7-8)的离散形式进行离散时间傅里叶变换(DTFT),可以得到其窗谱为

$$W_{\mathrm{Bla}}(\omega) = 0.42W_R(\omega) + 0.25\left[W_R\left(\omega - \frac{2\pi}{N-1}\right) + W_R\left(\omega + \frac{2\pi}{N-1}\right)\right] +$$

$$0.04\left[W_R\left(\omega - \frac{4\pi}{N-1}\right) + W_R\left(\omega - \frac{4\pi}{N-1}\right)\right] \quad (7-23)$$

它的主瓣宽度为 $12\pi/N$,是矩形窗的三倍。

7.3.6　高斯窗的频响

对式(7-9)的离散形式进行离散时间傅里叶变换(DTFT),可以推导出高斯窗的频响,这里借用式(6-34),就可得到

$$W_{\mathrm{G}}(\omega) = K\mathrm{e}^{-\frac{\omega^2 \sigma^2}{2\tau^2}} = K\mathrm{e}^{-\frac{\omega^2 \sigma^2 N^2}{2}} \quad (7-24)$$

7.3.7　凯泽窗的频响

原则上,可以对式(7-10)进行离散时间傅里叶变换(DTFT),即

$$W_K(\omega) = \mathrm{DTFT}\left[w_K(n)\right] \quad (7-25)$$

求得凯泽窗的频响。但是一般不给出其闭式表达式,通常是利用软件包给出其数值解。

149

7.3.8 各种窗函数的性能比较

上面介绍几种窗,除了高斯窗和凯泽窗之外,其他窗的窗谱都和矩形窗的窗谱有关。三角窗的窗谱可看做两个矩形窗的窗谱的乘积,汉宁窗、海明窗和布拉克曼窗的窗谱都可以将矩形窗的窗谱进行频移、加权相加得到。

现将各个窗谱用归一化的形式表示,其单位为分贝(dB),即用下式

$$W_{x-\mathrm{dB}}(\omega) = 20\lg\left|\frac{W(\omega)}{W(0)}\right| \tag{7-26}$$

计算,由此得到的各个窗的窗谱示意图如图 7-12 所示。其中,图(a)为矩形窗谱 $W_{R-\mathrm{dB}}(\omega)$,图(b)为三角窗的窗谱 $W_{B-\mathrm{dB}}(\omega)$,图(c)为汉宁窗的窗谱 $W_{\mathrm{Han}-\mathrm{dB}}(\omega)$,图(d)为海明窗的窗谱

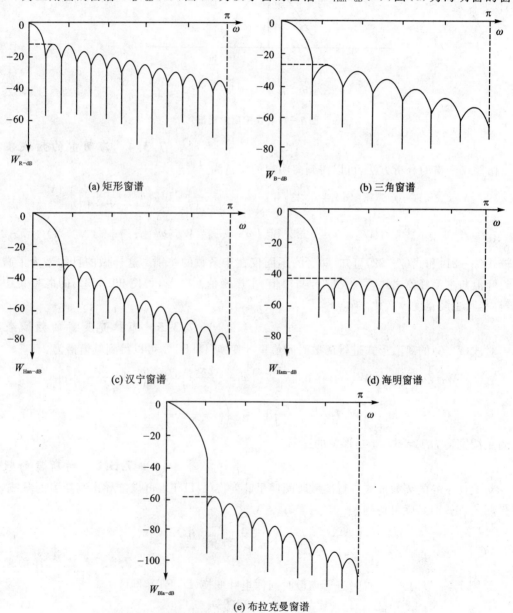

(a) 矩形窗谱   (b) 三角窗谱

(c) 汉宁窗谱   (d) 海明窗谱

(e) 布拉克曼窗谱

图 7-12 几种窗的窗谱波形

$W_{\text{Ham}-\text{dB}}(\omega)$，图(e)为布拉克曼窗的窗谱 $W_{\text{Bla}-\text{dB}}(\omega)$。

为了更加明确，将几种窗的主要特性归纳于表 7-1。

表 7-1　窗的主要特性

窗函数	旁瓣峰值/dB	主瓣宽度/$(2\pi \cdot N^{-1})$
矩形窗	-13	2
三角形窗	-25	4
汉宁窗	-31	4
海明窗	-41	4
布拉克曼窗	-57	6

7.4　"加窗"对信号的影响

数字信号是用数字计算机来处理的，显然计算机所处理的数据或信号是有限长的。如果原始数据或信号是很长的，或是理论上是无限长的，这时必须将数据或信号截断。截断就是加窗，实际上是对信号施行了一次乘法操作。本节将专门讨论"加窗"对信号的影响。为了便于说明，以抽样信号和矩形窗为例，说明窗函数对信号的影响。

7.4.1　抽样信号加矩形窗

为便于观察"加窗"对信号的影响，以抽样信号

$$x_d(n) = \frac{\omega_c}{\pi} \frac{\sin\left[(n-\alpha)\omega_c\right]}{(n-\alpha)\omega_c} \tag{7-27}$$

为例进行讨论。对信号 $x_d(n)$ 加矩形窗就是截断信号，这相当于通过该窗口看信号 $x_d(n)$。设 $w_R(n)$ 为矩形窗的窗函数，则加窗后的信号为

$$x(n) = x_d(n)w_R(n) = \begin{cases} x_d(n) & (0 \leqslant n \leqslant N-1) \\ 0 & (n<0, n>N-1) \end{cases} \tag{7-28}$$

因 $x(n)$ 为，偶对称序列，故当其长度为 N 时，其对称中心是 $\alpha=(N-1)/2$。因此，$x(n)$ 可写为

$$x(n) = \begin{cases} \dfrac{\omega_c}{\pi} \cdot \dfrac{\sin\left[\left(n-\dfrac{N-1}{2}\right)\omega_c\right]}{\left(n-\dfrac{N-1}{2}\right)\omega_c} & (0 \leqslant n \leqslant N-1) \\ 0 & (n<0, n>N-1) \end{cases} \tag{7-29}$$

加矩形窗的过程可用图 7-13 来说明，即将图(a)和图(b)所示的两个波形对齐，逐项相乘。

加时域窗，即在时域对信号进行截断，还不能具体地评价"加窗"对信号的影响。如果在频域来分析"加窗"的影响，就能够具体评价。为此，要分析抽样信号的频谱。

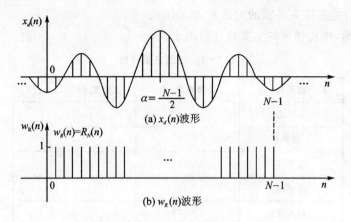

图 7 - 13　信号 $x_d(n)$ 与矩形函数 $w_R(n)$ 的波形

🧭 7.4.2　抽样信号的频谱

对式(7-27)表示的抽样信号进行离散时间傅里叶变换,则得

$$X_d(\mathrm{e}^{\mathrm{j}\omega}) = \mathrm{DTFT}[x_d(n)] = \begin{cases} \mid X_d(\mathrm{e}^{\mathrm{j}\omega}) \mid \mathrm{e}^{\mathrm{j}\theta(\omega)} = \mathrm{e}^{-\mathrm{j}\alpha\omega} & (-\omega_c \leqslant \omega \leqslant \omega_c) \\ 0 & (\omega_c < \mid \omega \mid \leqslant \pi) \end{cases} \quad (7-30)$$

式中,α 为群延迟,ω_c 为最高数字频率。抽样信号频谱的模和相角分别如图 7-14(a)和(b)所示。

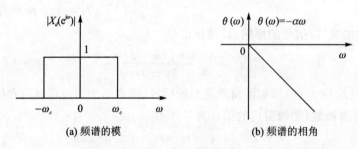

(a) 频谱的模　　　　　　　(b) 频谱的相角

图 7 - 14　抽样信号频谱的模与相角

图 7-14 表明,抽样信号频谱的模是一个很规范的矩形,这样可将时域加窗的影响映射到频域,就很容易看出两者的区别。

加窗后的频谱 $X(\mathrm{e}^{\mathrm{j}\omega})$ 可通过 $x(n)$ 的 DTFT 求得,即 $X(\mathrm{e}^{\mathrm{j}\omega})=\mathrm{DTFT}[x(n)]$。另一方面为了便于与理想的频谱 $X_d(\mathrm{e}^{\mathrm{j}\omega})$ 相比较,可用卷积定理求得

$$X(\mathrm{e}^{\mathrm{j}\omega}) = \frac{1}{2\pi}\int_{-\pi}^{\pi} X_d(\mathrm{e}^{\mathrm{j}\theta})W_R(\mathrm{e}^{\mathrm{j}(\omega-\theta)})\mathrm{d}\theta \quad (7-31)$$

式中,$W_R(\mathrm{e}^{\mathrm{j}\omega})$ 为矩形窗的频响,它由式(7-13)给出。

将式(7-13)代入式(7-31),则得加窗后抽样信号的频谱:

$$X(\mathrm{e}^{\mathrm{j}\omega}) = \frac{1}{2\pi}\int_{-\pi}^{\pi} \mid X_d(\theta) \mid \mathrm{e}^{-\mathrm{j}(\frac{N-1}{2})\theta}W_R(\omega-\theta)\mathrm{e}^{-\mathrm{j}(\frac{N-1}{2})(\omega-\theta)}\mathrm{d}\theta =$$

$$\mathrm{e}^{-\mathrm{j}(\frac{N-1}{2})\omega} \cdot \frac{1}{2\pi}\int_{-\pi}^{\pi} \mid X_d(\theta) \mid W_R(\omega-\theta)\mathrm{d}\theta =$$

$$\mathrm{e}^{-\mathrm{j}(\frac{N-1}{2})\omega} \cdot \frac{1}{2\pi}\int_{-\pi}^{\pi} W_R(\omega-\theta)\mathrm{d}\theta \quad (7-32)$$

式中，

$$X(\omega) = \frac{1}{2\pi}\int_{-\pi}^{\pi} |X_d(\theta)| W_R(\omega-\theta)\mathrm{d}\theta = \frac{1}{2\pi}\int_{-\pi}^{\pi} W_R(\omega-\theta)\mathrm{d}\theta$$

为加窗后抽样信号频谱的模；

$$\phi(\omega) = -\left(\frac{N-1}{2}\right)$$

ω 为加窗后抽样信号的频谱的相角。

7.4.3　加矩形窗的影响

下面，由 $\omega=0, \omega=\omega_c, \omega=\omega_c-2\pi/N$ 和 $\omega=\omega_c+2\pi/N$ 等几个特殊数字频率点，分析式(7-32)的卷积结果，来讨论加窗对信号的影响。

1. $\omega=0$ 时

这时式(7-32)的卷积结果为

$$X(0) = \frac{1}{2\pi}\int_{-\omega_c}^{\omega_c} 1 \cdot W_R(-\theta)\mathrm{d}\theta \approx \frac{1}{2\pi}\int_{-\pi}^{\pi} W_R(\theta)\mathrm{d}\theta \tag{7-33}$$

式(7-33)表明，其结果等于 $W_R(\theta)$ 位于 $-\pi$ 到 π 之间的所有面积的积分，如图7-15所示。

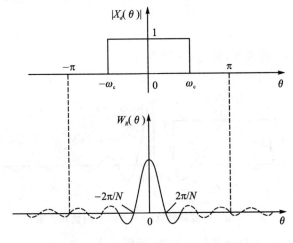

图 7-15　计算频谱 $X(0)$ 时的示意图

2. $\omega=\omega_c$ 时

这时 $|X_d(\theta)|$ 正好与 $W_R(\omega-\theta)$ 的一半相重叠，如图7-16所示。

这时的频谱 $X(\omega_c)$ 为

$$X(\omega_c) = \frac{1}{2\pi}\int_{-\pi}^{\pi} X_d(\theta) W_R(\omega_c-\theta)\mathrm{d}\theta$$

$$\tag{7-34}$$

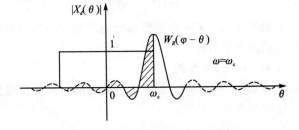

图 7-16　计算频响 $X(\omega_c)$ 时的示意图

由于 $X_d(\theta)$ 正好与 $W_R(\omega-\theta)$ 的一半相重叠，所以式(7-34)的积分值就等于图7-16中黑影部分的代数和，其归一化值为

$$\frac{X(\omega_c)}{X(0)} = 0.5 \tag{7-35}$$

3. $\omega = \omega_c - \dfrac{2\pi}{N}$ 时

$W_R(\omega - \theta)$ 的主瓣全部位于信号的频带内,如图 7-17 所示。

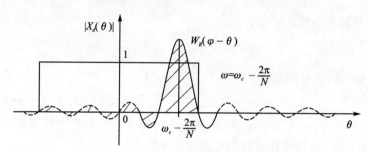

图 7-17　计算频谱 $X\left(\omega_c - \dfrac{2\pi}{N}\right)$ 时的示意图

由于这时 $W_R(\omega - \theta)$ 的主瓣全部位于信号的频带内,所以下式:

$$X\left(\omega_c - \frac{2\pi}{N}\right) = \frac{1}{2\pi}\int_{-\pi}^{\pi} X_d(\theta) W_R\left(\omega_c - \frac{2\pi}{N} - \theta\right) d\theta \tag{7-36}$$

的积分值等于图 7-17 中黑影部分的代数和。这时黑影部分的正值最多,故出现所谓正的肩峰。

4. $\omega = \omega_c + 2\pi/N$ 时

这时窗的主瓣全部在通带外,如图 7-18 所示。

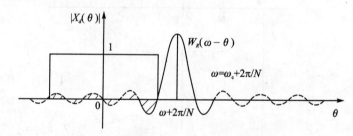

图 7-18　计算频响 $X(\omega_c + 2\pi/N)$ 时的示意图

由于这时 $W_R(\omega - \theta)$ 的主瓣全部在通带外,所以下式:

$$X\left(\omega_c + \frac{2\pi}{N}\right) = \frac{1}{2\pi}\int_{-\pi}^{\pi} X_d(\theta) W_R\left(\omega_c + \frac{2\pi}{N} - \theta\right) d\theta \tag{7-37}$$

的积分值等于图 7-18 中黑影部分的代数和。这时负值黑影部分比正值黑影部分要多些,故出现所谓的负的肩峰。

5. $\omega > \omega_c + 2\pi/N$ 时

随 ω 增加,$W_R(\omega - \theta)$ 的左边旁瓣的起伏部分扫过信号的频带,如图 7-19 所示。

这时由卷积

$$X(\omega) = \frac{1}{2\pi}\int_{-\pi}^{\pi} X_d(\theta) W_R(\omega - \theta) d\theta \tag{7-38}$$

得到的频谱 $X(\omega)$ 将随着 $W_R(\omega - \theta)$ 的旁瓣在信号的频带内的面积变化而变化,故 $X(\omega)$ 将围绕着零值而波动。

6. 当 $\omega < \omega_c - \dfrac{2\pi}{N}$ 时

这时 $W_R(\omega - \theta)$ 的右边旁瓣也将进入信号 $X_d(\theta)$ 的频带,如图 7-20 所示。

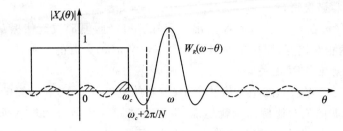

图 7 - 19　计算 $\omega > \omega_c + \dfrac{2\pi}{N}$ 时的频谱示意图

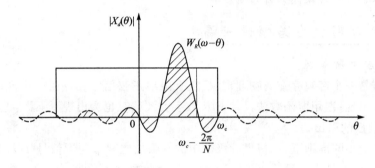

图 7 - 20　计算 $\omega < \omega_c - 2\pi/N$ 时的频谱示意图

这时由卷积

$$X(\omega) = \frac{1}{2\pi}\int_{-\pi}^{\pi} X_d(\theta) W_R(\omega - \theta)\,\mathrm{d}\theta$$

得到的频谱 $X(\omega)$ 将随着右(左)边旁瓣的起伏,围绕 $X(0)$ 值而波动。

最终得到的频谱 $X(\omega)$ 的归一化波形 $X(\omega)/X(0)$ 如图 7 - 21 所示。

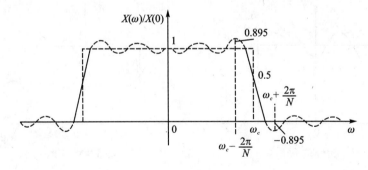

图 7 - 21　频响 $X(\omega)$ 的归一化波形

7. 几点结论

通过上述分析,并结合图 7 - 21,可以得出如下几点结论。

(1) 产生一个过渡带

加矩形窗,将使信号的频谱产生一个过渡带。该过渡带宽度正好等于矩形窗的窗谱 $W_R(\omega)$ 的主瓣宽度:

$$\Delta\omega = \left(\omega_c + \frac{2\pi}{N}\right) - \left(\omega_c - \frac{2\pi}{N}\right) = \frac{4\pi}{N}$$

（2）出现肩峰和起伏振荡

信号的频谱 $X(\omega)$ 在 $\omega=\omega_c\pm 2\pi/N$ 处出现肩峰。肩峰两侧形成起伏振荡,其振荡幅度取决于 $W_R(\omega)$ 旁瓣的相对幅度;而振荡的多少则取决于 $W_R(\omega)$ 旁瓣的多少。

（3）肩峰的相对值与 N 无关

改变 N,只能改变 $W_R(\omega)$ 的绝对值的大小、主瓣的宽度（$4\pi/N$）和旁瓣的宽度（$2\pi/N$）;但不能改变主瓣与旁瓣的相对比例。也就是说,不会改变归一化信号频谱 $X(\omega)$ 的肩峰的相对值。对于加矩形窗而言,其最大相对肩峰为 8.95%,不管 N 怎样改变,最大肩峰总是 8.95%,如图 7-21 所示。这种现象称为吉布斯效应。

7.5 吉布斯效应与频谱泄漏

7.5.1 吉布斯效应

吉布斯效应是一个客观存在的物理现象,在有限项正弦信号相加时会出现;在信号截断,即加矩形窗时会出现;在用窗函数法设计 FIR 数字滤波器时也会出现。下面,讨论这一现象。

1. 吉布斯效应的引出

在均方误差最小的准则下,用傅里叶级数中的有限项之和来逼近信号 $x(t)$ 时,项数越多,逼近的程度越高,误差越小。理论上,若 $N\rightarrow\infty$,则级数收敛于原信号 $x(t)$,是一个完美的信号重构。实际上,人们无法用无限多个连续时间信号,例如正弦信号,完美重构一个不连续信号,例如矩形脉冲信号。

美国物理学家米切尔森（A. Michelsen）在用谐波分析仪计算正弦信号的有限项之和时,发现随着项数 N 的增加,只是起伏振荡部分被压缩,但起伏的最大峰值（超量）却保持不变,总出现 9% 左右的肩峰,如图 7-22 所示。

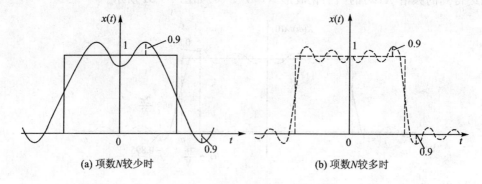

(a) 项数N较少时　　　　　　　　　(b) 项数N较多时

图 7-22　有限项之和形成的肩峰

著名的物理学家吉布斯（Gibbs）解释了上述现象。他指出,用有限项傅里叶级数逼近一个不连续信号时,在信号连续部分可用增加项数来实现逼近;但是在信号不连续处,无论怎样增加项数,都将呈现高频起伏和一个固定不变（9%）的超量（肩峰）。人们将这一现象称为吉布斯效应。

2. 信号加窗时的吉布斯效应

如上所述,当抽样信号截断,即加矩形窗时,虽然抽样信号的频谱是一个规则的矩形谱,但由于矩形窗的窗谱是无限带宽的,两者卷积的结果,就形成了图 7-21 所示的振荡波形。

当截取长度 N 较长时,由式（7-14）表示的矩形窗的窗谱则变为

$$W_R(\omega) = \frac{\sin\left(\dfrac{\omega N}{2}\right)}{\sin\left(\dfrac{\omega}{2}\right)} \approx N\,\frac{\sin\left(\dfrac{N\omega}{2}\right)}{\dfrac{N\omega}{2}} = N\,\frac{\sin x}{x} \tag{7-39}$$

式中，$x = N\omega/2$。考虑到抽样信号的频谱 $X_d(\omega)$ 在带内等于 1 或一个常数，在带外为零的特点，卷积

$$X(\omega) = X_d(\omega) * N\,\frac{\sin x}{x} \tag{7-40}$$

只取决于窗谱。由此可见，改变 N，只能改变窗谱的主瓣宽度、坐标的比例以及窗谱的绝对值大小；但不能改变主瓣与旁瓣的相对比值。这个相对比值只由窗谱的形状 $\sin x/x$ 决定。因此，当增加 N 时，窗谱的主瓣变窄，即减小了信号谱的过渡带，而不会改变肩峰的相对值。对于矩形窗而言，最大相对肩峰的值为 8.95%，这种现象称为信号加窗时的吉布斯效应。

7.5.2　频谱泄漏

1. 基本概念

在 4.7.1 节，讨论用 DFT 计算连续时间信号的傅里叶变换可能造成的误差时，介绍了频谱泄漏的概念。频谱泄漏是因信号被截断造成的，"泄漏"的含义是指将原信号的频谱扩散，或者是拖尾，或者是加宽。对一个正弦量信号 $x(t) = a\cos\Omega_0 t$ 而言，其频谱是一条谱线；或者用正负频率表示，就是对称的两条谱线，如图 7-23 所示。其中图 (a) 为未截断时正弦量信号的频谱，图 (b) 为正弦量信号截断后的频谱。

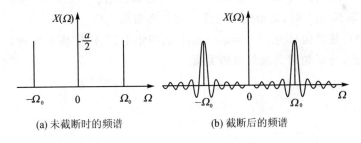

(a) 未截断时的频谱　　　　　(b) 截断后的频谱

图 7-23　截断产生的频谱泄漏

2. 减少频谱泄漏

减少频谱泄漏的方法通常有两个：一是加长数据长度，这是因为当窗口宽度趋于无穷大时，则窗谱 $W(\omega)$ 将变为 $\delta(\omega)$ 函数，而 $\delta(\omega)$ 与 $X(\omega)$ 的卷积仍为 $X(\omega)$，这表明窗为无限宽时，即不截断，就不存在频谱泄漏；加长数据将导致计算量和存储量的增加。二是缓慢截断数据，即施加缓变（加权）的窗。

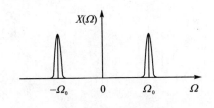

图 7-24　加海明窗的频谱泄漏的改善

频谱泄漏与窗谱的两侧旁瓣有关。如果两侧旁瓣的高度趋于零，而使能量相对集中在主瓣，就可以较好逼近于真实的频谱。为此，在时间域中可采用汉宁窗、海明窗等窗函数来截断信号。例如，正弦量信号施加海明窗的频谱泄漏情况如图 7-24 所示，可见，与矩形窗图 7-23 相比，频谱泄漏有很大的改善。

本章小结

在实际应用中,当用计算机进行信号处理时,不可能对无限长的信号进行测量和运算,而是取其有限的时间段进行分析。具体做法是从信号中截取一个时间段,再进行周期延拓,得到虚拟的周期信号;然后对信号进行傅里叶变换等处理。信号在时域被直接截断,就是乘以一个矩形窗,映射到频域,等效于信号的频谱与矩形窗的窗谱的卷积。由于矩形窗的窗谱是无限频带的,这将导致频谱泄漏,甚至混叠。因此,如何截断数据则是人们关注的问题。也就是说,窗函数的研究就显得十分必要。本章较系统地分析了窗函数时域和频域特性、表征方法及各种窗的性能比较;详细讨论了加窗对信号的影响,选择合适的窗函数可有效地减少频谱泄漏;最后介绍了吉布斯效应和频谱泄漏两个基本概念。

思考题与习题

7-1 窗函数有什么作用?

7-2 三角函数窗主要有哪几种窗?

7-3 凯泽窗的窗谱有什么特点?

7-4 三角窗、汉宁窗、海明窗和布拉克曼窗的窗谱如何用矩形窗的窗谱表示?

7-5 频谱泄漏是怎样产生的?

7-6 说明信号截断中吉布斯效应。

7-7 试说明加窗对信号产生的影响。

7-8 试画出矩形窗 $w_R(n)=R_{49}(n)$ 的时域波形和窗谱。

7-9 试计算 $N=21$ 时,矩形窗的窗谱主瓣与旁瓣值比值。

7-10 已知正弦量信号为 $x(t)=a\cos\Omega_0 t$,试用矩形窗、汉宁窗对它进行同长度截断,比较两种截断的频谱,分析频谱泄漏与窗的关系。

第 **8** 章

数字滤波器的设计

从信号所起的作用来看,滤波器定义为对输入信号起滤波作用的装置;从系统特性上讲,滤波器就是具有某种系统函数的特定系统。因此,滤波器的设计归根结底就是设计一个满足技术指标要求的系统函数。模拟滤波器处理的是模拟信号,而数字滤波器 DF(Digital Filter)处理的是离散或数字信号。与模拟滤波器相比,数字滤波器具有精确度高、稳定性好、可灵活改变系统函数、不必考虑阻抗匹配问题,以及便于大规模集成等特点。本章主要介绍数字滤波器的基本概念;IIR 数字滤波器的基本结构,FIR 数字滤波器的基本结构;IIR 数字滤波器的设计方法;FIR 数字滤波器的设计方法;IIR 数字滤波器与 FIR 数字滤波器的比较。

8.1 数字滤波器的基本概念

8.1.1 数字滤波器的分类

数字滤波器通常按冲激响应持续时间的长度进行分类,分为无限冲激响应(IIR)的数字滤波器和有限冲激响应(FIR)的数字滤波器;也可以按频率特性进行分类。

1. DF 按频率特性分类

与模拟滤波器一样,DF 按频率特性分类可分为低通、高通、带通、带阻和全通滤波器,如图 8-1 所示。

由图 8-1 可看出,DF 的特点有:① 频率变量用数字频率 ω 表示,即 $\omega = \Omega T$,其中 Ω 为模拟角频率,T 为抽样时间间隔;② DF 的频率特性以数字抽样频率 $\omega_s = 2\pi f_s T = 2\pi$ 为周期;③ 频率特性只限于 $|\omega| \leqslant \omega_s/2 = \pi$ 范围内。这是因为依取样定理,若不产生混叠,则实际频率特性只能小于等于抽样频率的一半。

2. 按冲激响应持续时间长度的分类

对于一个线性移不变离散系统,为叙述方便,将其差分方程(N 阶,$a_0 = 1$)重写如下:

$$y(n) = \sum_{k=1}^{N} a_k y(n-k) + \sum_{k=0}^{M} b_k x(n-k) \tag{8-1}$$

而对应的系统函数为

$$H(z) = \frac{Y(z)}{X(z)} = \frac{\sum\limits_{k=0}^{M} b_k z^{-k}}{1 - \sum\limits_{k=1}^{N} a_k z^{-k}} \tag{8-2}$$

当系数 $a_k \neq 0$(只要有一个)时,从式(8-1)看出,系统当前时刻的输出与以前时刻的输出有关,即系统有反馈回路存在,故称为递归系统;另一方面,从式(8-2)看出,这时在有限 z 平面上存在极点,所以对应的序列不是有限长的,而是无限长的,故称这种系统为无限冲激响应系统,简称为 IIR(Infinite Impulse Response)系统。

当系数 $a_k = 0$ 时,则有

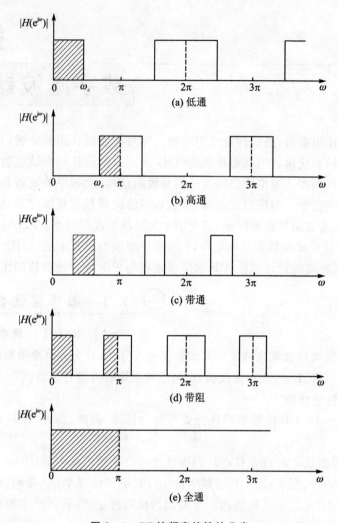

图 8 - 1 DF 按频率特性的分类

$$y(n) = \sum_{k=0}^{M} b_k x(n-k) \left.\begin{array}{c}\\\\\end{array}\right\}$$

$$H(z) = \sum_{k=0}^{M} b_k z^{-k}$$

$$(8-3)$$

从式(8-3)看出,系统当前时刻的输出只与系统输入有关,而在有限 z 平面上没有极点,故所对应的序列是有限长的,称这种系统为有限冲激响应系统,简称为 FIR(Finite Impulse Response)系统。

8.1.2 DF 的性能要求

下面,以低通数字滤波器为例,说明对 DF 的性能要求。如图 8-2 所示,实际的滤波器并非是理想的,其频率响应的幅度特性,在通带内存在波动,并有一个过渡带和阻带。在实际中,通常用允许误差来表征幅度特性。例如,在通带,是以误差 α_1 来逼近 1 的,即

$$1 - \alpha_1 \leqslant |H(e^{j\omega})| \leqslant 1 \qquad (8-4)$$

在阻带,要求

$$| H(e^{j\omega}) | \leqslant \alpha_2 \quad (\omega_{st} \leqslant | \omega | \leqslant \pi) \qquad (8-5)$$

而在过渡带,则要求幅度特性平滑地从通带过渡到阻带。

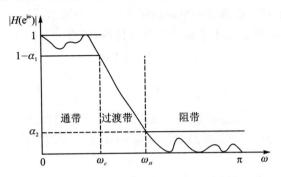

图 8 - 2　低通 DF 幅度特性的误差

在实际设计中,幅度特性的通带误差 α_1 用最大衰减 δ_1 表示,而阻带误差 α_2 用最小衰减 δ_2 表示,即

$$\left.\begin{array}{l} \delta_1 = 20 \lg \dfrac{| H(e^{j0}) |}{| H(e^{j\omega_c}) |} = - 20 \lg | H(e^{j\omega_c}) | = - 20 \lg(1 - \alpha_1) \\[4mm] \delta_2 = 20 \lg \dfrac{| H(e^{j0}) |}{| H(e^{j\omega_{st}}) |} = - 20 \lg | H(e^{j\omega_{st}}) | = - 20 \lg\alpha_2 \end{array}\right\} \qquad (8-6)$$

8.1.3　表征 DF 频响的三个主要参量

DF 的系统函数在单位圆的值就是其频响, DF 的设计就是求取频响符合要求的一个数字系统。表征 DF 频响特性的三个主要参量是幅度平方响应、相位响应和群延迟。

1. 幅度平方响应

为了适应 DF 的设计需要,引入了幅度平方响应的概念。它定义为

$$| H(e^{j\omega}) |^2 = H(e^{j\omega}) H^*(e^{j\omega}) = H(e^{j\omega}) H(e^{-j\omega}) = H(z) H(z^{-1}) |_{z=e^{j\omega}} \qquad (8-7)$$

2. 相位响应

若将 DF 的频率响应表示为

$$H(e^{j\omega}) = | H(e^{j\omega}) | e^{j\beta(e^{j\omega})} = \mathrm{Re}[H(e^{j\omega})] + j\mathrm{Im}[H(e^{j\omega})]$$

则 DF 的相位响应为

$$\beta(e^{j\omega}) = \arctan\left\{\frac{\mathrm{Im}[H(e^{j\omega})]}{\mathrm{Re}[H(e^{j\omega})]}\right\} \qquad (8-8)$$

3. 群延迟

这是表示滤波器平均延迟的一个物理量,其定义为

$$\tau(e^{j\omega}) = -\frac{d\beta(e^{j\omega})}{d\omega} \qquad (8-9)$$

显然,式(8-9)是数字频率 ω 的函数,它表示每个频率分量的延迟;当它为常数时,则表示每个频率分量的延迟相同。

8.1.4　数字滤波器的表示形式

数字滤波器就是一个满足某种性能要求的因果稳定的离散线性移不变系统,因此可以用单位抽样响应、系统函数、差分方程、方块图和信号流图来表述。

1. 单位抽样响应

作为一个因果稳定的离散线性移不变系统,数字滤波器可用单位抽样响应来描述,如图 8-3 所示。图中用 $h(n)$ 表示数字滤波器的单位抽样响应,$x(n)$ 表示其输入,$y(n)$ 表示其输出。

根据因果稳定的离散线性移不变系统的基本特性,则有

$$y(n) = x(n) * h(n)$$

因此,可得

$$h(n) = y(n)(1/*)x(n) \qquad (8-10)$$

式(8-10)中符号"$1/*$"表示反卷积运算。该式表明,DF 的单位抽样响应可用其输出 $y(n)$ 和输入 $x(n)$ 通过反卷积求得。显然,单位抽样响应 $h(n)$ 是一个因果稳定序列。

2. 差分方程

如果用差分方程表示 DF,则用式(8-1)表示。

3. 系统函数

对式(8-1)进行 z 变换,则得到式(8-2)。式中的系统函数 $H(z)$ 为单位抽样响应 $h(n)$ 的 z 变换;而 $X(z)$、$Y(z)$ 分别为 DF 的输入 $x(n)$ 和输出 $y(n)$ 的 z 变换。用系统函数表示 DF,其框图如图 8-4 所示。

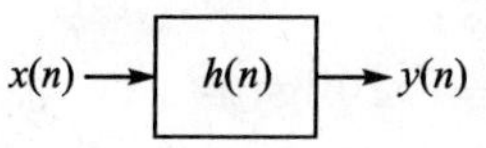

$$x(n) \longrightarrow \boxed{h(n)} \longrightarrow y(n) \qquad\qquad X(z) \longrightarrow \boxed{H(z)} \longrightarrow Y(z)$$

图 8-3　用单位抽样响应表示数字滤波器 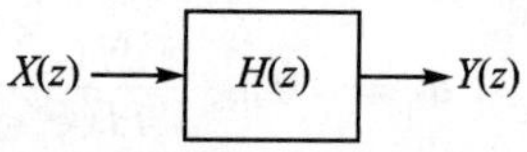　　　　**图 8-4　用系统函数表示 DF**

由系统的结构图来表示 DF,有方框图法和信号流图法。实际上,数字滤波的作用就是对输入序列 $x(n)$ 按需要进行某些运算操作,从而得到所希望的输出序列 $y(n)$。从式(8-1)看出,实现滤波只需三种基本运算:相加、单位延迟、乘常数。表示这三种基本运算通常用方框图,或用信号流图。

4. 方框图表示法

所谓方框图法就是用方框图表示上述三种基本运算,然后根据差分方程,用方框图将所有的运算都表示出来的方法。方框图法简明、直观。三种基本运算的方框图如图 8-5 所示。

5. 信号流图表示法

所谓信号流图法就是用信号流图表示相加、单位延迟、乘常数三种基本运算,然后根据差分方程,用信号流图将所有的运算都表示出来的方法。信号流图法的三种基本运算如图 8-6 所示。

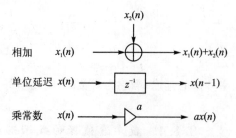

图 8-5　方框图表示三种运算的方法

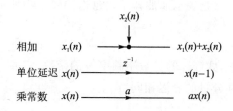

图 8-6　三种基本运算的信号流图表示法

例 8-1　已知某一线性移不变离散系统的输入与输出关系(差分方程)为 $y(n) = a_1 y(n-1) + a_2 y(n-2) + b_0 x(n)$,试用系统函数、单位抽样响应、方框图和信号流图表示它。

解　对 $y(n) = a_1 y(n-1) + a_2 y(n-2) + b_0 x(n)$ 两端进行 z 变换,再进行整理,就可得到该系统的系统函数:

$$H(z) = \frac{Y(z)}{X(z)} = b_0 + a_1 z^{-1} + a_2 z^{-2}$$

对上式进行 z 反变换,可得到单位抽样响应:

$$h(n) = b_0 \delta(n) + a_1 \delta(n-1) + a_2 \delta(n-2)$$

由差分方程或单位抽样响应或系统函数可知,无论用方框图还是用信号流图表示,都需要两个加法器、两个单位延迟单元和 3 个乘常数的乘法器。若用方框图表示,则如图 8-7 所示;若用信号流图表示,则如图 8-8 所示。

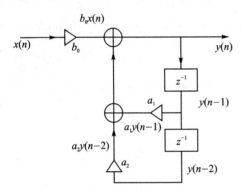

图 8-7　方框图表示

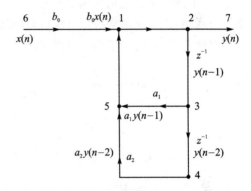

图 8-8　信号流图表示

比较图 8-7 与图 8-8 可知,信号流图表示法更加简单方便。

6. 关于信号流图几点说明

① 所谓"输入节点"或"源节点",系指输入序列 $x(n)$ 所处的节点。② 所谓"输出节点"或"阱节点",系指输出序列 $y(n)$ 所处的节点。③ 所谓分支节点,系指仅有一个输入支路,却有一个或一个以上输出支路的节点;其作用是将输入值分配到每一支路。④ 所谓"相加器(节点)"或"和点",系指有两个或两个以上输入支路的节点。⑤ 支路不标传输系数时,就认为其传输系数为 1;任何一个节点值等于所有输入支路的信号之和。

例 8-2　试分析图 8-8 信号流图的节点 1、2、3、4、5、6 和 7 是何种节点?

解　根据节点的特性,可知和点有 1、5;分支节点有 2、3、4、6,为源点;7 为阱点。

🧭 8.1.5　DF 设计内容

如上所述,DF 的设计归根结底就是用一个因果稳定的离散线性移不变系统的系统函数,去逼近给定的性能要求。由此可归纳出 DF 设计内容:① 按任务要求确定 DF 的性能指标;② 用 IIR 或 FIR 系统函数去逼近这一性能要求;③ 选择适当的运算结构实现这个系统函数;④ 依条件选用软件或选用硬件来实现。

163

🐟 8.2　无限长单位冲激响应(IIR)数字滤波器的基本结构

DF 的基本结构,取决于其差分方程或系统函数的具体表现形式。由式(8-1)看出,IIR

滤波器和 FIR 滤波器的差分方程或系统函数是不相同的,所以它们的基本结构也将是不同的。本节将叙述 IIR 滤波器的特点和基本结构。

8.2.1 IIR 滤波器的特点

IIR 滤波器有 3 个主要特点：① 单位冲激响应 $h(n)$ 是无限长的；② 系统函数 $H(z)$ 在有限 z 平面 $(0<|z|<\infty)$ 上有极点存在；③ 结构上是递归型的,即存在着输出到输入的反馈。

8.2.2 基本结构

IIR 滤波器的基本结构可分为直接 I 型、直接 II 型、级联型和并联型 4 个类型。直接 I 型和直接 II 型可直接从差分方程得到,级联型和并联型要从系统函数得出。

1. 直接 I 型

直接 I 型的基本结构从差分方程式(8-1)得出,将输入序列 $x(n)$ 及其加权延迟归为第一个网络,由于该网络决定系统函数的零点,故称为零点网络;将输出序列 $y(n)$ 及其加权延迟归为第二个网络,由于该网络决定系统函数的极点,故称为极点网络。如图 8-9 所示,左侧的网络为零点网络,右侧的网络为极点网络。

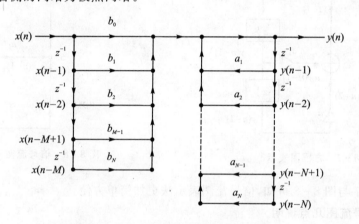

图 8-9　直接 I 型的基本网络结构

由图 8-9 可看出,第一个网络实现"零点运算",即对 $x(n)$ 实现加权延时 $\sum\limits_{k=0}^{N} b_k x(n-k)$。

第二个网络实现"极点运算",即对 $y(n)$ 实现加权延时 $\sum\limits_{k=1}^{N} a_k y(n-k)$;而且第二个网络实现输出延时、加反馈,故也称它为反馈网络。不难看出,直接 I 型共需 $(M+N)$ 个存储延时单元。

2. 直接 II 型(典范型)

将图 8-9 进行适当改造,并设中间点的数据为 $x'(n)$,如图 8-10 所示。若将 $x'(n)$ 视为左侧网络的输出,则

$$x'(n) = \sum_{k=1}^{N} a_k x'(n-k) + x(n) \qquad (8-11)$$

同样,将 $x'(n)$ 视为右侧网络的输入,则有

$$y(n) = \sum_{k=0}^{M} b_k x'(n-k) \qquad (8-12)$$

对式(8-11)和(8-12)的两端进行 z 变换,则

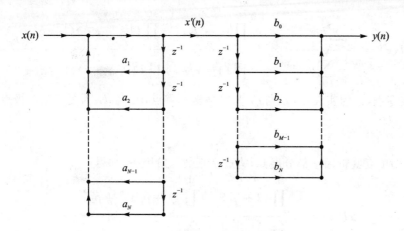

图 8-10　直接 I 型的改造结构

$$\left. \begin{array}{l} X'(z) = X'(z) \sum_{k=1}^{N} a_k z^{-k} + X(z) \\ Y(z) = X'(z) \sum_{k=1}^{N} b_k z^{-k} \end{array} \right\} \tag{8-13}$$

因此,可以得到

$$\left\{ \begin{array}{l} X(z) = X'(z)(1 - \sum_{k=1}^{N} a_k z^{-k}) \\ \dfrac{Y(z)}{X(z)} = H(z) = \dfrac{\sum_{k=1}^{N} b_k z^{-k}}{1 - \sum_{k=1}^{N} a_k z^{-k}} \end{array} \right\} \tag{8-14}$$

式(8-14)表明,直接 I 型改造前后是等效的。如果将图 8-10 中的两侧网络的单位延时单元合并,则得到如图 8-11 所示的结构,它就是直接 II 型,也称为典范型。

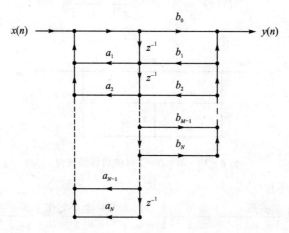

图 8-11　直接 II 型的结构

3. 级联型

将式(8-2)所表示的系统函数,按零点、极点进行因式分解,则得

$$H(z) = \frac{\sum\limits_{k=0}^{M} b_k z^{-k}}{1 - \sum\limits_{k=1}^{N} a_k z^{-k}} = A\frac{\prod\limits_{k=1}^{M_1}(1-p_k z^{-1})\prod\limits_{k=1}^{M_2}(1-q_k z^{-1})(1-q_k^* z^{-1})}{\prod\limits_{k=1}^{N_1}(1-c_k z^{-1})\prod\limits_{k=1}^{N_2}(1-d_k z^{-1})(1-d_k^* z^{-1})} \qquad (8-15)$$

式中，p_k 为实零点，c_k 为实极点，q_k 与 q_k^* 为复共轭对零点，d_k 与 d_k^* 为复共轭对极点，并且

$$\left.\begin{array}{l} M = M_1 + 2M_2 \\ N = N_1 + 2N_2 \end{array}\right\} \qquad (8-16)$$

再将式（8-15）中复共轭因子部分展开，构成实系数二阶因子，则得

$$H(z) = A\frac{\prod\limits_{k=1}^{M_1}(1-p_k z^{-1})\prod\limits_{k=1}^{M_2}(1+\beta_{1k}z^{-1}+\beta_{2k}z^{-2})}{\prod\limits_{k=1}^{N_1}(1-c_k z^{-1})\prod\limits_{k=1}^{N_2}(1-\alpha_{1k}z^{-1}-\alpha_{2k}z^{-2})} \qquad (8-17)$$

为了使信号流图上的"乘常数"均为正号，分子的二阶因子项取加号，分母的取减号。

最后，将两个一阶因子组合成一个二阶因子（或将一阶因子看成是二阶因子的退化形式），则级联型的一般表达式为

$$H(z) = A\prod_k \frac{1+\beta_{1k}z^{-1}+\beta_{2k}z^{-2}}{1-\alpha_{1k}z^{-1}-\alpha_{2k}z^{-2}} = A\prod_k H_k(z) \qquad (8-18)$$

可见，系统函数可分解为一系列二阶子系统的系统函数连乘形式，即级联结构，如图 8-12 所示。

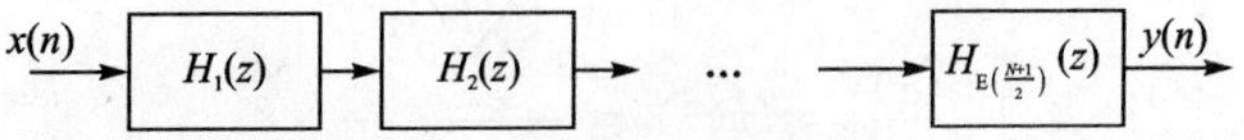

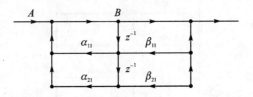

图 8-12　级联型的一般结构*

例如，当 $M=N=2$ 时，则有

$$H(z) = A\frac{1+\beta_{11}z^{-1}+\beta_{21}z^{-2}}{1-\alpha_{11}z^{-1}-\alpha_{21}z^{-2}} \qquad (8-19)$$

其结构如图 8-13 所示。

图 8-13　$M=N=2$ 时的级联型结构

当 $M=N=6$ 时，则有

$$H(z) = A\frac{1+\beta_{11}z^{-1}+\beta_{21}z^{-2}}{1-\alpha_{11}z^{-1}-\alpha_{21}z^{-2}}\cdot\frac{1+\beta_{12}z^{-1}+\beta_{22}z^{-2}}{1-\alpha_{12}z^{-1}-\alpha_{22}z^{-2}}\cdot\frac{1+\beta_{13}z^{-1}+\beta_{23}z^{-2}}{1-\alpha_{13}z^{-1}-\alpha_{23}z^{-2}} \qquad (8-20)$$

其结构如图 8-14 所示。

---

* 图 8-12 中下角 $\mathrm{E}\left(\frac{N+1}{2}\right)$ 为小于或等于 $\frac{N+1}{2}$ 的最大整数。下面类似。——责编

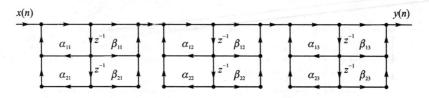

图 8 - 14　$M=N=6$ 时的级联型结构

分析式(8-17)至(8-20)不难得出如下结论：① β_{1k}、β_{2k} 仅影响第 k 对零点，同样 α_{1k}、α_{2k} 仅影响第 k 对极点；这样便于调节滤波器的频率特性，并且所用的存储器的个数最少。② 如果有奇数个实零点，则有一个 $\beta_{2k}=0$；同样，如果有奇数个实极点，则有一个 $\alpha_{2k}=0$。③ $M=N$ 时，共有 $\mathrm{E}\left(\dfrac{N+1}{2}\right)$ 节基本单元(二阶子系统)。

4. 并联型

将式(8-2)所表示的系统函数，展成部分分式形式：

$$H(z) = \sum_{k=1}^{N_1} \frac{A_k}{1-c_k z^{-1}} + \sum_{k=1}^{N_2} \frac{B_k(1-g_k z^{-1})}{(1-d_k z^{-1})(1-d_k^* z^{-1})} + \sum_{k=0}^{M-N} G_k z^{-k} \qquad (8-21)$$

式中，$N=N_1+2N_2$，A_k、B_k、g_k、c_k、G_k 均为实数，d_k^* 与 d_k 复共轭。分析式(8-21)可知，当 $M<N$ 时，则不包含 $\sum\limits_{k=0}^{M-N} G_k z^{-k}$ 项；而 $M=N$ 时，则该项为 G_0。

当 $M=N$ 时，将两项只含一阶实极点的部分分式合为一项，再将共轭极点转化成实系数二阶多项式，则 $H(z)$ 可表示为

$$H(z) = G_0 + \sum_{k=1}^{\mathrm{E}[(N+1)/2]} \frac{\gamma_{0k}+\gamma_{1k} z^{-1}}{1-\alpha_{1k} z^{-1}-\alpha_{2k} z^{-2}} = G_0 + \sum_{k=1}^{\mathrm{E}[(N+1)/2]} H_k(z) \qquad (8-22)$$

式(8-22)表明，系统函数可表为一系列二阶部分分式之和的形式，对应的结构为并联形式，如图 8-15 所示。

当 N 为奇数时，包含一个一阶节，即 $\alpha_{2k}=\gamma_{1k}=0$。例如，当 $M=N=3$ 时，则有

$$H(z) = G_0 + \sum_{k=1}^{2} \frac{\gamma_{0k}+\gamma_{1k} z^{-1}}{1-\alpha_{1k} z^{-1}-\alpha_{2k} z^{-2}} = G_0 + \frac{\gamma_{01}}{1-\alpha_{11} z^{-1}} + \frac{\gamma_{02}+\gamma_{12} z^{-1}}{1-\alpha_{12} z^{-1}-\alpha_{22} z^{-2}}$$

其结构如图 8-16 所示。

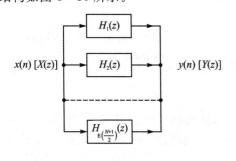

图 8 - 15　并联型的一般结构

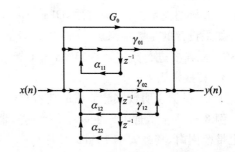

图 8 - 16　$M=N=3$ 时的并联型结构

167

✦ 8.2.3　转置定理

如图 8-17 所示，如果将原结构网络中所有支路的方向加以倒转，且将输入和输出交换，则其系统函数仍不改变，这种原理称作转置定理。

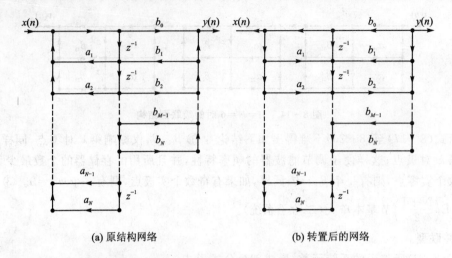

(a) 原结构网络　　　　　　　　　(b) 转置后的网络

图 8 - 17　转置定理的图示说明

 8.3　IIR 数字滤波器的设计

　　IIR 数字滤波器的设计方法有两种,一是基于模拟滤波器(AF)设计的方法,二是基于计算机辅助设计的方法。借助模拟滤波器的设计方法,首先将 DF 的技术指标转换成 AF 的技术指标;然后按转换后技术指标,设计模拟低通滤波器的系统函数 $H_a(s)$;最后将 $H_a(s)$ 转换为数字滤波器的系统函数 $H(z)$。注意,如果不是低通滤波器,则必须先将其转换成低通 AF 的技术指标。计算机辅助设计法也称为最优化设计法,在事先确定一个最佳准则(如均方差最小或最大误差最小等)条件下,设计数字滤波器的系统函数。

8.3.1　将 DF 的技术指标转换为模拟低通滤波器(ALF)的技术指标

1. 借助模拟滤波器设计方法的理由

　　由于 AF 的设计有一套相当成熟的方法,有现成的设计公式、设计曲线、设计表格;有典型的滤波器供选泽,如巴特沃斯、切比雪夫等,即有许多模拟滤波器的设计成果可借助。

2. 一般转换方法

　　如果设计的是数字低通滤波器(DLF),可直接将数字低通滤波器的技术指标转换为模拟低通滤波器的技术指标;简言之,DLF→ALF。

　　如果设计的是数字高通滤波器(DHF),或是数字带通滤波器(DBF),或数字带阻滤波器(DSF),则需要进行频率转换(参阅 8.4 节),同样能实现各种滤波器的设计。

3. 转换举例

　　下面,举例说明数字滤波器的技术指标转换方法。

　　例 8 - 3　一低通 DF 在 $\omega \leqslant 0.2\pi$ 的通带范围内,幅度特性下降小于 1 dB;在 $0.3\pi \leqslant \omega \leqslant \pi$ 的阻带范围内,衰减大于 15 dB;抽样频率为 $f_s = 10$ kHz;试将这一低通 DF 指标转换成 ALF 的技术指标。

　　解　按照衰减的定义和给定技术指标,则有

$$20 \lg |H(e^{j \cdot 0})/H(e^{j \cdot 0.2\pi})| \leqslant 1$$

$$20 \lg |H(e^{j \cdot 0})/H(e^{j \cdot 0.3\pi})| \geqslant 15$$

假定 $\omega = 0$ 处幅度频响的归一化值为 1,即 $|H(e^{j \cdot 0})| = 1$。这样,上式变为

$$20 \lg | H(e^{j \cdot 0.2\pi}) | \geqslant -1$$
$$20 \lg / H(e^{j \cdot 0.3\pi}) | \leqslant -15$$

由于 $\omega = \Omega T$，所以当没有混叠时，根据关系式

$$H(e^{j\omega}) = H_a\left(j\frac{\omega}{T}\right) = H_a(j\Omega) \quad (|\omega| \leqslant \pi)$$

则模拟低通滤波器的技术指标为

$$20 \lg \left| H_a\left(j\frac{0.2\pi}{T/s}\right) \right| = 20 \lg | H_a(j \cdot 2\pi \times 10^3) | \geqslant -1$$
$$20 \lg \left| H_a\left(j\frac{0.3\pi}{T/s}\right) \right| = 20 \lg | H_a(j \cdot 3\pi \times 10^3) | \leqslant -15$$

8.3.2　ALF 的设计

任何一种 IIR 数字滤波器的设计，归根结底都要通过模拟低通滤波器（ALF）的转换来实现。设计 ALF 就是求出该滤波器的系统函数 $H_a(s)$，而获得 $H_a(s)$ 的途径就是先根据要求选定滤波器的类型（巴特沃斯型或切比雪夫型或考尔型等），然后设法去逼近理想低通滤波器的特性。逼近的方法是借助幅度平方函数来实现的。

1. 由幅度平方函数确定系统函数

（1）幅度平方函数

幅度平方函数定义为

$$A^2(\Omega) = | H_a(j\Omega) |^2 = H_a(j\Omega) H_a^*(j\Omega) \tag{8-23}$$

又由于 $H^*(j\Omega) = H(-j\Omega)$，所以

$$A^2(\Omega) = H_a(j\Omega) H_a(-j\Omega) = H_a(s) H_a(-s) |_{s=j\Omega} \tag{8-24}$$

其中，$H_a(s)$ 是 AF 的系统函数，$H_a(j\Omega)$ 是 AF 的频响，$| H_a(j\Omega) |$ 是 AF 的幅频特性。

（2）$H_a(s)H_a(-s)$ 的零极点分布特点

① $H_a(s)H_a(-s)$ 的零极点是呈象限对称的：即如果 S_1 是 $H_a(s)$ 的极点，则 $-S_1$ 就是 $H_a(-s)$ 的极点；同样，如果 S_0 是 $H_a(s)$ 的零点，那么 $-S_0$ 就是 $H_a(-s)$ 的零点。例如，$\alpha_1 + j\Omega_1$ 是 $H_a(s)$ 的极点或零点，则 $-\alpha_1 - j\Omega_1$ 就是 $H_a(-s)$ 的极点或零点；$\alpha_2 - j\Omega_2$ 是 $H_a(s)$ 的极点或零点，则 $-\alpha_2 + j\Omega_2$ 就是 $H_a(-s)$ 的极点或零点。

② 虚轴上的零点一定是二阶的，这是因为 $h_a(t)$ 是实数时的 $H_a(s)$ 的零极点以共轭对存在。

③ 虚轴上没有极点（稳定系统在单位圆上无极点）。

④ 由于滤波器是稳定的，所以 $H_a(s)$ 的极点一定在左半平面。若要求最小相位延时，则应取左半平面的零点；如无此要求，可取任意一半对称零点为 $H_a(s)$ 的零点。

$H_a(s)H_a(-s)$ 的零极点分布如图 8-18 所示。其中，符号"。"表示零点，符号"。2"表示二阶零点，符号"×"表示极点。

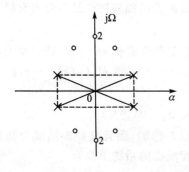

图 8-18　$H_a(s)H_a(-s)$ 的零极点分布

（3）由 $A^2(\Omega) = | H_a(j\Omega) |^2$ 确定 $H_a(s)$ 的方法

首先，由 $A^2(\Omega) |_{\Omega^2 = -s^2}$ 求出函数 $H_a(s)H_a(-s)$。

其次,对 $H_a(s)H_a(-s)$ 进行因式分解,得到各个零极点;将左半面的极点归于 $H_a(s)$,对称的零点任意一半也归于 $H_a(s)$。注意,若要求最小相位延时,则左半面的零点归于 $H_a(s)$(这样保证全部零极点位于单位圆内)。最后,按频率特性确定增益常数。

例 8-4 试由幅度平方函数 $A^2(\Omega) = \dfrac{16(25-[\Omega/(\mathrm{rad} \cdot \mathrm{s}^{-1})]^2)^2}{(49+[\Omega/(\mathrm{rad} \cdot \mathrm{s}^{-1})]^2)(36+[\Omega/(\mathrm{rad} \cdot \mathrm{s}^{-1})]^2)}$ 确定系统函数 $H_a(s)$。

解 由于

$$A^2(\Omega) = H_a(s)H_a(-s) \mid_{s=\mathrm{j}\Omega} = \frac{16\{25+[s/\mathrm{rad} \cdot \mathrm{s}^{-1}]^2\}^2}{(49-[s/\mathrm{rad} \cdot \mathrm{s}^{-1}]^2)(36-[s/\mathrm{rad} \cdot \mathrm{s}^{-1}]^2)}$$

所以极点为 $S_{1,2}=\pm 7$,$S_{3,4}=\pm 6$;而零点为 $\pm \mathrm{j} \cdot 5$,它们均为二阶。若选极点 $-6,-7$,一对虚轴零点 $\pm \mathrm{j} \cdot 5$ 为 $H_a(s)$ 的零极点,则

$$H_a(s) = \frac{K_0([s/\mathrm{rad} \cdot \mathrm{s}^{-1}]^2+25)}{(s/(\mathrm{rad} \cdot \mathrm{s}^{-1})+7)(s/(\mathrm{rad} \cdot \mathrm{s}^{-1})+6)}$$

通过 $H_a(0)=A(0)$,可确定 K_0;即 $H_a(0)=\dfrac{25K_0}{6\times 7}$,$A(0)=\dfrac{4\times 25}{6\times 7}$,故 $K_0=4$。因此

$$H_a(s) = \frac{4([s/\mathrm{rad} \cdot \mathrm{s}^{-1}]^2+25)}{(s/(\mathrm{rad} \cdot \mathrm{s}^{-1})+7)(s/(\mathrm{rad} \cdot \mathrm{s}^{-1})+6)} = \frac{4[s/\mathrm{rad} \cdot \mathrm{s}^{-1}]^2+100}{[s/\mathrm{rad} \cdot \mathrm{s}^{-1}]^2+13s/(\mathrm{rad} \cdot \mathrm{s}^{-1})+42}$$

2. 巴特沃斯低通滤波器的设计

由于受篇幅限制,下面仅以巴特沃斯低通滤波器为例,来说明模拟低通滤波器的设计方法。巴特沃斯低通滤波器是非常有用的一种滤波器。

(1)巴特沃斯低通滤波器的基本特性

巴特沃斯低通滤波器的幅度平方函数为

$$A^2(\Omega) = \mid H_a(\mathrm{j}\Omega)\mid^2_{\mathrm{j}\Omega=s} = H_a(s)H_a(-s) = \frac{1}{1+\left(\dfrac{s}{\mathrm{j}\Omega_c}\right)^{2N}} \tag{8-25}$$

式中,N 为整数,表示滤波器的阶数;Ω_c 为截止频率。当 $\Omega=\Omega_c$ 时,则

$$A^2(\Omega) = \mid H_a(\mathrm{j}\Omega_c)\mid^2 = \frac{1}{2}$$

即

$$\mid H_a(\mathrm{j}\Omega_c)\mid = \frac{1}{\sqrt{2}}$$

由此可得,$20 \lg \mid H_a(\mathrm{j} \cdot 0)/H(\mathrm{j}\Omega_c)\mid = 3 \ \mathrm{dB}$。

巴特沃斯低通滤波器幅频特性如图 8-19 所示。这种滤波器的幅频特性是通带内有最大平坦度,而且不管 N 为多少,都通过点 $(\Omega_c, 1/\sqrt{2})$。

由式(8-25)可知,巴特沃斯滤波器的系统函数 $H_a(s)$ 的零点全部在 $s=\infty$ 处,或者说无零点。故称为全极点型滤波器。注意到 $-1=\mathrm{e}^{\mathrm{j}(2k-1)\pi}$,$k=1,2,\cdots,2N$;则 $H_a(s)H_a(-s)$ 的极点为

$$s_k = (-1)^{\frac{1}{2N}}(\mathrm{j}\Omega_c) = \Omega_c \mathrm{e}^{\mathrm{j}\left(\frac{1}{2}+\frac{2k-1}{2N}\right)\pi} \quad (k=1,2,\cdots,2N) \tag{8-26}$$

式(8-26)表明,$H_a(s)H_a(-s)$ 共有 $2N$ 个极点,也是呈象限对称的,而且它们等间隔分布在半径为 Ω_c 的圆上。该圆称为巴特沃斯圆。因此,巴特沃斯滤波器的系统函数为

$$H_a(s) = \frac{K_0}{\prod\limits_{k=1}^{N}(s-s_k)}, \quad s_k = \Omega_c \mathrm{e}^{\mathrm{j}\left(\frac{1}{2}+\frac{2k-1}{2N}\right)\pi} \quad (k=1,2,\cdots,2N) \tag{8-27}$$

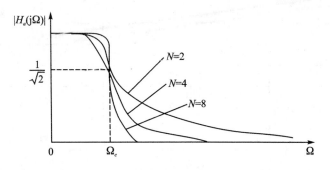

图 8-19　巴特沃斯低通滤波器的幅频特性

（2）基于归一化原型滤波器设计数据的设计方法

如果将系统函数的 s，用滤波器的截止频率 Ω_c 去除，则对应的截止频率变为 1，即所谓归一化；相应的系统函数称为归一化的系统函数，记为 $H_{an}(s')$。例如，对于巴特沃斯滤波器，则

$$\left. \begin{array}{l} H_{an}(s') = \dfrac{K_0}{\displaystyle\prod_{k=1}^{N}(s'-s_k')} \\[2mm] s' = s/\Omega_c \\[2mm] s_k' = \Omega_c e^{j\left(\frac{1}{2}+\frac{2k-1}{2N}\right)\pi} \end{array} \right\} \quad (k=1,2,\cdots,2N) \tag{8-28}$$

注意，如果将低通滤波器归一化，就称为归一化原型滤波器。利用归一化原型滤波器的数据，可以方便地设计滤波器。

对于模拟滤波器而言，不论哪种类型滤波器，巴特沃斯型也好，切比雪夫型也好，考尔型也好，它们都有自己的归一化原型滤波器，而且它们都有现成可查的数据表和设计公式。例如，归一化巴特沃斯原型滤波器的系统函数为

$$H_{an}(s') = \frac{d_0}{1 + a_1 s' + a_2 s'^2 + \cdots + s'^N} \tag{8-29}$$

当 $\Omega=0$ 时，因增益为 1，故有 $d_0 = a_0 = 1$。当 $N=1\sim10$ 阶时，巴特沃斯原型滤波器的系统函数各个系数，如表 8-1 所列。

表 8-1　$a_1 \sim a_{N-1}$ 的值 $(a_0 = a_N = 1)$

N	a_1	a_2	a_3	a_4	a_5
1	1				
2	1.414 213 6				
3	2.000 000 0	2.000 000 0			
4	2.613 125 9	3.414 213 6	2.613 125 9		
5	3.236 068 0	5.236 068 0	5.236 068 0	3.236 068 0	
6	3.863 703 3	7.464 101 6	9.141 602 2	7.464 101 6	3.863 703 3
7	4.493 959 2	10.097 834 7	14.591 793 9	14.591 793 9	10.097 834 7
8	5.125 830 9	13.137 071 2	21.846 151 0	25.688 355 9	21.846 151 0
9	5.758 770 5	16.581 718 7	31.143 437 5	41.986 385 7	41.986 385 7
10	6.392 453 2	20.431 729 1	42.802 061 1	64.882 396 3	74.233 429 2

171

N	a_6	a_7	a_8	a_9	
1					
2					
3					
4					
5					
6					
7	4.493 959 2				
8	13.137 071 2	5.125 830 9			
9	31.143 437 5	16.581 718 7	5.758 770 5		
10	64.882 396 3	42.802 061 1	20.431 729 1	6.392 453 2	

设

$$H_{an}(s') = \frac{d_0}{1 + a_1 s' + a_2 s'^2 + \cdots + s'^N} = \frac{d_0}{E(s')} \tag{8-30}$$

则多项式 $E(s')$ 的根，即 $H_{an}(s')$ 的极点，如表 8-2 所列。

表 8-2 多项式 $E(s')$ 的根 s'_k

N=1	N=2	N=3	N=4	N=5
−1.000 000 0	−0.707 106 8 ±j0.707 106 8	−1.000 000 0	−0.382 683 4 ±j 0.9238795	−1.000 000 0
		−0.500 000 0 ±j0.866 025 4	−0.923 879 5 ±j0.382 683 4	−0.309 017 0 ±j0.951 565 5
				−0.809 017 0 ±j0.587 785 2

N=6	N=7	N=8	N=9	N=10
−0.258 819 0 ±j0.965 925 8	−1.000 000 0	−0.195 090 3 ±j0.980 785 3	−1.000 000 0	−0.156 434 5 ±j 0.987 688 3
−0.707 106 8 ±j0.707 106 8	−0.222 520 9 ±j0.974 927 9	−0.555 570 2 ±j0.831 469 6	−0.173 648 2 ±j 0.984 807 8	−0.453 990 5 ±j 0.981 006 5
−0.965 925 8 ±j0.258 819 0	−0.623 489 8 ±j0.781 831 5	−0.831 469 6 ±j0.555 570 2	−0.500 000 0 ±j 0.866 025 4	−0.707 106 8 ±j 0.707 106 8
	−0.900 968 9 ±j0.433 883 7	−0.980 785 3 ±j0.195 090 3	−0.766 044 4 ±j 0.642 787 6	−0.981 006 5 ±j0.453 990 5
			−0.984 807 8 ±j0.173 648 2	−0.987 688 3 ±j0.156 434 5

用归一化原型滤波器的设计数据设计步骤是，先根据技术要求，求出滤波器的阶数 N 和

截止频率 Ω_c；然后通过表 8-1 查得系数 $a_1 \sim a_{N-1}$，代入式（8-30）求出原型滤波器的归一化系统函数 $H_{an}(s')$；或者通过表 8-2 查得极点 s'_k，代入式（8-28）求出原型滤波器的归一化系统函数 $H_{an}(s')$；最后，将 s' 用 s/Ω_c 代入就得到系统函数 $H_a(s)$。

例 8-5 试设计巴特沃斯低通滤波器，技术指标要求在通带内，即 $0 \leqslant \Omega \leqslant 2\pi \times 10^4$ rad/s，起伏 $\delta_1 \leqslant 1$ dB；在阻带内，即 $\Omega \geqslant 2\pi \times 1.5 \times 10^4$ rad/s 时，衰减满足 $\delta_2 \geqslant 15$ dB。

解 由式（8-25）可得

$$20 \lg |H_a(j\Omega)| = -10 \lg\left[1 + \left(\frac{\Omega}{\Omega_c}\right)^{2N}\right]$$

将技术指标代入上式，则得

$$-10 \lg\left[1 + \left(\frac{2\pi \times 10^3}{\Omega_c/(\text{rad} \cdot \text{s}^{-1})}\right)^{2N}\right] \geqslant -1$$

$$-10 \lg\left[1 + \left(\frac{3\pi \times 10^3}{\Omega_c/(\text{rad} \cdot \text{s}^{-1})}\right)^{2N}\right] \leqslant -15$$

求解上述两式，可得

$$1 + \left(\frac{2\pi \times 10^3}{\Omega_c/(\text{rad} \cdot \text{s}^{-1})}\right)^{2N} = 10^{0.1}$$

$$1 + \left(\frac{3\pi \times 10^3}{\Omega_c/(\text{rad} \cdot \text{s}^{-1})}\right)^{2N} = 10^{1.5}$$

将上述两式移项后再相除，则得

$$\left(\frac{3}{2}\right)^{2N} = \frac{10^{1.5} - 1}{10^{0.1} - 1}$$

因此

$$N = \lg\left(\frac{10^{1.5} - 1}{10^{0.1} - 1}\right)\Big/ 2\lg(1.5) = 5.885\ 8$$

可求得

$$\Omega_c = \frac{3\pi \times 10^4}{(10^{1.5} - 1)^{\frac{1}{2 \times 5.8858}}} \text{ rad/s} = 7.047\ 43 \times 10^4 \text{ rad/s}$$

取 $N = 6$，则

$$\Omega_c = 7.086\ 66 \times 10^4 \text{ rad/s}$$

查表 8-1，可得 $N = 6$ 时的归一化原型模拟巴特沃斯低通滤波器的系统函数为

$$H_{an}(s') =$$

$$\frac{1}{s'^6 + 3.863\ 703\ 3s'^5 + 7.464\ 101\ 6s'^4 + 9.141\ 620\ 2s'^3 + 7.464\ 101\ 6s'^2 + 3.863\ 703\ 3s' + 1} =$$

$$\frac{1}{(s'^2 + 0.517\ 638\ 1s' + 1)(s'^2 + 1.414\ 213\ 5s' + 1)(s'^2 + 1.931\ 851\ 6s' + 1)}$$

将 s' 用 $s/\Omega_c = s/(7.086\ 66 \times 10^4)$rad/s 代入，可得 $H_a(s)$，即

$$H_a(s) = \Omega_c^6(s^6 + 3.863\ 703\ 3\Omega_c s^5 + 7.464\ 101\ 6\Omega_c^2 s^4 + 9.141\ 620\ 2\Omega_c^3 s^3 +$$

$$7.464\ 101\ 6\Omega_c^4 s^2 + 3.863\ 703\ 3\Omega_c^5 s + \Omega_c^6)^{-1} =$$

$$\Omega_c^6((s^2 + 0.517\ 638\ 1\Omega_c s + \Omega_c^2)(s^2 + 1.414\ 213\ 5\Omega_c s +$$

$$\Omega_c^2)(s^2 + 1.931\ 851\ 6\Omega_c s + \Omega_c^2))^{-1}$$

将数值 $\Omega_c = 7.086\,66 \times 10^4$ rad/s 代入上式，就得到具体的 $H_a(s)$。

8.3.3 基于冲激响应不变法的从 $H_a(s)$ 到 $H(z)$ 的转换

当 AF 设计完毕以后，还必须将 $H_a(s)$ 变换成 $H(z)$，也就是将 s 平面映射到 z 平面。通常用冲激响应不变法、阶跃响应不变法和双线性变换法可实现这种转换。本书只讨论冲激响应不变法和双线性变换法。

1. 转换原理

设 $h(n)$ 为 DF 的单位抽样响应，$h_a(t)$ 为 AF 的单位冲激响应。所谓冲激响应不变法就是使 $h(n)$ 正好等于 $h_a(t)$ 的抽样值，即 $h(n) = h_a(nT)$。

如果 $H_a(s) = L[h_a(t)]$，$H(z) = Z[h(n)]$，则由式（3-44）可得

$$H(z) \mid_{z=e^{sT}} = \frac{1}{T} \sum_{k=-\infty}^{\infty} H_a\left(s - j\frac{2\pi}{T}k\right) \tag{8-31}$$

式（8-31）表明，先对 $H_a(s)$ 沿虚轴作周期延拓，再经过映射关系映射到 z 平面，就可得到对应的 $H(z)$。

2. 混叠失真

DF 的频响并不是简单地重复 AF 的频响，而是 AF 的频响的周期延拓，即

$$H(e^{j\omega}) = \frac{1}{T} \sum_{k=-\infty}^{\infty} H_a\left(j\frac{\omega - 2\pi k}{T}\right) \tag{8-32}$$

根据取样定理，只有当 AF 的频响带限于折叠频率以内，即满足

$$H_a(j\Omega) = 0, \mid \Omega \mid \geqslant \frac{\pi}{T} = \frac{\Omega_S}{2}$$

才能使 DF 在折叠频率内重现 AF 的频响，而不产生混叠失真。但是，任何一个实际 AF 的频响却不是严格带限的，就会产生混叠失真，如图 8-20 所示。

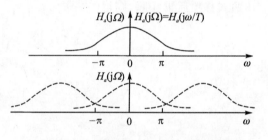

图 8-20　带限不严格引起的混叠失真

3. 从 $H_a(s)$ 到 $H(z)$ 转换的简化方法（AF 的数字化）

实现 $H_a(s) \rightarrow H(z)$，一般先进行 $h_a(t) = L^{-1}[H_a(s)]$，再对 $h_a(t)$ 抽样，然后使 $h(n) = h_a(nT)$，最后进行 z 变换 $H(z) = Z[h(n)]$。通常，这个过程较复杂，不宜采用。

常采用如下简单易行的方法：假定 $H_a(s)$ 只存在单阶极点，且其分母的阶次大于分子的阶次，则 $H_a(s)$ 可展成部分分式：

$$H_a(s) = \sum_{k=1}^{N} \frac{A_k}{s - s_k} \tag{8-33}$$

由此可得到

$$h_a(t) = L^{-1}[H_a(s)] = \sum_{k=1}^{N} A_k e^{s_k t} u(t)$$

因此　　　　　$h(n) = h_a(nT) = \sum_{k=1}^{N} A_k e^{s_k nT} u(n) = \sum_{k=1}^{N} A_k (e^{s_k T})^n u(n)$

进行 z 变换，则得

$$H(z) = Z[h(n)] = \sum_{n=-\infty}^{\infty} h(n) z^{-n} = \sum_{n=0}^{\infty} \left[\sum_{k=1}^{N} A_k (e^{s_k T} z^{-1})^n\right] =$$

$$\sum_{k=1}^{N}\left[\sum_{n=0}^{\infty}(\mathrm{e}^{s_{k}T}z^{-1})^{n}\right]A_{k}=\sum_{k=1}^{N}\frac{A_{k}}{1-\mathrm{e}^{s_{k}T}z^{-1}} \tag{8-34}$$

比较、分析式(8-33)和(8-34)可知，当已求出 $H_{a}(s)$ 时，则可通过式(8-33)求得单阶极点 s_{k}，再通过式(8-34)就可求得数字滤波器的系统函数 $H(z)$。

通过上面分析，可得如下几点结论：① 将 s 平面的单极点 s_{k} 变为 z 平面单极点 $z=\mathrm{e}^{s_{k}T}$ 就可求得 $H(z)$；② $H_{a}(s)$ 与 $H(z)$ 的系数均为 A_{k}；③ AF 是稳定的，DF 也是稳定的；④ s 平面的极点与 z 平面的极点一一对应。

由式(8-31)和式(8-32)看出，DF 的系统函数或频响与 T 成反比，这样当抽样间隔 T 很小时，则 DF 的增益过高。希望 DF 的频响不随抽样间隔/频率而变化，为此做如下修正：

$$h(n)=Th_{a}(nT)$$

相应地，则有

$$H(z)=\sum_{k=1}^{N}\frac{TA_{k}}{1-\mathrm{e}^{s_{k}T}z^{-1}} \tag{8-35}$$

而 DF 的频响为

$$H(\mathrm{e}^{j\omega})=\sum_{k=-\infty}^{\infty}H_{a}\left(\mathrm{j}\frac{\omega}{T}-\mathrm{j}\frac{2\pi}{T}k\right) \tag{8-36}$$

当 $|\omega|<\pi$ 时，则有

$$H(\mathrm{e}^{j\omega})\approx H_{a}\left(\mathrm{j}\frac{\omega}{T}\right) \tag{8-37}$$

8.3.4　基于双线性变换法的从 $H_a(s)$ 到 $H(z)$ 的转换

在实际应用中，信号通常为时限的，由信号理论可知，时限信号变换到频域，将变成非带限信号。对于系统而言，IIR 系统的冲激响应显然是非时限的；但实际所用的数据常常被截断，即长度是有限的，这将导致其频响是非带限的。因此，当用冲激响应不变法设计 DF 时，不可避免地产生混叠失真。为了克服混叠失真，可采用双线性变换法。这种方法的基本思想是，先将 s 平面中所设计的非带限的系统函数变换到 s_1 平面，并使其为带限的，然后再转换到 z 平面。

1. 变换原理

在 s 平面与 z 平面的映射关系中，大家知道，s 平面中一条宽为 $2\pi/T$（如 $-\pi/T$ 到 π/T）的横带可变换到（对应着）整个 z 平面。因此，可先将整个 s 平面压缩到一个中介的 s_1 平面的一条横带里，再通过 $z=\mathrm{e}^{s_1 T}$ 将此横带变换到整个 z 平面上。这样就使 s 平面和 z 平面是一一映射的关系，如图 8-21 所示。

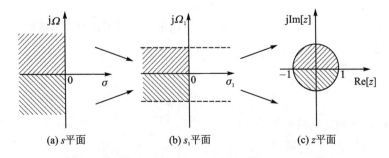

图 8-21　双线性变换法的映射关系

由图 8-21 可知，将 s 平面进行压缩，实际上就是将其 $\mathrm{j}\Omega$ 轴压缩到 s_1 平面 $\mathrm{j}\Omega_1$ 轴上的

$-\pi/T$ 到 π/T 的范围内。这可通过正切变换

$$\Omega = c \cdot \tan\left(\frac{\Omega_1 T}{2}\right) \tag{8-38}$$

来实现,式中 c 为待定常量。由式(8-38)可知,当 Ω_1 由 $-\pi/T$ 经过 0 变到 π/T 时,Ω 将由 $-\infty$ 经过 0 变到 ∞。通过欧拉公式,可将式(8-38)写为

$$j\Omega = \frac{e^{\frac{\Omega_1 T}{2}} - e^{-\frac{\Omega_1 T}{2}}}{e^{j\frac{\Omega_1 T}{2}} + e^{-j\frac{\Omega_1 T}{2}}} c \tag{8-39}$$

将式(8-39)的映射关系,从虚轴延拓到整个 s 平面和 s_1 平面,即将 $s=j\Omega$,$s_1=j\Omega_1$ 代入式(8-39),则有

$$s = \frac{e^{\frac{s_1 T}{2}} - e^{-\frac{s_1 T}{2}}}{e^{\frac{s_1 T}{2}} + e^{-\frac{s_1 T}{2}}} c = \text{th}\left(\frac{s_1 T}{2}\right) \cdot c = \frac{1 - e^{-s_1 T}}{1 + e^{-s_1 T}} c \tag{8-40}$$

若将 $z=e^{s_1 T}$ 代入式(8-40),则

$$s = \frac{1 - z^{-1}}{1 + z^{-1}} c \tag{8-41}$$

或者写成

$$z = \frac{c + s}{c - s} \tag{8-42}$$

式(8-41)和式(8-42)表示了 s 平面与 z 平面的映射关系,而且它们均表示两个线性函数之比,称为双线性(分式)变换。

2. 常量 c 的选择

式(8-38)表明,只有当 $\Omega_1 T$ 很小(一般 $\Omega_1 T < 0.3\pi$)时,Ω 和 Ω_1 之间才近似存在线性关系,即

$$\Omega \approx c \frac{\Omega_1 T}{2} \tag{8-43}$$

因此,通过选择常量 c,可以确定 AF 和 DF 频率特性的对应关系。一般选择常量 c 有两种方法:一是在低频处使 AF 和 DF 有确切的对应关系,二是使 DF 的某一特定频率与 AF 的一特定频率 Ω_c 严格相对应。

在低频处通常选择 $\Omega \approx \Omega_1$,通过式(8-43)可求得

$$c = 2/T \tag{8-44}$$

而 DF 的某一特定频率通常选择 $\omega_c = \Omega_{1c} T$,AF 的特定频率通常选择 Ω_c,这时则有

$$\Omega_c = c \cdot \tan\left(\frac{\Omega_{1c} T}{2}\right) = c \cdot \tan\left(\frac{\omega_c}{2}\right)$$

因此,可得

$$c = \Omega_c \cot\left(\frac{\omega_c}{2}\right) \tag{8-45}$$

3. s 平面与 z 平面之间的映射

将 $z=e^{j\omega}$ 代入式(8-41),则得

$$s = \frac{1 - e^{j\omega}}{1 + e^{j\omega}} c = \frac{e^{j\frac{\omega}{2}} - e^{-j\frac{\omega}{2}}}{e^{j\frac{\omega}{2}} + e^{-j\frac{\omega}{2}}} c = jc \cdot \tan\left(\frac{\omega}{2}\right) = j\Omega \tag{8-46}$$

式(8-46)表明,z 平面的单位圆($z=e^{j\omega}$)映射到 s 平面的虚轴 $j\Omega$。

另一方面,由于

$$z = \frac{c+s}{c-s} = \frac{c+\sigma+j\Omega}{c-\sigma-j\Omega}$$

可求得

$$|z| = \sqrt{\frac{(c+\sigma)^2 + \Omega^2}{(c-\sigma)^2 + \Omega^2}} \qquad (8-47)$$

式(8-47)表明,当 $\sigma<0$ 时,上式的分母大于分子,则有 $|z|<1$,这表明 s 左半平面映射到 z 平面的单位圆内,两者均是稳定的;当 $\sigma>0$ 时,上式的分母小于分子,则有 $|z|>1$,这表明 s 右半平面映射到 z 平面的单位圆外;当 $\sigma=0$ 时,则有 $|z|=1$,这表明 s 平面的虚轴 $j\Omega$ 映射到 z 平面的单位圆上。

4. 从 $H_a(s)$ 到 $H(z)$ 的转换

当常量 c 确定以后,可以用直接代入法、间接代入法和表格法,由 $H_a(s)$ 求出 $H(z)$。

(1) 直接代入法

所谓直接代入法,就是将式(8-41)直接代入 AF 系统函数 $H_a(s)$ 中,即

$$H(z) = H_a(s) \left|_{s=c\frac{1-z^{-1}}{1+z^{-1}}}\right. \qquad (8-48)$$

(2) 间接代入法

所谓间接代入法,就是先将 AF 的系统函数分解成级联或并联形式,然后再对每一个子系统函数进行双线性变换。例如,级联形式的变换为

$$\left.\begin{array}{l} H_a(s) = H_{a1}(s) H_{a2}(s) \cdots H_{am}(s) \\ H(z) = H_1(z) H_2(z) \cdots H_m(z) \\ H_i(z) = H_{ai}(s) \left|_{s=c\frac{1-z^{-1}}{1+z^{-1}}}\right. \quad (i = 1,2,\cdots,m) \end{array}\right\} \qquad (8-49)$$

(3) 表格法

由于代入法应用起来可能比较麻烦,因此如果能预先求出 AF 与 DF 的系统函数之间的关系,设计问题则变成查表,简单易行。

设 AF 的系统函数为

$$H_a(s) = \frac{d_0 + d_1 s + d_2 s^2 + \cdots + d_N s^N}{e_0 + e_1 s + e_2 s^2 + \cdots + e_N s^N} \qquad (8-50)$$

式(8-50)的分子与分母的阶次均为 N,若分子阶次小时,可令最高几个阶次的 d_i 为零。

又设 DF 的系统函数为

$$H(z) = \frac{A_0 + A_1 z^{-1} + A_2 z^{-2} + \cdots + A_N z^{-N}}{1 + B_1 z^{-1} + B_2 z^{-2} + \cdots + B_N z^{-N}} \qquad (8-51)$$

联立式(8-48)、式(8-50)和式(8-51),就可求出 $H(z)$ 的 A_i、B_i 与 $H_a(s)$ 的系数 e_i、d_i 之间的关系。例如,表8-3给出了一至三阶的 $H(z)$ 系数 A_i、B_i 与 $H_a(s)$ 的系数 e_i、d_i 的关系。

设计一至三阶的 DF 时,其系统函数 $H(z)$ 的系数 A_i 与 B_i 就可通过表8-3得到。更高的阶数 DF 可查阅有关文献。

177

5. 双线性变换法的特点

通过上述分析,可归纳出双线性变换法的特点:① s 平面的虚轴 $j\Omega$ 映射到 z 平面的单位圆上。② 因为稳定 AF 的极点必须全部位于 s 的左半平面上,经双线性变换后,这些极点全部落在单位圆内。所以稳定的 AF 经双线性变换后,所得 DF 也一定是稳定的。③ 双线性变换

表 8-3　一至三阶 $H(z)$ 的系数 A_i、B_i 与 $H_a(s)$ 的系数 e_i、d_i 的关系

（阶数）$N=1$		（阶数）$N=2$		（阶数）$N=3$	
A_0	$(d_0+d_1c)/R$	A_0	$(d_0+d_1c+d_2c^2)/R$	A_0	$(d_0+d_1c+d_2c^2+d_3c^3)/R$
A_1	$(d_0-d_1c)/R$	A_1	$(2d_0-2d_2c^2)/R$	A_1	$(3d_0+d_1c-d_2c^2-3d_3c^3)/R$
B_1	$(e_0-e_1c)/R$	A_2	$(d_0-d_1c+d_2c^2)/R$	A_2	$(3d_0-d_1c-d_2c^2+3d_3c^3)/R$
		B_1	$(2e_0-2e_2c^2)/R$	A_3	$(d_0-d_1c+d_2c^2-d_3c^3)/R$
		B_2	$(e_0-e_1c+e_2c^2)/R$	B_1	$(3e_0+e_1c-e_2c^2-3e_3c^3)/R$
R	(e_0+e_1c)			B_2	$(3e_0-e_1c-e_2c^2+3e_3c^3)/R$
		R	$(e_0+e_1c+e_2c^2)$	B_3	$(e_0-e_1c+e_2c^2-e_3c^3)/R$
				R	$(e_0+e_1c+e_2c^2+e_3c^3)$

法突出的优点是避免了频响的混叠失真。由式(8-44)和式(8-46)可得

$$\Omega = \frac{2}{T}\tan\frac{\omega}{2} \tag{8-52}$$

或者

$$\omega = 2\arctan\left(\frac{T}{2}\Omega\right) \tag{8-53}$$

式(8-53)表明，Ω 从 $0\to+\infty$ 时，则 ω 从 $0\to\pi$。这就是说，s 平面的正虚轴被映射到 z 平面的上半个单位圆上。而 Ω 从 $0\to-\infty$ 时，则 ω 从 $0\to\pi$；这就是说，s 平面的负虚轴被映射到 z 平面的下半个单位圆上。也就是说，从 s 平面到 z 平面，频率轴是单值变换关系，而且当 $\Omega\to\infty$ 时，$\omega=\pi$ 为折叠数字频率；故不会有高于折叠频率的频率分量，因此不会产生混叠失真。上述情况如图 8-22 所示。从图 8-22 可以看出，在零频附近，Ω 与 ω 之间的变换关系近似于线性；随着 Ω 的增加，表现出严重的非线性。因此，DF 的幅频响应相对于 AF 的幅频响应将产生畸变。只有能容忍或补偿这种失真时，双线性变换法才可使用。

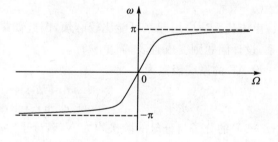

图 8-22　ω 与 Ω 的关系

DF 的设计依托于 AF 的设计，有图表可查，方便简单，这是它的突出优点。另一方面，由于相位函数的非线性，即频响

$$H(\mathrm{e}^{j\omega}) = H(z)\,|_{z=\mathrm{e}^{j\omega}} = |\,H(\mathrm{e}^{j\omega})\,|\,\mathrm{e}^{j\theta(\omega)} \tag{8-54}$$

中的相位函数 $\theta(\omega)$ 与 ω 不是呈线性的，所以限制了 DF 的应用。例如，图像处理、数据传输都要求信道具有线性相位特性。虽然通过全通网络进行相位校正，可以得线性特性；但是一般情况都选用具有线性相位特性的 FIR 数字滤波器。

8.4 IIR 数字滤波器设计中的频率变换

IIR 数字滤波器的设计是以 IIR 数字低通滤波器为例进行分析的。当需要设计高通、带通和带阻数字滤波器时,必须进行频率变换。通常有 3 种方法可以实现:① 模拟频率变换法,② 直接变换法,③ 数字频率变换法。

8.4.1 数字滤波器的转换思路

1. 模拟频率变换法

模拟频率变换法的思路是,先设计一个模拟原型低通滤波器,通过模拟频率变换,转换成模拟高通、带通和带阻滤波器,然后将各类滤波器数字化,即可得到相应的数字高通、带通和带阻滤波器,其过程如图 8-23 所示。

注意,在进行图 8-23 中的数字化时,由于冲激响应不变法只适用严格带限的模拟低通和带通滤波器,所以数字化一般采用双线性变换法。

2. 直接变换法

如果将模拟频率变换与数字化合并在一起,可直接从低通原型滤波器变换到各类数字滤波器,如图 8-24 所示,就是直接变换法。

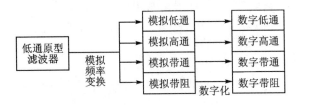

图 8-23 模拟频率变换法

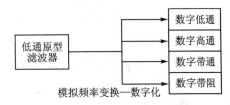

图 8-24 直接变换法

3. 数字频率变换法

数字频率变换法的思路是,先设计一个模拟原型低通滤波器,通过数字化,转换成数字低通滤波器,然后再通过 z 两个平面之间的变换,即数字频率变换,转换成各种频率类型的滤波器,如图 8-25 所示。

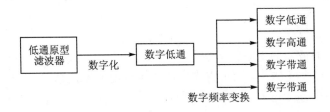

图 8-25 数字频率变换法

由于篇幅所限,本书只介绍基于直接变换法的滤波器设计法。

8.4.2 基于直接变换法的设计

目前,较为流行的设计方法是将模拟频率变换与数字化公式集成(合并)在一起,使设计更为简捷方便。下面,略去推导过程,只给出必要设计公式和使用方法。

模拟频率变换实际上是两个 s 平面之间的变换。设表示模拟低通滤波器的平面为 $s=\sigma+\mathrm{j}\Omega$,表示模拟带通滤波器的平面为 $\bar{s}_B=\sigma_B+\mathrm{j}\bar{\Omega}_B$,当模拟带通滤波器的几何中心频率为 $\bar{\Omega}_{B0}$ 时,

则由模拟低通滤波器到模拟带通滤波器的复平面转换关系为

$$s = \bar{s}_B + \frac{\overline{\Omega}_{B0}^2}{\bar{s}_B} = \frac{\bar{s}_B^2 + \overline{\Omega}_{B0}^2}{\bar{s}_B} \tag{8-55}$$

而模拟低通滤波器幅度响应到模拟带通滤波器幅度响应的转换关系如图 8-26 所示。

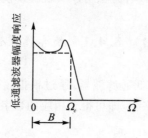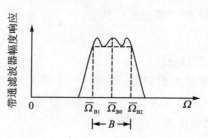

图 8-26　模拟低通滤波器幅度响应到模拟带通滤波器幅度响应的转换关系

这时只须将式 (8-55) 代入模拟低通滤波器的系统函数 $H_L(s)$，就可得到模拟带通滤波器的系统函数 $H_B(s)$，即

$$H_B(s) = H_L(s) \mid_{s = \frac{\bar{s}_B^2 + \overline{\Omega}_{B0}^2}{\bar{s}_B}} \tag{8-56}$$

再利用双线性变换法将模拟带通滤波器的系统函数数字化，即将关系式

$$\bar{s}_B = c\, \frac{1 - z^{-1}}{1 + z^{-1}} \tag{8-57}$$

代入式 (8-56)，就可得到数字带通滤波器的系统函数 $H_B(z)$。

或者将式 (8-57) 代入式 (8-55)，直接得出模拟低通滤波器到数字带通滤波器的转换关系，略去推导过程，可得

$$s = D\left[\frac{z^{-2} - Ez^{-1} + 1}{1 - z^{-2}}\right] \tag{8-58}$$

式中，D 和 E 表示两个设计参量，其中 D 为

$$D = \Omega_c \cot\left(\frac{\omega_2 - \omega_1}{2}\right) \tag{8-59}$$

式中，Ω_c 为模拟低通原型滤波器的通带截止频率，ω_2 和 ω_1 分别为数字带通滤波器的上下数字边界频率。而参数 E 为

$$E = 2\cos\omega_0 \tag{8-60}$$

式中，ω_0 为数字带通滤波器的中心数字频率[*]。

将 $s = j\Omega$，$z = e^{j\omega}$ 代入式 (8-58)，可得模拟低通滤波器的模拟频率 Ω 与数字带通滤波器的数字频率 ω 的关系为

$$\Omega = D\left[\frac{\cos\omega_0 - \cos\omega}{\sin\omega}\right] \tag{8-61}$$

设表示模拟带阻滤波器的平面为 $\bar{s}_S = \sigma_S + j\overline{\Omega}_S$，当模拟带阻滤波器的几何中心频率为 $\overline{\Omega}_{S0}$ 时，则由模拟低通滤波器到模拟带阻滤波器的转换关系为

$$s = \bar{s}_S + \overline{\Omega}_{S0}^2 / \bar{s}_S \tag{8-62}$$

而模拟低通滤波器幅度响应到模拟带阻滤波器幅度响应的转换关系如图 8-27 所示。

---

[*]　ω_0（或 ω）定义为数字频率，其单位为弧度（rad）。

设表示模拟高通滤波器的平面为 $\bar{s}_G = \sigma_G + j\bar{\Omega}_G$，当模拟低通原型滤波器的截止频率为 Ω_c，模拟高通滤波器的截止频率为 $\bar{\Omega}_{Gc}$ 时，则由模拟低通滤波器到模拟高通滤波器的转换关系为

$$s = \frac{\Omega_c \bar{\Omega}_{Gc}}{\bar{s}_G} \tag{8-63}$$

而模拟低通滤波器幅度响应到模拟高通滤波器幅度响应的转换关系如图 8-28 所示。

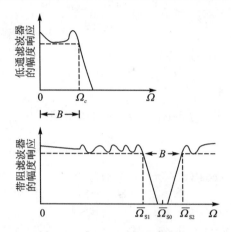

图 8-27　模拟低通滤波器幅度响应到模拟带阻滤波器幅度响应的转换关系

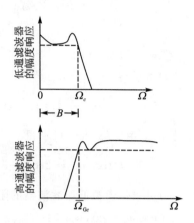

图 8-28　模拟低通滤波器幅度响应到模拟高通滤波器幅度响应的转换关系

根据模拟低通原型滤波器设计数字高通和带阻滤波器的公式、参数，以及数字带通滤波器的公式、参数一并列于表 8-4 中。

表 8-4　根据模拟低通原型滤波器设计各类数字滤波器的公式、参数

数字滤波器的类型	设计公式	设计参数
带　通	$s = D\left[\dfrac{z^{-2} - E z^{-1} + 1}{1 - z^{-2}}\right]$ $\Omega = D\left[\dfrac{\cos\omega_0 - \cos\omega}{\sin\omega}\right]$	$D = \Omega_c \cot\left(\dfrac{\omega_2 - \omega_1}{2}\right)$ $E = 2\cos\omega_0$
高　通	$s = C_1\left[\dfrac{1 + z^{-1}}{1 - z^{-1}}\right]$ $\Omega = C_1 \cot\dfrac{\omega}{2}$	$C_1 = \Omega_c \tan\dfrac{\omega_c}{2}$
带　阻	$s = D_1\left[\dfrac{1 - z^{-2}}{1 - E_1 z^{-1} + z^{-2}}\right]$ $\Omega = D_1\left[\dfrac{\sin\omega}{\cos\omega - \cos\omega_0}\right]$	$D_1 = \Omega_c \tan\left(\dfrac{\omega_2 - \omega_1}{2}\right)$ $E_1 = 2\cos\omega_0$

例 8-6　设计一个数字带通滤波器，其性能要求为：抽样频率为 $f_s = 1$ kHz，通带范围为 200 Hz 到 250 Hz，在这两个频率处的衰减不大于 3 dB，在 100 Hz 到 400 Hz 频率处衰减不得小于 20 dB，采用巴特沃斯型滤波器。

解　通带的上、下边界数字频率为

$$\omega_2 = \Omega_2 T = \frac{\Omega_2}{f_s} = \frac{2\pi \times 250}{1000} = 0.5\pi$$

$$\omega_1 = \Omega_1 T = \frac{\Omega_1}{f_s} = \frac{2\pi \times 200}{1000} = 0.4\pi$$

阻带的两个数字边界频率为

$$\omega_{st1} = \frac{2\pi \times 100}{1000} = 0.2\pi$$

$$\omega_{st2} = \frac{2\pi \times 400}{1000} = 0.8\pi$$

由式(8-59)可求得

$$D = \Omega_c \cot\left(\frac{\omega_2 - \omega_1}{2}\right) = \Omega_c \cot\left(\frac{0.5\pi - 0.4\pi}{2}\right) = \Omega_c \cot(0.05\pi) = 6.313\,8\Omega_c$$

取 $\Omega_c = 1$ rad/s，由式(8-60)可求得

$$E = 2\cos \omega_0 = 2\cos \frac{0.5\pi + 0.4\pi}{2} = 2\cos(0.45\pi) = 0.312\,86$$

由式(8-61)可求得模拟低通滤波器的阻带起始频率

$$\Omega_{st1} = D\left[\frac{\cos \omega_0 - \cos \omega_{st1}}{\sin \omega_{st1}}\right] = 6.313\,8 \times \frac{0.15643 - \cos 0.2\pi}{\sin 0.2\pi}\ \text{rad/s} = -7.009\,86\ \text{rad/s}$$

$$\Omega_{st2} = D\left[\frac{\cos \omega_0 - \cos \omega_{st2}}{\sin \omega_{st2}}\right] = 6.313\,8 \times \frac{0.156\,43 - \cos 0.8\pi}{\sin 0.8\pi}\ \text{rad/s} = 5.450\,02\ \text{rad/s}$$

取上述两个频率的绝对值小者作为巴特沃斯滤波器的阻带起始频率，因此

$$-10 \lg\left[1 + \left(\frac{\Omega_{st}}{\Omega_c}\right)^{2N}\right] \leqslant -20\ \text{dB}$$

可求得

$$N \geqslant \frac{\lg(10^2 - 1)}{2\lg(5.450\,02)} = 1.358$$

取 $N=2$，查表 8-1，由式(8-29)可得巴特沃斯原型滤波器的系统函数为

$$H_L(s) = \frac{1}{s^2 + 1.414\,2s + 1}$$

最后将式(8-58)代入上式，可得

$$H(z) = H_L(s)\,\big|_{s = D\frac{z^{-2} - Ez^{-1} + 1}{1 - z^{-2}}} =$$

$$\frac{(1 - z^{-2})^2}{(D^2 + \sqrt{2}D + 1) - (2D^2E + \sqrt{2}DE)z^{-1} + (D^2E^2 + 2D^2 - 2)z^{-2} + (\sqrt{2}DE - 2DE)z^{-3} + (D^2 - \sqrt{2}D + 1)z^{-4}} =$$

$$\frac{0.020\,25(1 - z^{-2})^2}{1 - 0.563\,7z^{-1} + 1.639\,3z^{-2} - 0.449\,7z^{-3} + 0.640\,1z^{-4}}$$

8.5　FIR 数字滤波器的基本结构与线性相位

FIR DF 的单位抽样响应 $h(n)$ 是有限长的，即在有限 z 平面上无极点，因此 FIR DF 一定是稳定的。另外，经延时 $h(n)$ 总可变成因果序列，所以 FIR DF 总可以由因果稳定系统实现。正因为 $h(n)$ 有限长，故可以用 FFT 实现 FIR DF。FIR 的系统函数是 z^{-1} 的多项式，属于非递归结构，所以适于 IIR DF 的分析、设计方法，这里就不再适用。FIR DF 的相位特性容易实现线性，因此，它的应用更为广泛。非线性的 FIR 一般不进行研究。

8.5.1 FIR 数字滤波器的基本结构

FIR 数字滤波器的基本结构有横截型、级联型、频率抽样型和快速卷积型。

1. 横截型（卷积型、直接型）

由于 FIR DF 的单位抽样响应 $h(n)$ 是有限长的，所以它可以用有限项卷积和表示，即

$$y(n) = \sum_{m=0}^{N-1} h(m)x(n-m) \tag{8-64}$$

根据式(8-64)画出的 FIR 数字滤波器的结构如图 8-29 所示。信号 $x(n)$ 的延时链按横向排列，故称为横截型；因直接从卷积方程获得，也称为卷积型或直接型。

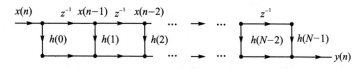

图 8-29 横截型结构

利用转置定理可得横截型的另一种结构，如图 8-30 所示。

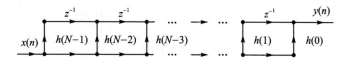

图 8-30 横截型的另一种结构

2. 级联型

将 FIR 数字滤波器的系统函数 $H(z)$ 分解为实系数二阶因子的乘积形式：

$$H(z) = \sum_{n=0}^{N-1} h(n)z^{-n} = \prod_{k=1}^{E(N/2)} (\beta_{0k} + \beta_{1k}z^{-1} + \beta_{2k}z^{-2}) \tag{8-65}$$

式中，$E(N/2)$ 表示取小于或等于"$N/2$"的最大整数，例如，$N=3$，则 $E(3/2)=1$。由式(8-65)可以得到 FIR 数字滤波器的级联型结构，如图 8-31 所示。

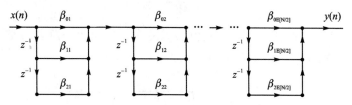

图 8-31 级联型结构

从式(8-65)和图 8-31 看出，FIR 数字滤波器的级联型结构是由许多节二阶子系统构成的，而且每节子系统可控制一对零点。由于滤波器的系数 β_{jk} 数量众多，故所需的乘法次数也多。

注意，当 N 为偶数时，则 $N-1$ 为奇数。这时因为多项式 $H(z)$ 有奇数个根，所以 β_{2k} 中有一个为零。例如，$N=4$，$4-1=3$，则 $H(z)=[\beta_{01}+\beta_{11}z^{-1}+\beta_{21}z^{-2}] \cdot [\beta_{02}+\beta_{12}z^{-1}]$，即 $\beta_{22}=0$。

3. 频率抽样型

在第 4 章讨论频域抽样理论时知道，一个 N 点有限长序列的 z 变换，可以用单位圆上 N 等分抽样通过插值公式来表达。FIR 数字滤波器的频率抽样型，就是依据插值公式得到的。

根据式(4-69)可得

$$H(z) = \sum_{k=0}^{N-1} \left[\frac{1 - z^{-N}}{N(1 - W_N^{-k} z^{-1})} \right] H(k) = \frac{1}{N}(1 - z^{-N}) \sum_{k=0}^{N-1} \frac{H(k)}{1 - W_N^{-k} z^{-1}} = $$

$$\frac{1}{N} H_c(z) H_k(z) \tag{8-66}$$

式(8-66)表明,FIR 数字滤波器可以分解为级联的两个子系统。其中,子系统 $H_c(z) = 1 - z^{-N}$ 的结构如图 8-32 所示,而其频率响应为

$$H_c(e^{j\omega}) = 1 - e^{-j\omega N} = j2 e^{-j\frac{\omega N}{2}} \sin\left(\frac{\omega N}{2}\right) \tag{8-67}$$

由此可得到其幅度响应为

$$\mid H_c(e^{j\omega}) \mid = 2 \left| \sin\left(\frac{\omega N}{2}\right) \right| \tag{8-68}$$

幅度响应的图形如图 8-33 所示。由图 8-33 看出,滤波器的幅度特性很像木梳,故称这种滤波器为梳状滤波器。

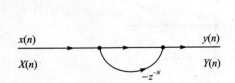

图 8-32 子系统 $H_c(z) = 1 - z^{-N}$ 的结构   图 8-33 子系统 $H_c(z) = 1 - z^{-N}$ 的幅度响应

而子系统

$$H_k(z) = \sum_{k=0}^{N-1} \frac{H(k)}{1 - W_N^{-k} z^{-1}} \tag{8-69}$$

是 N 个一阶并联网络,其中每个一阶网络的系统函数为

$$\frac{H(k)}{1 - W_N^{-k} z^{-1}} \tag{8-70}$$

由式(8-70)可知,当 $z = W_N^{-k} = e^{j\frac{2\pi}{N}k}$ 时,其值为无穷大。这表明一阶网络是一个无损耗谐振器。因此,频域抽样型的结构如图 8-34 所示。

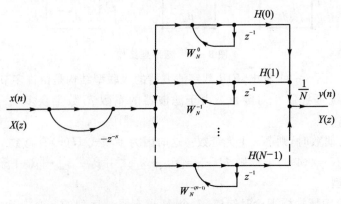

图 8-34 频域抽样型的结构

4. 快速卷积型

由线性卷积和圆周卷积的关系可知,如果输入序列 $x(n)$ 的长为 N_1,单位抽样响应 $h(n)$ 的长为 N_2,将 $x(n)$ 补 $L-N_1$ 个零值点,$h(n)$ 补 $L-N_2$ 零值点,只要 $L \geqslant N_1 + N_2 - 1$,则有

$$y(n) = x(n) \otimes h(n) = x(n) * h(n) \qquad (0 \leqslant n \leqslant L-1) \qquad (8-71)$$

再根据卷积定理,可得

$$y(n) = \text{IDHT}[Y(k)] = \text{IDFT}[X(k)H(k)] = x(n) * h(n) \qquad (8-72)$$

由式(8-72)可以得到 FIR DF 的快速卷积结构,如图 8-35 所示。

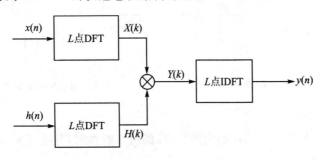

图 8-35　FIR DF 的快速卷积结构

注意,图 8-35 中的 DFT 和 IDFT 均可用 FFT 算法来实现。

8.5.2　线性相位的 FIR DF

FIR DF 能获得广泛应用的原因就在于它可以容易实现线性相位。实现线性相位需要满足一定的条件,因而也就引出了幅度函数和系统函数 $H(z)$ 零点的相应分布特点。

1. 线性相位的条件

如果 FIR DF 的单位抽样响应 $h(n)$(长度为 N)为实数,而且满足偶对称 $h(n) = h(N-1-n)$,或满足奇对称 $h(n) = -h(N-1-n)$,其对称中心均在 $n = (N-1)/2$ 处,则滤波器具有准确的线性相位。考虑到长度 N 又分为偶数和奇数两种情况,总共有 4 种线性相位的 FIR DF:N 为偶数时的偶对称,N 为奇数的偶对称,N 为奇数时的奇对称和 N 为偶数时的奇对称。

(1) N 为偶数时的偶对称

例如,$N=10$ 时,对称中心为 $n = \dfrac{10-1}{2} = 4.5$,$h(n) = h(9-n)$,其图形如图 8-36 所示。

(2) N 为奇数的偶对称

例如,$N=11$ 时,对称中心为 $n = (11-1)/2 = 5$,$h(n) = h(10-n)$,其图形如图 8-37 所示。

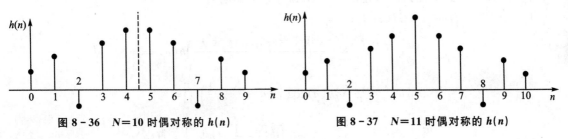

图 8-36　$N=10$ 时偶对称的 $h(n)$ 　　　　　图 8-37　$N=11$ 时偶对称的 $h(n)$

（3）N 为奇数时的奇对称

例如，$N=11$ 时，对称中心为 $n=5$，$h(n)=-h(10-n)$，其图形如图 8-38 所示。

（4）N 为偶数时的奇对称

例如，$N=10$，对称中心为 $n=4.5$，$h(n)=-h(9-n)$，其图形如图 8-39 所示。

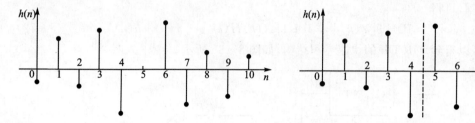

图 8-38　$N=11$ 时奇对称的 $h(n)$　　　　图 8-39　$N=10$ 时奇对称的 $h(n)$

2. 线性相位的证明

下面，证明 FIR DF 的单位抽样响应满足奇、偶对称特性时，其系统函数具有线性相位。

设 FIR DF 的频率响应为

$$H(e^{j\omega}) = H(\omega)e^{j\theta(\omega)} \tag{8-73}$$

式中，$H(\omega)$ 为幅度函数，并且 $H(\omega)=|H(e^{j\omega})|$，是一个纯实数；而 $\theta(\omega)$ 为相位函数。为了证明 $\theta(\omega)$ 的线性，先求出 $h(n)=\pm h(N-1-n)$ 的 z 变换

$$H(z) = \sum_{n=0}^{N-1} h(n)z^{-n} = \pm \sum_{n=0}^{N-1} h(N-1-n)z^{-n} \tag{8-74}$$

设 $m=N-1-n$，则 $n=N-1-m$；$n=0$ 时，则 $m=N-1$；$n=N-1$ 时，则 $m=0$；将这些关系代入式（8-74），则

$$H(z) = \pm z^{-(N-1)} \sum_{m=0}^{N-1} h(m)z^{m} = \pm z^{-(N-1)} H(z^{-1}) \tag{8-75}$$

下面，分为奇、偶对称两种情况，来讨论 $\theta(\omega)$ 的线性。

（1）$h(n)$ 为偶对称

当式（8-75）取正号时，在该式两端同时加 $H(z)$，再除以 2，则得

$$H(z) = \frac{1}{2}[H(z) + z^{-(N-1)} H(z^{-1})] = \frac{1}{2} \sum_{n=0}^{N-1} h(n)[z^{-n} + z^{-(N-1)} z^{n}] =$$

$$z^{-\left(\frac{N-1}{2}\right)} \sum_{n=0}^{N-1} h(n)\left[\frac{z^{-\left(n-\frac{N-1}{2}\right)} + z^{\left(n-\frac{N-1}{2}\right)}}{2}\right] \tag{8-76}$$

因此，当 FIR DF 的单位抽样响应为偶对称时，其频率响应为

$$H(e^{j\omega}) = H(z)\,|_{z=e^{j\omega}} =$$

$$e^{-j\left(\frac{N-1}{2}\right)\omega} \sum_{n=0}^{N-1} \left[\frac{e^{-j\left(n-\frac{N-1}{2}\right)\omega} + e^{j\left(n-\frac{N-1}{2}\right)\omega}}{2}\right]h(n) =$$

$$e^{-j\left(\frac{N-1}{2}\right)\omega} \sum_{n=0}^{N-1} h(n)\cos\left[\left(n-\frac{N-1}{2}\right)\omega\right] =$$

$$e^{-j\left(\frac{N-1}{2}\right)\omega} \sum_{n=0}^{N-1} h(n)\sin\left[\left(\frac{N-1}{2}-n\right)\omega\right] = H(\omega)e^{j\theta(\omega)} \tag{8-77}$$

式中,幅度函数 $H(\omega)$ 为

$$H(\omega) = \sum_{n=0}^{N-1} h(n)\cos\left[\left(\frac{N-1}{2}-n\right)\omega\right] = \sum_{n=0}^{N-1} h(n)\sin\left[\left(n-\frac{N-1}{2}\right)\omega\right] \quad (8-78)$$

而相位函数 $\theta(\omega)$ 为

$$\theta(\omega) = -\left(\frac{N-1}{2}\right)\omega \quad (8-79)$$

$\theta(\omega)$ 与 ω 的关系如图 8-40 所示,显然 $\theta(\omega)$ 与 ω 呈正比,是严格的线性关系。

（2）$h(n)$ 为奇对称时

将关系式 $h(n)=-h(N-1-n)$ 代入 z 变换表达式,通过与 $h(n)=h(N-1-n)$ 时的类似推导,可得

$$H(e^{j\omega}) = e^{-j\left(\frac{N-1}{2}\right)\omega+j\frac{\pi}{2}} \sum_{n=0}^{N-1} h(n)\sin\left[\left(\frac{N-1}{2}-n\right)\omega\right] \quad (8-80)$$

式中,幅度函数为

$$H(\omega) = \sum_{n=0}^{N-1} h(n)\sin\left[\left(\frac{N-1}{2}-n\right)\omega\right] \quad (8-81)$$

而相位函数为

$$\theta(\omega) = -\left(\frac{N-1}{2}\right)\omega + \frac{\pi}{2} \quad (8-82)$$

由式(8-82)可见,其相位特性是线性的,而且还产生一个 90°相移,如图 8-41 所示。这表明,通过滤波器的所有频率都相移 90°,因此称它为正交变换网络（相移 90°的信号与原信号正交）。

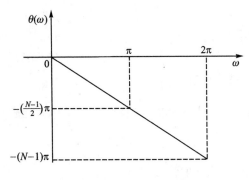

图 8-40　偶对称时 $\theta(\omega)$ 与 ω 的线性关系　　　　图 8-41　奇对称时 $\theta(\omega)$ 与 ω 的线性关系

3. 线性相位 FIR DF 的幅度函数特点

系统的单位抽样响应对称时,或者具有线性相位时,其幅度函数也具有相应特点。下面,分几种情况进行讨论。

（1）N 为奇数,$h(n)$ 为偶对称的情况

将关系式

$$\cos\left[\left(\frac{N-1}{2}-n\right)\omega\right] = \cos\left[\omega\left(n-\frac{N-1}{2}\right)\right] = \cos\left\{\omega\left[N-1-\left(\frac{N-1}{2}-n\right)\right]\right\}$$

代入式(8-78),则得

$$H(\omega) = \sum_{n=0}^{N-1} h(n)\cos\left[\omega\left(\frac{N-1}{2}-n\right)\right] =$$

$$\sum_{n=0}^{N-1} h(n)\cos\left\{\omega\left[N-1-\left(\frac{N-1}{2}-n\right)\right]\right\} \tag{8-83}$$

式(8-83)表明,幅度函数是$(N-1)/2$为对称中心的偶对称函数,因此式(8-83)的第n项与第$(N-1-n)$项相等,这样就可把第$n=0$项与第$n=N-1$项合并为一项,把第$n=1$项与第$n=N-2$项合并为一项,依次类推,共合并为$(N-1)/2$项。由于N是奇数,故留下中间项$n=(N-1)/2$。因此,$H(\omega)$可改写为

$$H(\omega) = h\left(\frac{N-1}{2}\right) + \sum_{n=0}^{(N-3)/2} 2h(n)\cos\left[\left(\frac{N-1}{2}-n\right)\omega\right] =$$

$$h\left(\frac{N-1}{2}\right) + \sum_{m=1}^{(N-1)/2} 2h\left(\frac{N-1}{2}-m\right)\cos(m\omega)\omega \tag{8-84}$$

式中,$m=\dfrac{N-1}{2}-n$,$H(\omega)$进一步表示为

$$\left.\begin{aligned} H(\omega) &= \sum_{n=0}^{(N-1)/2} a(n)\cos(n\omega) \\ a(0) &= h\left(\frac{N-1}{2}\right) \\ a(n) &= 2h\left(\frac{N-1}{2}-n\right) \quad \left(n=1,2,\cdots,\frac{N-1}{2}\right) \end{aligned}\right\} \tag{8-85}$$

由于$\cos(n\omega)$对于$\omega=0,\omega=\pi,\omega=2\pi$皆为偶对称,故$H(\omega)$对于$\omega=0,\omega=\pi,\omega=2\pi$呈现偶对称,如图8-42所示。

(2)N为偶数,$h(n)$为偶对称的情况

仿照上面的分析,可得

$$\left.\begin{aligned} H(\omega) &= \sum_{n=1}^{N/2} b(n)\cos\left[\left(n-\frac{1}{2}\right)\omega\right] \\ b(n) &= 2h\left(\frac{N}{2}-n\right) \quad \left(n=1,2,\cdots,\frac{N}{2}\right) \end{aligned}\right\} \tag{8-86}$$

由于$\cos\left[\left(n-\dfrac{1}{2}\right)\omega\right]$对于$\omega=\pi$为奇对称,故$H(\omega)$对$\omega=\pi$呈奇对称;而且对于$\omega=0,\omega=2\pi$呈现偶对称,如图8-43所示。

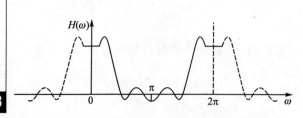

图8-42　N为奇数,$h(n)$为偶对称的$H(\omega)$　　　图8-43　N为偶数,$h(n)$为偶对称的$H(\omega)$

(3)N为奇数,$h(n)$为奇对称的情况

仿照上面的分析,可得

$$H(\omega) = \sum_{n=1}^{(N-1)/2} c(n)\sin(n\omega)$$
$$c(n) = 2h\left(\frac{N-1}{2} - n\right) \quad \left(n = 1, 2, \cdots, \frac{N-1}{2}\right)$$
$$(8-87)$$

由于 $\sin(n\omega)$ 对于 $\omega=0, \omega=\pi, \omega=2\pi$ 皆为奇对称, 故 $H(\omega)$ 对 $\omega=0, \omega=\pi, \omega=2\pi$ 也呈奇对称, 如图 8-44 所示。

（4）N 为偶数, $h(n)$ 为奇对称的情况

仿照上面的分析, 可得

$$H(\omega) = \sum_{n=1}^{N/2} d(n)\sin\left[\left(n - \frac{1}{2}\right)\omega\right]$$
$$d(n) = 2h\left(\frac{N}{2} - n\right) \quad \left(n = 1, 2, \cdots, \frac{N}{2}\right)$$
$$(8-88)$$

由于 $\sin\left[(n-1/2)\omega\right]$ 对于 $\omega=0, \omega=2\pi$ 呈奇对称, 对于 $\omega=\pi$ 呈偶对称, 故 $H(\omega)$ 对于 $\omega=0, \omega=2\pi$ 呈奇对称, 而对于 $\omega=\pi$ 呈偶对称, 如图 8-45 所示。

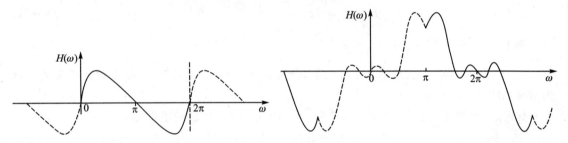

图 8-44　N 为奇数, $h(n)$ 为奇对称的 $H(\omega)$　　图 8-45　N 为偶数, $h(n)$ 为奇对称的 $H(\omega)$

4. 线性相位 FIR DF 的系统函数零点分布特点

（1）零点的分布原则

系统函数 $H(z)$ 的零点的分布原则依据于式（8-75）, 由式（8-75）不难看出, 如果 $z=z_i$ 是零点, 则 $z=1/z_i$ 也一定是 $H(z)$ 的零点; 当 $h(n)$ 为实数时, $H(z)$ 的零点必成共轭对出现。这就是说, $z=z_i^*$ 也一定是 $H(z)$ 的零点, $z=1/z_i^*$ 也一定是 $H(z)$ 的零点。另一方面, 系统函数 $H(z)$ 既可表示为 z^{-1} 的多项式, 也可用零点来表示, 即

$$H(z) = \sum_{n=0}^{N-1} h(n)z^{-n} = \prod_{i=1}^{N-1}(z^{-1} - z_i) = H_0(z)H_1(z)\cdots H_{N-1}(z) \quad (8-89)$$

（2）零点的位置

零点的位置分如下 4 种情况来讨论。

1）零点 z_i 既不在实轴上, 也不在单位圆上, 则它们是互为倒数的两组共轭对, 如图 8-46 所示。

设零点为 $z_i = r_i e^{j\theta_i}$, 则 $z_i^* = r_i e^{-j\theta_i}$, $\dfrac{1}{z_i} = \dfrac{1}{r_i}e^{-j\theta_i}$, $\dfrac{1}{z_i^*} = \dfrac{1}{r_i}e^{j\theta_i}$。由它们构成的子系统 $H_i(z)$ 为

$$H_i(z) = (z^{-1} - r_i e^{j\theta_i})(z^{-1} - r_i e^{-j\theta_i})\left(z^{-1} - \frac{1}{r_i}e^{j\theta_i}\right)\left(z^{-1} - \frac{1}{r_i}e^{j\theta_i}\right) \quad (8-90)$$

189

例如，$z_i = \dfrac{1}{4} + \mathrm{j}\,\dfrac{1}{4}$，$z_i^* = \dfrac{1}{4} - \mathrm{j}\,\dfrac{1}{4}$，$\dfrac{1}{z_i} = 2 - \mathrm{j} \cdot 2$，$\dfrac{1}{z_i^*} = 2 + \mathrm{j} \cdot 2$。

2）零点 z_i 不在实轴上，但在单位圆上，则共轭对的倒数就是它们本身，如图 8-47 所示。

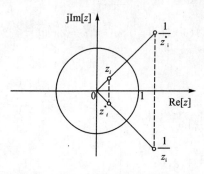

图 8-46　零点是互为倒数的两组共轭对

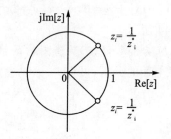

图 8-47　在单位圆上的共轭对零点

这时 $r_i = 1$，而 θ_i 可取任意值。由这些零点构成的子系统为

$$H_i(z) = (z^{-1} - \mathrm{e}^{\mathrm{j}\theta_i})(z^{-1} - \mathrm{e}^{-\mathrm{j}\theta_i}) \qquad (8-91)$$

例如，$z_i = \dfrac{1}{z_i^*} = \dfrac{\sqrt{2}}{2} + \mathrm{j}\,\dfrac{\sqrt{2}}{2}$，$z_i^* = \dfrac{1}{z_i} = \dfrac{\sqrt{2}}{2} - \mathrm{j}\,\dfrac{\sqrt{2}}{2}$。

3）零点 z_i 在实轴上，却不在单位圆上，即实数零点，没有复共轭，只有倒数。正实数零点的情况如图 8-48 所示。

此时，r_i 可取正负实数，而 $\theta_i = 0$ 或 $\theta_i = \pi$。由这些零点构成的子系统为

$$H_i(z) = (z^{-1} \pm r_i)\left(z^{-1} \pm \dfrac{1}{r_i}\right) \qquad (8-92)$$

例如，$z_i = 1/2$，$1/z_i = 2$

4）零点 z_i 既在实轴上也在单位圆上。此时，只有一个零点，且有两种可能，或 $z=1$，或 $z=-1$，如图 8-49 所示。

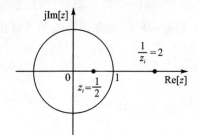

图 8-48　实数零点的分布

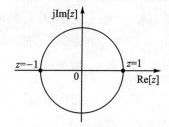

图 8-49　既在实轴上又在单位圆上的零点

此时 $r_i = 1$，$\theta_i = 0$ 或 $\theta_i = \pi$，这些零点构成的子系统为

$$H_i(z) = (z^{-1} \pm 1) \qquad (8-93)$$

需要指出的是，对于 N 为偶数的偶对称的情况，由图 8-43 看出，$H(\pi) = 0$，故 $z = -1$ 为其零点；对于 N 为奇数奇对称的情况，由图 8-44 看出，$H(0) = H(\pi) = 0$，故 $z=1$，$z=-1$ 都为其零点；对于 N 为偶数奇对称的情况，由图 8-45 看出，$H(0) = 0$，故 $z=1$ 为其零点。

8.6　FIR 数字滤波器的窗函数设计法

窗函数设计法 FIR DF 的基本思路是,先设定一个理想的滤波器频率响应,然后通过变换求得其单位抽样响应,再加以时域窗,最后分析窗函数对滤波器频率响应的影响,从而获得所设计的滤波器性能。本节主要以矩形窗为切入点讨论窗函数设计法。

8.6.1　设计的基本方法

1. 设计思想

设定理想数字滤波器的频响为 $H_d(e^{j\omega})$,所设计的 FIR 数字滤波器的频响为 $H(e^{j\omega})$,窗函数法的设计思想就是选择合适的窗函数,使 $H(e^{j\omega})$ 逼近 $H_d(e^{j\omega})$。

2. 设计过程

窗函数法的设计过程是,先对设定的 $H_d(e^{j\omega})$ 进行傅里叶反变换,求出理想数字滤波器的单位抽样响应 $h_d(n)$;然后加时间窗 $w(n)$,对 $h_d(n)$ 进行直接截断或加权截断,以求得所设计的 FIR 数字滤波器的单位抽样响应 $h(n)$。这种过程可表示为

$$\left.\begin{aligned} h_d(n) &= \frac{1}{2\pi}\int_{-\pi}^{\pi} H_d(e^{j\omega}) e^{j\omega n}\, d\omega \\ h(n) &= w(n) h_d(n) \end{aligned}\right\} \tag{8-94}$$

3. 窗函数法 FIR DF 的模型

根据窗函数法设计思想和过程,设 $x(n)$、$X(e^{j\omega})$ 为滤波器的输入,$y(n)$、$Y(e^{j\omega})$ 为滤波器的输出,则其时/频域模型如图 8-50 所示。

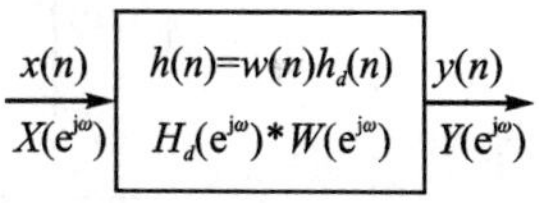

$$\boxed{\begin{array}{c} x(n) \\ X(e^{j\omega}) \end{array} \rightarrow \begin{array}{c} h(n)=w(n)h_d(n) \\ H_d(e^{j\omega})*W(e^{j\omega}) \end{array} \rightarrow \begin{array}{c} y(n) \\ Y(e^{j\omega}) \end{array}}$$

图 8-50　窗函数法的时/频域模型

由图 8-50 可知,滤波器的输入和输出之间的关系为

$$\left.\begin{aligned} y(n) &= x(n) * h(n) = x(n) * [w(n) \cdot h_d(n)] \\ Y(e^{j\omega}) &= X(e^{j\omega}) \cdot H(e^{j\omega}) = X(e^{j\omega}) \cdot [H_d(e^{j\omega}) * W(e^{j\omega})] \end{aligned}\right\} \tag{8-95}$$

式(8-95)表明,只有当滤波器的单位抽样响应 $h(n)$ 接近单位抽样序列时,经滤波后 $y(n)$ 才可能尽量逼近 $x(n)$。另一方面,由信号理论可知,理想滤波器都是带限的,故其单位抽样响应均是非时限的;加窗后得到的滤波器的单位抽样响应 $h(n)$ 虽是时限的,其频响却是非带限的。

8.6.2　窗函数对频响的影响

下面,以矩形窗为例,说明窗函数对理想数字低通滤波器频响的影响。

1. 理想数字低通滤波器的单位抽样响应

设理想数字低通滤波器的频响 $H_d(e^{j\omega})$ 为

$$H_d(e^{j\omega}) = \begin{cases} |H_d(e^{j\omega})| e^{j\theta(\omega)} = e^{-j\omega\alpha} & (-\omega_c \leqslant \omega \leqslant \omega_c) \\ 0 & (\omega_c < |\omega| \leqslant \pi) \end{cases} \tag{8-96}$$

式中,α 为群延迟,ω_c 为数字截止频率。理想数字低通滤波器的幅频响应和相频响应分别如图 8-51(a) 和(b)所示。

通过离散时间傅里叶反变换,可求得理想数字低通滤波器的单位抽样响应:

$$h_d(n) = \text{DTFT}^{-1}[H_d(e^{j\omega})] = \frac{1}{2\pi}\int_{-\omega_c}^{\omega_c} e^{-j\omega\alpha} e^{j\omega n}\, d\omega =$$

$$\frac{\omega_c}{\pi} \frac{\sin\left[(n-\alpha)\omega_c\right]}{(n-\alpha)\omega_c} \tag{8-97}$$

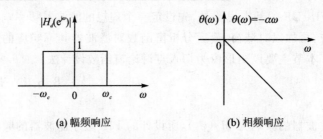

(a) 幅频响应   (b) 相频响应

图 8-51　理想数字低通滤波器的幅频响应和相频响应

因为其相位为 $\theta(\omega)=-\omega\alpha$，所以 $h_d(n)$ 是偶对称，且其对称中心为 α；当 $n=\alpha$ 时，$h_d(\alpha)=\omega_c/\pi$ 为最大值。同时，$h_d(n)$ 又是无限长的非因果序列，如图 8-52(a) 所示。

2. 加矩形窗

加窗就是实行"乘"操作，而加矩形窗就是直接截断数据，如图 8-52(b) 所示。设 $w_R(n)$ 为矩形窗函数，对 $h_d(n)$ 加矩形窗，则得

$$h(n)=h_d(n)w_R(n)=\begin{cases} h_d(n) & (0 \leqslant n \leqslant N-1) \\ 0 & (n<0, n>N-1) \end{cases} \tag{8-98}$$

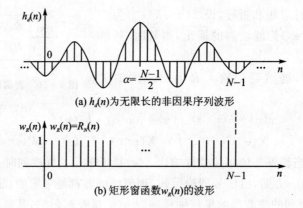

(a) $h_d(n)$ 为无限长的非因果序列波形

(b) 矩形窗函数 $w_R(n)$ 的波形

图 8-52　$h_d(n)$ 与矩形窗函数 $w_R(n)$ 的波形

由于 $h(n)$ 是偶对称序列，所以当其长度为 N 时的对称中心是 $\alpha=(N-1)/2$。因此，$h(n)$ 可写为

$$h(n)=\begin{cases} \dfrac{\omega_c}{\pi} \cdot \dfrac{\sin\left[\left(n-\dfrac{N-1}{2}\right)\omega_c\right]}{\left(n-\dfrac{N-1}{2}\right)\omega_c} & (0 \leqslant n \leqslant N-1) \\ \\ 0 & (n<0, N>n-1) \end{cases} \tag{8-99}$$

3. 滤波器的频响

滤波器的频响 $H(e^{j\omega})$ 可通过 $h(n)$ 的离散时间傅里叶变换求得，即 $H(e^{j\omega})=\mathrm{DTFT}[h(n)]$。另一方面，为了便于与理想滤波器的频响 $H_d(e^{j\omega})$ 相比较，可用卷积定理求得

$$H(e^{j\omega})=H_d(e^{j\omega}) * W_d(e^{j\omega}) \frac{1}{2\pi}\int_{-\pi}^{\pi} H_d(e^{j\theta}) W_R(e^{j(\omega-\theta)})\,d\theta \tag{8-100}$$

式中，$W_R(e^{j\omega})$ 为矩形窗的频响，可由下式求得，即

$$W_R(e^{j\omega}) = \text{DTFT}[w_R(n)] = \sum_{n=0}^{N-1} w_R(n)e^{-j\omega n} =$$

$$\frac{\sin\dfrac{\omega N}{2}}{\sin\dfrac{\omega}{2}}e^{-j\omega\left(\frac{N-1}{2}\right)} = W_R(\omega)e^{-j\omega\left(\frac{N-1}{2}\right)} \tag{8-101}$$

式中，$W_R(\omega) = \sin\left(\dfrac{\omega N}{2}\right)/\sin\left(\dfrac{\omega}{2}\right)$ 为幅度函数，如图 8-53 所示。该图表明，矩形窗的幅度函数是由一个大主瓣和许多小旁瓣构成；而 $\varphi(\omega) = -\left(\dfrac{N-1}{2}\right)\omega$ 为相位函数。

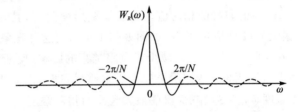

图 8-53　矩形窗的幅度函数

将式（8-101）代入式（8-100），则得滤波器的频响

$$H(e^{j\omega}) = \frac{1}{2\pi}\int_{-\pi}^{\pi} |H_d(\theta)| e^{-j\left(\frac{N-1}{2}\right)\theta}W_R(\omega-\theta)e^{-j\left(\frac{N-1}{2}\right)(\omega-\theta)}d\theta =$$

$$e^{-j\left(\frac{N-1}{2}\right)\omega} \cdot \frac{1}{2\pi}\int_{-\pi}^{\pi} |H_d(\theta)| W_R(\omega-\theta)d\theta =$$

$$e^{-j\left(\frac{N-1}{2}\right)\omega} \cdot \frac{1}{2\pi}\int_{-\pi}^{\pi} W_R(\omega-\theta)d\theta \tag{8-102}$$

式中，$H(\omega) = \dfrac{1}{2\pi}\int_{-\pi}^{\pi} |H_d(\theta)| W_R(\omega-\theta)d\theta$ 为幅度函数，$\phi(\omega) = -\left(\dfrac{N-1}{2}\right)\omega$ 为相位函数。

4. 窗函数频响的影响

仿照第 7 章加矩形窗对抽样信号频谱的影响的分析方法，可以得到幅度函数：

$$H(\omega) = \frac{1}{2\pi}\int_{-\pi}^{\pi} |H_d(\theta)| W_R(\omega-\theta)d\theta \tag{8-103}$$

在 $\omega=0$，$\omega=\omega_c$，$\omega=\omega_c-2\pi/N$ 和 $\omega=\omega_c+2\pi/N$ 的归一化值，以及归一化的卷积结果，如图 8-54 所示。

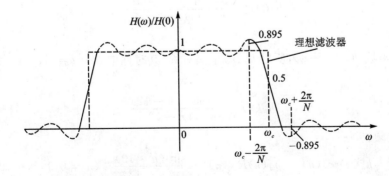

图 8-54　频响 $H(\omega)$ 的归一化波形

由图 8-54 可看出，加窗后的幅度函数（实际设计的滤波器）与理想滤波器幅度函数的区

别：① 产生一个过渡带，该过渡带宽度正好等于矩形窗的频响 $W_R(\omega)$ 的主瓣宽度 $\Delta\omega=\dfrac{4\pi}{N}$。
② $H(\omega)$ 出现肩峰和起伏振荡，在 $\omega=\omega_c\pm2\pi/N$ 处出现肩峰，肩峰两侧形成起伏振荡，其振荡幅度取决于 $W_R(\omega)$ 旁瓣的相对幅度；而振荡的多少则取决于 $W_R(\omega)$ 旁瓣的多少。③ 产生吉布斯(Gibbs)效应，因为窗函数的频响的幅度函数为 $W_R(\omega)=\sin(N\omega/2)/\sin(\omega/2)$，所以对于这个很特殊的函数来说，改变 N，只能改变 $W_R(\omega)$ 的绝对值的大小、主瓣的宽度($4\pi/N$)和旁瓣的宽度($2\pi/N$)；但不能改变主瓣与旁瓣的相对比例。也就是说，不会改变归一化滤波器频响 $H(\omega)$ 的肩峰的相对值。对于加矩形窗而言，其最大相对肩峰为 8.95%，不管 N 怎样改变，最大肩峰总是 8.95%，如图 8-54 所示。这种现象称作吉布斯效应。

在实际应用中，为了减少或克服"窗"的影响，使所设计的滤波器尽量逼近理想滤波器，对"窗"提出了两条要求，① 希望窗谱主瓣尽量窄，以获得较陡的过渡带。这是因为过渡带等于主瓣宽度。② 尽量减少窗谱最大旁瓣的相对幅度，这样可使肩峰和波纹减少。为此提出了三角窗、汉宁窗(升余弦窗)、海明窗(改进升余弦窗)和布拉克曼窗(二阶余弦窗)等改进的窗函数。各种窗函数及特点请参阅第 7 章的相关内容。

8.6.3 窗函数法的设计步骤与实例

1. 设计步骤

用窗函数法设计的 FIR 数字滤波器一般分如下四个步骤：

1) 设定理想的频响 $H_d(e^{j\omega})$；

2) 求出单位抽样响应 $h_d(n)=F^{-1}[H_d(e^{j\omega})]$；

3) 根据过渡带宽度和阻带最小衰减，借助窗函数基本参数表 7-1 确定窗的形式及 N 的大小.；

4) 最后求 $h(n)=h_d(n)w(n)$ 或 $H(e^{j\omega})$。

2. 设计举例

例 8-7 已知 $H_d(e^{j\omega})=\begin{cases} e^{-j\omega\alpha} & (|\omega|\leqslant\omega_c) \\ 0 & (|\omega|>\omega_c) \end{cases}$，$\alpha=12$ s，$\omega_c=1$ rad；试分别利用矩形窗与汉宁窗，求出具有线性相位的 FIR 数字低通滤波器单位抽样响应。

解 (1) 由于 $H_d(e^{j\omega})$ 是一理想低通滤波器，所以 $h_d(n)$ 为

$$h_d(n)=\frac{\omega_c}{\pi}\frac{\sin[\omega_c(n-\alpha)]}{\omega_c(n-\alpha)}$$

2) 确定 N：

由于相位函数 $\theta(\omega)=-\omega\alpha$，所以 $h_d(n)$ 呈偶对称，其对称中心为 $\alpha=(N-1)/2$，因此 $N=2\alpha+1=25$，则有

$$h_d(n)=\frac{1}{\pi}\frac{\sin(n-12)}{(n-12)}$$

3) 加矩形窗：

$$h(n)=h_d(n)w_R(n)=h_d(n)R_{25}(n)=\frac{\sin(n-12)}{\pi(n-12)} \quad (n=0,1,2,\cdots,24)$$

4) 加汉宁窗：

$$h(n)=h_d(n)w_{Han}(n)=\frac{\sin(n-12)}{\pi(n-12)}\cdot\frac{1}{2}\left[1-\cos\left(\frac{2\pi n}{24}\right)\right] \quad (n=0,1,2,\cdots,24)$$

由上述两式计算出的 $h(n)$ 数值如表 8-5 所列。注意 $h(n)$ 为偶对称,其对称中心是 $\alpha =$ $(N-1)/2=12$。

表 8-5　加矩形窗与加汉宁窗后的 $h(n)$

$h(0)=h(24)$		$h(1)=h(23)$		$h(2)=h(22)$		$h(3)=h(21)$		$h(4)=h(20)$	
矩形窗	汉宁窗	矩形窗	汉宁窗	矩形窗	汉宁窗	矩形窗	汉宁窗	矩形窗	汉宁窗
-0.014	0.000	-0.029	-0.001	-0.019	-0.001	0.015	0.002	0.039	0.010
$h(5)=h(19)$		$h(6)=h(18)$		$h(7)=h(17)$		$h(8)=h(16)$		$h(9)=h(15)$	
矩形窗	汉宁窗	矩形窗	汉宁窗	矩形窗	汉宁窗	矩形窗	汉宁窗	矩形窗	汉宁窗
0.030	0.011	-0.015	-0.007	-0.061	-0.004	-0.060	-0.045	0.015	0.128
$h(10)=h(14)$		$h(11)=h(13)$		$h(12)$					
矩形窗	汉宁窗	矩形窗	汉宁窗	矩形窗	汉宁窗				
0.015	0.135	0.268	0.263	0.318	0.318				

$h(n)$ 的波形如图 8-55 所示。其中,图(a)表示加矩形窗的波形,图(b)表示加汉宁窗的波形。

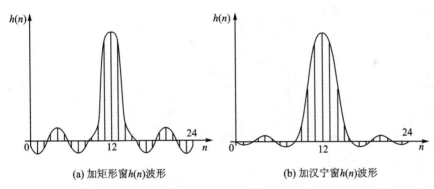

(a) 加矩形窗 $h(n)$ 波形　　　　　　　(b) 加汉宁窗 $h(n)$ 波形

图 8-55　$h(n)$ 的波形

8.6.4　用凯泽窗设计滤波器

除了矩形窗之外,还有三角窗、汉宁窗和海明窗等,它们的共同特点是压制旁瓣,是以加宽主瓣为代价的;而且,每一种窗的主瓣和旁瓣之比是固定不变的。而凯泽窗可以在主瓣宽度与旁瓣衰减之间进行自由选择,凯泽窗还有设计经验公式可借用。下面介绍其设计方法。

1. 凯泽窗法设计的经验公式

参考图 8-2 和式(8-6),当给定过渡带宽 $\Delta\omega = \omega_{st} - \omega_c$ 和阻带衰减 $\delta_2 = -20\lg\alpha_2$ dB 时,可根据下面的经验公式,估算出 β 和 N 的值。

$$\left.\begin{aligned}
&\Delta\omega = \omega_{st} - \omega_c \\
&\delta_2 = -20\lg\alpha_2 \\
&\beta = \begin{cases} 0.110\,2(\delta_2 - 8.7) & (\delta_2 > 50\ \text{dB}) \\ 0.584\,2(\delta_2 - 21)^{0.4} + 0.078\,86 & (21\ \text{dB} \leqslant \delta_2 \leqslant 50\ \text{dB}) \\ 0 & (\delta_2 < 21\ \text{dB}) \end{cases} \\
&N = [(\delta_2 - 8)/2.285\Delta\omega] + 1
\end{aligned}\right\} \quad (8-104)$$

195

2. 设计举例

下面,举例说明用凯泽窗设计滤波器的方法。

例 8-8 试用凯泽窗设计 FIR 低通滤波器(只求 $h(n)$),已知 $\alpha_2 = 0.001$,$\omega_c = 0.4\pi$,$\omega_{st} = 0.6\pi$。

解 $\Delta\omega = \omega_{st} - \omega_c = 0.6\pi - 0.4\pi = 0.2\pi$,$\delta_2 = -20\lg\alpha_2 = -20\lg10^{-3} = 60$ dB>50 dB,故 $\beta = 0.1102(60-8.7) = 5.65326$。因此

$$N = [(60-8)/(2.285 \times 0.2\pi)] + 1 = 37.22$$

将 $N = 38$,$\beta = 5.653$ 代入 $W_K(n)$ 表达式(7-10),经推导可得

$$W_K(n) = \frac{I_0(0.3065\sqrt{n(37-n)})}{I_0(5.653)} = \frac{I_0(x)}{I_0(\beta)}$$

由上式计算出的凯泽窗函数 $W_K(n)$ 的数据如表 8-6 所列。

表 8-6 窗函数 $W_K(n)$ 的数据

n	0/37	1/36	2/35	3/34	4/33	5/32	6/31	7/30	8/29	9/28
x	0.0	1.839	2.557	3.086	3.511	3.866	4.168	4.429	4.655	4.851
$I_0(x)$	1.000	2.030	3.345	5.251	7.441	10.11	13.10	16.44	19.96	23.83
$W_K(n)$	0.02	0.04	0.07	0.11	0.15	0.21	0.29	0.34	0.41	0.49
n	10/27	11/26	12/25	13/24	14/23	15/22	16/21	17/20	18/19	
x	5.022	5.169	5.293	5.398	5.484	5.552	5.602	5.635	5.652	
$I_0(x)$	27.73	31.72	35.33	39.01	41.93	44.67	46.74	48.03	48.90	
$W_K(n)$	0.57	0.65	0.72	0.80	0.86	0.91	0.96	0.98	1.00	

由表 8-6 的数据画出的 $W_K(n)$ 波形如图 8-56 所示。

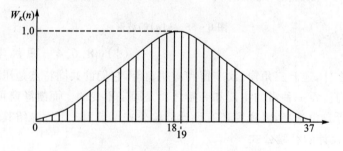

图 8-56 窗函数 $W_K(n)$ 的波形

加凯泽窗后的滤波器的单位抽样响应为

$$h(n) = \frac{\sin\omega_c(n-\alpha)}{\omega_c(n-\alpha)}W_K(n) = y(n)W_K(n)$$

由上式计算出的凯泽窗的单位抽样响应 $h(n)$ 的数据如表 8-7 所列。

表 8 - 7　单位抽样响应 $h(n)$ 的数据

n	0/37	1/36	2/35	3/34	4/33	5/32	6/31	7/30	8/29	9/28
$y(n)$	−0.012	0.013	0.014	−0.015	0.017	0.019	−0.020	−0.022	0.025	0.025
$W_K(n)$	0.02	0.04	0.07	0.11	0.15	0.21	0.29	0.34	0.41	0.49
$h(n)$	−0.0002	0.0005	0.0010	−0.0020	−0.0023	0.0035	0.0049	−0.0067	−0.0088	0.012
n	10/27	11/26	12/25	13/24	14/23	15/22	16/21	17/20	18/19	
$y(n)$	−0.027	−0.030	−0.035	0.041	0.050	−0.065	−0.090	0.151	0.452	
$W_K(n)$	0.57	0.65	0.72	0.80	0.86	0.91	0.96	0.98	1.00	
$h(n)$	0.015	−0.020	−0.025	0.033	0.043	−0.059	−0.087	0.148	0.452	

由表 8 - 7 的数据画出的 $h(n)$ 波形如图 8 - 57 所示。

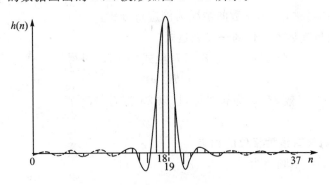

图 8 - 57　$h(n)$ 的波形

8.7　FIR 数字滤波器的频率取样设计法

如上所述,窗函数设计法是从时域出发,把理想的 $h_d(n)$ 用一定形状的窗函数截取成有限长的 $h(n)$,以 $h(n)$ 来近似 $h_d(n)$,从而使频响 $H(e^{j\omega})$ 逼近理想频响 $H_d(e^{j\omega})$。而频率取样法是从频域出发,对理想的频响 $H_d(e^{j\omega})$ 进行等间隔取样,以有限个频响采样去近似理想频响,即实现 $H_d(e^{j\omega})|_{\omega=\frac{2\pi}{N}k} = H_d(k)$ 的方法。

8.7.1　用有限个频域采样值重构系统函数与频响

1. 重构 FIR 数字滤波器的系统函数和频响

设 FIR 数字滤波器的频响抽样值为 $H(k)$,依据插值公式(4 - 69),可求得 FIR 数字滤波器的系统函数:

$$H(z) = \frac{1}{N}(1 - z^{-N}) \sum_{k=0}^{N-1} \frac{H(k)}{1 - W_N^{-k} z^{-1}} \qquad (8-105)$$

由式(4 - 72)可知,其频响为

$$H(e^{j\omega}) = \sum_{k=0}^{N-1} H(k) \phi_k(e^{j\omega}) \qquad (8-106)$$

式中插值函数 $\phi_k(e^{j\omega})$ 为

$$\phi_k(e^{j\omega}) = \phi\left(\omega - \frac{2\pi}{N}k\right) = \frac{1}{N} \frac{\sin\frac{N\omega}{2}}{\sin\left[\frac{1}{2}\left(\omega - \frac{2\pi}{N}k\right)\right]} e^{-j\left(\frac{N-1}{2}\omega + \frac{k\pi}{N}\right)} \qquad (8-107)$$

式(8-105)和(8-106)表明,用抽样值 $H(k)$ 可完全表征 FIR 数字滤波器的系统函数和频响。在采样点上,它们严格等于 $H(k)$;而在采样点之间,则等于插值函数的加权和。

2. 重构 FIR 的单位抽样响应

根据频域抽样理论,由 N 个频域采样点的值可以唯一确定 $h(n)$,即对 $H(k)$ 进行 IDFT,得

$$h(n) = \frac{1}{N}\sum_{k=0}^{N-1} H(k) e^{j\cdot 2\pi nk/N} \qquad (n=0,1,\cdots,N-1) \qquad (8-108)$$

8.7.2 线性相位的约束条件

下面,以 $h(n)$ 偶对称,N 为奇数的情况为例进行分析。

1. FIR 的频响具有线性相位的一般表达式

当 $h(n)$ 偶对称,N 为奇数时,由式(8-77)至式(8-79)可得

$$H(e^{j\omega}) = H(\omega) e^{-j\left(\frac{N-1}{2}\right)\omega} \qquad (8-109)$$

由图 8-42 看出,幅度函数 $H(\omega)$ 为偶对称,且以 2π 为周期,因此

$$H(\omega) = H(2\pi - \omega) \qquad (8-110)$$

2. 采样值 H(k) 具有线性相位的约束

设在采样点上的数字频率为

$$\omega_k = \frac{2\pi}{N}k$$

则在采样点上的频响为

$$H(k) = H(e^{j\frac{2\pi}{N}k}) = H\left(\frac{2\pi}{N}k\right) e^{-j\frac{N-1}{2}\cdot\frac{2\pi}{N}k} = H_k e^{j\theta_k} \qquad (8-111)$$

式中,$H_k = H\left(\frac{2\pi}{N}k\right)$ 表示幅度函数的采样值,θ_k 表示相角,且

$$\theta_k = -\frac{N-1}{2}\frac{2\pi}{N}\cdot k = -k\pi\left(1 - \frac{1}{N}\right) \qquad (8-112)$$

式(8-112)表示在采样点上,具有线性相位的约束条件,偶对称可简化表示为

$$H_k = H_{N-k} \qquad (8-113)$$

8.7.3 频率取样法的设计步骤

频率取样法的设计步骤大致分为如下几步:① 根据指标要求,画出频率采样序列的图形;② 依据 $|H_k|$ 的对称特点,可使问题得到一定程度的简化;③ 根据线性相位的约束条件,求出 θ_k;④ 将 $H(k)=H_k e^{j\theta_k}$ 代入 FIR 的频响表达式;⑤ 由 H_k 的表达式画出实际频响。

8.7.4 设计举例

例 8-9 试用频率采样法,设计一个具有线性相位的低通 FIR 数字滤波器(偶对称),其理想频率特性为

$$H_d(e^{j\omega}) = \begin{cases} 1 & (0 \leqslant \omega \leqslant 0.5\pi) \\ 0 & (0.5\pi \leqslant \omega \leqslant \pi) \end{cases}$$

并已知 $\omega_c=0.5\pi$，采样点 $N=33$。

解　由于 $h(n)$ 为偶对称，且 $N=33$ 为奇数，数字截止频率 $\omega_c=0.5\pi$，所以 H_k 的对称中心为 $\omega=\pi$（参阅图 8 - 42），并是偶对称。因此，幅度函数的抽样值如图 8 - 58 所示。

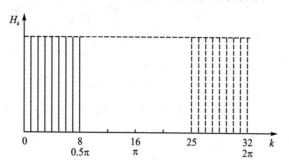

图 8 - 58　幅度函数的抽样值

相位约束条件为

$$\theta_k=-k\pi\left(1-\frac{1}{N}\right)=-\frac{32k\pi}{33}$$

将 $H(k)=H_k\mathrm{e}^{\mathrm{j}\theta_k}=\mathrm{e}^{-\mathrm{j}\cdot32\pi k/33}$ 代入式(8 - 105)，可得 FIR 的频响：

$$H(\mathrm{e}^{\mathrm{j}\omega})=\frac{1}{N}\sum_{k=0}^{N-1}\frac{H(k)\sin(\omega N/2)}{\sin[(\omega-2\pi k/N)/2]}\mathrm{e}^{-\mathrm{j}\left(\frac{N-1}{2}\omega+\frac{k\pi}{N}\right)}=$$

$$\frac{1}{33}\sum_{k=0}^{32}\frac{\sin(\omega33/2)}{\sin[(\omega-2\pi k/33)/2]}\mathrm{e}^{-\mathrm{j}\frac{32\pi k}{33}}\mathrm{e}^{-\mathrm{j}\left(16\omega+\frac{k\pi}{33}\right)}=$$

$$\frac{1}{33}\sum_{k=0}^{32}\frac{\sin(\omega33/2-k\pi)}{\sin[(\omega-2\pi k/33)/2]}\mathrm{e}^{-\mathrm{j}\cdot16\omega}$$

考虑到 $8<k<25$ 时，$H_k=0$；再将负频率部分加进去，则有

$$H(\mathrm{e}^{\mathrm{j}\omega})=\frac{1}{33}\left\{\frac{\sin(\omega33/2)}{\sin(\omega/2)}+\sum_{k=1}^{8}\left[\frac{\sin(\omega33/2-k\pi)}{\sin(\omega/2-\pi k/33)}+\frac{\sin(\omega33/2+k\pi)}{\sin(\omega/2+\pi k/33)}\right]\right\}\mathrm{e}^{-\mathrm{j}\cdot16\omega}=$$

$$|H(\mathrm{e}^{\mathrm{j}\omega})|\,\mathrm{e}^{-\mathrm{j}\cdot16\omega}$$

由上式画出的 $|H(\mathrm{e}^{\mathrm{j}\omega})|$ 图形如图 8 - 59 所示。

由图 8 - 59 看出，阻带的衰减为 -20 dB 左右，这在实际应用中常常不能令人满意。为加大阻带衰减，可采用在过渡段加取样点的方法。如图 8 - 60(a) 所示，H_1 为过渡段取样点，当 $H_1=0.5$ 时，阻带衰减显著增加，约为 -30 dB 左右，如图 8 - 60(b) 所示；而当 $H_1=0.39$ 时，阻带衰减增加为 -40 dB 左右；如图 8 - 60(c) 所示。

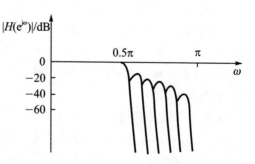

图 8 - 59　$|H(\mathrm{e}^{\mathrm{j}\omega})|$ 的图形

频率取样法的最大优点就是，通过选择过渡取样点可以获得良好的频响特性。

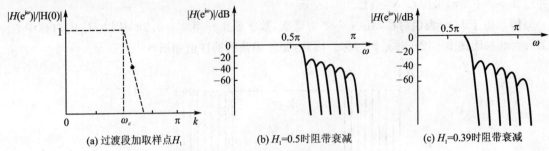

(a) 过渡段加取样点H_1 (b) H_1=0.5时阻带衰减   (c) H_1=0.39时阻带衰减

图 8 - 60　过渡取样点对频响的影响

8.8　基于反卷积的数字滤波器的设计法

反卷积是现代信号处理的前沿问题之一,它在信号重构和系统辨识中有着重要应用。反卷积的数字滤波器设计的前提,是已知滤波器的输入信号 $x(n)$ 和输出信号 $y(n)$。

8.8.1　基本原理

滤波器的设计问题可归为系统辨识,这时的数字反卷积的表达式为

$$h(n) = y(n)(1/*)x(n) \tag{8-114}$$

式中,符号"$1/*$"表示反卷积运算。相应的频域表达式为

$$H(k) = \frac{Y(k)}{X(k)} \tag{8-115}$$

式中,$H(k)=\mathrm{DFT}[h(n)]$,$Y(k)=\mathrm{DFT}[y(n)]$,$X(k)=\mathrm{DFT}[x(n)]$。

由于滤波器的输入信号 $x(n)$ 和输出信号 $y(n)$ 不可避免地受到噪声的污染,这使得反卷积求解问题变成一个"估计"。因此,实际上只能得到滤波器频响的估值:

$$H_e(k) = H(k)R(k) \tag{8-116}$$

式中,$R(k)$ 为修正函数,它的表达式为

$$R(k) = \frac{1}{1 + (\gamma k^{2p} + \lambda)/|X(k)|^2} \tag{8-117}$$

式中,γ、λ 均为估计参数。它们的大小视噪声的污染程度和希望得到的精确度而定。

反卷积是一个较为复杂的问题,值得关注它的几个问题为:一是,反卷积存在和物理可实现;二是,合理选取反卷积算法;三是,测量误差与噪声对反卷积的影响;四是,反卷积的修正函数;五是,反卷积最佳稳定解的判据。感兴趣的读者可参考刘明亮,陆福敏,朱江淼,等编著的《现代脉冲计量》。

8.8.2　设计步骤

基于反卷积的数字滤波器的设计步骤如下:

1) 当已知滤波器的输入信号 $x(n)$ 和输出信号 $y(n)$ 时,合理地确定数据的长度,以避免混叠。

2) 视噪声的污染程度和希望得到的精度选择估计参数 γ、λ 等。

3) 根据式(8-116)求得所设计的滤波器频响的估值。

4) 求出滤波器的单位抽样响应的估值,$h_e(n)=\mathrm{IDFT}[H_e(k)]$。

5) 求出滤波器的的输出:

$$y_e(n) = x(n) * h_e(n)$$

6）比较 $y(n)$ 和 $y_e(n)$，评价设计效果。

8.9　IIR 与 FIR 数字滤波器的比较

下面，将从滤波器的性能、结构、设计方法和灵活性等几个方面，对 IIR 与 FIR 两种数字滤波器进行比较。

8.9.1　性能上比较

1）IIR 数字滤波器可用较少的阶数获得较高的选择性，故所有的存储单元少，运算次数也少；但其相位是非线性的，而且选择性越好，非线性越严重。

2）FIR 数字滤波器却具有严格的线性相位；但要获得较好的选择性，必须用较高的阶数、较多的存储单元，花费较高的运算次数和成本，信号延迟也较大。

3）如果要求相同的选择性和相同的线性相位，则 IIR 数字滤波器需加全通网络进行相位校正。因此，若相位要求严格一点，FIR 数字滤波器在性能和经济上优于 IIR 数字滤波器。

8.9.2　结构上比较

1）IIR 数字滤波器采用递归结构，即有从输出端到输入端的反馈支路。这种结构必有极点存在。极点在单位圆内，滤波器才稳定；有时计算的舍入都有可能引起寄生振荡。

2）FIR 数字滤波器采用非递归结构。这种结构在有限 z 平面无极点存在，滤波器稳定性好，因数据为有限长，故便于用 FFT 算法实现。

8.9.3　设计方法上比较

1）IIR 数字滤波器的设计可借助模拟滤波器的设计成果，有可资用的设计公式、图表，设计工作量较小。

2）FIR 数字滤波器一般无现成的设计公式；窗函数法虽有一些设计公式，但其通带、阻带的衰减仍无现成的公式；FIR 数字滤波器的设计通常要借助于计算机。

8.9.4　设计灵活性上比较

1）IIR 数字滤波器的设计法，仅针对于频率特性为分段常数的标准低通、高通、带通、带阻和全通滤波器，局限于模拟滤波器的设计格局。

2）FIR 数字滤波器的设计要灵活得多，不仅可设计各类滤波器，而且还可以设计正交移相器、理想差分器等。

总之，IIR 数字滤波器与 FIR 数字滤波器各有千秋，没有绝对的最佳，应根据实际情况，综合考虑、合理选择。例如，对线性相位要求不太高的语音信号，可选择 IIR 数字滤波器；而对线性相位要求较高的图像信号，选择 FIR 数字滤波器为好。

8.10　数字滤波器的最优化设计简介

数字滤波器无论是 IIR 型还是 FIR 型，其设计归根结底就是用一个实际的频响去逼近一个理想的频响，这里就涉及一个逼近程度问题，即最优或者最佳逼近；另一方面，如何评价这个逼近程度，这就是逼近依据的准则。数字滤波器的最优化设计就是围绕着逼近程度和逼近准则而展开的。

8.10.1　数字滤波器最优化设计的依据

数字滤波器最优化设计属于数值或函数逼近，逼近准则一般有 3 个，均方误差最小准则、插值逼近准则和最大误差最小准则。设计过程是,先设定数字滤波器一个系统函数或频响,根据所选定的逼近准则,设计一套逼近迭代算法;迭代一次,修正一次数字滤波器系统函数或频响的数据,直至满意为止。

8.10.2　IIR 数字滤波器的最优化设计

IIR 数字滤波器的最优化设计通常采用均方误差最小准则、最小 p 误差准则和线性规划。

1. 均方误差最小准则设计法

均方误差是指实际设计的滤波器频响幅度与希望的滤波器频响幅度之差的平方和。设希望的滤波器频响为 $H_d(e^{j\omega})$,实际设计的滤波器频响为 $H(e^{j\omega})$,则在离散的数字频率点 $\omega_i(i=1,2,\cdots,M)$ 上,两个频响幅度均方误差为

$$E = \sum_{i=1}^{M} [\,|\,H(e^{j\omega_i})\,|-|\,H_d(e^{j\omega_i})\,|\,]^2 \tag{8-118}$$

均方误差最小准则设计法,就是在式(8-118)表示的值最小的前提下,设计滤波器。

2. 最小 p 误差准则设计法

最小 p 误差准则设计法是均方误差最小准则设计法的推广,它可以在幅度响应、相位响应和群延迟响应 3 个方面实现最小 p 误差。例如,幅度响应最小 p 误差为

$$E_p = \sum_{i=1}^{M} W(\omega_i)[\,|\,H(e^{j\omega_i})\,|-|\,H_d(e^{j\omega_i})\,|\,]^{2p} \tag{8-119}$$

式中,$W(\omega_i)$ 为幅度加权函数。显然,当 $p=1$ 且不加权时,就是均方误差。

3. 线性规划设计法

这是在最大误差最小情况下,对滤波器幅度函数的一种逼近。之所以称为线性规划,是因为滤波器幅度函数 $|H(e^{j\omega})|$ 的平方可表示成

$$|\,H(e^{j\omega})\,|^2 = \frac{c_0 + \sum_{k=1}^{M} c_k \cos \omega k}{d_0 + \sum_{k=1}^{N} d_k \cos \omega k} \tag{8-120}$$

且式(8-120)的分子和分母对系数 c_k、d_k 均为线性的缘故。这里的逼近问题就是解下述不等式

$$-\varepsilon(\omega_i) \leqslant |\,H(e^{j\omega_i})\,|^2 - |\,H_d(e^{j\omega_i})\,|^2 \leqslant \varepsilon(\omega_i) \tag{8-121}$$

式中,$\varepsilon(\omega_i)$ 为误差容限。

8.10.3　FIR 数字滤波器的最优化设计

FIR 数字滤波器的最优化设计的逼近准则与选择的设计方法有关。窗函数设计法的逼近准则是均方误差最小。频率抽样设计法依据的是插值逼近准则,这种逼近准则能保证在各抽样点 ω_k 上,实际设计的滤波器频响 $H(e^{j\omega})$ 与理想的滤波器频响 $H_d(e^{j\omega})$ 完全一致,在各抽样点之间,$H(e^{j\omega})$ 是插值函数的线性组合。上述两种逼近准则有一个相同的缺点:在整个要求逼近的区间 $(0,\pi)$,误差分布是不均匀的,特别是,在跃变点附近的误差最大。

另一方面,一种称为等波纹最佳逼近设计法常用于 FIR 数字滤波器的最优化设计。所谓等波纹是指在整个要求逼近的范围内,误差分布是均匀的,也称为最佳一致意义下的逼近;而逼近准则是最大误差最小化。

通常采用误差函数加权的办法,使不同频段的加权误差最大值相等。设希望的滤波器幅

度函数为 $|H_d(e^{j\omega})|$，实际设计的滤波器幅度函数为 $|H(e^{j\omega})|$，加权函数为 $W(\omega)$，则加权逼近误差函数定义为

$$E(\omega) = W(\omega)\bigl[\,|\,H(e^{j\omega})\,|-|\,H_d(e^{j\omega})\,|\,\bigr] \qquad (8-122)$$

等波纹最佳逼近设计法就是在条件 $\min\bigl[\max\limits_{\omega \in A}|E(\omega)|\bigr]$ 下，设计 $|H(e^{j\omega})|$，其中 A 表示整个要求逼近的范围。

数字滤波器最优化设计，一般都有可资用的软件包，可根据实际情况进行选用。

本章小结

滤波的作用是保留信号的有用信息，滤除噪声、干扰等无用信息；而滤波器的设计是信号处理的重要内容。本章依据滤波器的冲激响应持续时间的长短，分别讨论了 IIR 数字滤波器和 FIR 数字滤波器的基本结构、设计方法和特点。数字滤波器的基本结构取决于其系统函数或冲激响应的表示形式。IIR 数字滤波器和 FIR 数字滤波器在结构上的最大区别是一个是递归型，另一个是非递归型。IIR 数字滤波器的设计是基于模拟滤波器的研究成果，先设计出满足于数字滤波器技术要求的、所对应的模拟滤波器的系统函数；再根据冲激响应不变法或双线性变换法等将其数字化。FIR 数字滤波器的设计通常采用窗函数法与频率取样法，一个在时域进行设计，另一个在频域进行设计；窗函数法的设计关键在于选择合适的窗函数。数字滤波器最优化设计是函数逼近在信号处理领域的一个具体应用；而基于数字反卷积的数字滤波器设计是一个新内容，期待着实用化软件问世。

思考题与习题

8-1　数字滤波器的频率特性为什么只限于 π 范围内？

8-2　可以从哪几个方面描述滤波器？表示其频响有几个主要参量？

8-3　试说出 IIR 数字滤波器的基本结构。

8-4　IIR 数字滤波器的设计为什么要借助模拟滤波器？

8-5　冲激响应不变法和双线性变换法基于何种原理？两者各有何特点？

8-6　举例说明 IIR 数字滤波器的设计中频率变换。

8-7　FIR 数字滤波器的基本结构有几种？

8-8　如何实现线性相位的 FIR DF？其系统函数 $H(z)$ 的零点怎样分布？其幅度函数有何特点？

8-9　窗函数对滤波器频响的影响是如何发生的？

8-10　与其他窗函数相比，凯泽窗有哪些特点？

8-11　窗函数法与频率取样法的本质区别是什么？

8-12　可以从哪几个方面，评价 IIR 与 FIR 两种数字滤波器？

8-13　数字滤波器最优化设计的逼近准则有哪些？

8-14　用直接Ⅰ型与直接Ⅱ型结构实现系统函数：

$$H(z) = \frac{3 + 4.2z^{-1} + 0.8z^{-2}}{2 + 0.6z^{-1} - 0.4z^{-2}}$$

8-15　用级联结构实现系统函数：

$$H(z) = \frac{4(z+1)(z^2 - 1.4z + 1)}{(z - 0.5)(z^2 + 0.9z + 0.8)}$$

8-16　用横截型结构实现系统函数：

$$H(z) = \left(1 - \frac{1}{2}z^{-1}\right)(1 + 6z^{-1})(1 - 2z^{-1})\left(1 + \frac{1}{6}z^{-1}(1 - z^{-1})\right)$$

8-17 设滤波器的差分方程为

$$y(n) = x(n) + x(n-1) + \frac{1}{3}y(n-1) + \frac{1}{4}y(n-2)$$

① 试用直接Ⅰ型、直接Ⅱ型、一阶节级联型和一阶节并联型结构实现此差分方程。② 试求系统的频响、幅度响应和相位响应。③ 设抽样频率为 10 kHz,输入正弦波的幅度为 5,频率为 1 kHz,试求稳态输出。

8-18 设抽样周期为 T,试用冲激响应不变法将 $H_a(s)$ 变换成 $H(z)$。① $H_a(s) = A/(s-s_0)^n$,n 为任意正整数。② $H_a(s) = (s+a)/[(s+a)^2 + b^2]$。

8-19 试用双线性变换法从二阶巴特沃斯模拟滤波器推导出低通数字滤波器的表达式,已知 3 dB 截止频率为 100 Hz,系统抽样频率为 1 kHz。

8-20 试用双线性变换法设计一个三阶巴特沃斯数字滤波器,抽样频率为 $f_s = 500$ Hz,上边带截止频率为 $f_2 = 150$ Hz,下边带截止频率为 $f_1 = 30$ Hz。

8-21 试设计一个数字滤波器。要求通带内幅度特性在 $\omega \leqslant 0.3\pi$ 处衰减不大于 0.75 dB,阻带在 $\omega = 0.5\pi$ 到 π 之间的衰减至少为 25 dB。采用冲激响应不变法与双线性变换法,确定模拟系统函数及其极点,并求数字滤波器的系统函数(设抽样周期 $T = 1$ s)。

8-22 用矩形窗设计一个 FIR 线性相位低通数字滤波器。已知 $\omega_c = 0.5\pi$,$N = 21$。求出 $h(n)$,并画出 $20 \lg |H(e^{j\omega})|$ 曲线。

8-23 用凯泽窗设计一个 FIR 线性相位理想低通数字滤波器,设低通数字截止频率为 ω_c,冲激响应的长度为 N,凯泽窗系数为 β,试求出 $h(n)$,并画出 $20 \lg |H(e^{j\omega})|$ 曲线。

8-24 试用频率抽样法设计一个 FIR 线性相位低通数字滤波器,已知 $\omega_c = 0.5\pi$,$N = 51$,要求画出 $20 \lg |H(e^{j\omega})|$ 曲线。

8-25 试选择合适的窗函数与 N,设计一个频响为

$$H_d(e^{j\omega}) = \begin{cases} e^{-j\alpha\omega} & (0 \leqslant \omega \leqslant \omega_c) \\ 0 & (\omega_c \leqslant \omega \leqslant \pi) \end{cases}$$

的 FIR 线性相位低通数字滤波器。① 设 $\omega_c = 0.5\pi$,求出 $h(n)$,并画出 $20 \lg |H(e^{j\omega})|$ 曲线。② 试画出满足上述条件的其他窗函数的 $20 \lg |H(e^{j\omega})|$ 曲线。

第9章

语音信号处理

语音信号处理是最早应用、推动数字信号处理理论和技术发展的领域之一。它主要包括语音信号分析、语音编码、语音合成、语音识别和语音增强等5个方面的内容。由于语音信号处理的内容十分丰富，已有多个版本的教科书和专著相继问世。本书将语音信号处理的主要内容浓缩为一章，只能介绍其最基本、最有用的内容。

9.1 语音信号的基本概念与表征

9.1.1 语音与语言

语音与语言密不可分，为了搞清语音的概念，必须认清什么是语言以及它与语音的关系。

1. 语　言

语言是以语音为物质外壳，由词汇和语法两部分构成的符号系统，是人类最重要的交际工具。人们利用语言进行思维，交流思想，组织社会生产，开展社会斗争，承载信息，传承文明。语言有口语与书面语两种形式。

2. 语　音

人们讲话时发出的话语称为语音。它既是具有声学物理特性的一种声音，又是人们进行信息交流的一种特殊声音。也就是说，它是组成语言的声音。因此，语音一般定义为由"一连串的音"组成语言的声音。

语音的研究内容包括两个：一个是语言学，是研究语音中各个音的排列规则及其含义的一门科学；另一个是语音学，是研究语音中各个音的物理特性和分类的一门科学。

3. 语音的声学特性

语音是由人的发声器官发出来的一种声音，同其他声音一样，可用音色、音调、音强和音长来描述。

音色是指声音的感觉特性，是一种声音区别另一种声音的基本特性。发声体，例如人、乐器发出的声音，除了一个基音(基频)外，还有许多不同频率的泛音(谐波)伴随，正是这些泛音决定了音色，以此辨别出不同人或乐器发出的声音。音色也称为音质。

音调是指声音的高低，它决定于发声体振动或发出的声波的频率。

音强是指声音的强弱，它决定于发声体振动或发出的声波的振幅。音强也称为响度。

音长是指声音的长短，它取决于发声时间的长短。

4. 音节与音素

音节是指人说话时，一次发出的、具有一个响亮的中心，并被明显感觉到的语音片段。一个音节可以由一个音素构成，也可以由几个音素构成。

音素是语音发音的最小单位。任何语音都有元音和辅音两种音素。元音是指由声带振动发出的声音，气流不受任何阻碍、顺利通过发出的声音。辅音是指发出声音的气流，受到阻碍、不能顺利通过而产生的声音。由声带振动发出的辅音称为浊(辅)音，而声带不振动发出的辅音称为清(辅)音。当声道基本畅通,只因局部变窄引起轻微摩擦的声音称为半元音。

元音是构成音节的主干,无论从声音的长度还是从能量上看,元音在音节中都占主要部分。辅音只是出现在音节的前端或后端或前后端,它们的时间长度与能量较之元音要小。

元音的另一个声学特性是共振峰。人的声道可以看做一个谐振腔或共鸣器,当元音激励进入声道时会引起共振或共鸣,产生一组共振频率,称为共振峰频率,简称为共振峰。共振峰是区别不同元音的重要参数,它一般包括共振峰频率的位置和频带宽度。不同元音对应着不同的共振峰参数。为了精确描述语音,理论上应尽可能用多个共振峰;但在实际中只用前3个共振峰就够了,它们分别记为 F_1、F_2 和 F_3。浊音也有共振峰。

9.1.2 语音信号的生成数学模型

为了用计算机定量地处理语音信号,首要的问题是建立语音信号的生成数学模型。所谓数学模型是指在一定物理条件下,用数学方法表示量与量之间的关系。本节将讨论语音信号的生成数学模型。

建立数学模型的基本原则是简单且具有最大的精确度。语音信号有两个显著的特点:一是发出不同性质的声音时的声道情况不同,语音信号的特性随着时间变化,呈现一个非平稳随机过程;二是语音信号的特性随着时间变化很缓慢。因此,进行一些合理假设,将语音信号分为一些相继的短段,在这些短段内语音信号可以看做平稳随机过程。这样,在这些短段内表示语音信号时,可以采用线性时不变模型。

语音信号生成系统由发声激励、声道传输和声音辐射3部分组成。

1. 发声激励

发声激励的模型一般分为浊音激励模型和清音激励模型。发浊音时将产生间歇脉冲。这个脉冲类似斜三角形脉冲,其表达式为

$$g(n) = \begin{cases} \frac{1}{2}\left[1 - \cos\left(\frac{\pi n}{N_1}\right)\right] & (0 \leqslant n \leqslant N_1) \\ \cos\left[\frac{\pi(n - N_1)}{2N_2}\right] & (N_1 \leqslant n \leqslant N_1 + N_2) \\ 0 & (n < 0, n > N_1 + N_2) \end{cases} \quad (9-1)$$

对式(9-1)进行离散时间傅里叶变换(DTFT),求得的斜三角形脉冲的频谱为

$$G(e^{j\omega}) = \frac{1}{(1 - e^{-cT} e^{-j\omega})^2} \quad (9-2)$$

式中,c 为常数,T 为取样周期。斜三角形脉冲的离散波形与频谱分别如图9-1(a)、(b)所示。

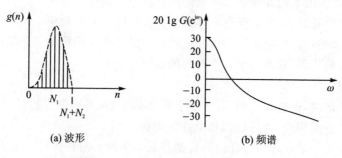

(a) 波形   (b) 频谱

图9-1 斜三角形脉冲的波形与频谱

浊音信号发出时(浊音激励)可等效为"斜三角形脉冲串"。这个斜三角形脉冲串可以表示成斜三角形脉冲与单位冲激序列的卷积,即

$$g_{ch}(n) = g(n) * \sum_{m=0}^{\infty} \delta(n-m) \tag{9-3}$$

式(9-3)实际上就是发浊音时的时域等效模型,对其进行 z 变换,则得

$$G_{ch}(z) = \frac{1}{(1 - e^{-cT}z^{-1})^2} \frac{1}{1 - z^{-1}} \tag{9-4}$$

式中,c 为常量,T 为取样周期。式(9-4)就是发浊音时通常所说的归一化等效模型。

发清音时,因阻碍而形成湍流,可把清音激励模拟成随机白噪声。实际上,清音激励一般表示成幅度均值为 0,方差为 1 的白色分布序列。

2. 声道传输

声道模型有两种常用建模方法:一种是管道模型,即将声道视为截面不同的管子串联而成的系统;另一种是共振峰模型,即将声道看做一个谐振腔。本书只介绍共振峰模型。

所谓共振峰就是谐振腔的谐振频率,谐振频率一般有多个。元音通常用前 3 个共振峰来表示就足够了,对于较复杂的辅音和鼻音,则需要用到前 5 个以上的共振峰。

成人的声道长度约为 17 cm,根据物理知识可以推导出声道开口时的谐振频率为

$$F_i = \frac{(2i-1)v}{4L} \tag{9-5}$$

式中,$i = 1, 2, \cdots$ 为正整数,表示共振峰的序号;v 为声速,L 为声道长度。发原音"[e]"时的共振峰很接近由式(9-5)计算得出的数值。但是发其他音时,出入就较大。因此,必须研究从语音信号如何求出共振峰及其相关参数的方法,为此要建立共振峰模型。根据音素的发声情况,通常有级联型、并联型和混合型 3 种实用共振峰模型。

(1) 级联型

对于发一般元音时的声道,其系统函数可以用一个全极点模型来表示,即

$$V(z) = \frac{G}{1 - \sum_{k=1}^{N} a_k z^{-k}} \tag{9-6}$$

式中,N 为极点个数,G 为幅值因子(增益),a_k 是常系数。将式(9-6)分解成二阶极点网络串联的形式,则有

$$V(z) = \prod_{i=1}^{M} \frac{a_i}{1 - b_i z^{-1} - c_i z^{-2}} = \prod_{i=1}^{M} \frac{1 - 2e^{-B_k T}\cos(2\pi F_k T) + e^{-2B_k T}}{1 - 2e^{-B_k T}\cos(2\pi F_k T)z^{-1} + e^{-2B_k T}z^{-2}} \tag{9-7}$$

式中,M 是小于 $(N+1)/2$ 的整数,T 为取样周期,并且

$$\left.\begin{aligned}
a_i &= 1 - b_i - c_i \\
b_i &= 2\exp(-\pi B_i T)\cos(2\pi F_i T) \\
c_i &= -\exp(-2\pi B_i T) \\
G &= a_1 a_2 \cdots a_M
\end{aligned}\right\} \quad (i = 1, 2, \cdots, M) \tag{9-8}$$

设任何一级二阶极点网络为

$$V_i(z) = \frac{a_i}{1 - b_i z^{-1} - c_i z^{-2}} \qquad (i = 1, 2, \cdots, M) \tag{9-9}$$

则式(9-7)可简写为

$$V(z) = \prod_{i=1}^{M} V_i(z) \qquad\qquad (9-10)$$

根据式(9-10),可以得到声道的级联型共振峰模型,如图9-2所示。

$$G_{ck}(z) \longrightarrow \boxed{V_1(z)} \longrightarrow \boxed{V_2(z)} \longrightarrow \cdots \longrightarrow \boxed{V_M(z)} \longrightarrow$$

图9-2 声道的级联型共振峰模型

级联的级数取决于声道的长度,成人一般取3~5级,女子或儿童可取4级,声道特长的男子可取到6级。

(2) 并联型

对于非一般元音(如鼻化元音)和大部分辅音,其声道的系统函数可以用一个零极点模型来表示,即

$$V(z) = \frac{\sum\limits_{r=0}^{M} b_r z^{-r}}{1 - \sum\limits_{k=1}^{N} a_k z^{-k}} \qquad\qquad (9-11)$$

当$N>M$,式(9-11)的分子与分母无公共因子,且分母无重根时,则式(9-11)可分解为部分分式之和的形式:

$$V(z) = G \sum_{i=1}^{M} \frac{A_i}{1 - B_i z^{-1} - C_i z^{-2}} = G \sum_{i=1}^{M} A_i V_i(z) \qquad\qquad (9-12)$$

根据式(9-12),可以得出声道的并联型共振峰模型,如图9-3所示。

声道的并联型共振峰模型可以独立地控制每个谐振器的幅度,适合于鼻音、塞音、擦音和塞擦音等。

(3) 混合型

将级联型共振峰模型与并联型共振峰模型组合起来,就构成了比较完备的共振峰模型。这就是所谓的混合型共振峰模型,如图9-4所示。

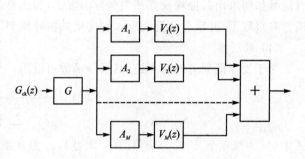

图9-3 声道的并联型共振峰模型

3. 声音辐射

声音从口唇发出,称为声音辐射,它可近似等效于"平板开槽辐射"的情况,表征它通常用辐射阻抗:

$$z_L(\Omega) = \frac{j\Omega L_r R_r}{R_r + j\Omega L_r} \qquad\qquad (9-13)$$

式中,$R_r = 128/9\pi^2$;$L_r = 8a/3\pi v$,其中a为口唇的开口半径;v为声波传播速度。辐射阻抗的实部和虚部分别如图9-5(a)与(b)所示。

将式(9-13)写成拉普拉斯变换形式,则有

$$z_L(s) = \frac{sL_r R_r}{R_r + sL_r} \qquad\qquad (9-14)$$

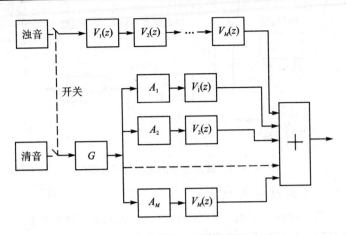

图 9-4　混合型共振峰模型

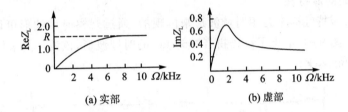

(a) 实部　　　　　(b) 虚部

图 9-5　辐射阻抗的实部和虚部

利用双线性变换法式(8-41),可得

$$z_L(z) = \frac{L_r R_r c}{R_r + L_r} \cdot \frac{1 - z^{-1}}{1 - \dfrac{L_r - R_r}{R_r + L_r} z^{-1}} \qquad (9-15)$$

设

$$\left. \begin{aligned} R_0 &= \frac{L_r R_r c}{R_r + L_r} \\ R_1 &= \frac{L_r - R_r}{R_r + L_r} \end{aligned} \right\} \qquad (9-16)$$

则式(9-15)表示成如下形式

$$R(z) = z_L(z) = R_0 \frac{1 - z^{-1}}{1 - R_1 z^{-1}} \qquad (9-17)$$

当 R_1 很小时,则式(9-17)可简化成如下形式

$$R(z) = R_0(1 - z^{-1}) \qquad (9-18)$$

式(9-18)表明,声音辐射时的模型近似为一高通滤波器,如图9-6所示。

4. 语音信号的生成数学模型

综上所述,语音信号的生成数学模型可用激励模型、声道模型和辐射模型串联而成,如图9-7所示。

语音信号的 z 域表达式(发浊音时)为

$$G(z) = G_{ch}(z) \cdot V(z) \cdot R(z)$$

209

$$\boxed{R_0(1-z^{-1})}$$

图 9-6　声音辐射时的模型

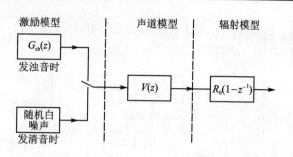

激励模型　　　　　声道模型　　　辐射模型

图 9-7　语音信号的生成数学模型

9.1.3　语音信号特性的表征

语音信号特性一般包括声学特性（前面已介绍）、时域特性、频域特性、时频特性和统计特性。下面,简介时域特性、频域特性、时频特性和统计特性。

1. 语音信号的时域特性

语音信号的时域特性通常是用时域波形来体现的,通过观察时域波形可以看出语音信号的一些重要特性。图 9-8 给出了汉语拼音"sou ke"的时域波形,该波形的采样频率是 8 kHz,量化精确度为 16 bit。

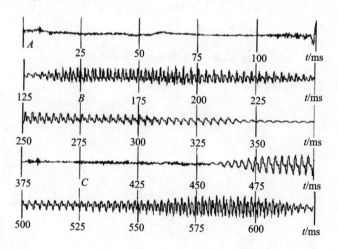

图 9-8　汉语拼音"sou ke"的时域波形

通过时域波形的振幅和周期性差异,可以分析不同音素的性质。例如,从图 9-8 可看出,清辅音[s]、[k]和元音[ou]、[e]这两类音的时域波形有很大区别。由图可见,音节[s]从 A 点开始,音节[k]从 C 点开始,它们都是清辅音,其波形类似于白噪声,且振幅较小,没有明显的周期性;而从 B 点开始的元音[ou]和从 D 点开始的元音[e],其振幅较大,且有明显的周期性。它们的周期对应着声带振动频率,即基音频率。

2. 语音信号的频域特性

语音信号在 $10\sim30$ ms 时间内,其特性基本上是不变的,或者变化很缓慢,通常认为它是短时平稳信号。因此,可截取一个时间片段进行频谱分析。这种频谱称为短时谱。

在图 9-8 中,从 180 ms 处开始,持续时间为 32 ms,采样频率为 8 kHz,取 256 个样本,进行傅里叶变换,则得到元音[ou]的频谱,如图 9-9 所示。从图 9-9 可以看出,在 0～

1.83 kHz之间有 6 个峰,因此基音频率约为 301 Hz。另一方面,在图 9-8 中的 225～250 ms 之间约有 7.5 个周期,由此可估计出其基音频率为 300 Hz。可见,时域分析结果与频域分析结果是相当一致的。在图 9-9 中,峰值出现的频率就是共振峰频率。

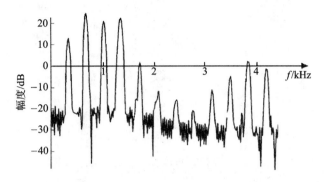

图 9-9　元音[ou]的频谱

为了便于与元音[ou]的频谱进行比较,图 9-10 给出了清辅音[k]的频谱,可见其频谱峰点之间的间隔是随机的,无周期性。

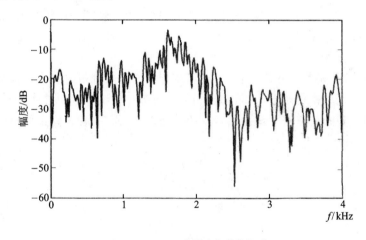

图 9-10　清辅音[k]的频谱

3. 语音信号的时频特性(语谱图)

严格讲,语音信号是时变信号。也就是说,其频谱是随时间变化的,只是变化缓慢而已。上面的短时谱只反映语音信号的静态频率特性,不能反映语音信号的动态频率特性。语音信号的时频分析可以全面反映语音信号的频率特性。语音信号的时频特性或语谱图是一种 3 维频谱,是表示语音信号的频谱随时间变化的图形。语谱图的纵坐标(轴)表示语音信号的频率,横坐标表示时间,而语音信号在某时刻、某频率的信号强弱(能量)用灰度或色调的浓淡来表示。这样语音信号的 3 维信息可用一个平面来表示。图 9-11 给出了语句内容为“Nothing was really accomplished”的语谱图。由图 9-11 可以看出,语谱图是由横杠、乱纹和竖直条构成。所谓横杠是指与时间轴平行的几条深黑色带纹,它对应于短时谱的共振峰;从横杠对应的频率与宽度,可以确定共振峰的频率与宽度。横杠是判断语音是否有浊音的重要标志。竖直条是指与时间轴垂直的一条窄黑条,每个竖直条相当一个基音(音调),竖直条也叫做冲直条。乱纹是指语谱图中无规律的纹路,或者说是除去横杠和竖直条的纹路。例如,Nothing 中的元音[ʌ]，accomplished 中的元音[ɔ]都对应着横杠；而清擦音[p]与[f]对应着乱纹。

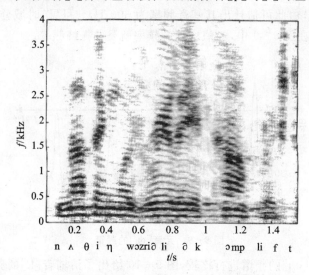

图 9 − 11　语句"Nothing was really accomplished"的语谱图

语谱图实际上是由黑白程度不同的纹路构成的，故称为"声纹"。声纹和人的指纹一样，不同人具有不同的声纹。因此可用声纹鉴别不同的讲话人。

4. 语音信号的统计特性

如上所述，语音信号是一个随机过程，因此可用统计方法来分析它。语音信号的统计特性可用它的波形振幅的概率密度函数、均值和自相关函数等一些统计量来描述。

语音信号振幅分布的概率密度函数通常有两种逼近方法。一种是修正伽玛分布概率密度函数：

$$p_G(x) = \frac{\sqrt{k}\,e^{-k|x|}}{2\sqrt{\pi}\,\sqrt{|x|}} \tag{9−19}$$

式中，k 是一个常数，它与标准偏差 σ_x 的关系为

$$k = \frac{\sqrt{3}}{2\sigma_x} \tag{9−20}$$

另一种是拉普拉斯分布概率密度函数：

$$p_L(x) = 0.5\alpha e^{-\sigma|x|} \tag{9−21}$$

式中，α 是一个与标准偏差 σ_x 有关的数，而且

$$\alpha = \frac{\sqrt{2}}{\sigma_x} \tag{9−22}$$

除此而外，还可以用高斯分布来逼近，其逼近效果不如上述两种分布。

212　🌐 **9.2　语 音 信 号 分 析**

语音信号分析是指对语音信号的波形特征、统计参数和模型参数等进行分析计算。其目的就是提取表示语音信号本质的特性参数，进而利用这些参数实现语音通信、语音合成和语音识别等处理。在语音信号分析中，通常是围绕着语音信号的短时平稳性而展开的。尽管语音信号是一个非平稳过程，但是在称为一帧（10~30 ms）的时间内，其特性基本是不变的。因此，

可以一帧一帧地分析语音信号的特性参数,这样对整个语音信号而言,分析出的参数,就是由一帧一帧的特性参数组成的特性参数时间序列。

根据分析参数的性质,语音信号分析可分为时域分析、频域分析和倒谱分析(也叫做同态分析)。

根据分析的方法不同,语音信号分析可分为模型分析和非模型分析。所谓模型分析是根据语音信号的数学模型来分析和提取表征该模型的特征参数的方法。而不用模型的分析方法都属于非模型分析。

9.2.1　语音信号的时域分析

语音信号的时域分析就是分析和提取语音信号的时域参数,其参数有短时能量、短时过零率、短时自相关函数和短时平均幅度差函数。

1. 短时能量与短时平均幅度

如图 9-12 所示,设语音信号 $x(l)$ 加窗分帧后的第 n 帧信号为 $x_n(m)$,则有

$$\left.\begin{array}{l} x_n(m) = x(m)w(n-m) \\ w(m) = \begin{cases} 1 & (0 \leqslant m \leqslant N-1) \\ 0 & (m < 0, m > N-1) \end{cases} \end{array}\right\} \qquad (9-23)$$

式中,$n = 0, 1, 2, \cdots$;N 为帧长。

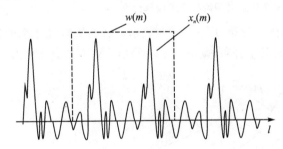

图 9-12　语音信号加窗后的波形

第 n 帧语音信号为 $x_n(m)$ 的能量(常称为短时能量)E_n 定义为

$$E_n = \sum_{m=0}^{N-1} x_n^2(m) \qquad (9-24)$$

由式(9-24)计算语音信号的能量时,发现它对高电平非常敏感。为此,也可用短时平均幅度函数来表征信号的能量,其定义如下:

$$M_n = \sum_{m=0}^{N-1} |x_n(m)| \qquad (9-25)$$

语音信号的短时能量或短时平均幅度函数主要用于:① 因为浊音比清音的能量大,故可用来区分浊音段和清音段;② 可用来区分声母与韵母的分界,无声与有声的分界,连字的分界;③ 可作为一种超音段信息,用于语音识别。

2. 短时过零率

语音信号的短时过零率是指一帧语音信号的波形穿过零电平横轴的次数。"过零"对于连续的时域语音信号而言,表示穿越时间轴;而对于离散的时域语音信号,则表示相邻取样值符号的改变。

语音信号 $x_n(m)$ 的短时过零率定义为

$$Z_n = \frac{1}{2} \sum_{m=0}^{N-1} |\operatorname{sgn}[x_n(m)] - \operatorname{sgn}[x_n(m-1)]| \qquad (9-26)$$

式中,$\operatorname{sgn}[\cdot]$ 为符号函数,其定义为

$$\operatorname{sgn}[x] = \begin{cases} 1 & (x \geqslant 0) \\ -1 & (x < 0) \end{cases} \qquad (9-27)$$

由式(9-26)不难看出，它记录了相邻取样值的符号改变次数，即过零次数。一般浊音具有较低的过零率，而清音具有较高的过零率。

利用短时过零率可以从背景噪声中找出语音信号，可以判断寂静无声段和有声段的起始、终止位置，也可在背景噪声较大时找出单词的起始、终止位置。

3. 短时平均幅度与短时过零率的分布特点

短时平均幅度（或短时能量）与短时过零率都是随机变量。研究发现，它们的概率分布取决于语音的性质。对于无声、清音和浊音而言，它们的短时平均幅度的概率分布不仅是不同的，而且它们的短时过零率的概率分布也是不同的。设用 $p(M/S)$ 表示无声的短时平均幅度的概率分布，用 $p(M/U)$ 表示清音的短时平均幅度的概率分布，用 $p(M/V)$ 表示浊音的短时平均幅度的概率分布，则图9-13给出了它们的分布曲线。

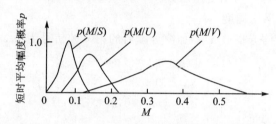

图9-13　无声、清音与浊音的短时平均幅度的概率分布

设用 $p(Z/S)$ 表示无声的短时过零率的概率分布，用 $p(Z/U)$ 表示清音的短时过零率的概率分布，用 $p(Z/V)$ 表示浊音的短时过零率的概率分布，则图9-14给出了它们的分布曲线。

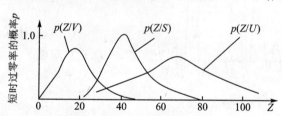

图9-14　无声、清音与浊音的短时过零率的概率分布

4. 短时自相关函数

相关分析是语音信号时域波形常用的分析方法，利用短时自相关函数可以求得语音波形序列的基音周期；在用线性预测分析语音信号时，也要用到短时自相关函数。其定义如下：

$$R_n(k) = \sum_{m=0}^{N-1-k} x_n(m)x_n(m+k) \quad (0 < k \leqslant K) \tag{9-28}$$

式中，K 为最大延迟点数，N 为帧长。

短时自相关函数具有如下性质：① 若语音信号是周期的，则其短时自相关函数也是周期的；② 若语音信号是偶函数，则其短时自相关函数也是偶函数；③ $k=0$ 时，短时自相关函数具有最大值，这时它表征语音信号序列的能量或平均功率。

由式(9-28)不难看出，随着延迟 k 的增加，式中相加的乘积项将减少，则导致短时自相关函数的幅度值下降；如果窗长（帧长）不够，就难于准确地确定语音波形序列的基音周期。为此，对式(9-28)进行适当修正，则有修正的短时自相关函数：

$$\hat{R}_n(k) = \sum_{m=0}^{N-1} x'_n(m)x'_n(m+k) \quad (0 < k \leqslant K) \tag{9-29}$$

式(9-29)中语音信号序列不再由式(9-23)表示,而进行如下修正:

$$\begin{cases} x'_n(m) = x(n+m)w'(m) \\ w'(m) = \begin{cases} 1 & (m \leqslant m \leqslant N-1+K) \\ 0 & (m < 0, m > N-1+K) \end{cases} \end{cases} \tag{9-30}$$

5. 短时平均幅度差函数

由式(9-28)和式(9-29)看出,短时自相关函数的运算量很大,能否用一个计算量较小的其他函数代替它呢? 这就是短时平均幅度差函数。其定义为

$$F_n(k) = \sum_{m=0}^{N-1-k} |x_n(m) - x_n(m+k)| \quad (0 < k \leqslant K) \tag{9-31}$$

如果语音信号具有周期性,则由式(9-31)表示的短时平均幅度差函数的极小值也会周期地出现;这就是说,若语音信号是周期的,则其短时平均幅度差函数也是周期的;这一点与短时自相关函数类似,因此可以用它代替短时自相关函数来检测语音波形序列的基音周期。而且,短时平均幅度差函数与短时自相关函数的关系为

$$F_n(k) = \sqrt{2}\beta(k)[R_n(0) - R_n(k)]^{1/2} \tag{9-32}$$

对于不同语音段,式中的 $\beta(k)$ 将有所变化,一般 $\beta(k) = 0.6 \sim 1.0$;但是对于一个特定的语音段,$\beta(k)$ 随 k 的变化不明显。

9.2.2 语音信号的谱频分析

由于语音信号是一个非平稳过程,所以一般利用短时傅里叶变换对其进行频谱分析,这时频谱称为短时谱。除此而外,语音信号的频谱分析还包括功率谱、倒谱和频谱包络等。

1. 语音信号的短时谱分析

短时谱定义为第 n 帧语音信号 $x_n(m)$ 的离散时间傅里叶变换

$$X_n(e^{j\omega}) = \text{DTFT}[x_n(m)] = \sum_{m=0}^{N-1} x_n(m)e^{-j\omega m} \tag{9-33}$$

由于"帧"是靠窗 $w(n-m)$ 选定的,所以随着 n(帧)的改变、窗 $w(n-m)$ 将沿着序列 $x(m)$ 滑动。因此,式(9-33)是一个窗选离散时间傅里叶变换。基于上述思想,再根据式(9-23),可以将式(9-33)变换成另一种形式:

$$X_n(e^{j\omega}) = \text{DTFT}[x(m) \cdot w(n-m)] = \text{DTFT}[x(m)] * \text{DTFT}[w(n-m)] =$$

$$X(e^{j\omega}) * [e^{-j\omega n}W(e^{-j\omega})] = \frac{1}{2\pi}\int_{-\pi}^{\pi}[W(e^{j\theta})e^{jn\theta}][X(e^{j(\omega+\theta)})]d\theta \tag{9-34}$$

式中,$X(e^{j\omega}) = \text{DTFT}[x(m)]$,$e^{-j\omega n}W(e^{-j\omega}) = \text{DTFT}[w(n-m)]$。为了使 $X_n(e^{j\omega})$ 尽量逼近 $X(e^{j\omega})$,需要加长帧的长度,但帧太长将失去分帧的意义。因此,要折衷选择窗的宽度。

2. 语音信号的功率谱

功率谱是语音信号处理中的一个重要概念,短时功率谱定义为

$$S_n(e^{j\omega}) = X_n(e^{j\omega}) \cdot X_n^*(e^{j\omega}) = |X_n(e^{j\omega})|^2 \tag{9-35}$$

其离散形式为

$$S_n(k) = X_n(k) \cdot X_n^*(k) = |X_n(k)|^2 \tag{9-36}$$

而且,短时功率谱是短时自相关函数的离散时间傅里叶变换(DTFT),即

$$S_n(e^{j\omega}) = |X_n(e^{j\omega})|^2 = \sum_{k=-N+1}^{N-1} R_n(k)e^{-j\omega k} \tag{9-37}$$

3. 语音信号短时谱的临界带特征

为了符合人耳的听觉特性,提出了短时谱临界带的概念。临界带取决于取样频率 f_s,其分布范围为 $0\sim f_s/2$,而临界带分割点频率 $\hat{f}_i$ 可由下式:

$$i = \frac{26.8\hat{f}_i}{(1960+\hat{f}_i)} - 0.53 \tag{9-38}$$

求得 $\hat{f}_1=118.6$ Hz, $\hat{f}_2=188.7$ Hz, $\hat{f}_3=297.2$ Hz, $\cdots$, $\hat{f}_{17}=3\ 702$ Hz, $\hat{f}_{18}=4\ 386$ Hz, $\cdots$ 这样 $\hat{f}_1\sim\hat{f}_2$ 构成第一临界带, $\hat{f}_2\sim\hat{f}_3$ 构成第二临界带,等等。当 $f_s=8$ kHz 时,在频率 $0.1\sim4$ kHz 范围内,有 16 个临界带,记为 $l=1\sim16$。

9.2.3 语音信号的倒谱分析

1. 问题的提出

利用语音信号的倒谱可以将声门激励信息与声道响应信息分离开来。这种分析方法一般称为同态信号处理或同态滤波,也叫做倒谱分析。将前面在分析语音信号的模型时得到的式(9-18)进行 z 反变换,则得

$$g(n) = g_{ch}(n) * v(n) * r(n) \tag{9-39}$$

式中, $g(n)$ 表示语音信号序列, $g_{ch}(n)$ 表示声门激励序列, $v(n)$ 表示声道冲激响应, $r(n)$ 表示反射子系统的冲激响应。式(9-39)表明,语音信号序列是一个卷积结果。如果要将各个卷积核分离开来,则必须采用同态信号处理,即倒谱分析。

2. 倒谱分析

倒谱分析的目的就是先将卷积序列变换成相加序列(倒谱),然后再将它们分离。倒谱分析的流程如图9-15所示。首先对语音信号 $g(n)$ 进行 z 变换,然后取对数,最后进行 z 反变换,得到倒谱 $\hat{g}(n)$。根据图9-15的流程,对式(9-39)进行如下变换:

图 9-15　倒谱分析的流程

$$\left.\begin{aligned}
G(z) &= G_{ch}(z) \cdot V(z) \cdot R(z) \\
\ln G(z) &= \ln G_{ch}(z) + \ln V(z) + \ln R(z) = \hat{G}(z) = \hat{G}_{ch}(z) + \hat{V}(z) + \hat{R}(z) \\
Z^{-1}[\hat{G}(z)] &= Z^{-1}[\hat{G}_{ch}(z) + \hat{V}(z) + \hat{R}(z)] = \hat{g}(n) = \hat{g}_{ch}(n) + \hat{v}(n) + \hat{r}(n)
\end{aligned}\right\}$$

$$(9-40)$$

式(9-40)表明,通过求倒谱,可以将语音信号卷积表达式变换成相加表达式。这样,就可以将声门激励信息与声道响应信息分离开来。

如果想分离出声道的冲激响应 $v(n)$,则可以先进行滤波将倒谱 $\hat{g}_{ch}(n)$ 和 $\hat{r}(n)$ 滤除掉,仅留下声道冲激响应的 $\hat{v}(n)$;然后通过图9-16所示的运算过程(z 变换→指数运算→z 反变换),就可以得到声道的冲激响应 $v(n)$。

根据需要可对 $v(n)$ 进行离散傅里叶变换,得到声道的频率响应,以便求得声

图 9-16　求解声道的冲激响应 $v(n)$ 的过程

道的共振特性和基音周期,用于语音编码、合成和识别等。

9.2.4　语音信号的线性预测分析

线性预测分析的基本思想是根据语音样点之间的相关性,利用过去的样点值来预测现在或将来的样点值的方法。具体地,就是在某个基准条件下,用过去的若干抽样或它们的线性组合来逼近现在一个语音的抽样值。

线性预测分析的基本原理,设用 $s(n)$ 表示现在一个样点,$\hat{s}(n)$ 表示其估值,$s(n-i)$ 表示过去若干个样点值,根据线性预测分析的基本思想,则估值为

$$\hat{s}(n) = a_1 s(n-1) + a_2 s(n-2) + \cdots + a_p s(n-p) = \sum_{i=1}^{p} a_i s(n-i) \tag{9-41}$$

设预测误差为 $\varepsilon(n)$,则

$$\varepsilon(n) = s(n) - \hat{s}(n) = s(n) - \sum_{i=1}^{p} a_i s(n-i) \tag{9-42}$$

在某个基准条件下,使预测误差 $\varepsilon(n)$ 达到最小值,由式(9-42)就可以唯一确定一组线性预测系数 $a_i(i=1,2,\cdots,p)$。

为了便于用线性预测方法分析语音信号,可以将语音信号的数字模型看做是准周期脉冲(发浊音)或白噪声(发清音)激励一个线性移不变系统。这样,语音信号的数字模型可如图 9-17 所示。

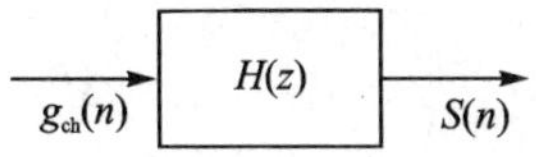

图中,$g_{ch}(n)$ 表示语音激励序列,$s(n)$ 表示输出语音信号,$H(z)$ 表示模型的系统函数。$H(z)$ 一般写成有理分式的

图 9-17　语音信号的数字模型

形式:

$$H(z) = G \frac{1 + \sum_{l=1}^{q} b_l z^{-l}}{1 - \sum_{i=1}^{p} a_i z^{-i}} \tag{9-43}$$

实际上,语音信号的模型系统函数为全极点形式,即式(9-43)中的 $b_l = 0$。这种形式的系统函数也称为自回归模型。这时的系统函数简化为

$$H(z) = \frac{G}{1, - \sum_{i=1}^{p} a_i z^{-i}} = \frac{G}{A(z)} \tag{9-44}$$

式中,G 为增益参数。由式(9-44)可以得到语音激励序列 $g_{ch}(n)$ 与输出语音信号 $s(n)$ 之间的差分方程为

$$s(n) = G g_{ch}(n) + \sum_{i=1}^{p} a_i s(n-i) \tag{9-45}$$

式(9-45)表明,可以用信号过去的样点值预测现在或未来的样点值。这说明语音信号的样点值之间具有相关性。再根据式(9-42),可以得到预测误差为

$$\varepsilon(n) = s(n) - \sum_{i=1}^{p} a_i s(n-i) = G g_{ch}(n) \tag{9-46}$$

线性预测分析所要解决的问题是,对于给定语音信号序列,在均方误差最小的准则下,求得预测系数 a_i 的最佳估值。现将一帧内均方误差定义为

$$E\{\varepsilon^2(n)\} = E\left\{\left[s(n) - \sum_{i=1}^{p} a_i s(n-i)\right]^2\right\} \qquad (9-47)$$

对式(9-47)求 a_j 的偏导,并令其为零,则可得到

$$E\left\{\left[s(n) - \sum_{i=1}^{p} a_i s(n-i)\right] s(n-j)\right\} = 0 \quad (j = 1, 2, \cdots, p) \qquad (9-48)$$

为了求解式(9-48),先假定一帧内的 N 个样点的语音片段为 $s_n(m)$,并设

$$\Phi_n(j, i) = E\{s_n(m-j) s_n(m-i)\} \quad (1 \leqslant i \leqslant p, 1 \leqslant j \leqslant p) \qquad (9-49)$$

则有

$$\sum_{i=1}^{p} a_i \Phi_n(j, i) = \Phi_n(j, 0) \quad (j = 1, 2, \cdots, p) \qquad (9-50)$$

如果能计算出 $\Phi_n(j, i)$,则可以通过式(9-50)求得预测系数 a_i。求解式(9-50)有自相关法、协相关法和格型法。自相关法简介如下:

对于语音片段 $s_n(m)$ 来说,其自相关函数为

$$R_n(j) = \sum_{m=j}^{N-1} s_n(m) s_n(m-j) \quad (j = 1, 2, \cdots, p) \qquad (9-51)$$

可以证明

$$\Phi_n(i, j) = R_n(|i-j|) \qquad (9-52)$$

因此,代入式(9-50),则得

$$\sum_{i=1}^{p} a_i R_n(|i-j|) = R_n(j) \quad (j = 1, 2, \cdots, p) \qquad (9-53)$$

展开上式,则有

$$\begin{bmatrix} R_n(0) & R_n(1) & \cdots & R_n(p-1) \\ R_n(1) & R_n(0) & \cdots & R_n(p-2) \\ \vdots & \vdots & \vdots & \vdots \\ R_n(p-1) & R_n(p-2) & \cdots & R_n(0) \end{bmatrix} \begin{bmatrix} a_1 \\ a_2 \\ \vdots \\ a_p \end{bmatrix} = \begin{bmatrix} R_n(1) \\ R_n(2) \\ \vdots \\ R_n(p) \end{bmatrix} \qquad (9-54)$$

式(9-54)就是著名的 Yule-Walker 方程;它表明,只要知道自相关函数,就可以求得预测系数。

9.2.5 基音周期估计

基音周期是语音信号的最重要参数之一。它可用于语音识别、说话人识别、低码率语音编码、发音系统的疾病诊断和听觉残障者的语音指导等。所谓基音周期是指发浊音时声带振动的周期性,它等于声带振动频率的倒数。

由于基音周期因人而异,与音调有关,易受共振峰的影响以及变化范围宽等原因,所以迄今为止还没有找到非常令人满意的基音周期检测方法。通常采用的方法有自相关函数法、峰值提取法、平均幅度差函数法、并行处理法、倒谱法、谱图法和小波法等。这里仅简介自相关函数法,其他检测方法请参考相关文献。

这种方法就是用式(9-51)计算语音片段 $s_n(m)$ 的自相关函数,发浊音时自相关函数的峰值将出现在基音周期的整数倍的位置上,依此对基音周期进行检测。

由于基音周期易受共振峰的影响,直接检测出来的基音周期会偏离真实值。为此,通常采用如下两种方法来克服共振峰的影响。一种是用一个带宽为 $60 \sim 900\ \mathrm{Hz}$ 的带通滤波器对语

音信号进行滤波;另一种是采用"中心削波"技术,即将低于某个幅度语音信号削掉,只保留高于该幅度的语音信号。对经过带通滤波或中心削波后的语音信号,再计算自相关函数,这时的基音周期检测结果要准确得多。

9.2.6 共振峰估计

人的声道可看做一个腔体,起共鸣器的作用。当发声激励进入声道时,形成共振,产生一组共振频率,称为共振峰频率或共振峰。共振峰参数包括共振峰和频带宽度。共振峰信息包含于语音频谱包络中,一般认为频谱包络中的最大值就是共振峰。因此,共振峰参数的提取就是估计自然语音的频谱包络。

由于共振峰会出现虚假峰值、合并以及受高音调的影响,所以共振峰参数的检测不是一件容易的事。通常使用的方法有带通滤波器组法、倒谱法与线性预测法等。由于受篇幅限制,这里从略,感兴趣的读者请参阅相关文献。

9.3 语音编码

语音编码就是根据语音编码的国际标准,对语音数据进行压缩,也称为压缩编码。由于将语音信号直接数字化的数据量太大,故不适合传输与存储。因此,必须对语音信号数据进行压缩,以减少传输码率和存储量。所谓传输码率是指传输"每秒语音信号"所需要的比特数,也称为数码率。

语音编码通常是在可懂度与音质、降低数码率、简化编码过程这 3 个方面进行折衷。就编码而言,可分为信源编码和信道编码。信源编码是解决信号的有效性问题,信道编码是解决信号的可靠性问题。这里只讨论信源编码。

语音编码一般分为波形编码、参数编码和混合编码 3 类。波形编码是指编码后的重建语音时域信号波形与原信号波形尽量保持一致的编码形式。这种编码形式适应性强、语音质量好,但需要的编码速率高。最具代表性的是自适应差分脉冲编码调制。参数编码通常称为声码器技术。它根据声音形成的机理,在足够可懂度的原则上,建立语音信号产生模型,提取特性参数而进行编码。参数编码的优点是速码率低;其问题是语音质量较差,自然度低。典型的参数编码有共振峰声码器和线性预测声码器。将上述两类编码有机地结合起来,发挥它们的各自长处而进行的编码称为混合编码。

9.3.1 语音压缩编码的依据

对语音信号进行压缩编码的依据是语音信号存在冗余度和人的听觉机理特性。压缩编码实际上就是在编码中将语音信号的冗余信息去掉。语音信号本身一般都存在时域冗余度和频域冗余度。

1. 时域冗余度

时域冗余度主要表现在如下几个方面:① 语音信号样本之间的相关性,例如,取样频率为 8 Hz 时,相邻样本之间的相关系数为 0.85。② 浊音语音段具有准周期性,周期之间存在信息冗余度;语音信号样本之间不仅存在短时相关性,而且还存在长时(几十秒)相关性,例如,取样频率为 8 Hz 时,其平均相关系数高达 0.9。③ 语音信号不仅存在字、词、句之间的停顿,而且还存在听者的停顿。停顿时间与总通话时间之比称为静止系数。

2. 频域冗余度

频域冗余度主要表现在如下两个方面:一是语音信号长时功率谱密度呈现强烈的非平坦

性,如高频能量较低,直流分量并非最大,这意味着没有充分利于给定的频段,从统计观点看存在固有的冗余度。二是对于短时功率谱而言,一方面在某些频率上出现峰值,在另一些频率上出现谷底,其峰值称为共振峰,在众多的共振峰中取前 3 个就能决定语音特征;另一方面,短时功率谱的细节以基音为基础,具有谐波结构。

3. 人的听觉机理特性

① 人耳具有掩蔽效应。所谓掩蔽效应是指某个强音在特定的频率范围内屏蔽了较弱声音,使人完全听不见,形成了两个(低频处、高频处)屏蔽阈值的现象。这些被掩蔽的声音可以从编码中去掉。② 人耳听觉对低频比较敏感,对高频不太敏感,即人耳存在一个"可闻阈值",可对可闻阈值之外的语音不进行编码。③ 人耳对语音信号的相位信息感知很不敏感,相位信息可作为冗余信息来处理。

9.3.2 语音压缩编码的关键技术

语音压缩编码通常采用下面 3 种技术。

1. 线性预测技术

如上所述,语音信号存在两种相关性,即取样点之间的短时相关性和相邻基音周期之间的相关性。利用线性预测技术可以进行"去相关"处理,将这两种语音信号的相关性去掉,得到"预测余量信号",编码只针对预测余量信号。这里的编码实质就是将短时和长时预测系数的冗余信息去掉,只对余量的预测系数编码。

2. 合成编码技术

由于在用线性预测技术编码时,虽然能使余量信号与其量化值之间误差达到最小,但这不意味着原始语音信号之间的误差最小。为此,提出了合成编码法。合成编码就是在编码中引入综合滤波器(译码器),使合成的信号与原始语音信号相比、在均方误差最小的准则下来调整编码参数。这种编码也称为闭环编码法。

3. 感觉加权滤波器技术

实践表明,用均方误差最小准则来评价合成语音信号的质量并非最优。掩蔽效应不仅与信号频率有关,而且与信号强度有关。这就是说,掩蔽范围与信号强度密切相关。例如,共振峰处的噪声与能量较低处的噪声相比,就不易被感觉。由此可以设计一个加权滤波器,使得在共振峰处的噪声能量较大,而在信号能量较低处的噪声能量相对较小。

9.3.3 语音压缩编码的性能评测

压缩编码的主要性能指标包括:编码速率、语音质量、顽键性、编码延迟、误码容限、算法复杂度和算法可扩展性等。说道底,压缩编码就是在同时考虑上述指标的前提下,寻找一个最优方案。

1. 压缩编码的主要性能指标

编码速率又叫比特率,是指编码器的信息速率。通常分成中码率($8\sim16$ kbit/s),低码率($2.4\sim8$ kbit/s)和超低码率(<2.4 kbit/s)。

顽键性表征编码器的适应性。它是通过对多种来源的语音信号进行编解码重建的语音质量,进行比较测试而得到的一个指标。

编码延迟是指编码器单次编码所需要的时间,它影响通信的质量。

误码容限是指编码器所能允许的误码率,通常要求编码器在 1% 的误码率下,仍能提供可用的语音输出。

算法复杂度包括运算复杂度和内存要求,运算复杂度用 MIPS(Million Instructions Per Second)表示,内存单位一般用 KB 表示。

算法可扩展性是指一种编码算法不仅能解决当前的实际应用,而且还能兼顾将来的发展。

2. 压缩编码的语音质量评价

语音质量根据应用划分为 4 个级别:广播级,要求宽带高音质信号,码率在 64 kbit/s 以上;网络或电话级,语音质量与模拟语音信号相当,带宽为 200~3 200 Hz,码率为 16 kbit/s 以上;通信级,要求语音有较高的自然度和说话者识别度,码率为 4.8 kbit/s 以上;合成级,要求语音有一定的自然度和说话者识别度。语音质量的评价方法分为客观评价与主观评价,前者的评价依据是客观的物理量,后者的评价依据是人的主观感受。

(1) 主观评价

主观评价又分为清晰度评价、可懂度评价和音质评价。清晰度评价是针对音节以下(音素、声母等)语音测试单元,是否容易听清楚。可懂度评价是针对音节以上(词、句等)语音测试单元,是否容易听清楚。清晰度评价与可懂度评价通常归为一类评价。音质评价是指语音听起来有多自然,反映对讲话人的识别水平。

1) 可懂度评价。它主要用于低速率语音编码的测试,一般是对若干对同韵母的单字或单音节的词进行测试,以全体评听人的正确率为可懂度评价结果。例如,对同韵母的"为"和"费"进行测听,全体评听人判断正确的百分比就是可懂度评价结果,通常用 DRT 表示。DRT 在 95% 以上为优,DRT 在 85%~95% 之间为良,DRT 在 75%~84% 之间为中,DRT 在 65%~74% 之间为差,DRT 在 65% 以下就不能接受。

2) 音质评价。音质评价分为两种,平均意见得分(MOS)和判断满意度测量(DAM)。

平均意见得分一般要求评听人为 40 人以上,得分为 5 个等级,通常按 5 分制评价。得分在 4.0~4.5 分之间为高质量数字化语音;得分为 3.5 分左右的语音质量称为通信质量;得分在 3.0 分以下的语音质量称为合成语音质量,它具有足够的可懂度。

判断满意度测量分为 21 个等级,其中 10 个等级考虑语音感觉质量,8 个等级考虑背景情况,余下 3 个等级考虑可懂度、清晰度和总体满意度。

(2) 客观评价

客观评价也称为客观测度。它分为时域测度、频域测度与其他测度。

时域测度用编码器的输出语音信号波形与原始语音信号波形相比的失真度表征,一般用信噪比表示。长时语音重建信号的信噪比为

$$
\mathrm{SNR}_c = 10 \lg \left\{ \frac{\sum_{n=0}^{M-1} s(n)^2}{\sum_{n=0}^{M-1} [s(n) - \hat{s}(n)]^2} \right\} \tag{9-55}
$$

式中,$s(n)$ 为原始语音信号,$\hat{s}(n)$ 为编码后的语音信号。一种分块(分 L 块,每块 M 帧)的短时信噪比为

$$
\mathrm{SNR}_d = \frac{10}{L} \sum_{i=0}^{L} \lg \left\{ \frac{\sum_{n=0}^{M-1} s[i(M-1)+n]^2}{\sum_{n=0}^{M-1} \{s[i(M-1)+n] - \hat{s}[i(M-1)+n]\}^2} \right\} \tag{9-56}
$$

频域测度是指频谱失真的测度。它包括对数谱距离测度、倒谱距离测度和巴克谱测度等。

这些测度的计算结果取值越小,说明编码后语音越接近原始语音。

客观评价与主观评价各有优缺点。客观评价更适合速率较高的波形编码的算法,常用于系统设计;主观评价更适合速率低于 16 kbit/s 语音编码,常用于听觉效果的检验。

对于语音编码而言,已经建立许多国际标准,表 9-1 只列出了其中的几项。

表 9-1 语音编码的国际标准

编码速率/(kbit·s⁻¹)	编码算法	编码标准	编码类型
64	μ/A 律 PCM	CCITT G.711	波形编码
16	LD-CELP	CCITT G.728	混合编码
8/4/0.8	RCELP	TIA IS-127	混合编码
8	CS-ACELP	ITU-TG.729	混合编码

9.3.4 语音信号的波形编码

语音信号最早采用的编码方法是脉冲编码调制(PCM),属于波形编码方式。这种编码是将语音信号当作一般的波形信号来处理,力求使重建的语音信号保持原始语音信号的波形。它的特点是,具有较强的适应能力和较好的合成语音质量;但编码速率高,编码效率低。

波形编码方式还有自适应增量调制(ADM)、自适应预测编码(APC)、自适应差分脉冲编码调制(ADPCM)、变换域编码(TC)、子带编码(SBC)、自适应变换编码(ATC)等。这些编码形式适合的编码速率为 64~16 kbit/s;如果编码速率再低,则其合成语音的质量会下降很快。

由于受篇幅的限制,这里只介绍非均匀脉冲编码调制方式。

1. 非均匀脉冲编码调制方式的基本思想

由于均匀脉冲编码调制对语音信号的数字化过程与通常的模/数转换完全一样,所以信号没有得到压缩。下面,介绍的非均匀脉冲编码调制方式可实现对语音信号的压缩。信号因数字化而产生量化误差,进而形成量化噪声,信号针对量化噪声的信噪比可近似表示为

$$SNB/dB = 6.02B - 7.2 \tag{9-57}$$

式中,B 为量化器的字长。式(9-57)表明,若提高信噪比,则必须增加字长。由于语音信号大量集中在低幅度范围,又因语音信号的波形动态范围一般为 55 dB,所以为了保证语音的质量,必须减小量化阶距,这就需要字长 B 取 10 位以上。非均匀脉冲编码调制方式就是针对压缩语音信号的波形动态范围提出的,即设法压缩大幅度的信号,提升小幅度的信号;亦即输入低电平时量化阶距小,输入高电平时量化阶距大。图 9-18 给出了非线性压缩示意图,由图易见,较小幅度的输入信号 x 经非线性变换后得到的 z,将有相应的提升。

这实际上就是对语音信号先进行非线性变换,然后再进行量化。在解码时,将压缩的语音信号波形动态范围再进行扩张,以恢复原状。因此,将这种技术称为压缩-扩张技术。实现这种非均匀脉冲编码调制方式的编-解码系统框图如图 9-19 所示。

在非均匀脉冲编码调制方式中,典型的压缩-扩张技术是 A 律和 μ 律压缩-扩张技术。

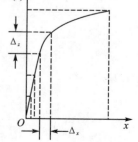

图 9-18 非线性压缩示意图

图 9 - 19   非均匀脉冲编码调制方式的编–解码系统框图

2. A 律和 μ 律压缩–扩张技术

μ 律 PCM 主要用于北美和日本，A 律 PCM 用于其他国家和地区。相对而言，μ 律压缩更为常用，7 位 μ 律 PCM 在美国，已被接受为长途电话质量标准。

设 $x(n)$ 为语音信号波形的取样值，则 μ 律压缩定义为

$$F[x(n)] = X_{max} \frac{\ln\left[1 + \mu \frac{|x(n)|}{X_{max}}\right]}{\ln(1 + \mu)} \operatorname{sgn}[x(n)] \tag{9-58}$$

式中，X_{max} 为 $x(n)$ 的最大幅度。μ 表示压缩程度的参数，当 $\mu = 0$ 时，表示没有压缩。μ 越大，则压缩率越高，故称之为 μ 律压缩。通常，μ 在 100～500 之间。$\mu = 255$ 时，可以对电话质量的语音信号进行编码，其音质相当于 12 bit 均匀量化的质量。μ 律压缩的特性如图 9 - 20 所示。

我国采用 A 律压缩，其压缩公式为

$$F[x(n)] = \begin{cases} \dfrac{A|x(n)|/X_{max}}{1 + \ln A} \operatorname{sgn}[x(n)] & \left(0 \leqslant \dfrac{|x(n)|}{X_{max}} < \dfrac{1}{A}\right) \\[3mm] X_{max} \dfrac{1 + \ln[A|x(n)|/X_{max}]}{1 = \ln A} & \left(\dfrac{1}{A} \leqslant \dfrac{|x(n)|}{X_{max}} \leqslant 1\right) \end{cases} \tag{9-59}$$

式中，X_{max} 为 $x(n)$ 的最大幅度；A 表示压缩程度的参数，当 $A = 0$ 时，表示没有压缩。A 律压缩的特性如图 9 - 21 所示。

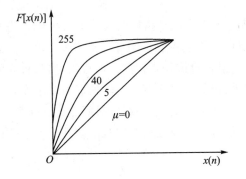

图 9 - 20   μ 律压缩的特性

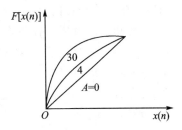

图 9 - 21   A 律压缩的特性

9.3.5   语音信号的参数编码

参数编码不是针对语音信号波形，而是针对语音信号的特征参数来进行编码的。它在提取语音信号的特征参数时，要充分做到使语音生成模型在幅度谱上逼近原始语音，以保证重建语音信号具有尽可能高的可懂度，即力图保持语音的原意。实现参数编码的设备是声码器。参数编码器有通道声码器、共振峰声码器、同态声码器、线性预测声码器等。应用最广泛的是线性预测声码器。

线性预测声码器不仅需要对线性预测模型参数进行编码，还需要对激励参数进行编码。由式(9-44)可知，模型参数有 p 个预测器系数和增益参数 G，激励参数有基音周期和清浊音

信息。编码结束后再通过信道传至解码器,最后用线性预测合成器合成语音信号。图 9 - 22 给出了线性预测编-解码系统框图,其中,线性预测分析器提供预测器系数和增益参数 G,音调检测器提供基音周期和清浊音信息。

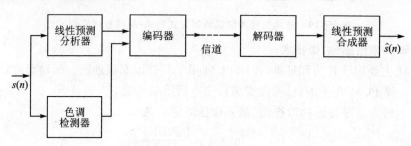

图 9 - 22 线性预测编-解码系统框图

需要注意的是,由于预测器系数很小,不便于直接量化、传输,一般将它们变换为更合适的参数形式,如反射系数,无损声管的对数面积比,以及式(9 - 44)的分母多项式的根。

通常,一帧典型的线性预测编码参数有:1 bit 清浊音信息,5 bit 左右的增益参数,6 bit 基音周期,5~6 bit 的反射系数或对数面积比($p = 8~12$)。因此,每帧约需 60 bit。如果一帧为 25 ms,则编码速率为 2.4 kbit/s。

除了上面介绍的波形编码、参数编码技术外,还有混合编码技术,以及适用于 TDMA 和 CDMA 的基于码本激励的线性预测(CELP)编码技术、增强型变速率语音编码(EVRC)技术等,请读者参阅相关文献。

9.4 语音合成

语音合成包含两个内容:语声合成和语言合成。语声合成是指机器或计算机再生预先利用数字存储技术存入的语音信号,是一个声音还原过程,不能控制声调、语调,或改变语气。因此,常将实现这种功能的合成器称为语声响应系统。语言合成是指仿照人的言语过程,事先将要讲的内容以字符代码的形式存入机器;然后按照语言规则,将字符代码转换成由基本发音单元组成的序列;同时考虑声调、重音、韵律特性,以及表达语气,生成一组随时间变化的序列;最后用该序列去控制语音合成器发出声音。语音合成也可以说成是用专用数字硬件或专用软件来产生语音信号的过程。

9.4.1 语音合成的分类

从技术方式进行分类,可分为波形合成法、参数合成法和规则合成法;从合成策略上进行分类,可分为频谱逼近法和波形逼近法。

1. 波形合成法

波形合成法通常分为两种形式,一种是波形编码合成,另一种是波形编辑合成。

波形编码合成是指直接要把合成的语音信号的发音波形进行存储,或者进行编码压缩后再存储,合成重放时,解码组合输出。例如,最简单的方法就是通过 A/D 变换和 D/A 变换,实现编码和解码;或者利用波形编码技术,使语音信号数据得到某种程度的压缩,在解码时进行相应的扩张。

波形编辑合成是将波形编辑技术用于语音合成的一种方式。首先将自然语言的词、词组、短语或语句作为合成基元,再利用语音编码技术,存储适当的合成基元;合成时,经解码、将合成基元对应的波形进行编辑拼接、平滑处理,输出所需的短语、语句或段落。

波形合成法是一种相对简单的合成技术,只能合成词汇有限的语音段。多用于自动报时、报站和报警。

2. 参数合成法

参数合成法又称为分析合成法:首先对语音信号进行分析,提取语音参数,以压缩存储量,然后由人工控制这些参数进行合成。它一般分为发音器官参数合成和声道模型参数合成。

发音器官参数合成法是直接模拟人的发音过程,首先定义了唇、舌、声带的相关发音参数,再由发音参数估计声道截面积函数,最后计算声波。由于人的发音生理过程的复杂性,完全模拟是相当困难的,所以这种合成方式的语音质量还不理想。

声道模型参数合成法是基于声道截面积函数或声道谐振特性来合成语音的。声道模型参数合成法的工作过程简述如下:首先录制涵盖了人发音过程中所有可能出现的读音;提取这些读音的声学参数,并整合成一个完整的音库;在发音过程中,先根据需要发的音,从音库选择合适的声学参数;再根据韵律模型中得到的韵律参数,通过合成算法产生语音。这种合成法比特率低,音质适中,参数多,算法复杂。

3. 规则合成法

规则合成法是一种高级语音合成方法。它是通过语音学规则产生语音的。它的工作过程大致如下:在这种合成法的音库中,存储最小语音单位的声学参数,由音素组成的音节,由音节组成的词,由词组成的句子,控制音调、轻重音等韵律的各种规则;当给出待要合成的字母、或文字时,合成系统利用规则(算法)自动地将它们转换成连续的语音声波。具有代表性的算法是基于同步叠加技术(PSOLA)。这种方法可以合成无限词汇的语句,达到较高的语音质量。

下面,只介绍两种比较流行的语音合成法。一种是共振峰合成法,另一种是线性预测合成法。前者算法较复杂,但合成语音质量较高;后者合成算法简单。

9.4.2　共振峰合成法

共振峰合成法的机理是,将声道看做一个谐振腔,以腔体的谐振特性,即共振峰频率和带宽为参数,构成一个共振峰滤波器;再将多个共振峰滤波器组合起来模拟声道的传输特性,模拟的声道对激励源发出的信号进行调制(滤波);最后经辐射得到合成的语音信号。共振峰滤波器的个数和组合形式一般是固定的,只是共振峰滤波器的参数(频率和带宽)随每一帧输入的语音参数而变化,以表征音色各异的语音。

图 9-23 给出了共振峰合成法的系统框图。由图 9-23 可看出,激励源有 3 种,用周期冲激序列激励,以合成浊音语音;用伪随机噪声激励,以合成清音语音;用周期冲激调制噪声作为

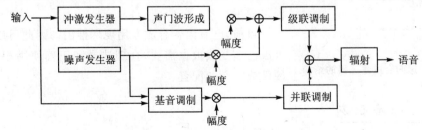

图 9-23　共振峰合成法的系统框图

激励,以合成浊擦音。图中的"级联调制"是指将声道模型的二阶数字谐振器级联起来,以合成元音;图中的"并联调制"是指将声道模型的二阶数字谐振器并联起来,以合成辅音。最后,将合成的元音与合成的辅音相加,经辐射便得到所需要的合成语音。

9.4.3 线性预测合成法

线性预测(LPC)合成法是目前比较实用的一种语音合成方法,它以低数据率、低复杂度、低成本的特点受到重视。

LPC 语音合成法是利用 LPC 语音分析的方法,通过对自然语音样本的分析,计算出 LPC 系数,建立语音信号产生模型,从而合成语音。LPC 语音合成器的框图如图 9 - 24 所示。

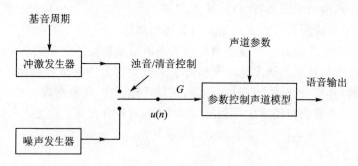

图 9 - 24   LPC 语音合成器的框图

由图 9 - 24 看出,白噪声序列和周期脉冲序列构成激励信号,经选通、放大,进入参数控制声道模型(也叫做时变数字滤波器),从而获得合成语音信号。参数控制声道模型有两种:一种是直接用预测系数构成递归合成滤波器,简称直接形式;另一种是用反射系数构成"格型"合成滤波器。简介如下:

直接形式的合成语音样本为

$$\hat{s}(n) = Gu(n) + \sum_{i=1}^{p} a_i s(n-1) \tag{9-60}$$

式中,G 为增益,$u(n)$ 为激励,a_i 为预测系数,p 为预测阶数。

直接形式(递归合成滤波器)的结构如图 9 - 25 所示。这种结构滤波器简单、易于实现,曾被广泛应用。但是要求计算精度很高,否则会出现不稳定。

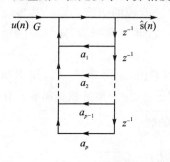

图 9 - 25   递归合成滤波器的结构

反射系数形式合成语音样本为

$$\hat{s}(n) = Gu(n) + \sum_{i=1}^{p} k_i b_{i-1}(n-1) \tag{9-61}$$

式中,G 为增益,$u(n)$ 为激励,k_i 为反射系数,b_i 为后向预测误差,p 为预测阶数。这种结构滤波器虽然计算量较大,但很稳定。

目前,已有语音合成专用硬件推出。因此可以说,语音合成已演变成根据需要,合理选择和正确使用相应的专用硬件或它们的配置。

9.5   语音识别

语音识别一般包括两个内容:一是讲话内容的识别,即让机器听懂人讲的话,准确地识别出语音的内容,从而根据讲话内容,执行人的各种意图;二是讲话人的识别,即讲话人的自动识别。它与前者的区别在于,不注重语音内容,而注重语音信号的个人特征;它又分为讲话人的自动确认和讲话人的自动辨认。讲话人的自动确认只是确认讲话人的身份,只涉及一个特定的参考模型与待识别的模式进行比较,只给出"是"与"不是"的二元判决;对于讲话人的自动辨认而言,必须辨认出语音是来自哪个人,而且有时还要给出非讲话人的拒绝判断。注意,有的文献只将讲话内容的识别称为语音识别。本节将对语音识别的有关内容进行简单介绍。

9.5.1　讲话内容的识别

下面介绍讲话内容的识别的分类、识别原理和识别系统。

1. 讲话内容识别的分类

讲话内容识别一般采用两种分类法:一是按讲话内容的多寡分类法,二是按识别方法的分类法。

(1) 按讲话内容的多寡分类法

讲话内容的识别按内容的多寡可分为如下 3 类:

1) 按识别内容,可分为孤立词、连接词、连续语音识别以及语音理解和会话的识别。孤立词识别是指对每次只说一个词(字)、一个词组、一条命令的识别。例如,控制家电语音识别系统只须识别"开"、"关"、"请关闭"、"提高音量"等孤立词。连接词识别是指对 10 个数字(0~9)连接而成的多位数字以及少数指令的识别;相应的识别系统多用于电话、数据库查询和控制操作。连续语音识别是指对一段语音信号,如一个句子的识别。语音理解是指在语音识别的基础上,用语言学知识来推断语音含义的识别;它不需要完全识别出语音内容,只需要理解语句的意思。会话语音识别是指对人们的会话语言的识别。

2) 按识别词汇的多少,可分为小词汇量、中词汇量和大词汇量的识别。小词汇量识别是指能识别 1~20 个词汇的语音识别;中词汇量识别是指能识别 20~1 000 个词汇的语音识别;大词汇量识别是指能识别 1 000 个以上词汇的语音识别。

3) 按讲话人的范围,可分为单个特定讲话人、多个讲话人以及与讲话人无关的语音识别。单个特定讲话人的语音识别是指对某个特定人(如主管)的识别。这种识别必须由这个特定人的用户输入大量发音数据,并系统进行训练,其识别系统比较简单。多个讲话人识别是指对有限个人的讲话内容的识别,其识别系统相对复杂些。讲话人无关的语音识别是指对同一语种的所有人的标准讲话内容的识别,其识别系统复杂。

(2) 按识别方法的分类法

按识别方法可分为模板匹配法、随机模型法和概率语法分析法。

模板匹配法的识别分两个阶段,即训练和识别阶段。在训练阶段,用户将词汇表中的每个词说一遍,然后将每个词的特征矢量作为模板存入模板库;在识别阶段,将输入语音的特征矢量与模板库中每个模板进行比较,把相似度最高的模板作为识别结果。其中,最有名的识别算法是动态规划算法(DTW)。

227

随机模型法的识别是基于隐马尔可夫模型(HMM),利用 HMM 的概率参数对似然函数进行估计与判决,从而得到识别结果。它是目前研究语音识别的主流途径。

概率语法分析法是指利用语谱的"区别性特征",以及用词法、语法、语义等约束和讲话环境,它们相互结合,构成一个"由底向上"或"自顶向下"的交互作用的知识系统,以此来进行语音识别的方法。语谱的"区别性特征"是指不同人发同一语音时,其语谱存在一些共同的特点,而与其他语音有别的现象。

2. 讲话内容的识别系统

讲话内容的识别系统主要由预处理部分、核心算法部分与基本数据库、以及控制应用部分组成。预处理部分包括语音输入（话筒或电话线）、语音数字化、检测语音区间和参数分析等内容，以便转换成特征矢量；核心算法部分与基本数据库将要识别的语音特征矢量与数据库中存入的语音特征矢量进行匹配（比较），给出识别结果；控制应用部分将识别结果转换成控制信号，以控制执行装置。图 9 - 26 给出了典型讲话内容的识别系统的框图。

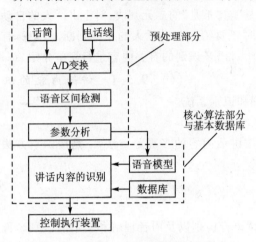

图 9 - 26　讲话内容的识别系统的框图

3. 讲话内容的识别算法

实际上，这种语音识别就是用建立在计算机硬件平台和操作系统之上的一套应用软件来实现的，或者称为识别算法。

目前，主流算法有基于参数模型的隐马尔可夫模型法和基于非参数模型的矢量量化法。前者主要用于大词汇量语音识别系统，需要较大的内存空间；后者只需要较小的内存空间，但对大词汇量的语音识别，不如前者。

9.5.2　讲话人的识别

虽然对"讲话人识别"的研究可以追溯到 20 世纪 30 年代，但目前仍是一个研究热点。当前的研究方向主要集中在讲话人个人特征的分离提取、个人特征的增强、对反映讲话人特征的声学参数的线性与非线性处理，以及新的讲话人识别模式匹配方法。主要的识别方法有动态时间规划（DTW）法、主分量（成分）分析（PCA）法、矢量量化（VQ）法、隐马尔可夫（HMM）法、人工神经网络（ANN）法，以及这些方法的组合法。

讲话人识别与讲话内容识别的基本原理相同，也是根据从语音中提取的不同特征，通过逻辑判断来判定该语句的归属类别。但它还有如下特色：其特征空间按讲话人划分；选择对讲话人"区分度"大、而对语音内容不敏感的特征参量；因识别目标是人而不是语音内容，故帧长、识别逻辑等将有所不同。

1. 讲话人识别系统的结构

讲话人的识别，注重的是讲话人的个性，只须在一段语音中提取出讲话人的个人特征，再通过对这些个人特征的分析和识别，达到对讲话人的辨认或确认的目的。图 9 - 27 给出了讲话人识别系统的结构框图。

由图 9 - 27 看出，讲话人识别系统的结构主要由预处理、特征提取、参考模板、模式匹配与判决构成。除此而外，还有模型训练和判决阈值选择等部分。一个讲话人识别系统的建立与应用分为两个阶段，即训练阶段和识别阶段。在训练阶段，识别系统的每一个使用者给出若干个训练语料，系统则根据这些训练语料，通过训练学习建立每个使用者的模板或模型参数参考集。在识别阶段，将从待识别讲话人的讲话语音信号中提取特征参数，与在训练过程中得到的参数参考集或模型模板进行比较，并根据一定的相似准则进行判定；对于讲话人辨认而言，所

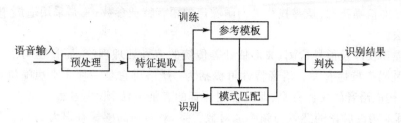

图 9-27　讲话人识别系统的结构框图

提取的参数要与训练过程中的每一个人的参考模型进行比较,并把与它距离最近的那个参考模型所对应的使用者辨认为是发出输入语音的讲话者;对于讲话人确认来说,则是将从输入语音中导出的特征参数与语音为某人的参考参量进行比较。在比较过程中,若距离小于规定的阈值,则予以确认,否则将拒绝。

2. 预处理

这里的预处理基本上与讲话内容识别系统的预处理相同,但必须注意如下几点:适当提高抽样频率,以便提取讲话人的高频特征信息;注重较长时段语音特征信息的提取;关注若干帧范围内的过渡特征信息的提取。

3. 讲话人识别的特征提取

虽然目前还不完全清楚,究竟是哪些参数能较好地反映讲话人的个人特征,但是可以从两个方面考虑:一是发音器官的差异(先天),二是发音器官发音时动作/习惯的差异(后天)。前者主要表现在语音的频谱结构上。它包括声道共振与反共振特性的频谱包络特征信息、反映声带振动的音源特性的频谱细节构造的特征信息,其代表性的参数有倒谱和基音的静态特征参数。后者主要表现在语音的频谱结构的时间变化上。它包含特性参数的动态特性,其代表性的参数是倒谱和基音的动态线性回归系数,即差值倒谱和差值基音参数。

需要注意的是,讲话人的识别参数是随时间变化的,它是影响识别率的一个重要原因。研究发现,对于同一个人所发出的同一语音,一段时间前采集的讲话人的识别参数与一段时间后采集的讲话人的识别参数并不相同,如果两组参数进行匹配,就会产生误识别。人们发现,识别参数变化的时间规律是,3 周内基本不变;一个月后开始变化,到 3 个月确认率和辨认率分别下降了 10% 和 25% 左右;3 个月后,变化基本不大。

4. 讲话人识别的常用系统

下面,只列出几个常用的讲话人的识别系统。它们是基于 DTW 的讲话人确认系统;基于 VQ 的讲话人识别系统;基于 HMM 的讲话人识别系统,它包括基于 HMM 的与文本有关的讲话人识别,基于 HMM 的与文本无关的讲话人识别,基于 HMM 的指定文本的讲话人识别等。

9.6　语音增强

229

简而言之,语音增强就是将掩盖在噪声或干扰中的语音信号提取出来。语音信号处理的关键是"抗噪技术的运用"。这是因为噪声直接影响语音识别、低码率化等的实现。混叠在语音信号中的噪声,按与信号的关系,可分为"加性"噪声、"乘性"噪声或"卷积"噪声;按噪声的性质,可分为平稳噪声和非平稳噪声。

抗噪技术始终是一个研究热点,它大致有 3 种解决方案:一是采用语音增强算法,以提高输入语音信号的信噪比；二是寻找稳健的耐噪声的语音特征参数；三是采用适应于模型参数的噪声补偿算法。

语音增强不仅涉及信号检测、波形估计等传统的信号处理理论，而且还与语音特性、人耳感知特性以及噪声特性有关。语音特性可概括为：严格讲它是一种非平稳随机信号，又具有短时平稳性，构成语音的两种音素、即元音和辅音的表征方法、形式迥然不同。人耳感知特性表现为：人耳对声波频率的感觉与频率成对数关系，对声强的感觉有很大的动态范围，对声频的感知受声强的影响，具有掩蔽效应，在两人以上的讲话环境中具有能分辨出所需声音的能力。噪声特性主要指是"加性"噪声还是"乘性"噪声（或"卷积"噪声）。"加性"噪声包括冲激噪声、周期噪声、宽带噪声与语音干扰噪声；"乘性"噪声（或"卷积"噪声）主要指传输网络的电路噪声。

下面，介绍几种语音增强技术。

9.6.1 滤波法语音增强技术

滤波法语音增强技术，实际上是设法削减语音信号的噪声，以增强语音信号。通常采用两种滤波方法：一种是陷波器，另一种是自适应滤波器。陷波器适于滤除周期性噪声；自适应滤波器实质上是先对噪声进行估计，然后在语音信号中扣除它。下面，以陷波器为例来说明用滤波法进行语音增强的技术。

图9-28给出了用陷波器进行语音增强的系统框图。

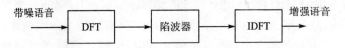

图9-28 用陷波器进行语音增强的系统框图

数字陷波器的传递函数为

$$H(z) = 1 - z^{-1} \tag{9-62}$$

式(9-62)表明，当噪声频率为 $f = N/T$ 时，则 $H(e^{j\omega}) = 1 - e^{-j \cdot 2\pi \frac{N}{T} T} = 0$，被滤掉。

9.6.2 基于相关处理的语音增强技术

由于可以认为语音与噪声、噪声与噪声是不相关的，所以可对带噪语音进行自相关处理，就可以近似得到纯语音信号的自相关函数，达到滤除噪声的目的。

设带噪语音信号为

$$y(t) = s(t) + n(t) \tag{9-63}$$

式中，$s(t)$ 为纯净语音信号，$n(t)$ 为近似白噪声的噪声信号，则 $y(t)$ 的自相关函数为

$$R_y(\tau) = \frac{1}{T}\int_{-\infty}^{t} y(t)y(t-\tau)w(t)\mathrm{d}t =$$

$$\frac{1}{T}\int_{-\infty}^{t} [s(t) + n(t)] \cdot [s(t-\tau) + n(t-\tau)]w(t)\mathrm{d}t =$$

$$\frac{1}{T}\int_{-\infty}^{t} [s(t)s(t-\tau) + s(t)n(t-\tau) + n(t)s(t-\tau) + n(t)n(t-\tau)]w(t)\mathrm{d}t$$

$$\tag{9-64}$$

式中，$w(t)$ 为窗函数。由于语音与噪声、噪声与噪声是不相关的，所以式(9-64)可简化为

$$R_y(\tau) = \frac{1}{T}\int_{-\infty}^{t} y(t)y(t-\tau)w(t)\mathrm{d}t \approx$$

$$\frac{1}{T}\int_{-\infty}^{t}[s(t)s(t-\tau)]w(t)\mathrm{d}t = R_s(\tau) \tag{9-65}$$

出式(9-65)可知,如果将自相关函数作为识别特征参数时,就可以达到抗噪的目的。

当用自相关处理时,若产生二次谐波,可采用帧信号平方的自相关函数作为识别特征。

9.6.3 基于非线性处理的语音增强技术

基于非线性处理的语音增强技术有中心削波法和同态滤波法,它们都适合滤除宽带噪声。同态滤波法更适合于处理非加性,即乘性或卷积噪声。下面,以同态滤波法为例进行说明。

图 9-29 给出了利用倒谱均值规整(CMN)降噪声技术的框图,设某帧带噪语音信号是 $C_{sn}(t) = C_s(t) \cdot C_n(t)$;其中,$C_s(t)$ 为纯净语音,$C_n(t)$ 为乘性噪声。$\hat{C}_{sn}(t)$ 为 $C_{sn}(t)$ 的倒谱,$\hat{C}_s(t)$ 为 $C_s(t)$ 的倒谱,$\hat{C}_s(t)$ 为 $C_s(t)$ 的倒谱。并且

$$\hat{C}_{sn}(t) = \hat{C}_s(t) + \hat{C}_n(t) \tag{9-66}$$

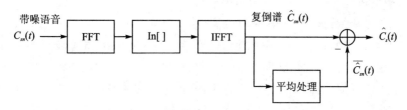

图 9-29 倒谱均值规整(CMN)降噪声技术的框图

由于每一帧噪声的倒谱相同,所以 N 帧带噪语音信号的平均值为

$$\overline{\hat{C}}_{sn}(t) = \frac{1}{N}\sum_{i=1}^{N}\hat{C}_i(t) + \hat{C}_n(t) \tag{9-67}$$

因此,经 CMN 处理后,输出的语音信号为

$$\hat{C}_s{}'(t) = \hat{C}_{sn}(t) - \overline{\hat{C}}_{sn}(t) = \hat{C}_s(t) - \frac{1}{N}\sum_{i=1}^{N}\hat{C}_i(t) \tag{9-68}$$

式(9-68)表明,输出信号中已不包含乘性噪声,起到了增强语音的效果。

9.6.4 减谱法语音增强技术

顾名思义,所谓减谱法是指带噪语音信号的功率谱减去噪声功率谱,从而得到较为纯净的语音信号的语音增强技术。图 9-30 给出了减谱法语音增强的系统框图。

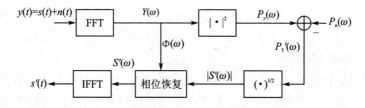

图 9-30 减谱法语音增强的系统框图

设 $s(t)$ 为纯净语音信号,$n(t)$ 为加性噪声,则带噪语音信号为

$$y(t) = s(t) + n(t) \tag{9-69}$$

对式(9-69)进行傅里叶变换,则得

$$Y(\omega) = S(\omega) + N(\omega) \tag{9-70}$$

如果语音信号与加性噪声是相互独立的,则有

$$| Y(\omega) |^2 = | S(\omega) |^2 + | N(\omega) |^2 \tag{9-71}$$

因此,若用 $P_y(\omega)$、$P_s(\omega)$ 和 $P_n(\omega)$ 分别表示 $y(t)$、$s(t)$ 和 $n(t)$ 的功率谱,则

$$P_y(\omega) = P_s(\omega) + P_n(\omega) \tag{9-72}$$

另一方面,由于平稳噪声信号的功率谱在发声前和发声期间基本不变,这样就可以用"寂静段"的语音(只有噪声)的功率谱 $P_n{}'(\omega)$ 来估计噪声信号的功率谱 $P_n(\omega)$。因此,可得

$$P_s(\omega) = P_y(\omega) - P_n(\omega) \approx P_y(\omega) - P_n{}'(\omega) = P_s{}'(\omega) \tag{9-73}$$

由此可得

$$\left. \begin{array}{l} S(\omega) \approx S'(\omega) \\ s(t) \approx s'(t) \end{array} \right\} \tag{9-74}$$

需要说明的是,减谱法语音增强技术的依据,一是语音信号与加性噪声是相互独立的,二是噪声信号的功率谱在发声前和发声期间基本不变。

9.6.5 基于维纳滤波的语音增强技术

这种语音增强技术的思想是在滤波前后语音信号的最小均方误差准则下,设计一个滤波器,来实现对带噪语音信号滤波,从而达到语音增强的目的。设 $s(t)$ 为纯净语音信号,$n(t)$ 为加性噪声,则带噪语音信号仍如式(9-69)所示;并设维纳滤波器的冲激响应为 $h(t)$,其输出为

$$s'(t) = y(t) * h(t) \tag{9-75}$$

在均方误差 $E[| s'(t) - s(t) |^2]$ 最小准则下,设计维纳滤波器。

本章小结

本书将内容十分丰富的语音信号处理浓缩为一章,只介绍其最基本的内容。它主要包括语音信号分析、语音编码、语音合成、语音识别和语音增强等 5 个方面的基本内容。关于语音信号处理已有多个版本的教科书和专著相继问世,感兴趣的读者请参考相关文献。

语音信号就其产生机理而言,它需要发声激励、声道传输和发声辐射 3 个阶段;就其成分来说,它是由元音、浊辅音和轻辅音 3 个主要音素构成,因此其等效语音模型因音素不同而有差别,进而其表现特点与表征方法也有所不同。就信号性质而言,语音信号严格讲是一个非平稳随机信号,处理起来有些难度;但短时语音信号又是平稳的,这给其处理带来了许多便利。语音信号的分析就是分析、提取语音信号的波形特征参数、统计参数和模型参数,以利用这些参数实现语音通信、语音合成和语音识别等处理。语音信号的时域分析就是分析和提取语音信号的时域参数:短时能量、短时过零率、短时自相关函数和短时平均幅度差函数。与此相应的频谱分析,则包括短时谱、功率谱、倒谱和频谱包络等参数分析与提取。除此而外,还有线性预测参数、基音以及共振峰的估计。

语音编码就是根据语音编码的国际标准,对语音数据进行压缩,也称为压缩编码。对语音信号进行压缩的依据是语音信号的冗余度和人的听觉机理特性,压缩实际上就是在编码过程中将语音信号的冗余信息去掉。语音编码通常是在可懂度与音质、降低数码率、简化编码过程这 3 个方面进行折衷。

语音合成包含两个内容,语声合成和语言合成。语声合成是一个声音还原过程,其合成器常称为语声响应系统。语言合成是指仿照人的言语过程,先生成一组随时间变化的序列,再用该序列去控制语音合成器发出声音。

语音识别包括两个内容,一是讲话内容的识别,二是讲话人的识别。而讲话人的识别又分为讲话人的自动确认和讲话人的自动辨认。确认针对讲话人的身份,只给出"是"与"不是"的二元判决;辨认必须给出语音是来自哪个人,必要时还要给出非讲话人的拒绝判断。

语音增强就是将掩盖在噪声或干扰中的语音信号提取出来。

思考题与习题

1. 语音与语言的区别是什么?

2. 语音的声学特性有哪些? 其构成成分是什么?

3. 语音信号生成系统由哪几部分构成? 各个部分的功能如何?

4. 画出语音信号的生成数学模型,并写出其数学表达式。

5. 从语音信号的时域特性能得到语音信号的哪些信息?

6. 从语音信号的频域特性能得到语音信号的哪些信息?

7. 从语音信号的时频特性能得到语音信号的哪些信息?

8. 从语音信号的统计特性能得到语音信号的哪些信息?

9. 在时域,如何分析语音信号,其技术指标有几个?

10. 在时频,如何分析语音信号,其技术指标有几个?

11. 倒谱是一个什么概念? 语音信号处理为什么要用倒谱分析?

12. 试用倒谱分析的方法求声道的冲激响应?

13. 已知语音信号 $s_n(m)$ 的自相关函数为

$$R_n(j) = \sum_{m=j}^{N-1} s_n(m)s_n(m-j) \quad (j = 1, 2, \cdots, p)$$

试求预测系数 a_i。

14. 基音周期与共振峰如何检测?

15. 试说明对语音信号进行压缩编码的依据。

16. 对压缩编码的语音质量如何进行评价?

17. 试说明 A 律和 μ 律压缩-扩张技术。

18. 试说明参数编码的特点。

19. 试说明共振峰合成法与线性预测合成法的语音合成过程。

20. 试说明"讲话内容的识别"与"讲话人的识别"的异同点。

21. 试画出倒谱均值规整(CMN)降噪声技术的框图,并说明其工作原理。

22. 试结合减谱法语音增强的系统框图,说明其工作原理。

第 **10** 章

数字图像处理

在本书范围内,所谓图像,实际上指的是图像信号。信号通常可表示成函数。如前所述,在信号处理的教科书和文献中,信号与函数是通用的。图像信号是从空间和时间到亮度的一种映射,是一个多维函数。

人类获取的信息主要来源于语音和图像。通俗地说,图像就是人类视觉所感知的信息形式。据统计,在人类获取的信息中,图像信息约占 $75\%\sim80\%$,"百闻不如一见"就是人类获取图像信息的真实写照。数字图像处理的内容十分丰富,是数字信号处理中应用最广、研究最活跃的领域之一。本章介绍数字图像处理的最基本内容,包括数字图像处理的基本知识、图像增强、图像复原、图像压缩编码、图像分割、图像识别等内容。

10.1 数字图像处理的基本知识

本节将介绍图像的分类、图像的表征、模拟图像、数字图像,以及图像处理等基本概念和知识。

10.1.1 图像分类

着眼点不同,图像有不同的分类方法。按图像的存在形式、生成方法的分类情况如下:

1. 按图像存在形式的分类

按图像存在形式进行分类,可分为实际图像和抽象图像。

实际图像是指客观存在的、人眼或其他感官能直接感觉的图像。它又分为可见图像和不可见图像,它们均是二维分布图像。可见图像是指人的眼能够看到的图像,例如,照片、图片、图画和光图像等。不可见图像是指人的眼不能直接看到的图像,例如,压力、温度、高度和人口密度的分布图等。

抽象图像是指用数学函数等抽象形式表示的、靠人思维体现的一类图像,例如,连续函数图像、离散函数图像等。

2. 按图像光谱特性分类

图像按光谱特性进行分类,可分为彩色图像和黑白图像。

彩色图像是指每个像点上都有对应着 3 基色(红、绿、蓝)的 3 个亮度值的图像,可用彩色空间来描述。例如,彩照、彩色电视等。

黑白图像是指每个像点上只对应着 1 个亮度值的图像,例如,黑白照片、黑白电视等。

3. 按图像亮度等级分类

图像按亮度等级进行分类,可分为二值图像和灰度图像。

二值图像是指只有黑白亮度等级的图像。

灰度图像是指有多重亮度等级的图像。

4. 按图像所占空间或维数分类

图像按所占空间或维数进行分类,可分为二维图像和三维图像。

二维图像即平面图像,它是指用二维空间(平面)表示的图像,例如,照片等。

三维图像即立体图像,它是指用三维空间表示的图像,它分布在立体空间。

5. 按图像是否随时间变化分类

图像按是否随时间变化进行分类,可分为静止图像和运动图像。

静止图像是指其内容不随时间变化的图像,例如,各类图片等。

运动图像是指其内容随时间变化的图像,例如,电影、电视、运动员比赛实况等。

6. 按图像表示方式分类

图像按其表示方式进行分类,可分为模拟图像和数字图像。

模拟图像是指空间坐标和明暗程度都连续变化的图像,它不能直接用数字计算机进行处理。严格讲,数字图像是指对空间坐标进行离散化、对明暗程度进行量化,即数字化的图像;有的文献也将数字图像定义为空间坐标和明暗程度都离散化的图像;或者说,离散化了的模拟图像称为数字图像。

🧭 10.1.2　图像的表征

与语音一样,图像也是一种信号,在信号处理领域,图像一般是指图像信号;图像处理指的是对图像信号的处理。为了更好地理解图像信号,这里引用信号另一种定义。广义地讲,信号可定义为由"指标域"到"值域"的一种映射,或者定义为由"指标空间"到"值空间"的一种映射 f,即

$$f: d \in D \xrightarrow{\text{映射}} u \in U \tag{10-1}$$

例如,电压信号 $u(t)$ 就是时间空间 $t \in (-\infty, +\infty)$ 到电压值空间 $u \in (-\infty, +\infty)$ 的映射。图像信号则是位置空间、时间空间到亮度空间的映射。具体地,图像信号的指标空间为 $d = \{d_x, d_y, d_t\}$,其中,位置空间为 $d_x \in (-\infty, +\infty)$,$d_y \in (-\infty, +\infty)$;时间空间为 $d_t \in (-\infty, +\infty)$;值域为灰度或亮度 $I \in (0, +\infty)$。

如第 2 章指出的那样,一个信号可以定义为一个函数,一个函数可以表示一个信号,图像信号更一般的表示方式是函数。

单色、静止平面图像可表示为一个二维函数,也称为二维图像,即

$$I = f(x, y) \tag{10-2}$$

单色、静止立体图像可表示为一个三维函数,也称为三维图像,即

$$I = f(x, y, z) \tag{10-3}$$

而平面电视信号常用三维函数 $I = f(x, y, t)$ 表示,也可将平面电视信号称为动态二维图像。

单色、动态立体图像可表示为一个四维函数,也称为动态三维图像,即

$$I = f(x, y, z, t) \tag{10-4}$$

推而广之,n 维图像则有

$$I = f(x, y, z, \lambda_1, \lambda_2, \cdots, t)$$

式中,$\lambda_1, \lambda_2, \cdots$ 为波长。这一般是在考虑光源特性对图像影响时采用的表示形式。

🧭 10.1.3　图像的数字化

如上所述,对模拟图像的空间坐标进行离散化,即对其明暗程度进行量化,就可将模拟图像转化成数字图像。下面,以二维图像为例来说明图像的数字化过程。如图 10-1 所示,设沿空间坐标 x 轴方向的取样间隔为 Δx,沿空间坐标 y 轴方向的取样间隔为 Δy,这样就将图像平

面划分为规则而均匀的网格。每个网格代表一个样本点，其位置由 x,y 表示，它们的取值范围分别为 $x\in[0,M-1]$，$y\in[0,N-1]$；其中，M 与 N 分别为 x 轴方向和 y 轴方向的取样点数。这样，图像就转换成一个数字图像阵列 $f(x,y)$。

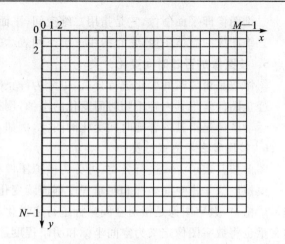

对于灰度（黑白）图像而言，量化则是对上述取样所得的样本点上的灰度值进行离散化，即把模拟图像的连续灰度用 $L=2^k$（k 为正整数）个等级灰度进行表示，通常称该图像为 k 比特图像。例如，对于灰度图像来说，一幅有 $256=2^8$ 个等级的图像为 8 bit 图像。模拟图像经取样、量

图 10-1　图像取样过程的示意图

化处理，就转换成数字图像；数字图像可用一个 $M\times N$ 矩阵来表示，即

$$f(x,y)=\begin{bmatrix} f(0,0) & f(0,1) & \cdots & f(0,M-1) \\ f(1,0) & f(1,1) & \cdots & f(1,M-1) \\ \vdots & \vdots & \vdots & \vdots \\ f(N-1,0) & f(N-1,1) & \cdots & f(N-1,M-1) \end{bmatrix} \qquad (10-5)$$

对于灰度图像来说，8 bit 图像的矩阵元素取值范围为 $[0,255]$。这就是人们常说的 256 级灰度图像，"0"表示纯黑色，"255"表示纯白色。

10.1.4　数字图像处理

概括地讲，图像处理是指对图像进行一系列的操作，以达到预期目标的一种技术。数字图像处理就是将图像转换成矩阵并存入计算机中，根据需要采用相应的算法对其进行处理的技术。数字图像处理的研究内容主要包括图像变换、图像增强、图像复原（恢复）、图像重建、图像压缩编码、图像分割、图像描述与图像识别等。

1. 图像变换

图像变换是指用正交变换（傅里叶变换、余弦变换、小波变换等）将图像变换到变换域中，再进行处理的技术。

2. 图像增强

图像增强是指增强图像中有用的信息，削弱干扰与噪声，使图像更加清晰或转换成便于分析形式的技术。

3. 图像复原

图像复原是指将质量下降（退化）的图像恢复其本来的面目的技术，它也称为图像恢复。

4. 图像重建

图像重建是指将不同方向测量得到局部图像信息，通过计算或"拼接"，从而得到更完整、更准确的图像的技术。

5. 图像压缩编码

图像压缩编码是指针对图像的冗余信息，利用人的视觉生理，对图像进行压缩编码，以减少数据存储量、传输带宽的技术。

6. 图像分割

图像分割是将图像划分为一些互不重叠的有意义区域的技术,它一般用于把分割对象从背景中分离出来。

7. 图像描述

图像描述是指用数字或符号,表示图像或景物中各个目标的相关特征、目标之间的关系,以得到目标特征及目标之间关系的抽象表达的一种技术。

8. 图像识别

图像识别是指对图像中的一种或多种对象进行分类,或者在一幅图像中找出感兴趣的目标的技术。

10.2 图像变换

图像信号与一维信号一样,可以对其进行正交变换,其中最常用的就是傅里叶变换。这里需要用二维傅里叶变换。通过傅里叶变换将时域图像信号变换成频域图像信号,在频域可以使图像处理问题简化,有利于图像特征的提取,有助于从概念上加深对图像信息的理解。在图像处理中,还有余弦变换、沃尔什变换、小波变换等。在图像增强、图像复原(恢复)、图像重建、图像压缩编码、图像识别中都要用到图像变换。

10.2.1 二维离散傅里叶变换

1. 二维离散傅里叶变换的定义

与有限长序列 $x(n)$ 的"离散傅里叶变换(DFT)对"式(4-10)和式(4-42)类似,对于 $M \times N$ 的数字图像 $f(x,y)$ 的"二维傅里叶变换对"定义为

$$\left. \begin{aligned} F(u,v) &= \sum_{x=0}^{M-1}\sum_{y=0}^{N-1} f(x,y)\mathrm{e}^{-\mathrm{j}\cdot 2\pi(\frac{ux}{M}+\frac{vy}{N})} \quad (u=0,1,\cdots,M-1;v=0,1,\cdots,N-1) \\ f(x,y) &= \frac{1}{MN}\sum_{u=0}^{M-1}\sum_{v=0}^{N-1} F(u,v)\mathrm{e}^{\mathrm{j}\cdot 2\pi(\frac{ux}{M}+\frac{vy}{N})} \quad (x=0,1,\cdots,M-1;y=0,1,\cdots,N-1) \end{aligned} \right\}$$

$$(10-6)$$

在图像处理中,一般都选择方形阵列,即 $M=N$,再考虑正、反变换的对称性,即重新分配因子 $1/NN$,则式(10-6)改写为

$$\left. \begin{aligned} F(u,v) &= \frac{1}{N}\sum_{x=0}^{N-1}\sum_{y=0}^{N-1} f(x,y)\mathrm{e}^{-\mathrm{j}\cdot 2\pi(\frac{ux}{N}+\frac{vy}{N})} \quad (u=0,1,\cdots,N-1;v=0,1,\cdots,N-1) \\ f(x,y) &= \frac{1}{N}\sum_{u=0}^{N-1}\sum_{v=0}^{N-1} F(u,v)\mathrm{e}^{\mathrm{j}\cdot 2\pi(\frac{ux}{N}+\frac{vy}{N})} \quad (x=0,1,\cdots,N-1;y=0,1,\cdots,N-1) \end{aligned} \right\}$$

$$(10-7)$$

设平面图像(空域)的取样间隔为 Δx、Δy,频域的取样间隔为 Δu、Δv,采样频率为 u_s、v_s,则有

$$\left.\begin{array}{l} u_s = \dfrac{1}{\Delta x} \\[3mm] v_s = \dfrac{1}{\Delta y} \\[3mm] \Delta u = \dfrac{1}{M\Delta x} = \dfrac{u_s}{M} \\[3mm] \Delta v = \dfrac{1}{N\Delta y} = \dfrac{v_s}{N} \end{array}\right\} \qquad (10-8)$$

与一维信号类似，二维图像信号的取样频率必须满足取样定理。

2. 二维离散傅里叶变换的性质

二维离散傅里叶变换的线性、周期性、位移特性与一维离散傅里叶变换的类似，这里不再赘述。下面，只给出二维离散傅里叶变换几个特有的性质。

（1）可分离性

二维离散傅里叶变换对的可分离性为

$$\left.\begin{array}{l} F(u,v) = \displaystyle\sum_{x=0}^{M-1} e^{-j\cdot 2\pi\frac{ux}{M}} \sum_{y=0}^{N-1} f(x,y) e^{-j\cdot 2\pi\frac{vy}{N}} \quad (u=0,1,\cdots,M-1; v=0,1,\cdots,N-1) \\[4mm] f(x,y) = \dfrac{1}{MN} \displaystyle\sum_{u=0}^{M-1} e^{j\cdot 2\pi\frac{ux}{M}} \sum_{v=0}^{N-1} F(u,v) e^{j\cdot 2\pi\frac{vy}{N}} \quad (x=0,1,\cdots,M-1; y=0,1,\cdots,N-1) \end{array}\right\}$$

$$(10-9)$$

式(10-9)表明，二维离散傅里叶变换可用两次一维离散傅里叶变换来实现。

（2）尺度缩放特性

二维离散傅里叶变换对的尺度缩放特性为

$$f(ax,by) \Leftrightarrow \frac{1}{|ab|} F\left(\frac{u}{a}, \frac{v}{b}\right)$$

（3）旋转不变形

如果引入极坐标 $x = r\cos\theta, y = r\sin\theta, u = \omega\cos\varphi, v = \omega\sin\varphi$，则 $f(x,y)$ 和 $F(u,v)$ 分别变为 $f(r,\theta)$ 和 $F(\omega,\varphi)$。在极坐标系中，存在以下变换对

$$f(r,\theta+\theta_0) \Leftrightarrow F(\omega,\varphi+\theta_0) \qquad (10-10)$$

式(10-10)表明，若 $f(x,y)$ 在空域旋转角度 θ_0，则相应的离散傅里叶变换 $F(u,v)$ 在频域也旋转同一角度 θ_0。这就是空域与频域的旋转不变性。

（4）对称性

如果 $f(x,y) = f(-x,-y)$，则二维离散傅里叶变换为

$$F(u,v) = F(-u,-v) \qquad (10-11)$$

（5）卷积定理

设 $f(x,y) \Leftrightarrow F(u,v), g(x,y) \Leftrightarrow G(u,v)$，则

$$\left.\begin{array}{l} f(x,y) * g(x,y) \Leftrightarrow F(u,v)G(u,v) \\[2mm] F(u,v) * G(u,v) \Leftrightarrow f(x,y)g(x,y) \end{array}\right\} \qquad (10-12)$$

10.2.2 二维离散余弦变换

1. 余弦变换定义

由式(10-5)和式(10-6)可知，离散傅里叶变换离不开复数运算，这在数据描述上相当实

238

数运算的两倍。希望有能达到相同功能而运算量又不大的变换,基于这种思想就产生了余弦变换(DCT)。一维离散余弦变换对定义如下:

$$
\left.
\begin{aligned}
C(u) &= a(u)\sum_{x=0}^{N-1}f(x)\cos\frac{(2x+1)u\pi}{2N} \quad (u=0,1,\cdots,N-1)\\
f(x) &= \sum_{u=0}^{N-1}a(u)C(u)\cos\frac{(2x+1)u\pi}{2N} \quad (x=0,1,\cdots,N-1)
\end{aligned}
\right\} \tag{10-13}
$$

式中,当 $u=0$ 时,$a(u)=\sqrt{1/N}$;当 $u=1,2,\cdots,N-1$ 时,$a(u)=\sqrt{2/N}$。

将一维离散余弦变换扩张到二维离散余弦变换,其变换对为

$$
\left.
\begin{aligned}
C(u,v) &= a(u)a(v)\sum_{x=0}^{N-1}\sum_{y=0}^{N-1}f(x,y)\cos\frac{(2x+1)u\pi}{2N}\cos\frac{(2y+1)v\pi}{2N} \quad (u,v=0,1,\cdots,N-1)\\
f(x,y) &= a(u)a(v)\sum_{u=0}^{N-1}\sum_{v=0}^{N-1}C(u,v)\cos\frac{(2x+1)u\pi}{2N}\cos\frac{(2y+1)v\pi}{2N} \quad (x,y=0,1,\cdots,N-1)
\end{aligned}
\right\}
$$

$$\tag{10-14}$$

2. 二维离散余弦变换的计算

将式(10-13)与式(10-14)进行比较,不难得出

$$
\left.
\begin{aligned}
C(u,v) &= \left[a(u)\sum_{x=0}^{N-1}f(x,y)\cos\frac{(2x+1)u\pi}{2N}\right]\left[a(v)\sum_{x=0}^{N-1}\cos\frac{(2y+1)v\pi}{2N}\right]=\\
&\quad C(u)\cdot C'(v) \quad (u,v=0,1,\cdots,N-1)\\
f(x,y) &= \left[a(u)\sum_{u=0}^{N-1}C(u,v)\cos\frac{(2x+1)u\pi}{2N}\right]\cdot\left[a(v)\sum_{v=0}^{N-1}\cos\frac{(2y+1)v\pi}{2N}\right]=\\
&\quad f(x)\cdot f'(y) \quad (x,y=0,1,\cdots,N-1)
\end{aligned}
\right\} \tag{10-15}
$$

式(10-15)表明,二维离散余弦变换可以用一维离散余弦变换计算。

另一方面,可以证明,一维离散余弦变换能写成

$$
C(u) = a(u)\mathrm{Re}\left\{e^{-j\frac{u\pi}{2N}}\cdot\sum_{x=0}^{2N-1}f_e(x)e^{-j\frac{2xu\pi}{2N}}\right\} \quad (u=0,1,\cdots,2N-1) \tag{10-16}
$$

式中,$\mathrm{Re}\{\cdot\}$ 表示取实部,并且

$$
f_e(x) = \begin{cases} f(x) & (x=0,1,\cdots,N-1)\\ 0 & (x=N,N+1,\cdots,2N-1) \end{cases} \tag{10-17}
$$

式(10-16)表明,可以通过 $2N$ 点离散傅里叶变换,再取实部,来计算离散余弦变换。

可见,计算二维离散余弦变换,可先通过 $2N$ 点离散傅里叶变换,由式(10-16)计算一维离散余弦变换;然后由式(10-15)计算二维离散余弦变换。这样可以借用快速傅里叶变换(FFT)来计算二维离散余弦变换。

关于沃尔什变换、哈达马(Hadamard)变换、小波变换等,请读者参阅相关文献。

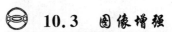

10.3 图像增强

图像在生成、传输和变换中,受到种种原因的影响,使图像质量下降。例如,清晰度下降,对比度偏低,动态范围不足,噪声干扰等。图像增强的目的是为了得到"更好"、"更有用"的图像。"更好"是指改善图像的视觉效果,即提高清晰度、对比度,扩展动态范围等;"更有用"是指

能获得更多有用信息。

图像增强根据作用域可分为空域法和变换域(频域)法。空域法有灰度增强、直方图修正、空域平滑与锐化等;变换域(频域)法是指在变换域(频域)对图像信号进行滤波,以达到图像增强的目的。

图像增强根据处理目的和效果又分为平滑和锐化。平滑是指加强图像中的低频部分,削弱或消除其高频部分,使得图像更自然柔和的过程;而锐化与平滑相反,是加强图像中的高频部分,削弱其低频部分,使得图像边缘、轮廓清晰,对比分明的过程。

本节介绍灰度增强、图像平滑和图像锐化的基本概念和方法。

10.3.1 灰度增强

灰度增强分灰度直方图增强、灰度线性变换增强与灰度非线性变换增强等方法。

1. 灰度直方图增强

(1) 灰度直方图的概念

灰度直方图是一幅表示图像灰度分布的统计图表,其横坐标是灰度等级,通常用 r 表示;纵坐标是具有该灰度级的像素个数,用 $n(r)$ 表示;或者是出现该灰度级的概率,用 $p_r(r)$ 表示。对于数字图像而言,灰度分布概率用频度表示,即

$$p_r(r_k) = \frac{n_k}{N} \quad (k = 0, 1, \cdots, L-1) \tag{10-18}$$

式中,N 为一幅图像中像素的总个数,r_k 表示第 k 个灰度级,n_k 为对应于第 k 个灰度级的像素个数,L 为灰度级总数。式(10-18)表明,$p_r(r_k)$ 是灰度级 r_k 出现概率的一个估计,所以直方图就提供了图像灰度值的分布情况。换言之,直方图就是图像灰度值的整体描述。如图 10-2 所示,从灰度直方图上可以看出图像灰度的分布特征,图(a)对应的图像偏暗(黑色的灰度级别最低);图(b)对应的图像偏亮;图(c)对应图像的动态范围较小(横向宽度窄);图(d)

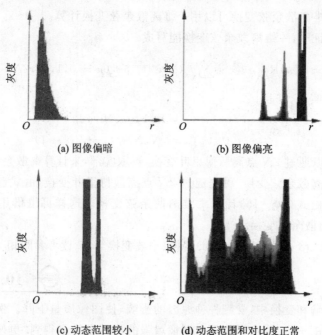

(a) 图像偏暗　　　　　　　　(b) 图像偏亮

(c) 动态范围较小　　　(d) 动态范围和对比度正常

图 10-2　几种不同分布的灰度直方图

对应图像的动态范围、对比度属于正常。可见,灰度直方图能反映图像的动态范围、对比度等方面的特性。

通过改变原有直方图的形状,可以达到图像增强的目的,常用直方图均衡化和直方图规定化两种方法进行图像增强。

(2) 直方图均衡化增强法

这种增强法的基本思想是对原始图像的像素灰度做某种映射变换,使变换后的图像灰度的概率分布呈均匀分布,或者趋近均匀分布。这意味着在每个灰度级上都有像素分布,即图像灰度的动态范围得到了增加。也就是提高了图像的对比度,达到了增强的目的。

对于数字图像而言,其均衡化的变换函数为

$$s_k = T(r_k) = \sum_{i=0}^{k} p_r(r_i) = \frac{1}{N} \sum_{i=0}^{k} n_i \qquad (10-19)$$

式中,s_k 表示均衡化(变换)后的归一化的图像灰度,r_k 表示均衡化(变换)前的归一化的图像灰度,n_i 为第 i 灰度级的像素个数,N 为总像素个数。例如,一幅图像有 8 个灰度级,共有 64×64 个像素,每个灰度级上的像素如表 $10-1$ 所列。

表 10 – 1　原图像灰度级及其分布

原图像灰度级	0	1	2	3	4	5	6	7
归一化的原灰度级	0	0.14	0.28	0.43	0.57	0.71	0.86	1
各灰度级的像素 n_k	655	1270	860	696	123	328	84	80
各灰度级的概率	0.16	0.31	0.21	0.17	0.03	0.08	0.02	0.02

由式($10-19$)计算出的均衡化(变换)后的归一化的图像灰度 s_k 如表 $10-2$ 所列。然后对归一化图像灰度 s_k 进行量化,其式为

$$s_{k-1} = \frac{\mathrm{E}[(L-1)s_k + 0.5]}{L-1} \qquad (10-20)$$

式中,L 为灰度级数,$\mathrm{E}[\cdot]$ 表示取小于或等于 $[\cdot]$ 的最大整数。由式($10-20$)计算出的 s_{k-1} 的具体数值如表 $10-2$ 第 2 行所列;由 s_{k-1} 的数值可以确定变换后的灰度级,如表 $10-2$ 第 3 行所列;比较表 $10-1$ 和表 $10-2$,可以得出灰度级的映射关系,如表 $10-2$ 第 4 行所列。由表 $10-1$ 和表 $10-2$ 得到的均衡化前后的直方图分别如图 $10-3$(a)和(b)所示。

表 10 – 2　均衡化后的归一化的图像灰度与分布

归一化图像灰度 s_k	0.16	0.47	0.68	0.85	0.88	0.96	0.98	1.00
量化后的 s_{k-1}	0.14	0.43	0.71	0.86	0.86	1	1	1
由 s_{k-1} 确定的灰度级	1	3	5	6	6	7	7	7
灰度级的映射	0→1	1→3	2→5	3→6	4→6	5→7	6→7	7→7

图 $10-3$ 表明,均衡化后的直方图的动态范围明显增大、对比度变大,图像会清晰些。

(3) 直方图规定化增强法

直方图规定化增强法是将直方图变换成所要求的形状,从而有选择地增强某个灰度值的图像增强方法,也叫做直方图匹配。

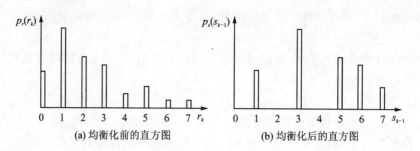

(a) 均衡化前的直方图　　　　　　　(b) 均衡化后的直方图

图 10 - 3　均衡化前后的直方图

直方图规定化增强法以均衡化为基础,即先均衡化,后组合变换。对于离散图像而言,其规定化步骤为:① 设 s_k 为均衡化后的归一化的图像灰度,r_k 为均衡化前的归一化的图像灰度,n_i 为第 i 灰度级的像素个数,N 为总像素个数,均衡化前的概率函数为 $p_r(r_k)=n_k/N$,先按式(10 - 19)进行均衡化,得到 s_k,实现($r_k \rightarrow s_m$)的映射。② 设 u_k 为在规定化时的一个中间归一化的图像灰度,z_k 为规定化最后的归一化的图像灰度;再按式:

$$u_k = G(z_k) = \sum_{i=0}^{k} p_z(z_i) \tag{10 - 21}$$

进行均衡化处理。由式(10 - 21)可实现($z_k \rightarrow u_m$)的映射。③ 根据概率函数 $p_s(s_k)$ 与 $p_u(u_k)$ 的分布相同的原理,则有

$$u_k = G(z_k) = \sum_{i=0}^{k} p_z(z_i) = s_k = \sum_{i=0}^{k} \frac{n_i}{N} \tag{10 - 22}$$

由式(10 - 22)可实现($s_k \rightarrow u_m$)的映射。④ 根据上述的映射关系,最后可得到($r_k \rightarrow z_m$)的映射。

2. 灰度线性变换增强

通过灰度(线性或非线性)变换,可使图像的动态范围扩展,对比度增强,使得图像清晰、特征明显、视觉效果改善。设图像的灰度级为 L,通过变换把原图像的第 r 级灰度映射为结果图像的第 s 级灰度,即

$$s = T(r) \quad (r,s \in [0, L-1]) \tag{10 - 23}$$

式中,映射函数 $T(r)$ 可以是线性的,亦可以是非线性的,适当选择映射函数可得到不同的增强效果。下面,介绍反色变换、对比度扩展、削波与灰度切分等几种线性变换。

(1) 反色变换

所谓反色变换就是对图像求反,即把原图像灰度值翻转,也就是将黑的变白,将白的变黑。反色变换的映射函数 $T(r)$ 如图 10 - 4 所示。它常用于原图像黑色区域占绝大部分的情况。

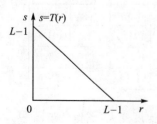

图 10 - 4　反色变换的映射函数

(2) 对比度扩展

对比度扩展是指压缩图像中不感兴趣的部分所占据的灰度范围,拓宽图像中感兴趣的部分所占据的灰度范围,从而加大明暗层次、增加反差,实现图像增强的技术。如图 10 - 5 所示,对灰度区间 $[0, L-1]$ 进行了分段线性变换,可见,压缩了灰度区间 $[0, a]$ 和 $[b, L-1]$,而扩展了灰度区间 $[a, b]$。

对比度扩展适合增强因光照不足使得图像偏暗,或因光照过强使得图像偏亮,或因光源动态范围小使得有用信息集中在中间灰度级的图像。

（3）削　波

所谓削波是指抑制了灰度区间$[0,a]$和$[b,L-1]$内的像素,只保留并增强了灰度区间$[a,b]$的像素,从而实现了图像增强的技术,如图 10-6 所示。

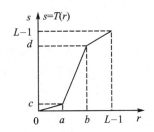

图 10-5　灰度分段线性变换的映射函数

图 10-6　削波图像增强技术

（4）灰度切分

灰度切分是在整个灰度区间开设窗口,切割、变换灰度,以实现图像增强的方法。它分为清除背景和保留背景两种形式。前者如图 10-7(a)所示,在灰度窗口外的像素赋予最小灰度级,在灰度窗口内的像素赋予最大灰度级,图中 A 点灰度为阈值灰度,大于它为白,小于它为黑;后者如图 10-7(b)所示,在灰度窗口外的像素保留原灰度级,在灰度窗口内的像素赋予最大灰度级。

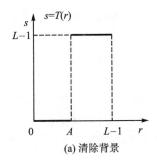
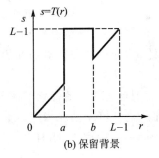

(a) 清除背景　　　　　　　(b) 保留背景

图 10-7　灰度切分的图像增强技术

3. 灰度非线性变换增强

与线性变换相比,灰度非线性变换要复杂一些,它能实现特殊的增强效果。下面,介绍常用的指数变换函数、对数变换函数与 γ 校正(幂函数)增强法。

（1）指数变换函数

指数函数变换的表达式为

$$s = cb^r \tag{10-24}$$

式中,r 为原图像灰度,s 为变换后的图像灰度,b 和 c 是选定的常数。指数变换函数与常数 b 的关系如图 10-8(a)所示。当 $b>1$ 时,指数变换函数是递增的,它压缩低灰度级,展宽高灰度级;而当 $b<1$ 时,指数变换函数是递减的,它压缩高灰度级,展宽低灰度级。

（2）对数变换函数

对数函数变换的表达式为

$$s = c\log_b(1+r) \tag{10-25}$$

式中,r 为原图像灰度,s 为变换后的图像灰度,b 和 c 是选定的常数。对数变换函数与常数 b

的关系如图 10-8(b)所示。当 $b>1$ 时,对数变换函数是递增的,它压缩高灰度级,展宽低灰度级;而当 $b<1$ 时,对数变换函数是递减的,它压缩低灰度级,展宽高灰度级。

(3) γ 校正(幂函数)

γ 校正(幂函数)表达式为

$$s = cr^\gamma \tag{10-26}$$

式中,r 为原图像灰度,s 为变换后的图像灰度,γ 和 c 是选定的正常数。γ 校正与常数 γ 的关系如图 10-8(c)所示。当 $\gamma>1$ 时,展宽亮度高的灰度,压缩亮度低的灰度;当 $\gamma<1$ 时,情况正相反。

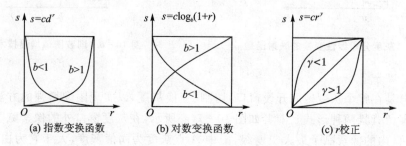

(a) 指数变换函数   (b) 对数变换函数   (c) r 校正

图 10-8 几种常用的非线性变换函数

10.3.2 图像平滑

图像平滑有两个作用:一是减少或消除噪声,改善图像质量;二是模糊图像,使图像看起来柔和自然。在空间域的图像平滑有邻域平均法、中值滤波法与多图像平均法;在频率域主要采用低通滤波法。下面,介绍几种针对加性噪声的图像平滑方法。

1. 邻域平均法

图像噪声的灰度值与它相邻的像素的灰度值明显不同,即表现为黑区的白点,或白区的黑点;因此可用邻域平均滤波器来消除噪声。邻域平均滤波器实际上是一个二维低通滤波器,其单位冲激响应为 $h(m,n)$。因此,一幅有 $N \times N$ 个像素的图像 $f(x,y)$,经滤波后的输出为

$$g(r,s) = \sum_{m=-k}^{k} \sum_{n=-l}^{l} f(r-m,s-n)h(m,n) \quad (r,s = 0,1,\cdots,N-1) \tag{10-27}$$

可见,式(10-27)表示二维离散卷积。式中,k、l 决定所选的区域大小,$k=l=1$ 时(即它们取值为 -1、0、1)对应于 3×3 小区域,单位冲激响应的矩阵表示形式"$\boldsymbol{h}$"称为卷积矩阵,常称为模板或掩模。例如,一个 3×3 模板为

$$\boldsymbol{h}_1 = \frac{1}{9}\begin{bmatrix} 1 & 1 & 1 \\ 1 & 1^* & 1 \\ 1 & 1 & 1 \end{bmatrix} \tag{10-28}$$

一个 5×5 模板为

$$\boldsymbol{h}_2 = \frac{1}{25}\begin{bmatrix} 1 & 1 & 1 & 1 & 1 \\ 1 & 1 & 1 & 1 & 1 \\ 1 & 1 & 1^* & 1 & 1 \\ 1 & 1 & 1 & 1 & 1 \\ 1 & 1 & 1 & 1 & 1 \end{bmatrix} \tag{10-29}$$

式(10-28)和式(10-29)中标有星号"$*$"的元素为中心点,系数 1/9 和 1/25 的作用是保证权

系数之和为 1。

　　实际上,邻域平均滤波器的滤波过程就是使一个模板在图像上滑动,模板中心位置的值等于模板内各像素点灰度的平均值。因此一个模板的图像经滤波后的输出数学表达式为

$$g_M(r,s) = \frac{1}{M}\sum_{(x,y)\in A} f(x,y) \quad (r,s = 0,1,\cdots,N-1) \tag{10-30}$$

式中,A 是以(r,s)为中心的模板邻域的集合,M 是 A 内的点数。

　　理论和实验均表明,模板越大滤波效果越好;但会造成图像一定程度的模糊。实用中应选择大小合适的模板。

2. 中值滤波法

　　邻域平均滤波器虽然滤除了噪声,但也模糊了图像。中值滤波法是一种非线性处理技术。它在滤除噪声的同时,还能较好地保持图像的细节。

　　为了说明图像中的中值滤波的原理,先介绍一维中值滤波。二维中值滤波只是一维中值滤波的推广而已。

　　(1) 一维中值滤波

　　设一维序列 $f_1,f_2,\cdots,f_N$,窗口长度为 m(m 为奇数),其中心为 $v=(m-1)/2$,将窗口内的 m 个数 $f_{i-v},\cdots,f_{i-1},f_i,f_{i+1},\cdots,f_{i+v}$,按数值大小排列,则中间的数值为中值滤波器的输出,即

$$g_i = \text{Med}\{f_{i-v},\cdots,f_i,\cdots,f_{i+v}\} \quad \left(i \in N, v = \frac{m-1}{2}\right) \tag{10-31}$$

式中,Med 表示取中值。例如,$m=5$,像素的灰度值分别为$\{70,90,200,140,120\}$,则

$$g_i = \text{Med}\{70,90,200,140,120\} = 120$$

　　(2) 二维中值滤波

　　设二维中值滤波的输入图像的二维数据序列为 f_{ij},输出图像的二维数据序列为 g_{ij},则有

$$g_{ij} = \underset{A}{\text{Med}}\{f_{ij}\} \tag{10-32}$$

式中,A 为窗口。

　　图 10-9(a)为含有椒盐噪声的图像,图 10-9(b)为经 3×3 中值滤波的图像。

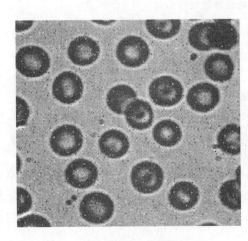
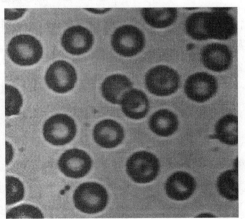

(a) 含有椒盐噪声的图像 　　　　　　 (b) 经3×3中值滤波的图像

图 10-9　中值滤波的效果

3. 频率域低通滤波法

若图像从空间域变换到频率域,则灰度值变化比较缓慢的区域对应着低频分量;而图像中的物体边缘与随机噪声对应着高频分量。频率域低通滤波器可使高频分量受到衰减,达到滤除噪声、平滑图像的目的,因此它也叫做平滑滤波器。频域低通滤波器通常有理想低通滤波器、巴特沃斯低通滤波器、指数低通滤波器和梯形低通滤波器。受篇幅限制,下面,只介绍理想低通滤波器和巴特沃斯低通滤波器。

(1) 理想低通滤波器

理想低通滤波器的传递函数为

$$H(u,v) = \begin{cases} 1 & (D(u,v) \leqslant D_0) \\ 0 & (D(u,v) > D_0) \end{cases} \tag{10-33}$$

式中,D_0 为截止频率,$D(u,v)$ 为频率平面的点 (u,v) 到原点的距离,其式为

$$D(u,v) = \sqrt{u^2 + v^2} \tag{10-34}$$

理想低通滤波器的特性曲线如图 10-10(a) 所示,其在第 1 象限的剖面图如图 10-10(b) 所示,或者将图(b)绕 $H(u,v)$ 轴旋转 360° 可得到图(a)。

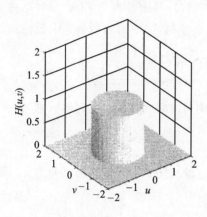
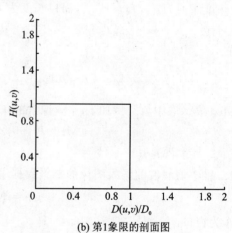

(a) 理想低通滤波器的特性曲线　　　　　(b) 第1象限的剖面图

图 10-10　理想低通滤波器的特性曲线

理想低通滤波器是物理不可实现的,只能用计算机进行仿真,其滤波会使图像模糊与产生振铃现象。

(2) 巴特沃斯低通滤波器

一个 n 阶的巴特沃斯低通滤波器的传递函数为

$$H_B(u,v) = \frac{1}{1 + k\left[\dfrac{D(u,v)}{D_0}\right]^{2n}} \tag{10-35}$$

式中,系数一般为 $k=0.414$,n 为滤波器的阶数,D_0 为截止频率,$D(u,v)$ 为频率平面的点 (u,v) 到原点的距离。当 $k=1$ 时,$H_B(u,v)$ 在截止频率 D_0 处下降到其最大值的 50%;而当 $k=0.414$ 时,$H_B(u,v)$ 在截止频率 D_0 处下降到其最大值的 0.707。滤波器的阶数越高,在过渡带的衰减越快。

巴特沃斯低通滤波器的特性曲线如图 10-11(a) 所示,其在第 1 象限的剖面图如

图 10-11(b)所示,或者将图(b)绕 $H(u,v)$ 轴旋转 360°可得到图(a)。

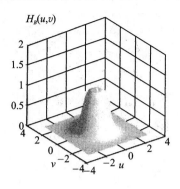
(a) 巴特沃斯低通滤波器的特性曲线

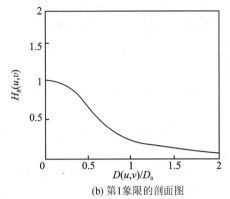
(b) 第1象限的剖面图

图 10-11　巴特沃斯低通滤波器的特性曲线 $H_B(u,v)$

频域低通滤波法的滤波效果如图 10-12 所示,其中,图(a)为含有椒盐噪声的原图像,图(b)为理想低通滤波器的滤波效果,图(c)为巴特沃斯低通滤波器的滤波效果。

(a) 含有椒盐噪声的图像

(b) 理想低通滤波器的滤波效果

(c) 巴特沃斯低通滤波器的滤波效果

图 10-12　频域低通滤波法滤波效果图

10.3.3　图像锐化

图像平滑使高频分量受到衰减,达到滤除噪声、平滑图像的目的;而图像锐化与图像平滑相反,它主要是加强高频分量、减弱低频分量。图像锐化用于突出图像中目标景物的边缘和轮廓。它分为空间域锐化和频率域锐化。

1. 空间域锐化

空间域锐化,实际上是对因平均、积分运算而模糊了的图像,在数学上进行微分或差分逆运算,从而使图像变得清晰的过程。常用的有梯度算子和拉普拉斯算子法。

(1) 梯度算子法

梯度是一个向量,其指向变化率最大的方向。对于数字图像而言,当规定变化步长为单位距离、方向为灰度的 x(水平)方向时,可用差分来代替,即

$$\Delta_x f = f_x(x,y) = f(x,y) - f(x+1,y) \tag{10-36}$$

当方向为灰度的 y(垂直)方向时,也可用差分来代替,即

$$\Delta_y f = f_y(x,y) = f(x,y) - f(x,y+1) \tag{10-37}$$

当方向为灰度的对角线方向时,则差分方程为

247

$$\left.\begin{array}{l} \Delta_{xy}f = f_{xy}(x,y) = f(x,y) - f(x+1,y+1) \\ \Delta_{yx}f = f_{yx}(x,y) = f(x+1,y) - f(x,y+1) \end{array}\right\} \tag{10-38}$$

对应的差分算子为

$$\boldsymbol{H}_x = \begin{bmatrix} 1 & 0 \\ 0 & -1 \end{bmatrix}, \boldsymbol{H}_y = \begin{bmatrix} 0 & 1 \\ -1 & 0 \end{bmatrix} \tag{10-39}$$

上述的对角线方向差分常称为交叉差分或罗伯特(Roberts)梯度,其算子叫做罗伯特梯度算子。

梯度算子属于一阶差分算子;除此而外,还有 Prewitt、Sobel 等算子。

（2）拉普拉斯算子法

拉普拉斯算子是二阶差分算子,其差分方程为

$$\nabla^2 f = f(x-1,y) + f(x+1,y) + f(x,y-1) + f(x,y+1) - 4f(x,y) \tag{10-40}$$

4 邻域的拉普拉斯算子为

$$\boldsymbol{H}_{LA} = \begin{bmatrix} 0 & 1 & 0 \\ 1 & -4 & 1 \\ 0 & 1 & 0 \end{bmatrix} \tag{10-41}$$

利用拉普拉斯算子法的锐化效果如图 10-13 所示。图(a)表示锐化前的图像,图(b)表示锐化后的图像。

(a) 锐化前的图像   (b) 锐化后的图像

图 10-13　拉普拉斯算子法的锐化效果

2. 频率域锐化

在频域锐化,就是利用高通滤波器适当加强图像的高频分量。与频域平滑相对应,其理想高通滤波器传递函数为

$$H_G(u,v) = \begin{cases} 0 & (D(u,v) < D_0) \\ 1 & (D(u,v) \geqslant D_0) \end{cases} \tag{10-42}$$

而巴特沃斯高通滤波器传递函数为

$$H_{BG}(u,v) = \frac{1}{1 + k\left[\dfrac{D_0}{D(u,v)}\right]^{2n}} \tag{10-43}$$

除此而外,还有指数高通滤波器和梯形高通滤波器,请读者参阅相关文献。

10.4　图像复原

图像在成像、传输过程中，由于各种因素的影响，造成图像质量下降，这个过程称为图像退化。图像复原就是研究图像退化的原因、建立退化数学模型，再通过与退化相反的过程，使退化了的图像复原。简单说，图像复原就是恢复图像原貌，因此图像复原也称为图像恢复。图像复原与图像增强的主要区别在于，图像复原的目的是设法恢复图像原貌，是一个客观过程；而图像增强考虑的是视觉效果，增强的图像也可以与原图像不一样。它是一个主观过程。本节简单介绍图像退化数学模型和恢复方法。

10.4.1　图像退化的数学模型

图像退化的主要原因可归纳为运动、"离焦"和噪声干扰。如果将这种退化原因看成是一种系统操作，则退化图像就是系统的输出；而原图像就是系统的输入。系统可以是线性的，也可以是非线性的，建立图像退化的数学模型就是构建这样一个系统。

1. 空域退化通用模型

设原图像为 $f(x,y)$，退化图像为 $g(x,y)$，退化系统为 $h(x,y)$，则空域图像退化过程的框图如图 10-14 所示，图中 $n(x,y)$ 是加性噪声。

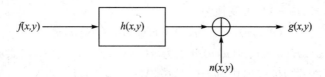

图 10-14　空域图像退化过程的框图

当把图像退化过程看做是一个线性系统操作时，则有

$$g(x,y) = f(x,y) * h(x,y) + n(x,y) \qquad (10-44)$$

式(10-44)表明，图像退化是一个二维卷积运算。显然，如果 $g(x,y)$、$h(x,y)$ 是已知的，则原图像 $f(x,y)$ 是可估计的。

对于尺寸为 $A \times B$ 的数字图像而言，设退化系统的单位冲激响应的尺寸 $C \times D$，则退化图像的尺寸为 $M \times N$（要求 $M \geq A+B-1$，$N \geq C+D-1$），其表达式为

$$g_e(x,y) = \sum_{m=0}^{M-1} \sum_{n=0}^{N-1} f_e(m,n) h_e(x-m,y-n) + n_e(x,y) \qquad (10-45)$$

式中，$x=0,1,\cdots,M-1$，$y=0,1,\cdots,N-1$；而等式右边的各项为

$$\left.
\begin{aligned}
f_e(x,y) &= \begin{cases} f(x,y) & (0 \leqslant x \leqslant A-1, 0 \leqslant y \leqslant B-1) \\ 0 & (A \leqslant x \leqslant M-1, B \leqslant y \leqslant N-1) \end{cases} \\
h_e(x,y) &= \begin{cases} h(x,y) & (0 \leqslant x \leqslant C-1, 0 \leqslant y \leqslant D-1) \\ 0 & (C \leqslant x \leqslant M-1, D \leqslant y \leqslant N-1) \end{cases} \\
n_e(x,y) &= \begin{cases} n(x,y) & (0 \leqslant x \leqslant A-1, 0 \leqslant y \leqslant B-1) \\ 0 & (A \leqslant x \leqslant M-1, B \leqslant y \leqslant N-1) \end{cases}
\end{aligned}
\right\} \qquad (10-46)$$

式(10-45)的矩阵表示形式为

$$\boldsymbol{g} = \boldsymbol{H}\boldsymbol{f} + \boldsymbol{n} \qquad (10-47)$$

式中，$\boldsymbol{g}$、$\boldsymbol{f}$、$\boldsymbol{n}$ 均为 $M \times N$ 维列向量，$\boldsymbol{H}$ 为分块右循环矩阵，即

$$H = \begin{bmatrix} H_0 & H_{M-1} & \cdots & H_1 \\ H_1 & H_0 & \cdots & H_2 \\ \vdots & \vdots & \vdots & \vdots \\ H_{M-1} & H_{M-2} & \cdots & H_0 \end{bmatrix} \qquad (10-48)$$

式中,每一行都由 M 个相同的(子)块矩阵组成,并且自上而下每行右移一位呈循环态,其中块矩阵为

$$H_i = \begin{bmatrix} h_e(i,0) & h_e(i,N-1) & \cdots & h_e(i,1) \\ h_e(i,1) & h_e(i,0) & \cdots & h_e(i,2) \\ \vdots & \vdots & \vdots & \vdots \\ h_e(i,N-1) & h_e(i,N-2) & \cdots & h_e(i,0) \end{bmatrix} \qquad (10-49)$$

式(10-48)和(10-49)表明,矩阵 H 的大小为 $MN \times NM$,即使 H 是已知的,要求出原图像需求解 MN 个联立方程组,其计算量大的惊人。例如,对于尺寸为 512×512 的图像而言,则有 $MN \times NM = 262\,144 \times 262\,144$,求解这样大的矩阵方程,需要求解 $261\,144$ 个联立方程组,这几乎是不可能的。

2. 频域退化通用模型

利用卷积定理,式(10-44)可变换为

$$G(u,v) = F(u,v) \cdot H(u,v) + N(u,v) \qquad (10-50)$$

式中,$G(u,v)$、$F(u,v)$、$H(u,v)$、$N(u,v)$ 分别为 $g(x,y)$、$f(x,y)$、$h(x,y)$、$n(x,y)$ 的傅里叶变换。对于离散情况,在式(10-50)中,$u=0,1,\cdots,M-1$,$v=0,1,\cdots,N-1$;M、N 的定义同前。

3. 基于运动的退化模型

这是因相机与被摄物体之间的相对运动而引起的图像退化,运动一般包括匀速与非匀速的旋转、平移,退化程度与运动性质有关,通常将复杂的运动分解为简单的匀速直线运动。设图像做平面匀速直线运动,$x_0(t)$ 和 $y_0(t)$ 分别表示 x 方向和 y 方向的运动分量,则因运动造成的退化图像为

$$g(x,y) = \int_0^T f[x-x_0(t), y-y_0(t)] \mathrm{d}t \qquad (10-51)$$

式中,T 为相机快门打开的时间。式(10-51)就是因相机与被摄物体之间的相对运动而造成图像模糊的空域退化模型。

对式(10-51)进行傅里叶变换,则得

$$G(u,v) = \int_{-\infty}^{\infty} \int_{-\infty}^{\infty} g(x,y) \mathrm{e}^{-\mathrm{j} \cdot 2\pi(ux+vy)} \mathrm{d}u\mathrm{d}v =$$

$$\int_0^T \left\{ \int_{-\infty}^{\infty} \int_{-\infty}^{\infty} f[x-x_0(t), y-y_0(t)] \mathrm{e}^{-\mathrm{j} \cdot 2\pi \{u[x-x_0(t)]+v[y-y_0(t)]\}} \mathrm{d}u\mathrm{d}v \right\} \mathrm{d}t =$$

$$\int_{-\infty}^{\infty} \int_{-\infty}^{\infty} f[x-x_0(t), y-y_0(t)] \mathrm{e}^{-\mathrm{j} \cdot 2\pi(ux+vy)} \mathrm{d}u\mathrm{d}v \int_0^T \mathrm{e}^{\mathrm{j} \cdot 2\pi[ux_0(t)+vy_0(t)]} \mathrm{d}t =$$

$$F(u,v)H(u,v) \qquad (10-52)$$

式中

$$H(u,v) = \int_0^T \mathrm{e}^{\mathrm{j} \cdot 2\pi[ux_0(t)+vy_0(t)]} \mathrm{d}t \qquad (10-53)$$

如果知道 $x_0(t)$ 和 $y_0(t)$,就可由式(10-53)求出 $H(u,v)$。例如,当 $x_0(t) = at/T$,$y_0(t) = 0$ 时,则有

$$H_x(u,v) = \int_0^T e^{j \cdot 2\pi u \frac{a}{T}t} \, dt = \frac{T}{j \cdot 2\pi ua}[e^{j \cdot 2\pi ua} - 1] \tag{10-54}$$

类似地,当 $x_0(t)=0$，$y_0(t)=at/T$ 时,则有

$$H_y(u,v) = \int_0^T e^{j \cdot 2\pi v \frac{a}{T}t} \, dt = \frac{T}{j \cdot 2\pi va}[e^{j \cdot 2\pi ua} - 1] \tag{10-55}$$

4. 基于离焦的退化模型

这是由于调焦不准而造成的图像退化,使得物空间的一个光点在成像平面形成一个光斑,这样靠近的光点图像出现相互重叠的现象。可用一个退化函数来描述这种退化模型:一种是基于几何光学成像的圆柱模型,另一种是高斯模型。

(1) 基于几何光学成像的圆柱模型

基于几何光学成像的圆柱模型的空域退化函数为

$$h(x,y) = h(r) = \begin{cases} \dfrac{1}{\pi r^2} = \dfrac{1}{\pi(x^2+y^2)} & (r \leqslant R) \\ 0 & (r > R) \end{cases} \tag{10-56}$$

式中,R 为离焦半径。

(2) 高斯模型

高斯模型的空域退化函数是基于波动光学成像原理而推导出来的,其表达式为

$$h(x,y) = h(r) = \begin{cases} \dfrac{1}{2\pi\sigma^2}e^{-\frac{r^2}{2\sigma^2}} = \dfrac{1}{\pi R^2}e^{-\frac{r^2}{R^2}} = \dfrac{1}{\pi R^2}e^{-\frac{x^2+y^2}{R^2}} & (r \leqslant R) \\ 0 & (r > R) \end{cases} \tag{10-57}$$

式中,R 为离焦半径,σ 为高斯函数的标准偏差。

高斯模型的空域退化函数与基于几何光学成像的圆柱模型的空域退化函数相比,其表达更精确。

10.4.2　图像复原

1. 图像复原的基本思想

图像复原就是构造一个逆系统,完成与图像退化相反的操作。实际上,在数学上就是求退化函数 $h(x,y)$ 的逆函数 $h^{-1}(x,y)$。由于受到噪声等因素的影响,这个过程是一个病态过程,因此只能得到原图像 $f(x,y)$ 的估计,记为 $\hat{f}(x,y)$,即

$$\hat{f}(x,y) = g(x,y) * h^{-1}(x,y) \tag{10-58}$$

图像复原的基本思想可用图 10-15 的框图来表示。

在图像复原中,通常分无约束恢复和有约束恢复。无约束恢复是指不受条件限制的一种图像复原;而有约束恢复是指在某个准则下的图像复原。例如,要求图像估计值与原图像之间的均方误差最小就是一种常用的有约束恢复。

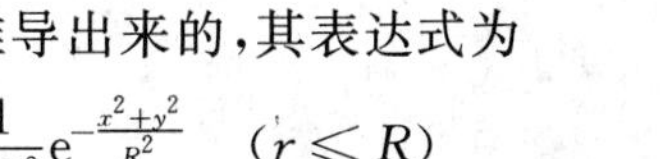

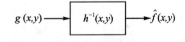

图 10-15　图像复原的基本思想

251

2. 运动模糊图像的恢复

在图像估计值与原图像之间的均方误差最小的条件下,设计的逆系统就是维纳滤波器。均方误差为

$$e^2 = E\{[f(x,y) - \hat{f}(x,y)]^2\} \tag{10-59}$$

设逆系统的空域单位冲激响应为 $p(x,y)$（即 $h^{-1}(x,y)$）,则原图像的估值为

$$\hat{f}(x,y) = g(x,y) * p(x,y) \tag{10-60}$$

将式(10-60)代入式(10-59),对 $p(x,y)$ 求偏导并令结果为零,则可以推导出 $p(x,y)$ 的频域表达式(逆系统的系统函数)为

$$P(u,v) = \frac{H^*(u,v)}{|H(u,v)|^2 + \dfrac{S_{nn}(u,v)}{S_{ff}(u,v)}} \tag{10-61}$$

式中,$H(u,v)$ 为退化函数 $h(x,y)$ 的傅里叶变换,$H^*(u,v)$ 为 $H(u,v)$ 的复共轭,$S_{nn}(u,v) = |N(u,v)|^2$ 为噪声功率谱,$S_{ff}(u,v) = |F(u,v)|^2$ 为原图像的功率谱。因此,图像的估计值为

$$\hat{F}(u,v) = \frac{H^*(u,v)}{|H(u,v)|^2 + \dfrac{S_{nn}(u,v)}{S_{ff}(u,v)}} G(u,v) \tag{10-62}$$

利用维纳滤波法恢复运动模糊图像的效果如图 10-16 所示,其中图(a)为原图像,图(b)为因运动而模糊的图像,图(c)为用维纳滤波法恢复的图像。

(a) 原图像　　　　　　　　(b) 因运动模糊的图像　　　　　　(c) 用维纳滤波法恢复的图像

图 10-16　利用维纳滤波法恢复图像的效果

3. 离焦模糊图像的恢复

离焦模糊图像的恢复方法与运动模糊图像的恢复方法类似,只须将式(10-56)或式(10-57)表示的退化函数的傅里叶变换代入式(10-62),就可得到恢复图像的频域表达式。

利用维纳滤波法恢复离焦模糊图像的效果如图 10-17 所示,其中图(a)为原图像,图(b)为因离焦而模糊的图像,图(c)为用维纳滤波法恢复的图像。

(a) 原图像　　　　　　(b) 因离焦而模糊的图像　　　　(c) 用维纳滤波法恢复的图像

图 10-17　利用维纳滤波法恢复离焦模糊图像的效果

10.5 图像压缩编码

图像压缩或图像编码或图像压缩编码的称谓是等价的,只是反映一个称谓的习惯问题,其本质是压缩数字图像的数据量。这是因为数字图像数据的量非常大,例如,尺寸为 $1\,024\times 1\,024$ 的灰度图像,8 bit 的量化则需要 1 MB 的数据量。图像压缩的依据一是图像信息本身存在的冗余度;二是人眼具有不需要过高的空间分辨率和灰度分辨率的视觉特性。根据图像信息是否受损失,图像压缩分为无损压缩(无失真压缩)和有损压缩(限失真压缩)。本节主要介绍图像压缩编码的基本知识、基本理论,无损压缩和有损压缩的基本方法。

10.5.1 图像压缩编码的基本知识与理论

1. 图像压缩编码的基本知识

图像压缩基本知识主要包括三种基本数据冗余,无损压缩和有损压缩的概念,信源编码器的结构,压缩比,编码质量的评价准则等。

(1) 三种基本数据冗余

数字图像数据的冗余可以有多种,如空间冗余、时间冗余、结构冗余、编码冗余、知识冗余和视觉冗余。为了与信源编码器的结构很好地对应起来,这里采用三种基本数据冗余的叙述方式,即编码冗余、像素间冗余和视觉(心理)冗余。

编码冗余也叫做信息熵冗余。信息熵是指一组数据所携带的平均信息量。由于图像中的每个像素的灰度等参数是不同的,所以用相同的比特数对其编码时,则信息数据量必然大于信息熵。由此产生的冗余称为编码冗余。

像素间冗余包括空间冗余、时间冗余和结构冗余。空间冗余是指图像采样点之间的相关性产生的冗余。它是静止图像存在的最主要的一种数据冗余。时间冗余是指运动图像或视频图像相邻帧之间的相关性产生的冗余。结构冗余是指具有纹理结构的图像所产生的冗余。

心理视觉冗余或视觉冗余是指人眼对图像的某些特征不敏感,这些特征信息称为视觉冗余,它可以不在图像数据中出现。例如,高于 2^8 灰度等级的灰度就属于视觉冗余。

除此而外,图像还有存在知识冗余,它是指先验知识产生的冗余。例如,人脸的固有结构就存在知识冗余:嘴上方有鼻子,鼻子上方有眼睛,鼻子位于正脸图像的中线上等等。

(2) 无损压缩和有损压缩

无损压缩是以香浓信息论为基础,利用编码冗余和像素间冗余进行压缩,解码器可完全恢复原始数据而不失真。压缩比通常为 2∶1 到 10∶1。它通常用于文本数据、程序数据、指纹数据、医学数据等。

有损压缩是利用心理视觉冗余而进行压缩的,它不能完全恢复原始数据、要产生失真,压缩比一般可达到 100∶1 或者更高。

(3) 信源编码器的结构

信源编码器的一般结构如图 10-18 所示,其中,转换器的作用是消除像素间的冗余;量化器的作用是消除心理视觉冗余(有损压缩编码才有这部分);符号编码器的作用是消减编码冗余。

(4) 压缩比

设编码前每个像素的平均比特数为 n_1,编码后每个像素的平均比特数为 n_2,则压缩比 C_R 定义为

$$C_R = \frac{n_1}{n_2} \tag{10-63}$$

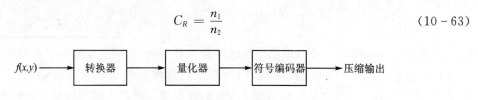

图 10 - 18　信源编码器的结构

相对数据冗余 R_D 定义为

$$R_D = 1 - \frac{1}{C_R} \tag{10-64}$$

（5）编码质量的评价准则

与语音信号一样，图像信号编码质量的评价准则也分为客观准则和主观准则。

1）客观评价准则　常用编码质量的客观评价准则是编码器的图像输入与图像输出的均方误差或均方根误差。设 $f(x,y)$ 为编码器的输入图像，$\hat{f}(x,y)$ 为编码器的输出图像，则它们之间的均方误差为

$$\text{EMS} = D = \frac{1}{MN} \sum_{x=0}^{M-1} \sum_{y=0}^{N-1} [\hat{f}(x,y) - f(x,y)]^2 \tag{10-65}$$

对应的均方根误差为

$$\text{ERMS} = (\text{EMS})^{\frac{1}{2}} = \left\{ \frac{1}{MN} \sum_{x=0}^{M-1} \sum_{y=0}^{N-1} [\hat{f}(x,y) - f(x,y)]^2 \right\}^{\frac{1}{2}} \tag{10-66}$$

另一个评价准则是输出图像的功率，与输入、输出图像之间的噪声功率的比值，即

$$\text{SNR} = \frac{\displaystyle\sum_{x=0}^{M-1} \sum_{y=0}^{N-1} [\hat{f}(x,y)]^2}{\displaystyle\sum_{x=0}^{M-1} \sum_{y=0}^{N-1} [\hat{f}(x,y) - f(x,y)]^2} \tag{10-67}$$

还用基本信噪比作为评价准则，它的单位通常用分贝（dB）表示，即

$$\text{SNR/dB} = 10 \lg \left\{ \frac{\displaystyle\sum_{x=0}^{M-1} \sum_{y=0}^{N-1} [\hat{f}(x,y) - \overline{f}]^2}{\displaystyle\sum_{x=0}^{M-1} \sum_{y=0}^{N-1} [\hat{f}(x,y) - f(x,y)]^2} \right\} \tag{10-68}$$

式中，
$$\overline{f} = \frac{1}{MN} \sum_{x=0}^{M-1} \sum_{y=0}^{N-1} f(x,y) \tag{10-69}$$

2）主观评价准则　由于客观评价因图像内容而变，最终评价要靠主观评价。与语音评价类似，选择一组评价者给待评图像进行打分，然后取平均值作为评价得分。表 10 - 3 给出了电视图像质量的主观评价标准。

2. 图像压缩编码的基本理论

图像压缩编码的基本理论是香农信息论的 3 个编码定理，为了比较深入理解这几个编码定理，必须先建立信息量、信息速率与信息熵的概念。

表 10 - 3　电视图像质量的主观评价标准

评　价	等　级	评价标准描述
1	极好	图像质量非常好,与所希望的一样好
2	好	图像质量高,视觉效果好,有干扰但不影响观看效果
3	可用	图像质量尚可,视觉效果一般,有干扰但尚可观看
4	勉强可用	图像质量较差,干扰有些妨碍观看
5	差	图像质量很差,干扰令人讨厌,尚可忍耐
6	不可用	图像质量极差,无法观看

（1）信息量、信息速率与信息熵

设用符号集 $X = \{x_1, x_2, \cdots, x_N\}$ 表示离散信息源,每个符号的出现概率与分布表 $\{p_1, p_2, \cdots, p_N\}$ 相对应,则对于无记忆(系指当前输出与以前输出无关的)离散信息源,其信源符号 x_k 所包含的信息量为

$$I(x_k) = \text{lb} \frac{1}{p_k} = -\text{lb} p_k \tag{10-70}$$

式(10-70)表明,小概率的符号携带更大的信息量。也就是说,信息量与该符号出现的概率倒数成正比。通常,信息量的单位用比特(bit)表示。

将 N 个符号的平均信息量

$$H(X) = -\sum_{i=1}^{N} p_i \text{lb} p_i \tag{10-71}$$

定义为信息熵。式(10-71)定义的熵常称为零阶熵。

信息速率是指单位时间一个信源输出或一个通信系统传输的信息量,单位是 bit/s;平均信息速率是指一个信源输出或一个通信系统传输的平均信息量。

（2）信源编码定理

信源编码定理有定长编码定理,变长编码定理和限失真编码定理。

1）定长编码定理　所谓定长编码是指采用相同的位数、对数据进行编码的形式,数字存储信息的大多数都采用定长编码,是一种无损编码。

定长编码定理表述如下:设无记忆信源字符集合为 $A_N = \{a_1, a_2, \cdots, a_n\}$,码字符号集合为 $B_N = \{b_1, b_2, \cdots, b_M\}$,如果信源输出序列为集合 $X = \{x_1, x_2, \cdots, x_L\}$,且 $x_L \in A_N$,信息熵为 $H(X)$,则用 K 个符号进行定长编码,编码器输出为集合 $Y = \{y_1, y_2, \cdots, y_K\}$,且 $y_K \in B_M$。对于任意小的 $\varepsilon > 0$ 和 $\delta > 0$,只要

$$R = \frac{K}{L} \text{lg} M \geqslant H(X) + \varepsilon \tag{10-72}$$

当 L 足够大时,必使译码误差小于 δ。否则,当

$$R = \frac{K}{L} \text{lg} M \leqslant H(X) - 2\varepsilon \tag{10-73}$$

时,译码必出错(证明从略)。

2) 变长编码定理 所谓变长编码就是根据信源符号出现的概率,对不同符号采用不同长度码字的编码形式,即出现概率大的采用较短的码字,出现概率小的采用较长的码字。这样可使平均码长减少,有利于消除编码冗余。

对于变长编码的译码问题,判断是否唯一可译的定理表述如下:唯一可译码必须满足下述不等式

$$\sum_{k=1}^{K} B^{-n_k} \leqslant 1 \tag{10-74}$$

式中,K 为信源字符的个数,n_k 为第 k 个字符的对应码字长度,B 为码表字符个数。

变长编码定理表述如下:对于信息熵为 $H(X)$ 的平稳离散无记忆信源,必存在一种无失真编码方法,使平均信息速率 R 满足下述不等式

$$H(X) \leqslant R \leqslant H(X) + \varepsilon \tag{10-75}$$

式中,ε 为任意正数(证明从略)。

3) 限失真编码定理 所谓限失真编码是指将失真限制在可以接受的范围内的一种编码形式,是一种有损编码。为了便于表述限失真编码,先介绍一下率失真函数的概念。

由式(10-65)给出的可能最大值叫做最大允许失真度,显然这个最大允许失真度对应着编码比特率的下限,表征编码比特率与失真度关系的函数称为率失真函数,记为 $R(D)$。

限失真编码定理表述如下:设离散无记忆信源的率失真函数为 $R(D)$,当信息率 $R > R(D)$ 时,只要信源分块长度 L 足够长,就一定存在一种编码方式,使其编码失真小于或等于 $D+\varepsilon$,其中 ε 为任意小的正数;如果 $R < R(D)$,则不可能找到一种编码使其译码失真小于 D(证明从略)。

3. 图像压缩编码的分类

图像压缩编码分为无失真编码(无损压缩)和限失真编码(有损压缩)。

无失真编码又分为定长编码、变长编码、无损预测编码和位平面编码。

定长编码常用的有定长行程编码和 LZW 编码。定长行程编码是将一个连续的具有相同颜色值的所有像素(称为串或行程)用固定长度的编码位数来表示的一种编码形式;LZW 编码是依据一本短语词典索引(串表),对字符出现的频率冗余度、串模式高使用率进行压缩而实现的编码。

常用的变长编码主要有哈夫曼编码和算术编码。哈夫曼编码是将信源符号出现的概率大小进行排列,概率大的分配短码,概率小的分配长码的编码;算术编码是用一个独立信源的各个符号出现的概率,来表示所对应的符号的一种编码。

无损预测编码是用已知的像素来估计待编码的像素,然后计算该估计值与待编码像素之间的误差、最后对这个误差值进行编码传输的一种编码。

位平面编码是将一幅 m 比特的灰度级图像分解成 m 幅 1 bit 的二值图像的编码形式。

限失真编码包括有损预测编码和变换编码等。有损预测编码是具有量化器的无损预测编码;变换编码就是通过图像数据的正交变换,在变换域进行的编码形式。它有多种形式,如表 10-4 所列。表 10-4 还列出了其他形式的编码。

表 10-4　图像压缩编码的分类

图像压缩编码	无失真编码	定长编码	定长行程编码
			LZW 编码
		变长编码	哈夫曼编码
			算术编码
		无损预测编码位	
		位平面编码	
	限失真编码	变换编码	K-L 变换
			Haar 变换
			Walsh-Hadamard 变换
			离散余弦变换
			离散傅里叶变换
			斜变换
			小波变换
		有损预测编码	
		分形编码	
		模型编码	
		子带编码	
		神经网络编码	

10.5.2　无损压缩

下面,以 LZW 编码和哈夫曼编码为例,对无损压缩编码进行概略介绍;更详尽的无损压缩编码方法请读者参阅相关文献。

1. LZW 编码

LZW 是 Lempel-Ziv-Welch 的缩写,LZW 编码是由 Welch 在 1984 年对 Lempel 和 Ziv 在 1978 年提出的 LZ 的算法进一步发展而形成的一种无损压缩编码(简称 LZW 算法)。

LZW 算法将输入字符串映射成定长的码字,形成一个短语词典索引或串表。对于 12 bit 的串表,可容纳 4 096 个码字,前 0~255 码字构成标准字符集合,第 256 个码字为清除码,第 257 个码字为信息结束码,258~4 095 为比特串。LZW 编码表的结构如表 10-5 所示。

表 10-5　LZW 编码表的结构

索　引	0~255	256	257	258~4 095
条　目	标准字符集合	清除码	信息结束码	比特串

下面,举例说明 LZW 编码的过程。

例 10-1　设待压缩的字符串为"banana bandana",初始字典如表 10-6 所列,试对该字符串进行 LZW 编码。

表 10-6 初始字典

索 引	0	1	2	3	4
条 目	a	b	d	n	空格

解 编码过程如表 10-7 所列。

表 10-7 编码过程

输　入	当前字符串	以前出现过吗	编码输出	新字典条目/索引
b	b	是	无	无
ba	ba	否	1	ba/5
ban	an	否	1,0	an/6
bana	na	否	1,0,3	na/7
banan	an	是	无改变	无
banana	ana	否	1,0,3,6	ana/8
banana	a_	否	1,0,3,6,0	a_/9
banana b	_b	否	无改变	_b/10
banana ba	ba	是	1,0,3,6,0,4	无
banana ban	ban	否	1,0,3,6,0,4,5	ban/11
banana band	nd	否	1,0,3,6,0,4,5,3	nd/12
banana banda	da	否	1,0,3,6,0,4,5,3,2	da/13
banana bandan	an	是	无改变	无
banana bandana	ana	是	1,0,3,6,0,4,5,3,2,8	无

注意,在表 10-7 中,字符 b 的编码为 1,a 的编码为 0,n 的编码为 3;字符串 an 的编码为 6,依次类推。由图可见,重复出现的字符或字符串可用同一个编码,从而实现压缩。LZW 编码就是对字符出现的频率冗余度和串模式(字符串)高使用率冗余度进行压缩而实现编码的。

2. 哈夫曼编码

如上所述,哈夫曼编码是将信源符号出现的概率大小进行排列,概率大的分配短码,概率小的分配长码的一种编码。具体的编码过程是:① 概率最小的赋予码字 1,概率次之的赋予码字 0;② 计算最小的两个概率的联合概率,并将其与未处理的概率值一起按大小排列;③ 重复①和②两个步骤,直至所有的概率值都赋予了码字为止;④ 用图形表示上述过程,沿着符号联合概率的路径,确定出的码字的反序就是该符号的编码。下面,举例说明其编码过程。

例 10-2 信源符号及其出现的概率如表 10-8 所示,试对其进行哈夫曼编码。

表 10-8 信源符号及其出现的概率

符　号	A	B	C	D	E	F	G	H
概　率	0.1	0.18	0.4	0.05	0.06	0.1	0.07	0.04

解 根据哈夫曼编码过程的步骤,由表 10-8 所示的情况可得到如图 10-19 所示的

信源符号的编码路径图。其中左边两列表示信源符号按概率大小的排列;最右的码字表示最终编码;中间部分为编码路径,即由左至右分别将概率值的各个排列最小的赋予码字 1,次之的赋予 0。注意,符号所对应的编码是其本身概率赋予的码字及其联合概率赋予的码字的排列进行反序而构成的。例如,符号 D 本身概率 0.05 赋予的码字为 0,联合概率 0.09 赋予的码字为 1,联合概率 0.19 赋予的码字为 0,联合概率 0.37 赋予的码字为 0,联合概率 0.60 赋予的码字为 0,码字的初始排列为 01000,其反序码字 00010 为最终的编码。又如,符号 A 本身概率 0.1 赋予的码字为 1,联合概率 0.23 赋予的码字为 1,联合概率 0.60 赋予的码字为 0,码字的初始排列为 110,其反序码字 011 为最终的编码。

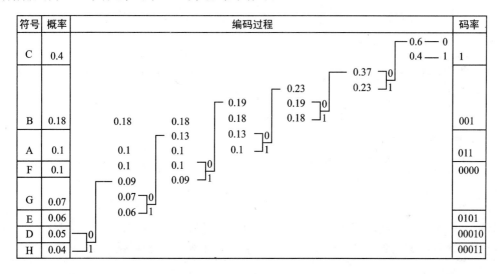

图 10 - 19　表 10 - 8 所示的信源符号的哈夫曼编码过程

✦ 10.5.3　有损压缩(变换编码)

如表 10 - 4 所列,有损压缩编码有多种。下面,仅以变换编码为例,对有损压缩编码进行概略介绍;更多的有损压缩编码方法请读者参阅相关文献。

变换编码的基本原理是将空域表征的相关图像进行某种正交变换,得到一系列变换系数集;通常这些变换系数集各分量相关性很小或不相关,并且图像信号能量在变换域有相对集中的现象。设法将尽可能多的信息集中在尽可能少的变换系数上,对那些能量很小的系数可粗略地量化或舍去,实现用较少的数据表示较多的图像数据信息,从而达到压缩图像数据的目的。

1. 变换编码系统的基本结构

图 10 - 20 为变换编码系统的基本结构框图,其中,图像分割是将尺寸为 $N \times N$ 的输入图像分割为 $(N/n)^2$ 个尺寸为 $n \times n$ 的子图像;变换器实现正交变换;量化器对能量较小的高频分量系数进行粗略量化或舍弃,对能量集中的低频和直流分量系数进行较为精细量化;最后,编码器对保留下来的量化系数进行无损(变长)编码。

2. 变换系数

对于尺寸为 $N \times N$ 的图像 $f(x,y)$,其正向离散变换 $T(u,v)$ 为

$$T(u,v) = \sum_{x=0}^{N-1} \sum_{y=0}^{N-1} f(x,y) \cdot g(x,y,u,v) \quad (u,v = 0,1,\cdots,N-1) \quad (10-76)$$

式中，$g(x,y,u,v)$为正向变换核函数，也叫做基函数或基图像。

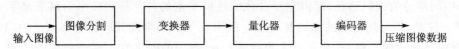

图 10 - 20　变换编码系统基本结构框图

当给定 $T(u,v)$式(10 - 76)，则反变换为

$$f(x,y) = \sum_{u=0}^{N-1} \sum_{v=0}^{N-1} T(u,v) \cdot h(x,y,u,v) \quad (x,y = 0,1,\cdots,N-1) \qquad (10 - 77)$$

式中，$h(x,y,u,v)$为逆向变换核函数。如果将变换系数 $T(u,v)$看做权函数，则图像 $f(x,y)$就是逆向变换核函数的加权和。对于尺寸为 $n\times n$ 的子图像（子块），则有

$$\left. \begin{array}{l} T(u,v) = \displaystyle\sum_{x=0}^{n-1} \sum_{y=0}^{n-1} f(x,y) \cdot g(x,y,u,v) \quad (u,v = 0,1,\cdots,n-1) \\[4mm] f(x,y) = \displaystyle\sum_{u=0}^{n-1} \sum_{v=0}^{n-1} T(u,v) \cdot h(x,y,u,v) \quad (x,y = 0,1,\cdots,n-1) \end{array} \right\} \qquad (10 - 78)$$

3. 子图像的尺寸选择

若尺寸 $n\times n$ 小，则计算速度快；若尺寸 $n\times n$ 太大，则压缩效果不明显。综合考虑计算速度和压缩效果，$n\times n$ 一般选择 $4\times4,8\times8$ 和 16×16。

4. 比特分配

比特分配是指对变换后的子图像的系数进行截取、再根据保留系数的重要程度分配不同的比特数。比特分配主要有两种方法：一种叫做区域编码，另一种叫做门限（阈值）编码。

（1）区域编码

对子图像变换后，发现其能量主要集中在低频部分，即集中在变换系数（域）矩阵的左上部。区域编码是指只对变换域左上部区域的变换系数进行编码传输，对右下角区域的变换系数不进行编码传输的一种编码方法。根据信息论的理论，认为变换系数的方差越大，其包含的信息越多。根据方差的定义，第 u 行、第 v 列的变换系数方差为

$$\sigma_{uv}^2 = \frac{1}{n^2} \sum_{(u,v)\in W_i} \left[T_i(u,v) - \overline{T}_i(u,v) \right]^2 \qquad (10 - 79)$$

式中，W_i 为第 i 个子图像（子块）对应的变换域，$\overline{T}_i(u,v)$为子块内的变换系数的平均值。变换系数的比特数分配是根据其方差与编码所允许失真 D_0 的关系来确定的。例如，对于高斯分布的信源，某变换系数的方差小于失真 D_0 时，比特数分配 0；若方差大于失真 D_0 时，则分配的比特数 R 为

$$R = \frac{1}{2}(\mathrm{lb}\,\sigma_{uv}^2 - \mathrm{lb}\,D_0) \qquad (10 - 80)$$

（2）门限（阈值）编码

设定变换系数一个门限值，即阈值，只对大于该阈值的变换系数进行编码输出，其余的变换系数都舍去，称这种编码为门限编码或阈值编码。这种编码的缺点是变换系数在矩阵的位置不确定，需要增加地址编码位数。为此，可采用如下 3 种方法：① 对所有子图像使用单一阈值；② 对每幅图像使用不同阈值，要求舍去相同数目的变换系数；③ 阈值随着变换系数的位置变化。

10.5.4　图像压缩编码标准简介

图像压缩编码标准是由国际标准化组织(ISO)和国际电信联盟远程通信标准化组织(ITU-T)专家制定的,是图像编码的依据。主要分为 JPEG 系列编码标准,MPEG 系列编码标准和 H 系列标准。

1. JPEG 系列编码标准

JPEG 系列编码标准有适合静止图像压缩编码的国际标准和适合运动图像压缩编码的国际标准。静止图像压缩编码的国际标准主要有早期的 JPEG 编码标准和常用的 JPEG2000 编码标准;运动图像压缩编码的国际标准主要有 M—JPEG 编码的国际标准。

(1) JPEG 编码标准

JPEG 是 CCITT 和 ISO 两个国际组织建立的联合图片专家组英文 Joint Photographic Expert Group 的缩写。JPEG 是适合静止图像压缩编码的国际标准。

JPEG 编码标准满足如下 4 点要求:① 在保证压缩率的同时,还要保证图像质量,其失真必须控制在一定范围之内;② 适用于所有的连续色调图像,对图像尺寸、彩色空间和像素纵横比没有限制,对图像场景没有要求;③ 具有中度的计算复杂度;④ 具有顺序编码、累进编码、无失真编码和层次编码 4 种模式。

(2) JPEG2000 编码标准

JPEG2000 编码标准是用小波变换代替 JPEG 编码标准中的 DCT 变换而形成的标准。它有如下特点:① 高压缩比,与 JPEG 编码标准相比,提高了 10%～30%;② 提供无损压缩和有损压缩两种压缩方式;③ 渐进传输方式,即先传输图像轮廓数据、再传输其他图像数据的方式,可提高图像质量;④ 可对图像感兴趣区域进行指定质量的压缩;⑤ 可对码流进行随机访问和处理;⑥ 具有容错性;⑦ 具有开放性的框架结构,即只提供核心工具算法,需要的其他算法可要求数据源发来;⑧ 具有基于内容描述的功能。

(3) M-JPEG 编码标准

M-JPEG 是 Motion-Joint Photographic Expert Group 的缩写。M-JPEG 编码标准是适合运动图像的、视频编解码国际标准之一。它把运动的视频序列作为连续的静止图像来处理,能单独完整地压缩图像的每一帧。其优点是技术成熟、编辑可精确到帧;缺点是压缩效率不够高。

2. MPEG 系列编码标准

MPEG 是运动图像专家组英文 Moving Picture Expert Group 的缩写。MPEG 系列编码标准是适合视/音频压缩编码的国际标准,目前已推出 MPEG-1、MPEG-2 和 MPEG-4 等标准。

(1) MPEG-1 编码标准

MPEG-1 编码标准是 1993 年公布的,用于速率为 1.5 Mb/s 的数字运动图像及其伴音的压缩标准。可用于 MP3 和便携式摄像机。

(2) MPEG-2 编码标准

MPEG-2 编码标准是 1994 年推出的,用于数字电视和数字高清晰度电视的压缩编码标准。它用于视/音频资料的保存、电视节目编辑系统与播出、卫星传输等。

(3) MPEG-4 编码标准

MPEG-4 编码标准是基于对象的编码理念,用于数字电视、交互式影音合成与交互式多媒体等压缩编码,是 1999 年公布的国际标准。

3. H 系列压缩编码标准

H 系列压缩编码标准是国际电信联盟制定的用于视频编解码的压缩标准。它包括 H. 261、H. 263 和 H. 264 标准。

(1) H. 261 标准

H. 261 标准又称为 $P * 64$ 标准,P 意指取值范围为 64 kb/s。它是针对面对面可视电话与视频会议而设计的压缩编码标准。编码算法与 MPEG 类似,但与 MPEG 不能兼容。

(2) H. 263 标准

H. 263 标准是为低码流通信而设计的压缩编码标准,与 H. 261 标准相比,提高了编码质量和纠错能力。目前,H. 263 已取代了 H. 261 标准。

(3) H. 264 标准

H. 264 标准是适合低码率网络传输的新一代视频压缩编码标准。

10.6 图像处理的其他技术

图像处理的内容十分丰富,由于篇幅所限,故这里不能一一介绍。除了上面介绍的内容之外,还有图像分割、图像描述、图像识别和图像特征提取等技术。在这里将它们并为一节,只对基本概念、基本研究内容和方法进行概略介绍。

10.6.1 图像分割

1. 图像分割的概念

图像分割就是将图像分割成有意义的互不重叠的小区域的过程。图像分割是图像分析、理解的基础,它用于基于内容的图像检索、文字识别、指纹识别、病变检测与识别等方面。

图像分割的目的是为得到感兴趣的区域及其边界。

2. 图像分割的方法

图像分割的方法分为基于区域特性的分割方法、基于边界特性的分割方法和基于相关匹配的分割方法。

(1) 基于区域特性的分割方法

基于区域特性的分割方法是依据一定空间范围的灰度、颜色和纹理的局部特征,例如灰度阈值、像素属性等进行图像分割的方法。具体方法有阈值分割法和基于像素属性的区域分割法。用阈值分割法的效果(小于阈值的用黑色,反之用白色)如图 10-21 所示,其中图(a)是原图像,图(b)是灰度直方图,图(c)是用直方图谷点为阈值的分割结果。

(2) 基于边界特性的分割方法

基于边界特性的分割方法是指依据图像的不同区域之间的灰度存在较快地过渡或跃变,即存在一条或多条分界线,按该分界线进行分割的方法。这种分割法以边缘检测为基础,即寻找图像中不同区域的边界。

基于边缘检测的图像分割分两步来实现:第一步检测出图像中局部特性不连续的像素点,即边缘点;第二步通过检测出的众多边缘点找出完整封闭的区域边界,即实现边界闭合。边缘检测分为基于一阶导数的边缘检测和基于二阶导数的边缘检测。基于一阶导数的边缘检测常以算子形式(如 Roberts 算子等)来表征;基于二阶导数的边缘检测也是以算子形式(如 LOG、拉氏算子等)来表征。

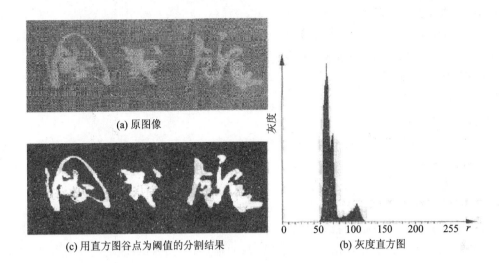

(a) 原图像

(c) 用直方图谷点为阈值的分割结果

(b) 灰度直方图

图 10 - 21　用直方图谷点为阈值的分割

（3）基于相关匹配的分割方法

基于相关匹配的分割方法是根据已知目标建立的相应模板,将特殊目标分离出来的分割法。具体地,首先根据已知图像中目标的特征建立相应的模板;然后考察原图像中与模板尺寸相同的各个子区域的相似性,再根据相似程度确认该区域是否与目标相同;最后遍历整幅图像实现对所有目标的识别与分割。因分割基于模板匹配技术,故这种方法称为基于相关匹配的图像分割方法。

10.6.2　图像描述

1. 图像描述的概念

图像描述是指用数字或符号,表示图像或景物中各个目标的相关特征、目标之间的关系,以得到目标特征及之间关系的抽象表达的一种技术。为了对图像进行有效的描述,必须首先将图像分割成有意义的特定部分。

图像描述是图像识别和理解的前提与基础。例如,要识别航空照片中的森林、耕地和城市等,首先要将这些部分从图像上分割出来;然后对这些区域或边界的特征进行描述;最后通过比较、决策得到识别结果,其中还包括相关区域的面积、形状、边界的周长等几何参数。又如,辨认文件的文字,也要先将文字分割出来,描述它们,才能实现识别与理解。

2. 图像描述的关键问题

图像描述的关键问题有两个:一是选择什么样的特征来描述目标,即目标的特征问题;二是如何精确地测量这些特征的问题。

3. 目标特征的类别

目标特征可分为内部特征和外部特征。内部特征是指灰度特征、纹理特征等,它需要借助分割图像从原始图像上测量;外部特征是指面积、周长、曲率和圆形度等几何形状特征,它可直接从分割图像上测量得到。

4. 图像描述方法

图像描述方法有边缘描述和区域描述两类方法。边缘描述主要包括曲线拟合、链码、傅里叶描述子等;区域描述主要包括中轴变换、矩描述子、拓扑描述子、四叉树等方法。

5. 图像描述的基本原理

边缘描述是首先用边缘检测算法得到目标区域的边界点集合,再将这些边界点有效地组织起来,形成一条有意义的边界线并给出恰当的描述。

区域描述的基本思想是将图像平面区域简化成由线条构成的图,并将其作为区域结构和形状的一种描述。

10.6.3 图像识别

如前所述,图像识别是指对图像中的一种或多种对象进行分类,或者在一幅图像中找出感兴趣的目标的技术。具体地,它以图像分割、图像描述和图像特征提取为基础,以比较、分类为手段,将感兴趣的目标寻找、确认出来。

除此而外,还有图像特征提取、图像分析和理解等内容。图像特征提取是指提取图像的形状特征、纹理特征与颜色特征的技术。图像分析和理解是现代图像处理的重要内容。它是指从图像中提取有用测度、数据或信息,生成非图像的描述,对图像的属性、特征给出解释,进行分类,实现识别的技术。请读者参阅相关文献。

本章小结

由于数字图像处理的内容十分丰富,所以不可能用一章的篇幅将其完全介绍清楚。为了使读者建立起关于数字图像处理的基本概念、掌握一些基本知识,了解其主要研究方法和内容,概略地认识其全貌,以便为日后继续学习打下基础。为此,首先介绍了图像的基本概念、基本知识,数字图像与数字图像处理的基本概念,数字图像处理的主要研究内容,包括图像变换、图像增强、图像复原(恢复)、图像压缩编码、图像分割、图像描述与图像识别等;然后用一定篇幅介绍了图像变换、图像增强、图像复原和图像压缩编码等基本技术;最后概略地介绍了图像分割、图像描述和其他数字图像处理技术。

思考题与习题

1. 图像是如何定义的?

2. 模拟图像与数字图像的区别是什么? 如何从模拟图像得到数字图像?

3. 数字图像处理的主要研究内容是什么?

4. 为什么要对图像信号进行变换?

5. 图像信号的傅里叶变换的"可分离性"如何表述? 有何意义?

6. 说明直方图均衡化增强法的工作原理。

7. 试用式(10-20),由表10-1给出的数据来复核表10-2的数据。

8. 举例说明线性灰度增强技术。

9. 对数变换是如何压缩和展宽图像灰度的?

10. 图像平滑和锐化的含义是什么? 两者的区别如何?

11. 说明中值滤波的工作原理。

12. 图像恢复与图像增强的区别在哪里?

13. 图像恢复的基本思想是什么?

14. 图像压缩编码的依据是什么? 图像信号的冗余主要指哪些?

15. 什么是定长编码、变长编码和限失真编码?

16. 信源符号及其出现的概率如题表10-1所示,试对其进行哈夫曼编码。

题表 10 - 1　信源符号及其出现的概率

符　号	A	B	C	D	E	F
概　率	0.1	0.18	0.4	0.05	0.06	0.1

17. 图像分割是什么意思,有什么用?

18. 为什么说数字图像处理的内容十分丰富?

参考文献

[1] Emmanuel C Ifeachor, Barrie W Jervis. Digital Signal Processing：A Pactical Approach (Second Edition)［M］. London：Pearson Education Limited，2003.

[2] Miroslav D Lutovac, Dejan V Tosic, Brian L Evans. Filter Design for Signal Processing Using MATLAB and Mathemation［M］. London：Pearson Education Limited，2001.

[3] Sophocles J Orfanidis, Rutgers University. Introduction to Signal Processing［M］. London：Prentice-hall,Inc. ，1996 .

[4] Joyce Van de Vegte,著. 数字信号处理基础［M］. 侯正信,王安国,等译. 北京:电子工业出版社,2004.

[5] Sanjit K Mitra. Digital Signal Processing：A Computer-Based Approach(Second Edition)［M］. New York ：McGraw-Hill Companies，2001.

[6] Sanjit K Mitra. Digital Signal Processing：A Computer-Based Approach，Second Edition［M］. 北京:清华大学出版社(英文版,国外教材),2001.

[7] 程佩青. 数字信号处理教程［M］. 2 版. 北京:清华大学出版社,2001.

[8] 程佩青. 数字信号处理教程［M］. 3 版. 北京:清华大学出版社,2007.

[9] 姚天任,江太辉. 数字信号处理［M］. 2 版. 武汉:华中科技大学出版社,2000.

[10] 赵尔沅,周利清,张延平. 数字信号处理实用教程［M］. 北京:人民邮电出版社,1999.

[11] 桂志国,楼国红,陈友兴,等. 数字信号处理［M］. 北京:科学出版社,2010.

[12] 吴瑛,张莉,张冬玲. 数字信号处理［M］. 西安:西安电子科技大学出版社,2009.

[13] 刘顺兰,吴杰. 数字信号处理［M］. 西安:西安电子科技大学出版社,2003.

[14] 丁玉美,高西全. 数字信号处理［M］. 2 版. 西安:西安电子科技大学出版社,2001.

[15] 吴镇扬. 数字信号处理的原理与实践［M］. 南京:东南大学出版社,1997.

[16] 郑方,徐明星. 信号处理原理［M］. 北京:清华大学出版社,2000.

[17] 刘纪红,孙宇舸,李景华. 数字信号处理的原理与实践［M］. 北京:国防工业出版社,2009.

[18] 奥本海姆 A V,谢弗 R W. 离散时间信号处理［M］. 黄建国,刘树棠,译. 北京:科学出版社,1998.

[19] 张小虹. 数字信号处理学习指导与习题解答［M］. 北京:机械工业出版社,2005.

[20] 姚天任. 数字信号处理学习指导与题解［M］. 武汉:华中科技大学出版社,2002.

[21] 高西全, 丁玉美. 数字信号处理学习指导［M］. 西安:西安电子科技大学出版社,2001.

[22] 张小虹. 数字信号处理习题详解［M］. 南京:东南大学出版社,2002.

[23] 谢红梅,赵健. 数字信号处理常见题型解析与模拟题［M］. 西安:西北工业大学出版社,2001.

[24] 何振亚. 数字信号处理的理论与应用:上,下册［M］. 北京:人民邮电出版社,1983.

[25] 邹理和. 数字信号处理:上册［M］. 北京:国防工业出版社,1985.

[26] Oppeheim A V，Schafer R W. 数字信号处理[M]. 董士嘉，译. 北京：科学出版社，1981.

[27] 胡广书. 数字信号处理——理论、算法与实现[M]. 2 版. 北京：清华大学出版社，2003.

[28] 鲍长春. 低比特率数字语音编码基础[M]. 北京：北京工业大学出版社，2001.

[29] 赵力. 语音信号处理[M]. 2 版. 北京：机械工业出版社，2009.

[30] 曹茂永. 数字图像处理[M]. 北京：北京大学出版社，2007.

[31] 徐杰. 数字图像处理[M]. 武汉：华中科技大学出版社，2009.

[32] 何明一，卫保国. 数字图像处理[M]. 北京：科学出版社，2008.

[33] 吴湘淇. 信号、系统与信号处理：上，下册[M]. 北京：电子工业出版社，1996.

[34] 吴兆熊. 数字信号处理：下册[M]. 北京：国防工业出版社，1985.

[35] 刘明亮，陆福敏，朱江淼，等. 现代脉冲计量[M]. 北京：科学出版社，2010.